FUTTER-DOC

Dr. med. vet. Vera Biber

FUTTER-DOC

DAS GROSSE
FUTTER- UND UMWEL - A B C
FÜR ALLE FLEISCHFRESSENDEN
HAUSTIERE

F&O

Impressum

Bibliografische Informationen der Deutschen Nationalbibliothek
Die Deutsche Nationalbibliothek verzeichnet diese Publikation
in der Deutschen Nationalbibliografie;
detaillierte bibliografische Daten sind im Internet über
http://dnb.d-nb.de abrufbar.

ISBN: 978-3-95693-062-1

Abbildungsnachweis: alle Fotos © Dr. Vera Biber

Grafisches Gesamtkonzept, Titelgestaltung, Satz und Layout: Stefan Berndt

www.fredundotto.de

Freundschaft: www.facebook.com/fredundotto

Inhalt

Vorwort

Ich mache mir keine Illusionen: Mit diesem Buch wird es sein wie mit allen anderen dieser Art: Just die Leute, für die es besonders wichtig wäre, es zu lesen, die werden es nicht tun. Die anderen sind dank ihrer Neugier, wachsender Kritikfähigkeit und dank Internet auf einem immer höheren Niveau, was ich deutlich in meinen Seminaren merke, die ich nun schon seit 20 Jahren durchführe. Manche dieser Teilnehmer wollen selbst das Menü ihrer Katze auf das Gramm abwiegen, essen selbst aber Tütensuppen. Aber da sind auch die Anderen:Ich bin immer wieder erstaunt, Menschen zu treffen, die sich gesund ernähren und bewusst einkaufen. Wenn ich dann frage, was denn ihr Hund zu fressen bekommt, ernte ich Unverständnis: „ Ja, wie?......"

Aber Lesen, Zuhören und reine Wissensanreicherung reichen nicht, das ist Kenntnis ohne Erkenntnis. Die praktische Umsetzung ist das Entscheidende. Für diese Menschen und die, die sich beratend für die Verbesserung von Fütterung und Gesundheit unserer vierbeinigen Familienmitglieder mit ihrem Wissen einsetzen möchten, habe ich dieses Buch geschrieben.

Rolf Schecker, der aus Überzeugung, dass Naturkost auch für unsere Haustiere gut ist, in den neunziger Jahren das erste Reformhaus für Hunde eröffnete, beglückwünschte mich in einem Brief vom 9.11. 1999 zu meinem zweiten Buch „Hilfe, mein Hund ist unerziehbar!" (⟹siehe Literaturangabe) wie folgt: „Sie haben ein völlig vernachlässigtes Thema endlich aufgegriffen......Mit Ihrer Kritik an Eis, Pizza und Schokolade für Hunde in unserem Reform-Programm haben Sie allerdings im Grunde recht. Wir sind jedoch aus wirtschaftlichen Gründen gezwungen, zwei Schienen zu fahren. Denn nur 15 % aller Hundehalter haben Interesse an naturbelassener Ernährung und wir müssen die restlichen 85 % auch ansprechen. Deshalb verkaufen wir auch Produkte, die unseren hohen Ansprüchen eigentlich nicht genügen." Und im Brief vom 15.11.99: „Für mein Beratungspersonal wird Ihr Buch demnächst Pflichtlektüre sein. Ich bin begeistert, wie intensiv Sie auf die Ernährungsproblematik eingegangen sind." Und so steigt jährlich trotz vielfacher neuer gesunder Angebote der Umsatz an Industrienahrung, Snacks und Unsinnigem bis heute. Aber auch die Barfer sind längst keine Nischengesellschaft mehr, immer mehr Firmen wollen auch an diesem Segment partizipieren, obwohl dieselben Firmen früher das Barfen schlechtgeredet hatten. Nach Angaben der ZZA 2014 (Zoologischer Zentralanzeiger) füttern inzwischen nur noch 77 % der Hundehalter Fertignahrung und Tiefkühlkost hat die höchste Zuwachsrate, besonders das sogenannte Fertig-Barf. Gleichzeitig ist aber das Segment der ungesunden und unsinnigen Snacks bis auf ein Viertel des gesamtdeutschen Tiernahrungsmarktes gestiegen.

Ich hatte mich schon sehr früh als Tierärztin für die Zusammenhänge zwischen Ernährung und Gesundheit interessiert, worüber ich im Studium nicht gerade üppig unterrichtet worden war und mich gefragt, wie denn früher Behandlungen ohne Antibiotika aussahen. Ich stöberte in antiquarischen Tierarzneibüchern, übernahm

Sinnvolles, verwarf, was meiner Erfahrung als Praktikerin und Hundezüchterin nicht entsprach, und entwarf fast für jede Krankheit Diätzettel, die ich meinen Patientenbesitzern mitgab. Der Pharmavertreter von Rhone-Merieux interessierte sich brennend für diese Anleitungen. Ahnungslos gab ihm welche mit, und das war dann die erste Firma, die Diätmenüs als Fertignahrung herausbrachte.Inzwischen ist ein unüberschaubarer Diätfuttermarkt daraus entstanden.

Einleitung

Brauchen wir Futterberater? Schließlich kommt jeder Wolf im Wald auch ohne aus. Sowohl Ur-Menschen, Wölfe und Wildkatzen lebten in Frühzeiten so gut wie krankheitslos. Und das ganz ohne Ratgeberliteratur, Impfungen, Pillen, Apotheken und sogenannte Ernährungsberater, die heute sowieso fast alle nur gekaufte Verkäufer sind. Wölfe sterben ohne den Eingriff des Menschen in der Hauptsache an Unfällen, beim Beutemachen und im Alter an Zahnverfall mit etwa 13 Jahren. Ansonsten sind sie gesund, sonst könnten sie nicht jagen und nicht überleben. Davon sind wir heute bei unseren Haustieren weit entfernt. Unsere vielen kranken Haustiere machen ein Umdenken not-wendig, eine Wende in der Not. Die Futterberater für unsere Carnivoren sollten deshalb Wildkatzen und Wölfe sein. Sie sind immer noch so eng mit unseren Sofawölfen verwandt, dass es Genforscher gibt, die der Meinung sind, Canis familiaris sei noch nicht mal eine selbständige Art. Der Mensch und seine Haustiere sind die kränksten Lebewesen auf diesem Planeten. Wir sollten uns fragen, warum das so ist. Die Natur sollte unser Vorbild sein und sie gibt die Antworten auf unsere Fragen.

Fertigfutter oder Eigenmischung? In keinem einzigen Zoo bekommen Wild- und Großkatzen, Wölfe, Füchse oder Marder kommerzielles Katzenfutter bzw. Trockenfutter serviert, weil sie es schlecht vertragen und davon krank oder unfruchtbar werden. Auch da sollten wir uns fragen, warum das so ist.

Der Futtermarkt ist inzwischen für Laien unüberschaubar geworden. Denn sie wissen nicht mehr, was sie geben. Sie wissen nicht mehr, was sie füttern sollen oder was in der gekauften Tüte eigentlich drin ist. Der Unterschied zum nächstliegenden Produkt ist nicht mehr schnell auszumachen, denn alle sind nach dem gleichen Prinzip hergestellt: möglichst billig und möglichst verführerisch verpackt und angepriesen. Standardisierung gaukelt eine Vielfalt der Auswahl vor, wo keine ist.Hier einen Überblick in der Angebotsfülle zu bewahren ist selbst für den Fachmann nicht leicht. Konzerne setzen als wirtschaftlich stärkere Partei einseitige Informationen für die Verbraucher durch. Von diesen wird hingegen juristisches und oecotrophologisches Universalwissen vorausgesetzt. Doch Kunden sind aufgrund beschränkter Zeit und Ausbildung selten in der Lage, sich alle diese Informationen anzueignen. Dafür soll dieses Buch einige Erkenntnisse vermitteln.

75 % der Hundehalter kaufen ihre Tiernahrung nicht im Fachhandel und stehen dort mehr oder weniger ratlos vor ca.100 verschiedenen Sorten auf dem deutschen Markt, der inzwischen nicht nur in Zooläden, sondern auch in Gartenzentren, Discountern, Drogeriemärkten, im Lebensmittel-Einzelhandel, in Supermärkten, Tierkliniken und -praxen und Onlineshops Tierfutter anbietet. Beratung wäre hier vonnöten. Da gibt es Trocken-, Nass-, Halbtrocken-, Gefrier-, Premium-, Allein-, Ergänzungs-, Barf-, Diät- und Medizinalfutter. So viel Auswahl und sowenig Durchblick! Auch verspricht die Auswahl nur eine scheinbar große Vielfalt.

Wolfswelpe barft von Natur aus

Noch unsicherer fühlen sich Kunden, die eigene Mischungen sinnvoll, gesund und preiswert zusammenstellen möchten. Da die Menschen aber kaum noch Zeit für ihr eigenes Essen aufwenden, soll auch für Hund und Katze alles schnell gehen, möglichst ohne Nachzudenken und ohne Eigenverantwortung. Für beide gilt wie oben dargelegt aber, dass ihre gesündeste Ernährung vollständige Beutetiere wären mit allem Drum und Dran, soll heißen mit Fell, Klauen, Horn, Hirn, Ohren, Mägen und Därmen mit Inhalt, hormonhaltigen Drüsen und Geschlechtsorganen, Foeten, Euter, Innereien, Knorpel, Knochen mit Mark, Fett, Blut, Sehnen und Muskeln. Nur freilaufende Katzen kommen noch gelegentlich an solche Genüsse. An dieser Aufzählung merken Sie schon, dass wir viele dieser Teile fast nirgendwo mehr kaufen können, zum Beispiel Blut, Hirn, Euter, Augen, Darm, Fell oder Hoden. Viele Teile werden gar nicht mehr verarbeitet oder sind verboten: Thymus, Milz, Nervenbahnen, Darm- und Mageninhalt, Drüsen, Knochenmark. Blut fehlt meist. Wir dürfen nicht mehr kaufen, was wir wollen, und was wir nicht wollen, das müssen wir kaufen oder es wird auf dem Acker oder in Drittweltländern entsorgt.(Was ein lügnerisches Wort!)

Selbst unser Luxus-Barf wird deshalb auch nicht komplett sein. Inzwischen gibt es mehr Kochbücher für Hunde als für Kinder, häppchenweise mit den erlesendsten Zutaten: Ich zitiere: 300g Ziegenfleisch + 30 g Ziegenherz + 20 g Ziegenleber + 50 g Ziegenknochen mit Fleisch dran, Bataten und Leinöl, vielleicht noch ein Eigelb. Für einen Chihuahua? So was würde in einem Gourmetrestaurant 40 Euro kosten. Für den Menschen wohlgemerkt.

Gekochtes Gemüse und gegartes Fleisch nennen sich Frischfütterung oder Kochbarf. Es gibt kein Kochbarf. Viele scheinen den Buchstaben R in dem Wort Barf, (**b**iologisch, **a**rtgerecht, **r**oh **f**üttern), nicht richtig zu interpretieren und stiften damit bei Laien absichtlich Verwirrung. Da müssen wohl einige etwas gehörig falsch verstanden haben. Ich finde es schade, dass zum Nicht-Wohle unserer vierbeinigen Begleiter potentielle Barfer durch solcherart Irreführung, Verkomplizierung und Messtabellen sowie Kosten abgeschreckt werden.

Verwilderte Katzen und streunende Hunde in südlichen Ländern ernähren und vermehren sich ganz ohne menschliche Hilfe. Sie brauchen auch keine Futterberater. Es macht aber Sinn zu fragen, wie die Vorläufer der heutigen Haustiere sich damals ernährten, um die Fragen zu beantworten, welches denn nun die gesündeste Ernährung für unsere domestizierten Fellmitglieder heute sein sollte. Moderne Industriekost, die dem Hundehalter das Überlegen und Planen abnimmt, gibt es ja erst seit einem guten halben Jahrhundert, und eines steht fest, gesünder sind alle dadurch nicht geworden. Wir haben nämlich heute nicht weniger, sondern andere Krankheiten, weniger akute infektiöse, dafür aber chronische, insbesondere betreffend Immunsystem (Allergien, Autoimmunerkrankungen, Krebs, Diabetes etc.) und Nervensystem (u.a. Epilepsie, Hyperaktivität), die eng miteinander in Verbindung stehen. Durch die Rückführung auf möglichst natürliche Ernährungsweisen lassen sich bei allen Haustieren aber viele dieser Zivilisationserkrankungen vermeiden, abmildern oder sogar heilen. Wer die diätetische und phytotherapeutische Medizin belächelt, sollte wissen, dass es pflanzliche Naturheilkunde in Asien schon seit 5 Tausend Jahren gibt, und zwar bis heute. Allein in Deutschland gibt es 440 verschiedene Heilpflanzen, nach einer anderen Quelle Tausende verschiedene, zu viele, um sie umfassend hier behandeln zu können. Davon sind etwa 100 pharmakologisch aktive Kräuter bisher eingehend erforscht worden. Auch die Indianer wussten und wissen viel über Kräutermedizin und nutzen sie weiterhin. Fast alle Wildtiere behandeln sich selbst durch die gezielte Auswahl ihrer Nahrung. Antibiotika werden nämlich in großem Stil erst seit etwas mehr als einem halben Jahrhundert eingesetzt und die Grenzen ihrer Wirksamkeit sind abzusehen. Es ist wichtiger gesund zu bleiben als es zu werden.

Hund und Katze haben sich sozusagen selbst zu Haustieren gemacht. Hauskatzen paaren sich heute noch problemlos mit Wildkatzen. Alle Hunde, mit und ohne Pedigree stammen vom eurasischen Grauwolf ab und haben sich nach den Forschungen der Archäologie im Laufe von mindestens 20 000 Jahren, gemäß den Gen-Forschungen der Mitochondrien innerhalb eines mehrfach größeren Zeitrahmens von bis 120 000 Jahren, vom Wild- zum Haustier entwickelt. Wolf-Hund-Kreuzungen bringen fruchtbare Nachkommen. Zwischen Wolf und Hund besteht nur 0,2 % Genunterschied, zu wenig, um Verhalten, Verdauung und Instinkte völlig an unser technisiertes, zivilisiertes Leben anzupassen. Der Hund profitierte von der Domestizierung, denn er

Grauwölfe

konnte als Kulturfolger von den Jagdabfällen weniger energiezehrend leben als selbst zu jagen und bekam dafür noch ein warmes Plätzchen am Feuer. (⟹siehe Tabelle 1 Vergleich Wolf-Hund)

Heute braucht sich sein Nachfahre um die Beschaffung seiner Nahrung im Allgemeinen nicht mehr besonders zu kümmern. Das ging im Laufe der Zeit mit einem gewissen Instinktverlust und angelernter Hilflosigkeit einher. Das führt soweit, dass er oft Bekömmliches nicht mehr von Ungesundem unterscheiden kann, meist hat er aber keine Wahl. Der Geschmackssinn ist bereits solcherart manipuliert, dass Kunstaromen zuweilen natürlichen vorgezogen werden. Hunde wurden vom Jäger zum Jagdbegleiter, vom Beutegreifer zum Resteverwerter, vom Fleisch- zum Allesfresser und Vegetarier, denn Industriekost besteht zu 50 bis 90 % aus Getreide.

Die Domestikation bescherte ihm auch helleres Haar, Buntscheckigkeit und blaue Augen, die in freier Wildbahn nur höchst vereinzelt auftreten. Weiß vererbt bei allen Haustieren mehr Defekte, zum Beispiel Enzymmangel, Verhaltensstörungen oder Taubheit, weshalb bei manchen Rassen diese als Fehlfarbe mit Recht ausgeschlossen ist. Die Haustierwerdung führte außerdem zu mehr Fettansatz, Störungen der Appetitregelung, mehr Sex, leichterer Unterordnung, größerer Schmerzempfindlichkeit und um ein Drittel verminderte Sinnesleistungen und Instinkte im Vergleich zu den wilden Vorfahren. Haushunde haben 28 % weniger Hirnmasse als Wölfe,verwilderte Hunde 24 % weniger. Hauskatzen haben ebenfalls 24 %weniger Hirn als Wildkatzen und sogar 30 % weniger bei den hochgezüchteten Rassen. Die verminderten Areale betreffen Seh- und Hörsinn und damit Aufmerksamkeit und Intelligenz.

Bewusst sollten deshalb Geschmacks-, Riech- und Tastsinn bei ihnen gefördert werden, sonst verkümmern die Sinne in unserer technisierten Kunstwelt noch weiter. Überall gaukeln Aromen Natürliches vor, zum Beispiel als Digest im Heimtierfutter. Es ist heute leicht, ursprüngliche Gerüche zu kaschieren oder Wertvolles durch Als-Ob zu ersetzen. Die erlernte Hilflosigkeit, die wir unseren Haustieren angezüchtet haben, scheint auch uns selbst zu erfassen: Wir brauchen Ratgeber für alles, können kaum noch selber unsere Nahrung zubereiten, uns selbst behandeln, unsere Kinder großziehen. Für alles rufen wir nach Spezialisten, Ratgebern und dem Staat.

Unsere heutige Industriegesellschaft ist aber nur an einseitiger opportunistischer Aufklärung interessiert. Lesen Sie, was Herr P. Brabeck-Letmathe, bis 2016 Chef des Nahrungsmittelriesen Nestlé, Fürsprecher der Gentechnik, in einem Interview der Zeitschrift „Trend" 2007 dazu zu sagen hatte: „Unser Tiernahrungsgeschäft gleicht einem Zerstörer, weil es groß und trotzdem agil ist. (.........) Dieser Flottenverband erlaubt es uns, von jedem Boot aus Übernahmen zu starten. Wie beim Geschäft mit Tiernahrung: Vor zehn Jahren waren wir die Nummer sechs auf der Welt, heute sind wir Nummer eins. Und das in einem großen, sehr dynamischen und rentablen Geschäftsfeld." Der Konzern ist auch „hundegebietsmäßig" an kleineren Firmen beteiligt, die ein Bauernhofnimbus umweht. Und weiter: „Wir haben vor 50 Jahren mit Esso versucht, Proteine aus Erdöl herzustellen. (.........) Heute produzieren wir fleischfreie Schnitzel. Die basieren nicht auf Erdöl, sondern auf Getreide." Die großen Futterforschungsfirmen haben längst auch Heimtierfutter, z.B. Gulasch für Hunde und Katzen aus Erdgas und Bakterien hergestellt und Klärschlamm eingerührt. Sie möchten das nicht glauben? Ich auch nicht.

Dazu ist zu sagen, dass es gottseidank in manchen Ländern für menschliche Nahrung eine Verbraucherpreiskontrolle gibt, sodass Lebensmittel einem gewissen Gewinnspannenlimit unterworfen sind, Haustierfutter jedoch nicht.

Dazu passt folgender Tenor: „Der Tierarzneimittelmarkt in Deutschland nahm 2008 wieder um 5,8 % zu und entwickelte sich zufriedenstellend. Wachstumsträger waren vor allem das Segment Impfstoffe mit einem Zuwachs von 13,8 % und neuzugelassene pharmazeutische Spezialitäten bei herzwirksamen Produkten, Schmerz- und Entzündungshemmern." Und weiter aus der Quelle des Zoologischen Zentralanzeigers: „In 2010 gab es einen Umsatzzuwachs an Tierarzneien um 3,8 %, besonders bei Impfstoffen, Antiparasitaria und Ohrmitteln. Der Umsatz von oralen Antibiotika stagniert seit einigen Jahren und schrumpfte um 1 %, was als abgeschwächtes Wachstum bedauert wird." Na prima, da wäscht wohl eine Hand die andere! Was bitte soll daran zufriedenstellend sein, wenn unsere Haustiere immer mehr Herz- und Schmerzmittel brauchen, obwohl sie doch immer mehr geimpft werden und immer mehr wissenschaftlich ausgeklügeltes Industriefutter kriegen? Trotz fortgeschrittener tierärztlicher Versorgung werden Hunde nur noch selten mehr als 10, im Mittel nur noch zwischen 3,7 und 4,8 Jahren alt. Veterinärmedizin versucht Tiere am Leben zu erhalten, die ihr eigens verkauftes Futter krank gemacht hat. Fertigfabrikate servieren nicht nur Nahrung, sondern Lebenseinstellungen gleich mit. Aber viele wollen es eigentlich auch gar nicht wissen. 70 % - 85 % der Hundehalter in den Westländern würden ohne Fertigfutter keinen Hund kaufen. Sie sollten es bleiben lassen.

Die grundsätzliche Frage bleibt aber bestehen: Was wäre die gesündeste Ernährung für unsere Haustiere? Zu den noch am natürlichsten lebenden Hunden zähle ich die Straßenhunde südlicher Länder, denn sie sorgen selbst für ihre Nahrung und pflanzen sich ohne die Hilfe des Menschen fort. Sie brauchen keine Futterberater. Bei den zivilisierteren sind die arbeitenden Jagd- und Meutehunde diejenigen, die ihre natürlichen Instinkte noch am ehesten ausleben dürfen, und vielleicht sogar das Glück haben, Wildfleischreste zu bekommen; dann gut gehaltene frei laufende Bauernhofhunde, die sich selber schon mal hier und da ein Mäuschen erbeuten und sich nebenbei über hingeworfene Nachgeburten und Schweinehoden hermachen.

Es ist immer noch das Beste, Hunde in Haltung und Fütterung so nah wie es in unserer zivilisierten Welt noch möglich ist, an ihre Urahnen anzupassen. Der Wolf kam aus der Kälte. Die genetisch ältesten Hunderassen sind nordasiatische Schlittenhunde (Laikas, Huskys und Malamutes), dann germanische Spitze und altägyptische Basenjis als frühere Jagdhunde. Letztere werden auch heute noch wie Wölfe nur einmal im Jahr läufig und bellen nicht. Australische Dingos und Neuguinea-Dingos gelten als Übergangshunde, als Zwischenstück zwischen Wolf und Hund. Sie bellen auch nicht, sondern heulen. Sie ähneln Paríahunden. Sie leben bei den Menschen, aber nicht mit ihnen. Sie jagen mit ihnen, bekommen von der Beute ab, aber ernähren sich sonst selbständig von Abfall, Ratten, Mäusen, Aas und Babykot. Sie sind gute Wachhunde, aber keine Schutzhunde.Überall auf der Welt mendeln sie mit der Zeit zu mittelgroßen, meist braungelben Exemplaren ohne Schlappohren mit ausgeprägtem Revierverhalten. Verwilderte Haushunde und -katzen kehren dabei zu dem Nahrungsspektrum ihrer Wildarten zurück. Jedoch haben nicht mehr alle Rassen, zum Beispiel welche mit extrem verkürztem Schädel, die natürlichen Voraussetzungen, verwildern zu können.

Es gibt 60 Katzenrassen und ca. 400 Hunderassen, darunter welche im Handtaschen- und im Ponyformat mit vielen unterschiedlichen Fellfarben und –längen, mit und ohne Ringelschwanz, faltigen Sabbermäulern oder Glupschaugen. Grönländische Schlittenhunde können bis zu 100 km am Tag laufen, schlafen bei 40 Grad minus im Schnee und man füttert sie mit gefrorenem Robbenfleisch, in Alaska mit Lachs, rohem Karibu- oder Walfleisch mit viel Speck. Sie sind zäh wie die Wölfe. Gegen Überfluss, chemische Pestizide, Plastik- und andere Giftstoffe haben aber auch sie keine ausreichenden genetischen Schutzmechanismen. Diese sind in ihrem evolutionären Programm nicht vorgesehen.

Die Ernährung gehört zweifellos zu den wichtigsten Umweltfaktoren, denen der Mensch und seine Heimtiere ausgesetzt sind. 80 % aller chronischen und degenerativen Krankheiten sind von Umweltfaktoren beeinflusst. Jede zweite

Krankheit ist unmittelbar oder mittelbar durch die Nahrung im positiven wie negativen Sinne beeinflussbar. Das fängt schon vor der Geburt an, weil Nähr- und Aromastoffe ins Fruchtwasser und in die Muttermilch gehen und schon dort Geschmackspräferenzen programmieren und später unseren Lumpi scharf auf sein XY Dosenfutter machen. Und erst die Miezen. Die Prägung setzt sich besonders intensiv in den ersten Lebensmonaten fort. Auch ein Grund, sich gebarfte Eltern für seine Welpen auszusuchen. Säugen prägt eben fürs Leben, unterstützt Abwehr und sogar Intelligenz. Sie meinen, die Hundeeltern spielen doch keine Rolle, wenn ich meinen eigenen Junghund barfe? Da sind Sie im Irrtum, denn die moderne Forschung der Epigenetik hat bewiesen, dass sich Einflüsse der Umwelt und der Lebensumstände noch 3 bis 5 Generationen danach auf die Regulation der Gene, ihr An- und Abschalten, auswirken. Menge und Qualität der Nahrung, toxikologische Umwelteinflüsse, medizinische Schadstoffe, sowie Bewegung, Stress, Traumata, Training und Erziehung wirken sich auf die Gesundheit, die Psyche und sogar auf die Kapazität des Lernspeichers aus.

Also noch mal die Frage: *Brauchen wir Futterberater?* Es scheint so, dass der moderne Mensch ja kaum noch weiß, wie er seine eigene Brut gesund großzieht, geschweige denn ein an Instinkt, Anatomie und Physiologie anderes Wesen. Fleischfresser haben Unterschiede an Sinnesleistungen, erstrebten Ressourcen, Körpersprache, Statussymbolen, Grundbedürfnissen und Drohverhalten. Denen sollten wir so weit wie möglich Rechnung tragen. Dafür müssen wir sie kennen. (⇒siehe Tabelle 1 Unterschiede Wolf-Hund)

Trotz ausgeklügeltrn Fertigfutters, trotz immer neuer Impfungen, trotz Rassezuchtverbänden, die die Gesundheit der Zuchtprodukte zu kontrollieren hätten, trotz Röntgenprogrammen und immer detaillierterer Vorschriften, allerdings nicht immer zum Wohle der Tiere, und trotz ständig neuer wissenschaftlicher Erkenntnisse ist es uns nicht gelungen, körperlich und vor allem auch mental gesunde, leistungsfähige Vierbeiner hervorzubringen. Schließlich sollte das das Ziel menschlicher Selektion sein, sonst kann man sie sich ja auch gleich im Straßengraben aufsammeln. Schließlich handelt es sich bei der Schaffung von Haustierrassen um uraltes menschliches Kulturgut. Leider haben Rasseclubs, zu meinem Bedauern auch meine Zunft der Tierärzte, sich nicht nur dafür viel zu wenig eingebracht, nein, sie haben sich auch noch zu Handlangern der Abfallindustrie gemacht, wurden vom Therapeuten zum Händler, vom Zuchtwart zum Pröbchenabgeber und Sackverkäufer.

FCI (Federation Cynologique Internationale)-Präsident und Vizepräsident unterzeichneten einen Vertag zur Kooperation mit Eukanuba. Zitat in „Unser Rassehund" 2/2007:„Diese Partnerschaft wird uns in die Lage versetzen, mehr Einfluss auf unsere Züchter auszuüben." Die Zusammenarbeit umfasst stärkere Präsenz von Eukanuba im FCI Magazin in Form von Artikeln über Hundeernährung und Anzeigen, gegenseitige Weblinks und Werbung für den FCI mit dem Logo des FCI auf den Züchterpackungen. FCI hat Mitglieder in 83 Ländern, gegründet vor fast 100 Jahren für „die Förderung der Zucht von Hunden mit funktionell einwandfreiem Gesundheitszustand.“ Man denke sich seinen Teil.

Welpenclubs von Futterketten geben Welpenpakete ähnlich wie im Krankenhaus an Wöchnerinnen gegen Registrierung mit Impfpass, Steuermarke und Chipnummer ab. Schließlich sind inzwischen Datensammlung und die Information über den Kunden mindestens ebenso viel wert wie die Programmierung des Tieres auf die Futtermarke. In internen Schulungen für Futterverkäufer wird gezielt psychologisch auf die Vermenschlichung des 4-Beiners gesetzt, um Verbrauchern bereitwillig einen höheren Preis für Premiumware zu entlocken. Unterstützt wird das Ganze noch durch produktnahe Verkaufsschulungen in Veterinärkliniken und –semestern sowie auf Tierarztkongressen. Auch die Tierheilpraktiker haben da leider ihre Chance nicht erkannt und sich inzwischen ebenfalls vereinnehmen lassen. So gut wie alle Ernährungs-Fortbildungen in Wort und Schrift sind konzerngesteuert und lediglich auf lukratives Spezialwissen ausgerichtet. Natürliche Vitamine kommen darin nicht vor. Mit dem Futterverkauf in Tierarztpraxen finanziert sich ihr Personal von selbst. Aussagen von Professoren, die nicht ins ökonomische Schema passen, werden nicht publik gemacht. Schon in den 70iger Jahren war bekannt, dass Fertigfutter ad libitum Schilddrüse und Knochenaufbau durcheinanderbringen und Hüftgelenksdysplasie, sowie Osteochondrose Vorschub leistet. (Dämmrich 1983, Billighurst 1993, Zentek 1995, Kammerer 2000 u.a.). Geändert hat das nichts. Bis heute herrscht die Meinung vor, HD sei genetisch bedingt. Es wird ja auch am Röntgen gut verdient, was aber seit Jahrzehnten nicht zu der Eliminierung dieser Krankheit geführt hat.

Ernährungsbedingte Zivilisationskrankheiten werden bis heute von Behandlern selten erkannt. Man tötet und verändert Nahrung, um die entstandenen Defizite mit ebenfalls toter und vitalstoffarmer Nahrung zu kurieren. Der Ansatz “Immer mehr vom Gleichen“ hat noch selten zu Problemlösung geführt. Ernährungs- und Orthomolekulare Medizin, Phyto- und Umweltmedizin sind leider selbst beim Menschen noch sehr unterbelichtet. In der orthomolekularen Medizin wird gefragt *was fehlt* und das Fehlende als Substitutionstherapie zugefügt, wobei die Diätetik hier besonders zum Einsatz kommen kann. Die Umweltmedizin fragt, welche ungesunden Stoffe *zu viel* im Organismus abgelagert sind und wie sie wieder ausgeleitet werden können. Raus ist viel schwieriger als rein. Bei Tieren haben wir den unschätzbaren Vorteil, dass der Mensch die Kost des Tieres überwachen kann, was bei zu behandelnden Menschen und Kindern nicht immer so einfach ist. Der Umgang mit dem Haustier macht es ebenfalls erforderlich, es nicht isoliert, sondern im Zusammenhang mit seiner Umwelt zu sehen.

Sehr oft kann auf Antibiotika und Kortison verzichtet werden, wenn Diätetik und Heilpflanzen zum Einsatz kommen, ggf. in Kombination mit Alternativmedizin wie Homöopathie, Hydrotherapie, Bachblüten, Probiotika, Heilfasten, Physiotherapie, Schüßler Salzen usw. (⟹ siehe Tabelle 2 Schulmedizin), aber auch mit allopathischer Medizin, wo manches Mal die Dosis reduziert werden kann. Das Grobstoffliche kann problemlos mit dem Feinstofflichen kombiniert werden, sowie immer, nicht zu vergessen, mit positiver Zuwendung und Streicheleinheiten für die Psyche. Die Ganzheit macht´s. Das alte Prinzip des Nichtschadens sollte immer noch das oberste Prinzip des Therapeuten sein und bleiben. Die Herangehensweise ist immer von zwei Seiten möglich: *Passiv gegen* die Symptome oder *für aktive* Unterstützung der Immunabwehr, sozusagen Hilfe zur Selbsthilfe. Es gibt aber weder den nur einen gangbaren Weg der Schulmedizin, noch sind Wunder mit biologischer Medizin garantiert.

Gesundheit ist kein Zustand der automatisch passiv zu erhalten ist, wenn man nur den Vorschriften der Futterindustrie und der Tiermedizin folgt und unkritisch Spritzen verabreichen und Pillen schlucken lässt. Gesundheit ist ein immerwährender Prozess. Gesundheit ist identisch mit einer inneren ausgeglichenen Ordnung.

Hunde- und Katzenliebhaber haben ein Recht auf schöne Vierbeiner, die einfach nur Freude machen. Kein Halter wünscht sich sein felliges Familienmitglied als Dauerpatient, als Dummchen, als Kampfmaschine oder Katastrophentier. Also noch mal die Frage: *Brauchen wir Futterberater?* Weil die oben angeführten Berufsgruppen sich im Allgemeinen darum zu wenig gekümmert haben, ja, deshalb brauchen wir sie inzwischen. Aber wir brauchen nicht noch mehr industrieabhängige Nachplapperer, sondern von Tierfutterkonzernen *unabhängige* Futterberater und produktneutrale Schulungen. Auch vermeintlichte Infomationsportale im Internet entpuppen sich oft erst auf den zweiten Blick als gut getarnte Konzernwerbung.

Angewendetes eigenes Grundlagenwissen wäre auch ein wichtiges Feld für Tierheilpraktiker, Barfshop-Betreiber, Futterhersteller, Tierärzte, Tierphysiotherapeuten, Dogwalker und Hundeerzieher und weiteren nichtakademischen Berufsgruppen, denn manch eine Krankheit oder Verhaltensstörung ist weder durch schulmedizinische, noch durch alternative Therapien heilbar, wenn die Ernährung nicht stimmt. Psyche und Erziehbarkeit, Gelehrigkeit und Lebensfreude, ja sogar Glücksgefühle lassen sich durch Ernährung beeinflussen. Gesundheits- und Leistungsprobleme werden in den meisten Fällen durch Fehlfütterung ausgelöst und sind umgekehrt in vielen Fällen auf dem gleichen Wege auch verbesser- oder -lösbar. Diätetik und Phytotherapie eröffnen ein weites therapeutisches Feld. Was dazu gebraucht wird ist allerdings Geduld und Wissen. Dieses Buch soll den Tierhalter und Ernährungsberater dafür qualifizieren sich mehr anzueignen, als was auf der Packung steht und was der Hersteller ihn wissen lässt. Oft ist das, was verschwiegen wird, von größerer Bedeutung. Und ich würde mich freuen, wenn er bzw. sie auch das Ein oder Andere für sich selbst und die eigene Familie als Erkenntnis umsetzen würde.

Nur Gefühl ohne Wissen führt zu Vernachlässigung, weil Kenntnisse von artgerechten Bedürfnissen fehlen, die des Tieres, aber auch die der eigenen Persönlichkeit. Tiere leiden deshalb oft ungewollt durch ihre eigenen Besitzer, weil zu viel Herz, zu wenig Verstand im Spiel ist. Darauf zielt großtechnisch hergestelltes Kunstfutter, das sich dann „Wahre Liebe“ nennt, um Herz und Geldbeutel zu öffnen. Liebe allein reicht leider nicht. Emotionale Vernunft wäre der richtige Mittelweg.

Zuerst sollten Sie als Ernährungs-Coach die Ist-Bestandaufnahme ergründen und schriftlich per Fragebogen festhalten, dann mehrere passende neue Menüzusammenstellungen erarbeiten, eventuell auch den Besitzer beim Einkauf beratend begleiten. Für eine Erstberatung müssen Sie deshalb mindestens eine Stunde einplanen, am besten im Zuhause des Vierbeiners. Eine gute Anamnese ist die halbe Therapie. (⟹siehe Tabelle 3, Anamnesebogen). Für Wochenpläne werden zwischen 30 bis 300 Euro, je nach aufgewendeter Stundenzahl berechnet. Unabhängige Futterberater könnten gut mit Tierärzten oder Kliniken zusammenarbeiten, denen die Zeit für diese Ausführlichkeit fehlt, sofern sie sich nicht schon von Futtermarken haben einbinden lassen.

Wir sollten uns auch auf ein wenig Mitbestimmung unserer anvertrauten Vierbeiner einlassen können, die gar nicht so unwissend sind, wie wir glauben. Spezieller Sachverstand wurde von der Industrie in functional food umgesetzt, das heißt Futter, das nicht nur satt machen soll, sondern mit ausgefallenen Zutaten wie Extrakten von Baumrinde oder Knorpel Gesundheit und Wohlbefinden verspricht. Aus Sicherheitsgründen liegen diese Zusätze aber meist weit unter der therapeutisch wirksamen Dosis.

In England gibt es eine neue Heilmethode, bei der dem Tier die Auswahl des Heilmittels überlassen wird im Vertrauen auf die Weisheit des Körpers, der die Tiere noch etwas näher stehen als wir Menschen mit unserem vielen falsch angelernten Wissen. Es ist bewiesen, dass Tiere einen therapeutischen Instinkt für ihre Nahrung haben, wenn ihre Sinne nicht schon durch künstliche Stoffe manipuliert wurden. Diese Therapieform nennt sich Zoopharmakognosie, also das Wissen der Tiere um eigene Behandlungsformen. Bei dieser Methode haben sie die Auswahl zwischen verschiedenen Gemüsesorten, Heilerden, Kräutern, Ölen usw. Sie hat sich als sehr erfolgreich bei Verletzungen und Verhaltensproblemen, auch bei Zootieren, erwiesen. Dem Tier eigene Entscheidung zu überlassen funktioniert aber nur bei natürlichem Angebot. Katzen würden Mäuse kaufen, Hunde würden Hasen jagen. Der Wolfsforscher Günther Bloch schreibt über verwilderte Hunde, dass sie Trockenfutter und Pizza nicht für wert befinden zu verteidigen, wohl aber rohe Geflügelreste. Unsere Vierbeiner scheren sich auch nicht um kulinarische Modeerscheinungen.

Anatomische und physiologische Übereinstimmung bei Wolf und Hund und Unterschiede zum Menschen, insbesondere der Verdauung

Welches sind die angesprochenen Unterschiede?

Nahrungsfindung und –aufnahme sind eng mit den Sinnesorganen verknüpft, vor allem mit dem *Geruchsinn*. Er hat elementare Bedeutung für den Fleischfresser, soll er doch in der Natur seine Beute auch von Weitem ausmachen können. Er lebt in einer Geruchswelt, nicht in einer Seh-Welt wie der Mensch. (⟹siehe Tabelle 4 Vergleich Mensch-Hund). Unsere Caniden können Wild auf große Entfernungen und sogar Vergrabenes erschnüffeln. Sie werden von Verwesungsgeruch wie magisch angezogen, das wäre früher (und leider auch heute noch) die einfachste Magenfüllung von allen gewesen. Aber nicht nur das. Hunde besitzen je nach Rasse 125 - 300 Mio Riechzellen in ihrer Nasenschleimhaut verbunden mit 10-30 % Hirn, das ist 40 x mehr als beim Menschen. Sie können 10 000 verschiedene Gerüche unterscheiden, die jeweils ihren eigenen Rezeptor haben. Deshalb ist ihre Differenzierungsmöglichkeit je nach Rasse 1000 bis 10 millionenfach empfindlicher als beim Menschen. Sie können daher Spuren verfolgen, auch wenn diese schon einige Tage alt sein sollten oder Leichen in 10 Meter Wassertiefe ausmachen, eine außergewöhnliche Fähigkeit, die der Mensch sich bei Jagd-, Spür- und Rettungshunden zu Nutze macht. Am weitesten hat die Rasse der Bluthunde die Nase vorn, Springer-Spaniels sind darin auch nicht schlecht.

Der Geruchsinn hat elementare Bedeutung für den Hund, und zwar nicht nur für die Wildfährte und Nahrungsfindung, sondern auch für Sozialbotschaften. Hierfür werden Kot und Urin anderer Artgenossen hinsichtlich Geschlecht, Alter, Sexualstatus, Zeitpunkt der Ortspräsenz und individuellem Eigengeruch interpretiert. Im Vergleich zur Hundenase nimmt sich die unsere recht armselig aus: Wir haben nur etwa 5 Millionen Riechzellen und die Verarbeitung der Geruchseindrücke beansprucht in unserem Gehirn nur 1 bis maximal 5 %. Das wäre etwa im Vergleich die Informationsmenge eines Kaffeetabletts zu einem Fußballfeld beim Hund. Auch deswegen wird unser Hund immer schneller sein als wir, wenn es ihm darum geht, mal eben schnell ein maulvoll Stinkiges zu ergattern.

Beim *Geschmackssinn* hingegen kann er zwar süß, salzig, sauer, bitter und fleischig unterscheiden, das ist hingegen nur ein Fünftel unserer menschlichen Geschmacksfähigkeiten. Im Ganzen geht er deshalb fast geschmacklos durchs Leben. Er ist von Natur aus kein Genießer, denn dafür bleibt bei den vielen Schnorrern ringsum keine Zeit. Durch Schlingen der Beute hat die Nahrung ja sowieso nur kurzen Kontakt mit seinen Geschmackszellen, Gründe, warum Hunde leicht zu vergiften sind. Dafür ist das Untermischen von Medikamenten meist problemlos.

Katzen haben nur wenige Sensoren für Zuckerhaltiges, schließlich schmecken Mäuse und Vögel nun mal nicht süß.

Abwechslungsreiche Fütterung bietet nicht nur sinnliche Erlebnisse für unsere Vierbeiner, sondern stimuliert auch die entsprechenden Gehirnareale.

Caniden verlassen sich in der freien Natur neben Anspringen und Umwerfen zum Beutemachen neben ihrem hervorragendem Geruchssinn in der Hauptsache auf ihre *Zähne*. Durch ihre Aasfresserei injizieren sie zudem gleichzeitig Bakterien in Bisswunden. Diese können schlimme Infektionen bei Mensch und Tier zur Folge haben. Dieselbe Beute war dann später durch Schwächung noch erlegbar, sollte sie entkommen sein. Ihr Fleischfressergebiss ist durch die Reißzähne, die sich wie Nägel ins Fleisch bohren, außerdem noch ganz auf das Festhalten der Beute programmiert, und man glaubt es kaum, der Wolf soll eine Kieferkraft von 1,5 t haben, ein Bullterrier noch eine Tonne. Dann reißt und schlingt er seine Beute mit Haut und Haar, er kaut sie nicht, kann auch kaum Seitwärtsbewegungen mit seinem Kiefer machen.

Caniden und Feliden schlucken kleine Beutetiere immer in Fell- oder Federrichtung, also immer mit dem Kopf zuerst. Dennoch brauchen sie ausreichend *Speichel*, um ihre Opfer, die ja auch Krallen und Schnäbel haben, gleitfähig zu machen, um sich nicht die Speiseröhre zu verletzen. Das ist ein Grund, warum heute noch so viele Hunde sabbern. Ihre Fäden ziehende visköse Spucke enthält im Gegensatz zum Menschen kaum Verdauungsenzyme, aber viel Gleitmittel. Die Enzyme hätten sowieso kaum Zeit zur Einwirkung. Ihr Speichel hat im Gegensatz zum Menschen so gut wie keine Ptyaline. Das sind kohlenhydrat-zerlegende Enzyme (alpha-Amylasen), warum auch, der Hund ist eben auch ein Fleischfresser, und Fleisch ist Protein. Hunde gelten als recht resistent gegen Karies, weil ihr Gebiss so geformt ist, dass nur wenige Essensreste hängen bleiben. Allerdings hat sich das geändert, seit Hunde und Katzen mit Industrienahrung zu viel Getreide zu sich nehmen, das an den Zähnen kleben bleibt und durch Säure Plaques entwickelt. Und da gibt es Futterfirmen, die wollen durch bestimmte Krokettenform die Aufnahme auch noch verlangsamen! Vier von fünf Hunden über 6 Jahren haben heute Zahnerkrankungen. Und so müssen sie neuerdings zum Zahnarzt wie Menschen auch. Wölfe sterben in der Hauptsache, wenn nicht früh durch illegale oder legale Abschüsse, Unfälle mit Autos, selten in Auseinandersetzung mit Artgenossen, im höheren Alter an Zahnverfall, weil sie eben keine Zahnbürste kennen. Durch Benagen von rohen Knochen entwickeln sie aber viel später Parodontose als unsere Hunde. Bei allen Tieren und Menschen besteht die natürliche Zahnreinigung im Kauen harter Kost, seien es nun Knochen oder Möhren.

Nach dem Abschlucken passiert das Futter die *Speiseröhre* und gelangt in den Magen. Bei Fleischfressern ist die Speiseröhre besonders dehnungsfähig, um auch größere Brocken unzerkaut bis zum Magen gelangen zu lassen.

Der *Magen* des Hundes kann sich ebenfalls sehr gut ausdehnen. Ein Wolf kann bis zu 10 kg Fleisch auf einmal verschlingen. Auch der Hund kann auf Vorrat fressen, um damit problemlos Hungerperioden durchzustehen. Der Wolf wechselt zwischen Fasten und Völlerei. Häppchen in Form von Kleinnagern gibt's nur in mageren Zeiten. Das stellt das Dauernibbling von Back-Klickern bei unseren domestizierten Exemplaren doch sehr in Frage.

Der muskuläre Verschluss des Magens zur Speiseröhre hin ist leicht zu durchbrechen. Caniden übergeben sich leicht, sollten sie sich einmal überfressen oder etwas Unverdauliches verschluckt haben. (⟹siehe Erbrechen)

Ein gesunder Hund ist wenig verdauungsempfindlich. Das hängt auch mit dem pH-Wert der Magensäure zusammen. Sie ist beim Hund 1100 mal saurer ist als beim Menschen, um damit alle Bakterien und Leichengifte unschädlich zu machen. Das gelingt mit Hilfe eines Magen-pH-Wertes von bis unter 1 bis 3,7, also sozusagen durch konzentrierte Salzsäure. Außerdem verfügt er über ein spezielles Enzym, die Urikase, welche hilft, die bei der Fleischverdauung entstehende Harnsäure auszuscheiden. So ist der Hund befähigt, nicht nur Fleisch, sondern auch Knorpel, Knochen, Sehnen etc. wesentlich vollständiger zu verdauen als der Mensch. Er verträgt also ohne Weiteres auch angegangenes Fleisch oder für unsere Nasen Verdorbenes, sogar Aas, und wird sogar von Verwesungsgestank wie magisch angezogen. Ich sage „leider" und jeder Hundehalter weiß, was ich meine.

Hunde vergraben Vorräte, wenn sie satt sind, die sie auf Grund ihrer guten Nase leicht wiederfinden, auch wenn sie schon ein halbes Jahrhundert alt sein sollten. Bei ihnen ist Übergeben fast als normal zu betrachten. Da ihre Vorfahren wegen der vielen Fraßkonkurrenten ohne viel Federlesens immer schnell schlingen mussten, hat die Natur es vorgesehen, dass sie auch Falsches schnell wieder erbrechen können, auch wenn die Menge zu groß war, dann fressen sie es eben noch mal in Ruhe. Denn die Welt ist voller Schnorrer. Es ist ein Prinzip der Natur. Nicht nur der Wurfbruder will ein Stück abhaben, auch Krähen, Geier, Bären, Schmeißfliegen und Ameisen sind scharf auf die Reste, im Haus wohl eher die Katze. Hunde sind leicht zu vergiften, da sie durch ihren Schlingreflex und mangelnden Geschmackssinn erst mal alles schnell hinunterwürgen. Viele Hunde haben sich so mit Rattengift, Rasierklingen oder Glasscherben vergiftet und mussten auf Grund dieses Instinktes ihr Leben lassen. Katzen sind da vorsichtiger, sie reißen und kauen mehr. In diversen Erziehungsbüchern findet man Anweisungen, seinen Hund im Freien Futterstücke suchen zu lassen. Ich kann nur dringend davon abraten. Lieber sollte man seinen Hund erziehen, von Fremden oder draußen nichts Fressbares anzurühren. Leicht ist das allerdings nicht, aber schon ein scharfes „Aus" von weitem kann den Hund vor einer Vergiftung retten, wenn er den vermeintlichen Leckerbissen dann vor Schreck fallen lässt.

Magensäure, Pepsin und Verdauungsenzyme von *Bauchspeicheldrüse, Leber und Gallenblase* werden bei Hund und Mensch nur bei Bedarf, sprich nach Nahrungsaufnahme, abgegeben. Das besagt, dass Wolf und Hund auf Großportionen ausgelegt sind, nicht auf ständige Leckerchen oder Klein-klein-portionen, die konstant Insulinausschüttung und Magendrüsen aktivieren, was zu Diabetes und dem sogenannten Gallekotzen führen kann. (⟹siehe jeweils dort) Der Hund ist also wenig verdauungsempfindlich beispielsweise im Vergleich zum Pferd mit seiner ununterbrochenen Galleausschüttung und dem vergleichsweise kleinen Magen, aber *er* hat den buchstäblichen Pferdemagen.

Hunde neigen zu langem und ausgiebigen Verdauungsschlaf nach ausreichender Mahlzeit. Nichtstun optimiert die Verdauung, auch beim Menschen.Verdauungsarbeit erfordert Energie und macht müde. Der Sättigungsgrad bestimmt die Ruhedauer. Hunde leben mit kurzen Fress- und langen Ruhezeiten im Gegensatz zu Pflanzenfressern mit langen Freß- und kurzen Ruhezeiten. Satte Wölfe schlafen hundemüde bis zu 18 Stunden. Was sagt uns das? Der kurze Spaziergang zum Versäubern sollte nach dem Fressen eingeschoben werden, der lange aber nicht, weil der Magen noch voll ist, was unter Umständen durch Toben die gefürchteten Magenumdrehungen provozieren könnte.

Nach und nach wird dann der schon halb zersetzte, sehr saure Futterbrei in den *Dünndarm* abgegeben. Dort warten die Enzyme der Bauspeicheldrüse und der Leber auf die molekulare Zerlegung von Fetten, Proteinen und einigen Kohlenhydraten mit ihren Lipasen, Proteasen und Amylasen. Ihr Mischungsverhältnis richtet sich nach dem Angebot. Diese Sekrete sind die alkalischsten des gesamten Organismus und haben einen pH Wert von bis zu 8. Sie müssen demnach viel leisten, um die Säure des Magens wieder bis zu einem gewissen Grade zu neutralisieren, denn nur in diesem Milieu funktioniert die Darmverdauung. Sie geht aber nicht nur mit Verdauungsfermenten vonstatten, sondern auch mit Hilfe Milliarden winziger Helferlein in Form von Kleinstlebewesen, denen der Dickdarm Wohnrecht bietet. Sie sind in der Lage, Schwerverdauliches in Wertvolleres und Resorbierbares umzuwandeln. Auf dieser relativ kurzen Strecke leisten Darmbakterien, Einzeller und Pilze lebenswichtige Arbeit in der Aufschlüsselung aufgenommener Pflanzen, sowie der Herstellung von Vitaminen, Enzymen und Fettsäuren. Frische Pferdeäpfel haben noch eine Unmenge an Enzymen und lebendigen Mikroben, die Fleischfresser gerne zu sich nehmen, um ihrer eigenen Darmflora neue Gene zuzuführen und ihre eigene gesund zu erhalten. Dasselbe geschieht auch, wenn sie die Därme eines geschlagenen Beutetieres verspeisen. Was folgt daraus? Lasst eure Hunde frische Kuhfladen, Pferdeäppel und Schafköttel fressen. Es ist gut für ihre Gesundheit, wenn auch nicht gut für unsere Nasen. Mensch und Tiere wären ohne ihre Darmflora nicht lebensfähig, aber sie unterscheiden sich durch die omnivore bzw. carnivore Ernährungsform. 300 Bakterienarten finden sich im Hundedarm, der nur etwa 5 x so lang wie der Körper ist. Eigentlich wären diese hauptsächlich auf die Zersetzung von Proteinen und Fetten ausgerichtet. Bei Füttern von Fertigfutter, das kohlenhydratlastig ist, findet sich heute aber mehr eine vegetarisch konvertierte Flora. Unser Hund soll nicht leben wie ein Hund! Er sollte so weit wie möglich leben wie ein Wolf! Damit er wieder große Sprünge machen kann. Durch kontinuierliches Barfen, das heißt Roh-Fleisch-Füttern, kann sich eine gesündere, natürlichere Fleischfresser-Flora aber wieder bilden. Fleischnahrung ist wesentlich

Schon Welpen interessieren sich für Pferdeäpfel

gehaltreicher und belastet den Verdauungsapparat weit weniger an Zeit und Menge. Dadurch erklärt sich der kürzere Darm des Hundes, seine viel kürzere Kontaktzeit der Nahrung von nur einem halben Tag bei rohem Fleisch und eine relativ kleine Kotmenge ein bis zwei Mal am Tag, da fast alles resorbiert werden kann. Bei zu viel Kohlenhydraten verändert sich die Flora unnatürlich, die Verdauungszeit verlängert sich auf fast das Doppelte und es wird etwa an Menge so viel ausgeschieden wie gefressen wurde, weil der Hund eben nur einen kleinen Teil an Getreidestärke verwerten kann.

Die Darmflora verändert sich je nach Lebensstil, Krankheit, Antibiotikabehandlungen, besonders aber durch das Futterangebot: Bei einem eiweißreichen werden Bacteroides-, Proteus-, Campylobacter- und Clostridien-Arten unterstützt, bei stark kohlenhydratlastigem Futter nehmen Hefen, Saccharolyten, Spirillen, Spirochäten, coliforme Bakterien, Clostridium perfringens und Giardien überhand, die zu gärigen Darmentzündungen und blutigen Durchfällen führen können. Eine gesunde Darmflora, die durch Vaginalgeburt (⟹siehe Grafik 5, Diagramm Scheidenflora), Säugen und Lecken vom Muttertier übertragen wird, danach durch art- und bedarfsgerechtes Futter, entscheidet über spätere Allergiefreiheit, Normalgewicht und gute Nerven.

Der Verdauungskanal des Hundes ist ungefähr 5 bis höchstens 6 mal so lang wie sein Körper und das Gewicht des Verdauungstraktes zu dem des Körpers beträgt zwischen 3,5 bis 7 %. Der Hund hat also im Vergleich zum Pflanzenfresser einen sehr kurzen Darm. Er verdaut mindestens doppelt so schnell wie der Allesesser Mensch: In 5-10 Stunden, die Katze in 8 bis 12 Stunden. Dieser Zeitraum bezieht sich aber nur auf rohe Fleisch-Fett-Knochen-Nahrung, die sehr gehaltreich, leicht umbaubar und verdaulich ist und wo die selbstverdauende Enzymtätigkeit sofort einsetzt. Koch- und Fertigkost dauern doppelt so lange und bewirken außerdem als Nicht-Natürlich eine Erhöhung der weißen Abwehr-Blutkörperchen als postsenale Leukozytose im Blut.

Der Darm ist das wichtigste Immunorgan und eine der größten Kontaktflächen mit der Außenwelt, angereichert mit Keimen, Antigenen und Umweltgiften. Deshalb sind Immunsystem und Entgiftung durch orale Zufuhr beeinflussbar. (⟹siehe Entgiftung)

Das Verdauungssystem von Wolf und Hund ist vollkommen identisch, auch von Wild- und Hauskatze. Ein Anatom oder Pathologe kann sie nicht unterscheiden. Ohne die darin lebenden Mikroben könnten unsere Vierbeiner nicht überleben, sie würden verhungern. Wenn diese Darmbewohner sich pudelwohl fühlen, leisten sie nicht nur gute Verdauungsarbeit, sondern sie produzieren auch noch Enzyme,Vitamine und Schleimhautschutzstoffe.

Alle Säugetiere werden fast steril geboren und dann als erstes von der Mutter individuell durch den Geburtsvorgang beimpft, der genau die Mikroben weitergibt, die die Mutter im allgemeinen gesund erhalten haben und die ihrer Nahrung entsprechen. Durch Säugen, Lecken, engen Körperkontakt und Hervorwürgen von Mageninhalt bei Caniden werden dann weitere Mikroben übertragen. Leider können die Neugeborenen auch falsche Mikroorganismen durch eine pathogene Vaginalflora oder Würmer vom Muttertier aufnehmen. Wenn es nicht zu viele sind, wirken letztere wie eine natürliche Anti-Allergie-Impfung.

Alle diese Zusammenhänge erscheinen nicht sehr lecker und wurden deshalb in der Schulmedizin ignoriert, die der Meinung war, alle Keime seien grundsätzlich von Übel. Bakterien wurden lange in Form einer Art Schädligsbekämpfung verfolgt. Dabei können gute Bakterien Viren abwehren, indem sie ihnen Genteile ausschneiden. Der Nachweis einer Mikrobe ist aber nicht zwangsläufig der Nachweis einer Krankheit. Wir können mindestens ebenso viele Mikroben für Gesundheit verantwortlich machen wie für Krankheiten. Ohne seine Besiedlung ist der Darm nur ein lebloser Schlauch. Das ist auch ein wichtiger Gesichtspunkt bei allen Kaiserschnitt-Geborenen, die unter anderem durch diese mangelnde Beimpfung und gleichzeitige Narkose in ihrer Entgiftung schon sehr belastet sind. Neuroleptika in der Muttermilch schädigen die spätere Lernfähigkeit, indem sie die Bildung von Dopamin, einem Neurotransmitter, im wachsenden Gehirn verhindern. Die so zur Welt Gekommenen haben zu viel Gift im Körper und zu wenig helfende Mikroben und von Anfang an ein höheres Allergierisiko. Man hat auf diese Weise keimfrei gezogene Hunde auch noch mit abgekochtem Futter groß ziehen wollen. Sie hatten verkümmerte Lymphknoten, verkleinerte Milz, kaum Immunzellen im Darm und entwickelten schwere Infekte, wenn sie mit der Außenwelt in Kontakt kamen.

Der Darm ist das zweite Gehirn. Es steuert mit 100 Millionen Nervenzellen und den gleichen Botenstoffen als wichtigstes Immunorgan die Abwehr von Krankheiten, nicht nur den Verdauungsapparat betreffend. Er ist also das wichtigste Organ zur Infektbekämpfung, weshalb die Ernährung den wichtigsten Umwelteinfluss überhaupt darstellt. Hier läuft sozusagen die Umwelt quer durch den Organismus, der fähig sein muss, Wertvolles von Giftigem und Überflüssigem zu unterscheiden. Ernährung ist Kommunikation der inneren Körperwelt mit der Außenwelt. Auch naturkundliche Therapien sind ohne die Berücksichtigung des Darmgeschehens zum Scheitern verurteilt.

Die Information „Leben" auf Zellebene ist von entscheidender Bedeutung für Gesundheit und Ausgeglichenheit, ja Glücksgefühle. Die Darmflora sowie ihre Enzyme müssen in der Lage sein, die aufgenommenen Proteine in Aminosäuren, die Fette in Fettsäuren und die Kohlenhydrate in kleinere Stärkeeinheiten zu zerlegen. Können sie das nicht ausreichend, weil das Gleichgewicht der Mikroorganismen untereinander gestört ist, dann wandern zu große, also nicht ausreichend zerlegte Moleküle durch die Darmschleimhaut ins Blut. Sie passieren damit die Schutzbarriere der Darm-Blut-Schranke. Das passiert besonders dann, wenn die Darmwand nicht ausreichend mit Schleimstoffen geschützt ist und sozusagen Löcher aufweist. Die zu großen Moleküle oder auch pathogene Erreger wandern dann ins Blut und können dort eine Reaktion als Abwehr auslösen. Diese Neutralisationsmoleküle kann man dann labormäßig anhand der Antikörper messen. Durch das Blut gelangen diese dann auch in den gesamten Körper und können in verschiedenen Organen wie Haut oder Gehirn Symptome auslösen, wenn nicht der Verdauungsapparat schon direkt durch Übergeben oder schnellere Darmpassage, sprich Durchfall, sich des Unbekömmlichen zu entledigen versucht hat. (⟹ siehe Tabelle 6 „Individueller Stoffwechsel")

Am Ende der Verdauungstätigkeit steht die Ausscheidung. Hunde haben auf beiden Seiten des Polochs eine besondere, für menschliche Nasen sehr übelriechende *Analdrüse*, die einen individuellen Erkennungsduft verströmt, so dass der nächste an der Hinterlassenschaft schnuppernde Hund das Individuum erkennt.

Der Körper scheidet alles aus, was er als überflüssig oder unbrauchbar erkannt hat. Diese Unterscheidung ist ein äußerst wichtiger Vorgang. Wenn er nicht funktioniert, kommt es zu chronischen Krankheiten der verschiedensten Organe. Abfallstoffe verbleiben als Stoffwechselmüll, Eiweißablagerungen und Stoffwechselendprodukte im Zellgewebe, vor allem im Alter und wenn es an Enzymen fehlt. Die wichtigsten Entgiftungsorgane neben dem Darm sind: Das Harnwegs- und Lymphsystem, das Blut, die Leber und die Lunge. Die Haut spielt beim Hund hierbei keine Rolle, denn er kann über den Schweiß Giftstoffe nicht nach außen ableiten, da er fast keine Schweißdrüsen hat. Wenn die anderen Entgiftungsorgane aber ihre Tätigkeit nicht ausreichend ausüben, äußert sich die Entgiftung trotzdem über seine Haut, aber in Form von Ekzemen, Eiterabsonderungen oder Juckreiz, meist chronisch, wenn die Ernährung nicht geändert wird. Die Nieren können nur wasserlösliche überschüssige Substanzen und Gifte entsorgen, fettlösliche sind vom Körper wesentlich schwerer, meist über die Leber, manchmal gar nicht, zu neutralisieren. Sie sammeln sich vor allem im Fettgewebe und im Gehirn an. Das Gehirn gehört aber ganz und gar nicht zu den Entgiftungsorganen, im Gegenteil, es ist das sensibelste Steuerungsorgan des gesamten Organismus, und was hier einmal drinnen ist, das geht so schnell nicht wieder heraus. Eine Tatsache, die in der Medizin viel zu wenig beachtet wird. Nur die Umweltmedizin widmet sich dieser Probleme, weil Gifte Nerven und damit das Verhalten beeinflussen. (⟹siehe Literatur)

Der gesamte Metabolismus des Hundes liegt mehr im sauren Bereich, auch weil alles Fleisch sauer verstoffwechselt wird, im Gegensatz zu Pflanzen, welche mehr alkalische Kost darstellen. Getreide wird ebenfalls sauer verstoffwechselt. (⟹siehe Tabelle 16 Basen – Säuren) Hunde beißen nicht gern in saures Obst, ist ihr Stoffwechsel ja eh schon sauer, sie mögen im Allgemeinen nichts Saures. Was dem Pferd der Apfel, ist dem Hund sein Knochen, der ist nämlich alkalisch und hat deshalb eine wichtige Pufferfunktion, von den positiven Effekten von Zahnreinigung, Speichelproduktion, Kiefernmuskeltraining und Beschäftigung abgesehen.

Fazit: Die gesamte Anatomie weist Hund und Katze als Fleischfresser aus: Ihre Augen, die bei Raubtieren nach vorne gerichtet sind, um ihre Beute exakt fokussieren zu können, im Gegensatz zum seitlichen Rundumblick bei Pflanzenfressern. Die Kiefer von Fleischfressern sind auf Festhalten und nicht auf Kauen ausgerichtet und ihr relativ kurzer Darm kann gehaltvolle Proteine und Fette in kurzer Zeit aufschließen.

Futtermittelrecht

Schauen wir uns an, ob und in welcher Form der Gesetzgeber in der EU Verordnung 767 die oben genannten Gesundheitskriterien für die käufliche Form des Fast-Food-Heimtierfutters umgesetzt hat:

Pflichtangaben:

Fantasiename des Produktes. Dieser muss allerdings nicht viel mit dem eigentlichen Inhalt gemein haben.

Hersteller

Das Futtermittelgesetz schreibt vor, dass der Hersteller auf Dose oder Tüte mit Adresse angegeben sein muss (brand name). Das sind bei den handelsüblichen Waren fast immer die großen Konzerne. Hersteller ist aber nur der Ort der Endabpackung, die eigentliche Herkunft bleibt dabei unbekannt. Über diese Angaben hat der Tierhalter meist die Möglichkeit, dort Fragen per Telefon oder E-Mail zu stellen. Jede Verpackung muss nach EU-Verordnung eine kostenlose Infonummer oder E-Mail für Verbraucher haben. Erwarten Sie dort aber nicht zu viel: Es antworten oft Call-Center oder PR-Büros, die Mauern um die Betriebsgeheimnisse ihrer Auftraggeber bauen. Nicht mal Rückverfolgbarkeit der Lieferketten für die menschliche Nahrungsproduktion ist zweifelsfrei festzustellen, weil zu viele Zulieferer daran beteiligt sind, je stärker verarbeitet, desto mehr. Deshalb ist es auch so schwer, bei Gesetzesübertretungen den haftenden Verursacher ausfindig zu machen. Achten Sie bei Importware auch auf eine verständliche Übersetzung.

Vertrieb

Zweitens muss der Vertrieb angegeben sein, also die Marke oder der Name, über die das Produkt verkauft wird. Beide können, müssen aber nicht übereinstimmen. Jeder Zooladen kann sich außerdem seine eigene Hausmarke erstellen lassen. Diese laufen meist auch über bekannte Konzerne, bekommen aber ein eigenes Etikett. Dadurch haben die Private-Label-Vertreiber keine direkte Kontrolle über den Inhalt und die Qualität des Inhaltes. Es bleibt völlig unklar, von welcher Firma das Futter denn nun ursprünglich hergestellt wurde, auch weil die Angaben zum Teil unvollständig sind. Man kann aber versuchen mit Hilfe der Bezugsnummer, der Chargennummer oder dem Strichcode am Dosen- oder Tütenboden, die Produktionsstätte ausfindig zu machen. Schwieriger ist es, neben dem Verarbeitungsort die Herkunft des Rohmaterials der Partie zurück zu verfolgen. Firmen, die etwas auf sich halten, führen ab Anlieferung der Rohware bis zur Auslieferung des fertigen Produktes systematische Messungen und Zwischenanalysen während des Herstellungsprozesses durch, auch um abweichende olfaktorische oder farbliche Veränderungen rechtzeitig zu erkennen.

Art des Futters

Es muss angegeben sein, ob es sich um ein Alleinfuttermittel, ein Diät-, Einzel- oder Ergänzungsfuttermittel handelt. Nur diese Kategorien gibt es.

Der Begriff *Alleinfutter* soll besagen, dass ich dieses Futter nach Kriterien des Herstellers, welcher ökonomische in den Vordergrund stellt, täglich und ausschließlich füttern könnte. Alleinfutter verlangt, dass ein beliebiges Tier damit tagein tagaus ausschließlich ernährt werden könnte, ohne Beifutter und ohne Nährstoffmängel zu entwickeln. So entsteht Kundenbindung. Variation ist angeblich des Tieres Sache nicht, außerdem wird vorgegaukelt, man könnte ja zwischen Huhn oder Rind der gleichen Firma abwechseln. Was der Verbraucher allerdings nicht weiß, ist, dass es sich in beiden Fällen um Getreidebällchen handelt, die außen mit Digest (⟹ siehe Tabelle 14 „Trockenfutterherstellung") besprüht sind. Digests sind thermisch und/oder enzymatisch aufgeschlossene minderwertige Proteine aus Sehnen, Federn, Knorpel etc., die mit Säuren unter Druck bei hohen Temperaturen gespalten werden. Sie binden Wasser und es wird gesagt, dass diese hydrolysierten Proteine leicht verdaulich sind. Das stimmt, denn ihre Herstellung ähnelt einer Vorverdauung. Allerdings gehen bei diesem extrakorporalen Prozess auch essentielle, das heißt lebenswichtige, Aminosäuren verloren oder werden chemisch umgebaut, sodass sie für den Organismus an Wert verlieren. Hochverdaulichkeit bewirkt, dass die Bauchspeicheldrüse zu wenig gefordert wird, nach Jahren dann aber auf Unterfunktion umschaltet. Fazit: Das Wort Alleinfutter ist ein industriefreundlicher, irreführender Begriff, denn es kann eigentlich kein alleiniges Futter geben, weil die Natur auf variantenreich und saisonal setzt und somit wesentliche Stoffe immer fehlen, da die Zielgruppe viel zu verschieden ist. Alleinfutter sollte alle notwendigen Nährstoffe garantieren. Dem werden sie aber in der Dauer eines langen Lebens nicht gerecht. Es gibt kein einziges Lebensmittel, welches rundum alle Vitalstoffe enthält, ein veganes schon gar nicht. Alleinfutter ist also kein Rund-um-sorglos-Paket für den 4-Beiner.

Einzelfuttermittel bestehen nur aus einer Zutat wie zum Beispiel nur Pferdefleisch. Sie eignen sich gemischt mit den anderen Komponenten besonders gut für die Eigenzubereitung und für Allergiker.

Ergänzungsfuttermittel sind, wie der Name sagt, nur für zusätzliche Verabreichung vorgesehen. Bei idealem Alleinfutter müsste das eigentlich nicht notwendig sein. Tiere, die ihr Leben lang ausschließlich eine Sorte Fertigfutter erhalten, werden früher oder später krank. Irgend etwas fehlt immer. Selbst 90 % der für Kinder ausgewiesenen Lebensmittel erfüllen nicht die Vorgaben der WHO und machen erwiesenermaßen unsere Kinder krank, weil sie zu viel Zucker, zu viel schlechte Fette, Salz, Süß- und Aromastoffe enthalten. Auf Haustiere übertragen sind die Hersteller wahrscheinlich noch weniger zimperlich: Zu viel Stärke, zu viele synthetische Vitamine, schädliche Mineralzusätze, zu wenig hochwertiges Protein und zu wenige essentielle Fettsäuren. (Siehe Tabelle 8 „Getreide ist kein Fleischersatz") Für alle Futtersorten gilt: Je stärker verarbeitet, desto ungesünder sind sie und desto größer ist die Gewinnspanne. Ergänzungsfuttermittel sollten nur zur Ergänzung der Hauptmahlzeit dienen, beispielsweise Vitamin-Mine-

Name, MDH und Chargennummer

Dosenabfüller mit Metalldetektor

ral-Mischungen, Öle, Leckerchen zur Belohnung oder Snacks. Besitzer meinen, Liebesgaben verteilen zu müssen, weil sich Hunde wie Wölfe ständig im Jagdmodus nach Freßbaren befinden.

Ergänzungsfuttermittel haben keine ausgewogene Zusammensetzung, deshalb werden sie nur zur Ergänzung empfohlen, dürfen oder sollen demnach nicht zur überwiegenden Fütterung verwendet werden. Das gilt vor allem für Snacks. Bei ihnen ist auch eine nicht so strenge Deklaration vorgeschrieben, da die Produkte oft als Minipackungen verkauft werden. Sogenannte Belohnungshäppchen, Backwaren und Snacks haben häufig die qualitativ schlechteste Zusammensetzung, Farbstoffe und wertlose Abfälle inklusive. Allerdings muss man unterscheiden, ob es sich um zusammengesetzte Produkte handelt oder beispielsweise um reinen Trockenfisch oder –fleischteile als Snacks. Reine Trockenprodukte sind durchaus sehr hochwertig und somit empfehlenswert. Getrocknet bedeutet nicht automatisch minderwertig. Reine Trockenprodukte wie Putenflügel, Schinkenknochen, Pansenstücke, Ohren, Hühnerkrallen u.v.m. gibt es erfreulicherweise inzwischen fast überall zu kaufen. Sie werden auch als *Einzelfuttermittel* eingestuft.

Als *Diätfutter* ausgewiesenes Futter, das auch ein Alleinfutter sein kann, soll der Therapie bestimmter Krankheiten von Allergie bis Zahnstein dienen oder zur Unterstützung der Behandlungen von Herz, Nieren, Gelenken, Verdauung, Übergewicht oder in der Rekonvaleszenz. Auch für die Therapie von Harnsteinen, Diabetes und Krebs gibt es spezielle Fertigdiäten. Das ist ein vom Ansatz her sehr wohl sinnvolles Konzept. Gesundheitsbezogene Aussagen sind dabei jedoch untersagt. Es fehlt auch oftmals an der Durchführung, weil technische Machbarkeit und Preisgrenzen beachtet werden müssen. Hier gehen Chemie-, Futtermittel- und Pharmaindustrie eine unselige Allianz ein und fusionieren zu globalen Giganten.

Firmen bewerben die therapeutische Wirkung ihrer Profukte deshalb höchstens mit Kann-Formulierungen. Diese Spezialdiäten sind oft falsch zusammengestellt. Zum Beispiel finde ich in einem willkürlich herausgegriffenen Diättrockenfutter, das zur Gewichtsreduzierung dienen soll, drei verschiedene Getrreidesorten mit insgesamt über 70 % Stärke. Ein hoher Stärkeanteil führt zu stark schwankenden Blutzuckerspiegeln, die zu Hungerattacken führen. Das macht gewiss nicht schlank. (⟹siehe Grafik 9 Blutzuckerspiegel).

Und weiter: Ein Diätfutter für Diabetiker enthält 40 % Stärke. Dabei kann Diabetes geheilt werden, wenn man völlig auf Stärke verzichtet.

Ausgerechnet in einem Spezialfutter für sterilisierte Katzen, die zu Gewichts- und Nierenproblemen neigen, finde ich einen sehr hohen Mais- und Weizenanteil. Dabei können eben diese pflanzlichen Proteine bei der Katze der Auslöser für Übergewicht gewesen sein.

Ein Antiallergiefutter wirbt mit nur einer Fleischsorte, beinhaltet dann aber im Fleischanteil 27 % Pute im Geflügelanteil, der größere Rest ist Huhn als zweite Proteinquelle, weil billiger.

In einer anderen Kost gegen Futterunverträglichkeit ist ausgerechnet glutenhaltiges Getreide enthalten, zusätzlich noch hochallergenes Milchprotein und Muschelfleisch, sowie Eipulver als fünfte tierische Proteinquelle. Welcher Wolf, welche Wildkatze hat so viele unterschiedliche Proteine in einer Mahlzeit? Probleme können eben nicht auf der gleichen Ebene und mit gleicher Denkweise gelöst werden, durch die sie entstanden sind. Durch Fertigfutter werden Krankheiten ausgelöst, die dann mit unpassendem teurerem stark verarbeitetem Diätfutter geheilt werden sollen. Vorgegebene Heilmethoden können so direkt zu neuen Krankheitsauslösern werden. Risiken und Nebenwirkungen gehen hier einseitig zu Lasten des Patienten.

Diätfutter sollten stets mit Überwachung des Behandlers verabreicht werden. Sie sind im Allgemeinen für heranwachsende, tragende oder säugende Tiere ungeeignet, sofern für sie nicht spezeill ausgewiesen. Je nach Sorte müssen sie wochenweise bis lebenslang gegeben werden. Auf Grund des inzwischen unüberschaubaren Angebots lässt sich auch bei Fertigdiäten wenigstens ein Markenwechsel bewerkstelligen. Ich halte allerdings Spezial-Barf für besser. (⟹siehe Kapitel C: Diätetische Beeinflussung und Phytotherapie)

Mit sogenannten *Light Produkten* verdienen die Hersteller ein Schweinegeld. Sie sind die Goldgrube der Askese. Kalorien werden durch Zusatzstoffe und billige Füllstoffe ersetzt wie zum Beispiel Fettersatzstoffe (⟹ siehe „Was schadet"), das sind aus billigen Ölen hergestellte Zucker-Fettsäure-Verbindungen. Oder man verwendet mehr Wasser oder bläst kostenlose Luft zum Expandieren (Puffen) hinein als legale Täuschung. Dabei beläuft sich der Gewinn bei Normalfutter schon auf 95 %. Wir haben daher nur 5 % reinen Warenwert, alles andere sind Kosten für Werbung, Steuer, Vertrieb, Maschinenabschreibung, Gebäudeinstanthaltung, Strom, Wasser, Löhne, Verpackung, Design, Etikettierung, Logistik, Transport. Auf Grund derart großer Gewinnspannen schießen jedes Jahr unüberschaubar viele neue Firmen wie Pilze aus dem Boden, die alle am großen Verdienstkuchen, der mit Haustieren gemacht werden kann, partizipieren möchten. Auch Tierarztpraxen und -kliniken mischen da kräftig mit. Einschlägige Zeitschriften geben Anleitungen, wie Hochpreisiges an den Mann bzw. mehr noch an die Frau gebracht werden kann. Dabei beruhen fast alle Fertigfutter auf den gleichen Prinzipien. Im Jahre 2016 wurden 1,35 Milliarden Euro allein in Deutschland für Hundefutter ausgegeben. Selbst Firmen, die mit Liebe zum Tier, Gesundheit und Nachhaltigkeit werben, werden später an die großen Konzerne verscherbelt (z.B. Schecker an Quelle, Terra Canis an Nestlé).

Tierart

Ausgewiesen für Hunde oder Katzen, manchmal auch für beide. Freiwillige zusätzliche Angaben beispielsweise „Für Senioren" oder „Für kastrierte Indoorkatzen" *sind erlaubt.*

Menge

Das Gewicht in der Dose oder Tüte wird als Nettogewicht, also ohne Verpackung, in Gramm bzw. Kilogramm angegeben, vom Minidöschen als Einmalportion bis zu

30 kg Säcken. Fütterungsempfehlungen geben die zu verabreichenden Mengen an: Bei Dosenfutter und hochpreisigem Futter sind die Angaben oft zu niedrig, bei Trockenfutter zu hoch.

Feuchtigkeitsgehalt

Bei Trockenfutter haben wir eine Restfeuchte von etwa 10 %. Bei Dosenfutter etwa 70 bis zu über 80 %, neuerdings auch in Gläsern. Dann gibt es noch halbfeuchte Produkte, die mit 15 -30 % dazwischen liegen. Verarbeitungen in Form von Würsten oder Fleischrollen haben um die 60 % Feuchte.

Haltbarkeit: Ein Herstellungs- oder Mindesthaltbarkeitsdatum, MHD, muss ausgewiesen sein. Es besagt bis zu welchem Datum die Charge noch verwertbar ist. Dosenfutter ist normalerweise 2 Jahre, langsam erhitztes Dosenfutter und Halbffeuchtfutter ca. ein Jahr haltbar. Bei Trockenfutter ist die Haltbarkeitsdauer unterschiedlich von einem bis zu zwei Jahren. Oft ist diese Angabe auf der Verpackung schwer zu finden, manchmal auch nicht vorhanden oder unleserlich. Einerseits kann Futter je nach Lagerungstemperatur oder Verpackung schon vor Ablauf des Haltbarkeitsdatums verdorben sein, andererseits ist es oft noch verwertbar, obwohl abgelaufen. So wird Verschwendung von noch Genießbarem durch Neukauf gefördert. In den angelsächsischen Ländern ist der Begriff „Best before" angemessener. Es gibt weder gesetzliche Vorschriften noch wissenschaftliche Richtlinien für die Haltbarkeitsdauer, nur branchenübliche Zeitspannen, angeblich aus Verbraucher-Fürsorge. Da aber die Menschen sich nicht mehr nach ihren Sinnen wie Sehen, Riechen, Tasten richten, sondern nach dem Aufdruck, wird so immer mehr weggeworfen und neu gekauft. Das ist im Sinne der Ökonomie, aber nicht im Sinne der Ökologie. Wirtschaftswissenschaftler, Marketingexperten, Politiker und Behörden gehen oft eine wahrhaft ungesunde Allianz mit Ernährungswissenschaftlern ein. Gesetze schützen die Profite der Konzerne statt Umwelt und Gesundheit von Mensch und Tier.

Zusammensetzung (Zutaten): Die Zutaten, aus denen das Futter zusammengesetzt ist, müssen *in Gewichts-Prozentangaben* auf jeder Verpackung angeführt werden, nicht zu verwechseln mit Zusatzstoffen. An 1. Stelle steht die Zutat mit dem höchsten Gewichtsanteil, danach die Zutat mit dem zweithöchsten Anteil usw. An erster Stelle der Deklaration steht somit die Zutat, die den größten Gewichtsanteil ausmacht, zum Beispiel Reis. Dann folgen in abnehmender Reihenfolge des Gewichtes alle anderen Substanzen. Wenn an zweiter oder dritter Stelle weitere Getreidesorten wie beispielsweise Mais angegeben sind, dann können wir schon abschätzen, dass der Fleischanteil somit immer kleiner wird, denn alle Stärketräger müssen wir ja zusammenzählen. Deshalb werden oft verschiedene verwendet und gerade das erhöht die Allergenität des ganzen Produktes. Die Firmen setzen gerne, um die Qualität ihres Produktes für den kritischen Verbraucher zu betonen, einen Proteinträger an den Anfang der Deklaration, zum Beispiel Geflügel oder Geflügelfleisch. Welches Geflügel bleibt dabei unklar. Geflügelfleisch wird dann als Frischfleisch *vor* dem Trocknen gewogen, eventuell mit Allem vom Tier mit Schnäbeln, Krallen, Federn etc. Deshalb ist dann der prozentuale Fleischanteil an der Gesamtfuttermenge höher im Trockenfutter und kann an erste Stelle gesetzt werden. Durch diesen Trick wird suggeriert, dass der Hauptbestandteil Geflügelfleisch ist. Umgekehrt wird Getreidemehl vorher im Trockenzustand gewogen, so dass es an die zweite Stelle gesetzt werden kann, obwohl es nachher mit höherem Wasseranteil eigentlich 70 % im Produkt ausmacht. Das ist legale Verbrauchertäuschung. Geflügelfleischmehl, das schon ein Trockenprodukt ist, wird *nach* dem Trocknen gewogen. Trotz gleicher Fleischmenge wie oben und ehrlicherer Angabe ist dieser Wert jetzt aber geringer und erscheint in der Zusammensetzung weiter hinten. Deshalb Achtung, wenn mit hohem Frischfleischanteil geworben wird. Es wird oft der Fleischanteil im Frischzustand angegeben, wo das zellgebundene Wasser, das 70 bis 80 % ausmacht, mitgewogen wird. Im Trockenfutter ist das aber fast nicht mehr vorhanden. Richtiges frisches Fleisch haben wir aber weder in der Dose noch in der Tüte.

Für Minimalqualität sollten bei Dosenfutter tierische Eiweiß-Träger unter den ersten zwei, bei Trockenfutter unter den ersten drei (!) Angaben zu finden sein.

Bei einer geschlossenen Deklaration werden nur Sammelbegriffe wie tierische Nebenerzeugnisse, Getreide, Back- oder Molkereierzeugnisse angegeben. Das können im ersten Fall Tiermehle, Geflügelmehle, Blut-, Leber- oder Federmehle sein. Bei einer offenen Deklaration wird genau ausgeführt, um welche Kohlenhydratträger oder Proteinträger es sich handelt, wie Mais oder Putenfleisch. Die offene Deklaration sollte vorgezogen werden.

Inzwischen finden sich in fast allen Fertigfuttern Gemüse und/oder Kräuter. Die sind durchaus sinnvoll. Meist sind es aber zu viel verschiedene, zudem hitzegeschädigte Substanzen. Gemüse und Obst werden für die Futtermittelfirmen bereits zerkleinert und gefroren angeliefert. Bis sie nach der Verarbeitung den Tiermagen erreichen ist fast kein Vitamin mehr erhalten. (⟹siehe Tabelle 10 Vitaminverluste).

Bei Sensitivfutter wird sogar mit hydrolysiertem (⟹siehe Hydrolysate) Federmehl, und Stärketrägern wie Kartoffel oder Dinkel geworben. Stärke muss nicht deklariert werden, anders als Proteine und Fette. Die Differenz von diesen beiden zu 100% sind in der Hauptsache Stärke, aber auch Faser- und Zuckerstoffe (⟹siehe Kapitel C Kohlenhydrate und Kapitel „Was schadet?“) und betragen zusammen 50 bis sogar 90 %. Letzterer hoher Wert findet sich vor allem in Zusätzen und Snacks. Die Geldgier der Konzerne erzeugt vom Gesetz abgesegnete Gefährdung der Gesundheit unserer Tiere.

Oft werden nur Gruppen wie z.B. Fleisch und tierische Nebenerzeugnisse angeführt. Als Fleisch gilt per Gesetz nur Muskelfleisch und Herz. Tierische Nebenerzeugnisse sind gesetzlich definiert als Leber, Niere, Pansen, Euter, Kopffleisch, Lunge, Bindegewebe und alles andere vom Schlachttier wie Knochen, Hufe, Federn etc. Bei dieser Angabe ist die Proteinquelle unbekannt. Es ist aber ein großer Qualitätsunterschied, ob Leber oder Horn und Hufe im Futter enthalten sind. Fleisch und die genannten Innereien sind ernährungsphysiologisch sehr wertvoll, andere tierische Nebenerzeugnisse wie Federn und Hufe etc. jedoch schwer verdaulich und auch aufgeschlossen bzw. verarbeitet minderwertiger.

Wird der Fleischanteil angegeben, so ist nicht nur Muskelfleisch gemeint, sondern auch die anhaftenden Sehnen und Bindegewebe. Sie sind aber nicht schädlich. Die Angabe 100% Rind heißt keinesfalls, dass das jeweilige Futter nur aus Fleisch besteht. Es bedeutet nur, dass der Fleischanteil nur vom Rind stammt. Gesetzlich müssen lediglich 4% eines Tieres enthalten sein, damit das Futter zum Beispiel „mit Huhn" genannt werden darf. Diese Angaben sagen nichts über Verdaulichkeit und den Gehalt an essentiellen Aminosäuren im Produkt aus.

In der Lebensmittelindustrie fallen tonnenweise Abfälle an, die noch verwertet werden können. Die Futtermittelindustrie hat großes Interesse daran, diese preiswerten Stoffe weiterzuverwenden, ein verständliches und sinnvolles Ansinnen. Weniger nett ist es, dem Tierbesitzer Käseabfälle und -rinden als Käse, oder Pflanzenfasern in Form von Erdnussschalen oder Getreidespelzen anzudrehen. In geringen Mengen sind sie aber nicht schädlich.

Als *Analytische Bestandteile (Inhaltsstoffe)* sollen angegeben werden: Proteine (Die Summe aller Stickstoff enthaltenen Futteranteile), Fette, Rohasche (anorganische Stoffe wie Mineralstoffe und Spurenelemente), Rohwasser (Zellsaft der Zutaten plus zugefügtes Leitungswasser), Rohfaser (schwer verdauliche Pflanzenstoffe als Ballaststoffe) in *Gewichtsanteilen* in *Prozent.*

Nach Abzug des Feuchtigkeitsgehaltes von 10 % im Trockenfutter entfallen die restlichen 90 % auf die Trockensubstanz: Das sind wasserunlösliche Teile wie Ballaststoffe (Zellulose, Gerüstsubstanz), Proteine, die von Fleisch, aber auch von Pflanzen stammen können, wie beispielsweise von Erbsen oder Soja. Damit kann ein Fertigfutter, ohne ein Gramm Fleisch zu enthalten, schon 12 % Proteinanteil aufweisen. Dem Getreideeiweiß wird eine faserige Textur wie bei Fleisch verpasst, um es optisch nicht von Fleisch unterscheiden zu können. Auch Rote Beete Saft soll das mittels Farbe leisten. Da gegen Rote Beete Saft nichts einzuwenden ist, merken Sie hieran, dass, wie bei Lebensmitteln und den E-Nummern auch, es zuweilen sehr schwierig ist, Akzeptables von zuweilen fast Giftigem zu unterscheiden. Die absichtliche Verwirrung des Verbrauchers lässt diesen am Ende resignieren, zum Vorteil der Industrie, zum Nachteil für objektive Information und die Gesundheit. Zum Beispiel wirbt eine Firma mit Instant-Nudeln als Barffutter. Da hat mal wieder jemand etwas nicht richtig verstanden.

Je mehr *Rohproteine* ein Hundefutter aufweist, desto wertvoller soll es sein. Bei 100 % Inhalt steigt der nicht ausgewiesene Getreideanteil je tiefer der Proteinanteil sinkt. Jedoch sagt die Proteinmenge nichts über die Verdaulichkeit oder Bioverfügbarkeit essentieller, das heißt lebenswichtiger Aminosäuren aus. Auch lässt uns das Etikett völlig im Unklaren, von welchen Tieren die Eiweiße stammen.

In vielen Hundefuttersorten ist Soja enthalten. Soja ist ein preiswertes Futtermittel, leider meist genmanipuliert, hat aber mit 38- 47 % von allen Pflanzen den höchsten Aminosäurengehalt aufzuweisen. Alle anderen Hülsenfrüchte haben nur 20 -25 % . Deshalb schien es für Fleischfresser ein guter Ersatz für Fleisch zu sein. Leider haben

Gemüse und Obst werden in Stücken gefroren angeliefert

inzwischen viele Hunde Allergien gegen Soja entwickelt (⟹siehe „Soja“), etliche sogar Herzprobleme (⟹siehe Kapitel C „Herzbeschwerden“).

Selbst wenn einem minderwertigem Futter künstliche Aminosäuren beigesetzt werden: Echte Proteine von lebendem Material sind nur mit linkshändigen Aminosäuren als dreidimensionales Molekül aufgebaut. In Lebewesen gibt es nur L-Aminosäuren. Alles Erdenleben ist auf diesen Molekülen mit derselben Händigkeit aufgebaut. Das gleiche chemische Molekül kann in verschiedener räumlicher Ausrichtung vorliegen, welches eine fundamental andere *In-form*-ation weitergibt. Zur Erklärung: Das wäre etwa so, als wenn Sie einen linken Handschuh brauchen und jemand dient Ihnen einen rechten als gleichwertig an. Jedem ist klar, dass das nicht geht. Bei der chemischen Herstellung von Aminosäuren in Labors können nur D-Aminosäuren oder D-L Gemische hergestellt werden, die von den Pharmakonzernen nicht zu Proteinen verbaut werden können. Man weiß noch nicht einmal, ob sie überhaupt für den Organismus verwertbar sind oder eher eine Stoffwechselbelastung darstellen. L und D sind rechts/links symmetrische Spiegelbild-Moleküle, von denen aber nur die eine Form in der Natur benutzt wird, ähnlich wie bei Zucker und rechtsdrehenden L+Milchsäuren, die nur bei natürlich vergorenen Produkten auftreten. Linksdrehende D-Milchsäure ist pathogen bis tödlich.

Als *Rohfett* wird der gesamte Fettanteil angegeben. Dieser Wert sagt ebenfalls nichts über die biologische Qualität aus. Auch ist aus dieser Angabe nicht ersichtlich, ob und wie viel essentielle Fettsäuren enthalten sind. Der versierte Hundehalter weiß aber, dass beispielsweise Rindertalg billiger ist als Lachsöl.

Rohasche stellt die Menge an Mineralien dar. Man misst diese, indem man zum Beispiel ein Beutetier oder Futter verbrennt. Dann bleiben Kalzium und Phosphor der Knochen und Blut- und alle anderen Mineralien übrig. Das macht bei einem Beutetier etwa 5 % aus. Mehr Rohasche sollte auch im Fertigfutter nicht vorhanden sein. Es kann sonst zu Überlastung der Nieren kommen, weil der Überschuss, der vom Körper nicht benötigt wird, über diese ausgeschieden werden muss. Hierbei können sich Harnsteine bilden, besonders bei Katzen durch zu viel Magnesium. Die aufgenommenen Mineralien beeinflussen den pH-Wert des Organismus und auch den des Urins. Für den Zusatz von Kalzium und Phosphor zum Futter gibt es keine vorgeschriebenen Höchstwerte. In Alleinfutter für Welpen findet sich gelegentlich zu wenig Kalzium, sodass es zu Skelettproblemen und Wachstumsstörungen kommen kann. Mineralüberschüsse spielen hingegen vor allem beim Trockenfutter eine wichtige Rolle, da ja zum Ausscheiden über den Harnapparat viel Flüssigkeit benötigt, aber nicht immer ausreichend aufgenommen wird oder zur Verfügung steht. So liegen dann diese Mineralien in zu konzentrierter Form vor und können sich als Harnsteine in Nieren oder Blase verfestigen.

Wenn das Calcium-Phosphor Verhältnis angegeben ist, sollte es zu Gunsten von Calcium ausfallen.

Der *Kohlenhydratanteil*, der preiswerteste Anteil der Zusammensetzung, *wird nicht angegeben*. Das müssen wir selbst ausrechnen oder schätzen. Das können Getreidestärke, Zuckerstoffe (⟹siehe Kapitel C Kohlenhydrate und Kapitel „Was schadet?“), schwer verdauliche Faserstoffe bzw. Ballaststoffe sein.(⟹siehe Tabelle 11 Inhaltsstoffe Hundefutter)

Zusatzstoffe, per Kilogramm angegeben, sind nie natürliche Bestandteile des Futters und kommen in dieser Form in natürlichem Beutetier nicht vor: Vitamine, Mineralstoffe, Spurenelemente oder Fettsäuren werden zugesetzt, weil Schwund bei der Verarbeitung, Erhitzung und Lagerung entsteht. Nur die Vitamine A, D und E sowie Kupfer sind deklarierungspflichtig, der Rest ist freiwillige Angabe. Wir finden trotzdem meist eine lange Liste an allen möglichen *Vitaminen*. Vitamine haben einen guten Ruf und sollen den Käufer beeindrucken. Meistens werden aber einfach die verschiedensten Vitaminvormischungen ins Futter eingerührt. Jeder Hersteller kocht da sein eigenes Süppchen. Die zugesetzten Vitamine sind immer im Labor entstanden. Dazu bleibt bei ihrer Angabe völlig unklar, welche Art von Vitamin A oder D (⟹ siehe jeweils dort) denn überhaupt zugefügt wurde. Im Allgemeinen sind es immer die gleichen synthetischen Molekülformen. Auch die chemische Verbindung, in der die Spurenelemente vorliegen, wird oft nicht angegeben. Sie ist aber für die Bioverfügbarkeit oder sogar Giftigkeit von großer Bedeutung. Zu den Zusatzstoffen gehören auch Hilfsstoffe wie Konservierungs-, Binde- und Geliermittel, Aromastoffe und andere technologische Zusatzstoffe. Laut Futtermittelverordnung sind 200 verschiedene davon in Tiernahrung erlaubt. Zusätzlich sind Hunderte zugelassen, aber nicht deklarationspflichtig.

Es gibt Konserven, die mit der Angabe werben, dass keine Zusatzstoffe enthalten sind. Wenn keine Konservierungsstoffe angegeben sind, heißt das aber nicht, dass keine im Futter sind. Wenn der Hersteller Grundstoffe und Vormischungen einkauft, die bereits damit versehen sind, muss dies nicht deklariert werden. Unter den zugestzten Vitaminen und Mineralstoffen können sich ebenfalls verkappte Konservierungsstoffe (<<siehe dort) verbergen. Für den, der tiefer in die Materie einsteigen möchte, empfehle ich, sich das Heftchen der Verbraucherzentrale für E-Nummern als kleines Nachschlagewerk zuzulegen.

Futtermittel, die gentechnisch veränderte Rohstoffe enthalten, müssen seit 2005 gekennzeichnet sein. Nach Aussagen der Hersteller sollen diese jedoch keine Schäden verursachen. Beispielsweise wird beim Maisanbau das Bt-Toxin gegen den Maiszünsler-Schädling eingesetzt. Dieser mittels Gene des Boden-Bakteriums Bacillus thuringensis eingepflanzte Stoff ist ein giftiges Fraßprotein für pflanzliche Parasiten, das bei Darmpassage der aufnehmenden Haustiere angeblich durch Enzyme abgebaut werden soll. Trotzdem hat man es in ihrem Verdauungstrakt nachgewiesen. Man nimmt an, dass auch Gene auf die Bakterien der Darmflora übertragen werden. (⟹siehe Genveränderung)

Über die Verpackung werden überhaupt keine Angaben gemacht, obwohl sie sehr wohl (Diffusion von Giftstoffen, Haltbarkeit, Verderbnis durch Sauerstoff) Einfluss auf den Inhalt nehmen kann. Mehrere tausend größtenteils unbekannte Chemikalien können von Folien, Kartons und Druckfarben auf den Inhalt übergehen.Wer das vermeiden möchte kauft verpackungsfrei und frisch. Selbst bei Lebensmitteln empfiehlt sich, lose zu kaufen und/oder sie sich in mitgebrachte Gefäße füllen zu lassen. Wenigstens kann man zu Hause sofort am besten in giftfreie Glasbehälter, lebensmitteltaugliches Keramik, Pergamentpapier, Butterbrotpapier, Bambusgefäße, Wachstücher oder wenigstens Hartkunstoff umfüllen.Man sollte auch nichts in Plastik (⟹siehe dort) auftauen.

Verpackungen sollen den Inhalt vor Licht, Luft, Feuchtigkeit, Keimen, Fraßschädlingen, Schadstoffen und Wertminderung schützen, Transportwege schadenfrei überstehen, den Kunden informieren und möglichst auch noch umweltfreundlich zu entsorgen oder ressourcenschonend recycelbar sein. Keine einzige Verpackungsart erfüllt alle Kriterien gleichzeitig, außer Glas und Porzellan, die aber den Nachteil haben, teuer und schwer zu sein. Bei Tonnenware in Selbstbedienung fehlen alle oben genannten Angaben. Einige Firmen setzen auf Papier aus zertifizierter, nachhaltiger Fortstwirtschaft ohne Plastikeinlage.

Seit 2009 ist Heimtierfutter nach EU-Öko-Verordnung als „Bio“ oder „Öko“ ein geschützter Begriff, zertifiziert nach entsprechenden Bio-Richtlinien mit deutschem Bio-Siegel und vermehrten Kontrollen in Form von Stichproben oder Verdachtsfällen. Allerdings werden hierbei alle eventuell gesundheitsschädlichen Stoffe einzeln untersucht, nicht ihre eventuelle kumulative Wirkung, das heisst, wie sie sich ggf. gegenseitig beeinflußen bzw. verstärken. Bio sollte frei sein von Hormonen, GVOs (⟹siehe Genveränderungen), Nanopartikeln (⟹ siehe dort), Laborenzymen, Farb- und Geschmacksstoffen, Herbiziden, Fungiziden und Pestiziden.

Im globalen Handel ist die Überwachung allerdings sehr lückenhaft, vor allem bei Importware aus Drittländern. Die meisten Beanstandungen betreffen Pestizide. Der Gesamteinsatz der 1400 verschiedenen zugelassenen Pestiziden ist gestiegen. Bei Kontrollen werden nur einige gemessen. Selbst wenn sie einzeln unter dem vorgeschriebenen Grenzwert bleiben, kann die Gesamtpestizidkonzentration hoch sein. Die Vergabe von Bio-Siegeln erfolgt von Land zu Land nach unterschiedlich strengen Kriterien. Hundertprozentige Rückstandfreiheit können heutzutage selbst Bioprodukte nicht mehr gewährleisten. Ihre Belastung liegt jedoch um ein Vielfaches niedriger als bei herkömmlicher Ware. Außerdem weisen sie durchschnittlich ein Mehrfaches an Vitamin- und Mineralstoff-Gehalt auf. Biolandbau schont die Umwelt durch weniger Pestzide, Nitrate,Treibhausgase und Stromverbrauch, ist Boden schonender und trägt mehr zum Artenschutz bei. Bio? Logisch!

In Fertig-Bioprodukten dürfen bis zu 5 % aus konventioneller Nicht-Bio-Herstellung stammen. „Aus biologischem Anbau“ heißt auch nicht, dass nach der Ernte nichts gespritzt wurde. Fleisch von Tieren, die mit Genpflanzen gefüttert wurden, müssen in kommerziellem Futter nicht gekennzeichnet werden. Für Bio ist vorgeschrieben, frei von Gentechnik, Antibiotika und Leistungsförderern zu sein und es sind weniger Zusatzstoffe erlaubt. Alle Rohstoffe müssen hierbei zu 95 % (!) biologisch sein. Tiere von Biohöfen dürfen entsprechend kein genmanipuliertes Soja oder Mais fressen. Jedoch garantiert die Bezeichnung „Bio“ keine glücklicheren Tiere. Durch die größere Nachfrage tendieren auch Ökohöfe zu Massenbetrieben. Zweifel sind außerdem bei globalen Importen und Hin- und Herverschiebungen angebracht.Viele Subunternehmer und Zwischenhändler machen dabei ihre Vertriebsketten intransparent. Nicht jedes Logo ist fair. Das Fair-Siegel bekommt schon ein Produkt, in dem nur 30 % der Zutaten wirklich fair sind. Leider gibt es inzwischen auch mindestens ein Dutzend verschiedene Siegel für Nachhaltigkeit, zu viele, dass sie kaum noch jemand überblickt. Das bei uns meistverwendete ist das 6eckige grün-schwarze Emblem. Die großen Konzerne sind inzwischen mit „Bio“ gut ins Geschäft gekommen. Es fehlt aber an konzernunabhängigem Saatgut und Mehrnutzungsrassen. Großbetriebe lassen auf diese Weise Bio zur Massenware verkommen. Auch Biohöfe wurden schon wegen Tierquälerei angeprangert. Leider wurde dann nichts anderes getan, als ihnen das Biosiegel zu entziehen.

Auch Bioprodukte werden in Plastik verpackt und Bio-Fast-Food ist ebenfalls nicht gesund, auch nicht mit Öko-Label. Home-made und Bio-Barf sind allemal besser. (Fleisch zu 3,20€ bis 6,20kg und mehr).2015 bewertete Ökotest die Hälfte der teuren Bio-Fertigfutter mit mangelhaft.Ökoprodukte befinden sich bei Tests nicht immer in der Spitzengruppe.

Es gibt auch einen Überlappungsbereich der Produktionssysteme. Manche Höfe arbeiten fast biologisch, wollen sich aber aus Gründen der Kosten und Bürokratie nicht registrieren lassen, denn jedes Siegel muss bezahlt werden. Andere Betriebe stellen sowohl Biogrundstoffe wie auch konventionelle her, da vermischt sich schon mal etwas.

In Anlehnung an Bio-Lebensmittel sind in Bio-Futter 47 Zusatzstoffe zugelassen, inklusive synthetische Vitamine. Dabei stellen *alle* synthetisch zusammengesetzten Moleküle eine Belastung für das körpereigene Entgiftungssystem dar, (⟹siehe Entgiftung), da es für den Abbau von in der Natur nicht vorkommender Substanzen nicht ausgerüstet ist. Außerdem sind Sie als Verbraucher auf ehrliche Angaben angewiesen. Kontrollen von Amtsveterinären gibt es selten, Verstöße werden lasch gehandhabt und zuweilen sogar eigestellt. Deshalb gehören Bioprodukte zu den am meisten gepanschten Waren. Dennoch ziehen bei Fütterungsversuchen 86 % der Ratten, Kaninchen und Hühner eindeutig Biofutter vor. Auch bei Bio-Marken kann man nicht ohne weiteres vom Preis auf die Qualität schließen. Aufmerksamkeit und Wissen sind auch hier angebracht, besonders bei Importware.

Stiftung Warentest hat im Jahre 2015 Biofutter getestet und weitgehende Schadstofffreiheit gefunden, jedoch nicht immer ausreichende Nährstoffgehalte. Wir sollten uns auch nicht auf Begriffe wie „natürlich“ oder “naturnah“verlassen. Sie sind gesetzlich nicht geschützt. Auch Begriffe wie organic, biobio, regional, artgerecht, gesund, kontrolliert, nachhaltig, fair gehandelt, umweltverträglich, unter tierärztlicher Aufsicht entwickelt, hypoallergen getestet oder gar holistisch sind rechtlich nicht geschützt. Jeder kann sie auf sein Etikett drucken. Und fair gehandelt muss nicht Bio heissen, und Bio setzt nicht zwangsläufig artgerechte Haltung voraus. Auch im Biosektor gibt es riesige Betriebe und Tiertransporte können länger als 24 Stunden dauern. Letzlich bestimmt nur der Landwirt das Mehr an artgerechter Haltung. Inzwischen gibt es 9 verschiedene Siegel, die das Tierwohl berücksichtigen: u.a. die DLG-Plakette, QS Initiative Tierwohl, das EU-Biosiegel, Tierschutz kontrolliert von Vier Pfoten, Naturland, Bioland und Demeter. Das erste Label verbessert für die Tiere fast nichts, das letzgenannte am meisten.

Bewertung von Fertigfutter

Zweiundachtzig Prozent der Tierbesitzer geben an, daß sie sich durch Begriffe wie Premium, Gourmet oder „natürlich" in ihrer Kaufentscheidung beeinflussen lassen. (ZZA 2/19) Wie kann jetzt die Qualität eines Tüten- oder Doseninhalts wirklich bewertet werden?

Zuerst sollte untersucht werden, ob alle oben genannten *Vorschriften* des Futtermittelgesetzes auf den Angaben erfüllt sind. Etiketten können allerdings lügen wie gedruckt, auch bei Lebensmitteln ist das der Fall. Oder die Angaben sind so verwirrend, dass sie ein normaler Mensch kaum versteht: Eine Dose verspricht beispielsweise 5 Sorten Geflügel. Wie schnell fallen Ihnen fünf verschiedene Vogelsorten ein? Sie denken an Huhn, Ente, Gans, Wachtel...? Nein, es sind gemeint: Hühnerleber, Hühnerherz und so weiter. Unter Lamm firmieren alte Schafe. Das ist o.k. Wenn das Fleisch dann zu trocken für die Maschinengängigkeit ist, wird Leitungswasser als Fremdwasseranteil hinzugegeben. Das muss nicht deklariert werden. Es darf nichts bröseln, klumpen oder an Rohren kleben. Vielen Dosen wird Leitungswasser zugefügt, um Kochverluste und Anbrennen zu verhindern. Firmen werben sogar damit, dass sie kein Wasser zusetzen. Oder Lecithin aus genmanipuliertem Soja wird als Emulgator gegen die Entmischung von Fett und Wasser dazu gegeben. Auch Bindemittel, Fließ- und Gerinnungshilfsstoffe werden für die Homogenisierung eingesetzt. Wenn Hirsch draufsteht, glauben Sie nicht, die ganze Dose sei reines Hirschfleisch. Per EU-Futtermittelverordnung müssen davon gerade mal 4 % drin sein. Der Rest kann billigere Schlachtabfälle und jede Menge Streckmittel ohne genaue Angabe enthalten. Geworben wird aber mit dem teuersten Anteil. Mit Waldbeeren? Glauben Sie wirklich, da hat sich einer die Mühe gemacht und romantisch im Wald mit Körbchen Beeren für ihren Hund gepflückt? Tun Sie es doch für sich selbst, Ihr Hund begleitet Sie gern. Mit Liebe hausgemacht? Vergessen Sie's! Es wurde in einer Fabrik am Fließband mit Neonbeleuchtung abgefüllt. Artgerecht, natürlich, naturbelassen, vollwertig, von Hand gebacken, gesund, chemiefrei sind alles inzwischen inflationäre und außerdem nicht gesetzlich geschützte Begriffe.

Dann betrachten wir die *Verpackung*:

Was haben wir vor uns? Beginnen wir mit einer üblichen Trockenfutter-Tüte: Aus welchen Materialien ist sie hergestellt? Meist ist es Plastik oder eine Art Packpapier als Verbundmaterial. Ist die Verpackung problemlos zu öffnen oder brauche ich dafür ein Handwerkszeug? Dann schauen wir auf die Innenauskleidung: Ist sie aus Plastik? Dann hat sie giftige, krebserregende Weichmacher im Material, zum Beispiel Bisphenole, die mit der Zeit ins Futter übergehen können. Oder ist die Innenauskleidung festes Papier? Könnte es recyceltes sein mit Schadstoffen? Nicht einmal bei Lebensmitteln sind alle Materialien für Verpackungen geprüft, ob Inhaltstoffe in die Nahrung übergehen oder bedenklich sein können. Recycelte Kartons und Packpapier enthalten z.B. schädliche

Mineralöle, die sich dann in den Flocken wiederfinden und sich im Körper anreichern (⟹ siehe Mineralöl). Ist die Tüte fettig durchgefleckt? Wie viele Kilogramm fasst mein Sack? Wie lange füttere ich diese Menge? Wenn dieser Zeitraum zu lange dauert, dann liegen die Industrie-Vitamine anfangs sehr konzentriert vor, die quasi zwangsresorbiert werden, weil der Organismus von synthetischen Vitaminen überschwemmt wird. Firmen sorgen nämlich vor. Wenn der Sack zur Neige geht, finden wir dann fast keine mehr, weil Vitamine durch Lagerung ihre Wirksamkeit verlieren.

Jetzt betrachten wir die Dose mit Nassfutter. Es kann auch in Aufreiß-Aluschalen angeboten werden. Dosenfutter enthält ca. 70-90 % Wasser, das ich darin auch nach Hause schleppen muss. Durch seine Energiedichte macht Trockenfutter mein Tier länger satt. Aber Dosenfutter entspricht dafür dem natürlichen Wassergehalt von Fleisch, im Gegensatz zum Trockenfutter, das ca. 10 % Feuchte aufweist. Wasserzugabe ist bei der Herstellung als undeklarierbarer Hilfsstoff erlaubt, jedoch ersetzt totes Leitungswasser kein Zellwasser (⟹siehe siehe Kapitel Wasser).

Falls Sie eine kleine Dose für ihren Hundewinzling gekauft haben, dürften Sie sich jetzt eine Brille aufsetzen oder eine Lupe holen, um alle Angaben lesen zu können. Wir betrachten auch die Dose erst von außen: Ist sie an einigen Stellen verrostet? Ist sie verbeult? Sogar aufgedunsen? In letzterem Fall ist Vorsicht angeraten. Die Konserve könnte unter Druck stehen, dann spritzt Ihnen der Inhalt beim Öffnen ins Gesicht. Aber was schlimmer wäre: Es könnten Botulinus Bakterien darin sein, die Ihren Hund umbringen. Das kommt aber zum Glück nur sehr selten vor.

Wir öffnen die Dose und schauen uns die Innenauskleidung an: Hat sie vielleicht Rostflecken? Oder einen weißen Plastiküberzug, der wiederum giftige Weichmacher (⟹ siehe dort) enthalten kann? Hat sie keinen, dann kann giftiges Zinn an das Futter abgegeben werden. Gibt es innen eine Naht aus Bleiverlötung? Dann kann das Schwermetall nach Öffnung sehr schnell in den Inhalt übergehen. Am besten sind Falzdosen mit hochstehendem Deckelrand, bei denen kein Blei (⟹ siehe dort) verwendet wird.

Jetzt wenden wir uns dem *Inhalt* der *Tüte* zu: Für Einkauf bräuchte der Tierhalter einen Lebensmittelchemiker als Dolmetscher oder einen Juristen, der ihm schwammige Begriffe wie „natürlich" definiert. Er wird gezielt hinters Licht geführt, die notdürftig gegebenen Informationen werden planmäßig vernebelt. Übrigens sind 30% Luft in Verpackungen erlaubt, bis zu 80 % hat man gefunden.

Wir erfassen das, was wir unserem Haustier anbieten wollen, erst mal mit unseren eigenen, wenn auch olfaktorisch minderbemittelten Sinnesorganen. Riecht es ranzig, fleischig, fischig, nach Maggi, nach saurem Getreide, muffig oder appetitlich nach Hühnerbrühe?

Wir können noch mehr analysieren: Jeder kann es in meinen Seminaren leicht lernen und danach mit Hilfe dieses Buches in seiner eigenen Küche durchführen: Wir nehmen uns ein durchsichtiges Wasserglas und geben etwa einen Esslöffel Kroketten hinein und gießen dann mit Leitungswasser auf, bis diese gut bedeckt sind. Wir können das Glas jetzt stehen lassen und die Zeit messen, bis die Pellets weich werden. Wahrscheinlich wird das Ihre Geduld übermäßig strapazieren. Wir können versuchen, mit einer Gabel nachzuhelfen. Ich gestehe, dass ich immer ein wenig schadenfroh bin, wenn meine Seminarteilnehmer verzweifeln, wenn die Klicker auch nach einer halben Stunde emsigen Rührens immer noch nicht weich sind. Was glauben Sie, wie lange das im Hundemagen dauert? Bei einigen Futtermarken geht es schneller, bei einigen langsamer, einige bleiben hart wie Stein. Den entstandenen Brei beurteilen wir wiederum nach seinem Geruch und vergleichen ihn mit dem „Trockengeruch". Wie hat er sich verändert? Welche Farbe hat die Pampe? Hat sie sich im Vergleich zu vorher verändert? Ist es ein stärkeres Rot, vielleicht mit Nitrit (⟹siehe Nitrosamine) oder künstlicher Fleischfarbe? Braun, grau oder eher hellbeige? Dann versuchen wir einige Inhaltsstoffe zu erkennen. Dazu lassen wir das Glas einige Minuten stehen. Setzt sich oben ein Fettrand ab? Das wäre natürlich. Wenn kein Fett oben schwimmt, dann sorgen vielleicht Emulgatoren für die Feinverteilung. Welche Farbe hat es? Rinderfett ist eher weiß, Hühnerfett leicht gelblich, Lachsöl evtl. rötlich. Wir vergleichen mit der Angabe. Getreide setzt sich meist unten ab, zum Beispiel Mais als feine gelbliche Körnchen. Vielleicht finden wir noch Möhrenstückchen oder andere Gemüseteile. Wir vergleichen mit der Deklaration.

Dieselbe Untersuchung führen wir jetzt mit Futter in *Dosen oder Fertigschalen* durch. Wie sieht der Inhalt aus? Welche Farbe hat er? Hat sich Flüssigkeit abgesetzt? Wie riecht es? Etwa unangenehm, schimmelig? Das kann passieren, wenn der Abreißdeckel schon beschädigt war und Luft Zutritt hatte. Wir versuchen einzelne Inhaltsstoffe zu finden: Dazu geben wir etwas davon auf auf einen weißen Teller und pulen ein wenig den Inhalt auseinander. Finden wir Fleischfasern, Sehnen, Arterien, Pflanzenfasern? Ziehen Sie mit der Gabel alles auseinander und schauen Sie genau hin! Es ist nicht gleich erkenntlich, wenn Fleisch mit texturiertem Getreideeiweiß gestreckt wird. Dann hat der Inhalt nämlich eine fleischähnliche Konsistenz und Farbe durch Manipulation. Sogar in Lebensmitteln bedient man sich solcherart Täuschungen, beschrieben in www.abgespeist.de. Ohne Skrupel werden solche „Verlängerungen" auch noch beworben mit: „Mehr als reines Hack". Ja, es war mehr Rote Beete, das dann nach Fleisch aussieht. Beim Tierfutter ist man in dieser Hinsicht sicher noch weit weniger zimperlich.

Dann geben wir einen guten Eßlöffel Doseninhalt in ein durchsichtiges Glas und wenig Wasser dazu, rühren gut um, und lassen das Ganze zur Ruhe kommen. Wir beurteilen wie oben. Wir beurteilen den Geruch. Ja, Sie können es probieren, denn der Inhalt ist steril und nicht gesundheitsschädlich. Entströmt etwa ein würziger oder eher fauliger, muffiger, saurer, ranziger, schimmeliger, metallischer oder putreszinischer Geruch (Kadavergeruch)? Das dürfte selten vorkommen, aber oft genug rümpfen doch meine Workshop-Teilnehmer ablehnend die Nase. Wie sieht es aus? Welche Farbe hat es? Die Farbe Rot muss dabei nicht auf besonders viel Fleisch verweisen, sondern es kann sich auch um Farbstoff, zugesetztes Karotinoid oder roten Beete-Saft handeln. Finden sich vielleicht Teile von Adern, von Fell, von Möhren, von Reiskörnern oder Knochenschrot? Das ist alles bis zu einem gewissen Ausmass o.k., nicht aber Getreidespelzen oder Fremdkörper wie Plastikpartikel, Reste von Bindfäden, Sandkörner, Papier oder Ungeziefer.

Wir betrachten die Konsistenz: Ist es ein feiner Brei oder finden sich noch Fleischfasern oder -stückchen darin? Woraus bestehen diese Partikel? Kleine Holzkohlstückchen kann man als Leberpartikel erscheinen lassen. Sieht man vielleicht gekochte Möhrenstücke? Ist ein Fettrand oben am Deckel? Das ist o.k., Fett schwimmt oben und so sind vielleicht keine Emulgatoren für seine Feinverteilung eingesetzt worden. Wie sehen die Fettanteile aus? Weiß und etwas fest oder eher gelblich und weich? Im ersten Fall könnte es Rindertalg, im zweiten Hühnerfett sein. Wir vergleichen mit der Deklaration. Der Unterschied ist heutzutage nicht mehr so leicht auszumachen. Hühner in Massenhaltung haben im Gegensatz zu freilaufenden Haushühnern durch Karotinmangel kein gelbliches, weiches Fett mehr, sondern fast weißes, festeres, da ihnen natürliches Grünzeug fehlt. Lachsöl ist rötlich oder gelblich-farblos, aber meist nur in sehr geringer Menge zugesetzt, da es teurer ist und leicht verdirbt.

Am Ende Ihres Checks können Sie sich dann ernsthaft fragen, ob Sie Ihrem vierbeinigen Familienmitglied diesen undefinierbaren Brei vorsetzen möchten. Allerdings ist zu berücksichtigen, dass die Nase Ihres Hundes auf ganz andere Gerüche scharf ist als die Ihre. Man mischt sogar Kadaveraroma (Putreszin) ins Hundemenü, gerade so viel, daß Frauchen es nicht riecht, unser Wauwi aber doch noch. Er soll ja schließlich die Marke X unwiderstehlich finden. Und da haben unsere Vierbeiner nun mal eine ganz andere Vorstellung von lecker.

Es ist heutzutage nicht mehr zu vermeiden, dass sich auch noch so allerhand andere Stoffe im Futter vorfinden (⟹siehe Tabelle 12 Futtergifte). Schließlich wird es aus Resten hergestellt, die für die menschliche Ernährung vorgesehen sind, die ebenfalls belastet ist. In der Nutzviehhaltung ist inzwischen nichts mehr natürlich: Hypertrophierte Kuheuter und Brustmuskeln bei Puten und Hühnern, drangvolle Enge ohne einen einzigen Sonnenstrahl bei Kälbern, Schweinen und Hühnern, genmanipuliertes Futter mit Antibiotika und Wachstumshormonen. 96 % der Masthähnchen bekommen Antibiotika ins Futter.

Giftfrei geht schon nicht mehr, giftarm wäre gut. Man kann mit Bio versuchen, das ist aber leider auch keine 100 % ige Garantie. Selbst bei Bioware für Menschen geht da so einiges durch die Lappen. Die Kontrollen sind hier aber umfangreicher und deshalb ist sie weniger pestizidbelastet. Empfehlenswerter sind Freilandhühner oder „Neuland" Produkte, wo Weidegang im Gegensatz zu Biohaltung Vorschrift ist.

Wildfleisch ist ausser bei Gatterwild immer bio. Es ist das nachhaltigste Fleisch, was es gibt: kein Haltungs- und Schlachtstress, keine Rodung für Futtermittelanbau, kein CO2-Verbrauch durch lange Importe, keine Pestizide oder Herbizide in der

Produktion, keine Tiertransporte, keine Zuchtausbeutung. Durch Bejagung werden Wälder geschützt. Kritiker der Jagd sollten sich grundsätzlich klarmachen, dass ein mit waidgerechtem Blattschuss niedergestrecktes Reh, das bisher in Freiheit gelebt hat, mit Sicherheit nicht leidet, im Gegensatz zu unseren bedauernswerten Schlachttieren, die man der Subventionen wegen ohne Futter und Wasser zusammengepfercht durch halb Europa karrt und sie dann auch noch zusehen lässt, wie ihre Artgenossen umgebracht werden. Inzwischen gibt es Bauern, die ihre Rinder lieber selbst auf ihrer Weide erschießen, als sie dem Transport- und Schlachthausstress auszusetzen. Das verbessert durch weniger Streßhormone auch die Fleischqualität.

Sie können sich selbst darüber informieren, welche Gifte man in welchem Hundefutter gefunden hat. Geben Sie „recalls of dogfood“ oder „recalls pet food“ ein, „Rückrufaktionen Deutschland“ oder „Rückruf-Portal für Deutschland“ in die Suchmaschine des Internets ein. Es gibt ein europäisches Schnellwarnsystem für Futtermittel.Auf der amerikanischen Website finden sich Rückrufaktionen beispielsweise wegen Salmonellen oder Listerien in Trockenfutter, Kunststoffteilen oder anderer Fremdkörper, Ammoniak, inadäquaten, meist zu hohen Vitamin- und Mineralienlevels im Nass- oder Katzenfutter. Oder die Etikettierung entsprach nicht dem Inhalt. Dankenswerterweise gibt es einige Institutionen, die Tests durchführen, zum Beispiel Greenpeace, Ökotest oder Warentest. Allerdings wird dabei oft nur Trockenfutter mit anderen Trockenfuttern unter fragwürdigen Kriterien verglichen. Die Darreichungsform selbst und die Auswahlkriterien der dem Test unterworfenen Inhaltsstoffe werden nicht in Frage gestellt. Das wäre, als wenn ich Mac Donald mit Burger King vergliche und wenn ich keine Bakterien fände, das Produkt als Kindernahrung priese. 2010 fand Stiftung Warentest: Nicht einwandfreies bis schädliches Hundefutter, Verarbeitung von Schadstoffen, falsche Mengeninhalte an Vitaminen und Mineralstoffen. Sehr oft fehlte Vitamin A.

Stiftung Warentest hat 2017 etliche teure Fachhandelsmarken mit mangelhaft bewertet, unter anderem wegen zu viel Phosphor. (Quelle ZZA)

Wie unterscheidet sich gewöhnliches Tütenfutter von teurerem Premium-Futter? Bis heute besteht keine rechtlich definierte Grundlage für einen solchen nicht geschützten Begriff. Er ist damit wertlos und nichtssagend. Premium bedeutet im Englischen „erstklassig“, dabei sind nur wenige Marken von Premiumfutter biozertifiziert. Für Prämiumfutter wird mehr Geld für Werbung ausgegeben. Hier zahlt der Kunde weniger für den Inhalt, dafür mehr fürs Design. Premium sollte besonders erlesene Zutaten in immer gleicher Zusammensetzung enthalten und damit den höheren Preis rechtfertigen. Durchschnittsware geht flexibler auf Angebote des Marktes ein und passt die Zusammensetzung entsprechend an. Großhändler oder Genossenschaften orientieren sich aber vornehmlich am Preis der aktuellen Marktlage. Das muss jedoch keine Änderung der Analyse oder Verschlechterung des Futters nach sich ziehen. Auch No-Name Produkte sind keineswegs automatisch minderwertig.

Vergleich Billigdose und Premiumdose mit Faserfleisch

Ebenso wertlos ist die Ansage: Unter regelmäßiger Kontrolle. Diese ist sowieso vorgeschrieben und eine gesetzmäßige Selbstverständlichkeit, aber keiner weiß, was da genau kontrolliert wird.

Unter dem Zusatz „Verbesserte Rezeptur“ wurden selbst bei Kindernahrung wesentliche Verschlechterungen festgestellt. Der Verbraucher wurde belogen, weil teurere Substanzen durch billigere ersetzt wurden .Eine sogenannte verbesserte Rezeptur kann demnach irreführend sein, da neues nicht unbedingt besser sein muss.“Mit ausgewählten Zutaten“ ist ebenfalls ein nicht geschützter schwammiger Begriff. Natürlich sind die Zutaten immer irgendwie ausgewählt, aber meist nach ökonomischen Gesichtspunkten. Selbst Zertifizierungen, die inzwischen niemand mehr überblickt, über Nachhaltigkeit, Bio oder Regional, sind ein einträgliches Geschäft geworden. Da diese Siegel bezahlt werden müssen, werden sie mehr oder weniger leichtfertig von selbst ernannten Vereinen vergeben, die auch nur mehr oder weniger das Tierwohl berücksichtigen. In der Lebensmittelindustrie hat man tonnenweise Fake Food nachgewiesen, weil nicht drin war, was auf der Außenpackung suggeriert wurde, denn Betrug ist ein lukratives Geschäft. Bei Heimtierprodukten können wir von einer noch viel höheren Dunkelziffer ausgehen.

Lassen Sie uns die Beurteilung eines mir zufällig vorliegenden Snacks diskutieren: Es handelt sich um einen „Abenteuer-Riegel“ von einem der marktführenden Konzerne. Also wissen wir schon mal, wer ihn hergestellt und ihm diesen abenteuerlichen Namen verpasst hat. Die freiwillige Angabe der Telefonnummer des Herstellers gäbe uns die Möglichkeit für Rückfragen. Das Gewicht ist vermerkt, das Ablaufdatum

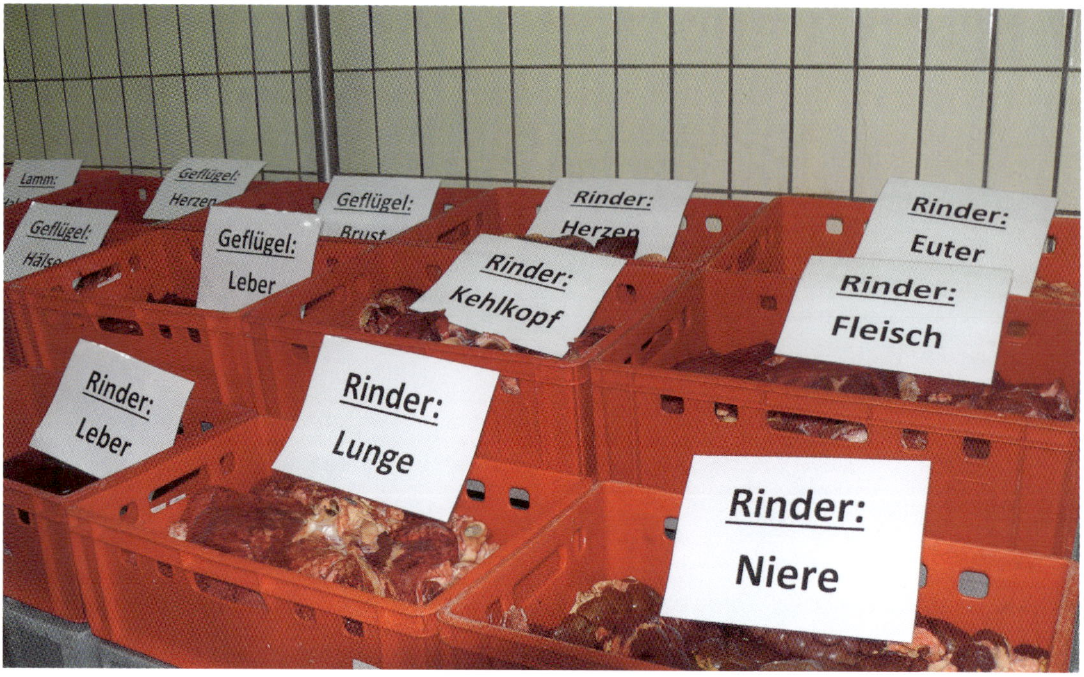

1. Warenannahme

2. Grob wolfen und fein wolfen

3. Mehr zerkleinern und mischen

4. Abfüllen

5. Deckeln

6. Dosenlaufband

7. Autoklav

am Tütenboden auffindbar. Es handelt sich um ein Ergänzungsfuttermittel für ausgewachsene Hunde. Die Zusammensetzung ist folgende: Getreide, Glycerin, Fleisch und tierische Nebenerzeugnisse, (entspricht 16 % dehydriertem Fleisch und tierischen Nebenerzeugnissen mit mindestens 14 % Fleisch) Verstehen Sie das? Was für Verrenkungen, um den geringen Wert des Produktes zu verschleiern. Dann werden aufgeführt: Zucker, pflanzliche Eiweißextrakte, pflanzliche Nebenerzeugnisse, Mineralstoffe, Öle und Fette.

Wie schon erwähnt, enthalten besonders diese Zusatzhäppchen billige Füllstoffe. Das vorliegende Produkt besteht in der Hauptsache aus Kohlenhydraten, nämlich Getreide und zwei Zuckerstoffen. Die Art des Getreides wird nicht angegeben, aber pflanzliche Nebenerzeugnisse lassen keine Wertstoffe erahnen. An zweiter Stelle Glycerin (⟹siehe Wasserbindungsstoffe), da könnte eigentlich auch Wasser stehen. Erst dahinter werden tierische Eiweiße genannt, wahrscheinlich in Form von tierischen Nebenerzeugnissen. Wie viel Fleisch nun enthalten ist, ist selbst für einen Fachmann nur schwer erkennbar. Die Prozentangaben für die Einzelzutaten beziehen sich nämlich oft nicht auf den Gesamtinhalt des Produktes.Wir können einen Blick auf die Proteinprozente werfen, um ungefähr die Menge abzuschätzen: 13.5 % sind ausgewiesen, allerdings gehen in diesen Betrag noch die stickstoffhaltigen hydrolysierten Eiweißextrakte (⟹siehe Hydrogenate) an 5. Stelle aus Pflanzen ein. Wir kennen weder die dafür verwendeten Pflanzen, noch wissen wir genau wie viele verwendet wurden. Der Gesamt-Eiweiß-Prozentsatz liegt etwas über dem rein pflanzlichen Level, wenn nur Erbsen und Reis verwendet wären.

Ein kurzer Blick noch in die Analyseliste: Mineralstoffe, also Rohasche machen 4,5 % aus. Das ist in Ordnung, mehr als 5 % sollten es nicht sein. Öle und Fette sind nicht spezifiziert und stehen an letzter Stelle. Wahrscheinlich handelt es sich um konventionelle Öle (⟹siehe Tabelle 13 Ölherstellung), meist Palmöl (⟹siehe dort), womöglich industriell aufbereitete Abfallfette. Fett ist in Fertigfuttern oft ein Mangelstoff, aber o.k., hier handelt es sich ja nur um ein Ergänzungsfutter. Auf der Packung ist sogar angegeben, wie viele dieser Leckerchen ein Hund mit einem bestimmten Gewicht maximal am Tag erhalten sollte. Bei den analytischen Bestandteilen machen die Fette 2 % aus. Die Feuchte wird mit 18 % angegeben. Damit fällt das Produkt in die Kategorie Halbfeuchtfutter.

In der Deklaration werden die „ernährungsphysiologischen Zusatzstoffe“ aufgeführt, was immer das heißen mag: Vitamin A, Vitamin D3, Ca-jodat, Mangansulfat, Zinksulfat (⟹siehe jeweils dort). Natriumselenit (⟹siehe Selen) mit 0,47 mg/kg, Wildschweinaroma 3000mg/kg (⟹ siehe Aromen), Farbstoffe. Zuletzt Antioxydantien (⟹siehe dort), welche bleibt unklar, denn es gibt ziemlich schädliche und harmlose davon.

Ehrlicherweise steht „Mit Wildschweingeschmack“ auf der Packung neben der Abbildung eines borstigen Rüsseltiers und nicht „mit Wildschweinfleisch“. Es ist also

Formfleischstücke in konventionellem Dosenfutter

mehr „Mit" als „Wild" enthalten. Nun frage ich Sie: Schütten Sie zu Hause auch Zucker und Glycerin in den Futternapf?

Die rein chemische Analyse erfasst zudem nur einen kleinen Teil der Information von unserem mehrfach erhitzten und verrührten Produkt. Wir erfahren wenig über die wertgebenden Inhaltsstoffe und nichts über etwaige schädliche Rückstände.

Toxische Stoffe wie beispielsweise BHT oder BHA kann man manchmal aus der Zutatenliste entnehmen. Sie werden auch unter Antioxydantien angegeben. Wir bekommen keine Information über Enzymaktivität und Biophotonenemission (⟹siehe Biophotonen). Beide sind aber in diesem Fall mit Null anzusetzen. Bei so gut wie allen Produkten erfahren Sie nichts über Herkunft und Fütterung der verwendeten Schlachttiere. Wenigstens das Futterwahlverhalten können wir an unserem eigenen Tier noch messen, Bekömmlichkeit und die Langzeitfolgen nur zum Teil.

Lagerung von Fertigfutter

Leider findet sich das Futter für unsere Haustiere in Supermärkten fast immer in der Nähe oder im selben Regal wie scharf riechende Reinigungsmittel, obwohl auf vielen Tüten extra vermerkt ist, dass man sie gerade dort nicht aufbewahren sollte, weil synthetische Duftstoffe auf das Futter übergehen können. Die können vom feinen Geruchssinn unserer Vierbeiner durchaus noch wahrgenommen werden. Eventuell wird das Futter gerade aus diesem Grunde abgelehnt. Deshalb empfiehlt es sich, Haustierfutter in Zoohandlungen oder Fachgeschäften zu erwerben, in denen keine Putzmittel verkauft werden und man zusätzlich noch Beratung bekommen kann.

Dosen sind Langzeitkonserven von üblicherweise drei Jahren Haltbarkeit. Ihre Lagerung dürfte keine besonderen Schwierigkeiten bereiten. Am besten kühl und trocken, damit das Metall nicht rostet. Dosen mit sogenannter Kaltabfüllung sind offiziell nur mit einer Haltbarkeit von einem Jahr ausgewiesen. Geöffnet im Kühlschrank sollten sie innerhalb von 2 Tagen verbraucht werden. Da Dosenfutter einen hohen Wassergehalt haben, verderben sie geöffnet schneller als Trockenware und enthalten deshalb oft zusätzlich noch Konservierungsstoffe.

Tüten von Fertigfutter sollten trocken in Futterkammern, Speisekammern oder Schränken gelagert werden, nicht im Außenbereich oder in Garagen. Angebrochene Tüten füllt man am besten in verschließbare Gefäße aus Glas, Porzellan, Edelstahl oder Emaille. Plastikbehälter (⟹siehe Plastik), ebenso Teflon (=krebsverdächtig ⟹ siehe Fluor) oder Aluminium (⟹siehe dort) sollten vermieden werden.

Spätestens nach zwei Wochen sollten angebrochene Tüten verbraucht sein. Aber auch innerhalb dieses Zeitraums kann die Bildung von Kondenswasser durch Temperaturschwankungen und Luftfeuchte unvermeidlich sein. Schimmel, Getreidemotten und Futtermilben lieben es organisch, tot, feucht und dunkel. Deshalb rate ich von Maxi-Futtertüten ab. Freßnäpfe müssen im Zwinger immer unter Dach gestellt sein, weil Regen das Futter sauer macht.

Eine besonders unangenehme Form der Verderbnis bei den Kroketten sind Futtermilben. Sie sind mit bloßem Auge nicht sichtbar. Aber Ihr Hund frißt vielleicht plötzlich seine Lieblingsmarke nicht mehr. Oder er entwickelt ein Ekzem an seinen Lefzen und an der Schnauze. Tierärzte empfehlen dann das Einfrieren des Trockenfutters, weil dann die Milben absterben. Das tun sie zwar, aber da die Allergie auf die Toxine und Eiweißstoffe des Milbenkots gerichtet ist, die durch das Frosten nicht verändert werden, nützt das nichts. Bei nachgewiesener Milbenallergie sollte daher auf Trockenfutter verzichtet werden.

Die einzigen in der Natur vorgesehenen *Konservierungsmethoden* (⟹siehe Konservierung) bei Nahrungsmitteln sind allerdings nicht Einkochen und Eindosen, sondern nur einfaches Einfrieren oder Trocknen des Grundstoffes, wie Trockenfleisch oder Gefrierfisch. Das gilt auch für Obst und Gemüse, wo in erntefrisch

Gefrorenem mehr Vitalstoffe erhalten sein können als in lange transportierter und gelagerter Supermarktware.

Dosen können niemals „natürlich“ sein, auch nicht, wenn sie den Wolf im Markennamen tragen. Ihre Rohstoffe werden gefroren angeliefert und dann sterilisiert. Das macht alles jahrelang haltbar, jedoch werden durch die physikalischen Einwirkungen Vitamine und Enzyme zerstört, sowie Farbe, Geschmack und Eiweißstruktur verändert. Mischtrockenfutter ist auch bestimmt nicht von der Natur abgeschaut. Nur reine Organ- oder Fleischteile, auch Obst, Gemüse oder Kräuter sind getrocknet oder gefroren natürlich konserviert, verlieren aber besonders als Pulver mit zunehmender Lagerung an Vitalstoffen.

Eine weitere Konservierungsart, die die Natur vorgesehen hat, ist die bakteriell-enzymatische Veränderung, wie wir sie beispielsweise bei Sauermilch oder abgehangenem Fleisch vorfinden. In der Natur wird nichts gekocht. Kein Tier der Wildnis ernährt sich von erhitzter Nahrung, nur der Mensch und seine Haustiere. Deshalb leiden sie auch unter Zivilisatosen, die in freier Wildbahn unbekannt sind. Oder haben Sie schon mal was von einem allergischen Wolf gehört? Oder von einem mit Essstörung? Einer Wildkatze mit Atopie oder Verhaltens-Tic?

Wie füttere ich am besten, wenn ich nicht barfen will?

Nun gibt es die verschiedensten Gründe, warum Leute sich wenig Arbeit oder Gedanken um die Fütterung ihres Haustieres machen, sei es wegen Krankheit, Zeitdruck oder Berufstätigkeit. Schließlich sind Hund und Katze in den ganz normalen Wahnsinn des Familienlebens eingebunden. Stress läßt viele Menschen ja auch für sich selbst zu Fast-Food greifen. Aber keine Angst, Ihr Tierchen fällt nicht gleich tot um, wenn es mal aus Dose oder Tüte bedient werden muss. Ich halte diese Ernährungsweise allerdings auf die Dauer für sehr lieblos, vor allem, wenn auch noch Fütterungsautomaten benutzt werden. Seit es industrielles Fast-Food gibt, sind unsere Tiere keinesfalls gesünder geworden, sondern es haben sich neue Krankheiten entwickelt. Die meisten Vierbeiner werden über ihren Futternapf umgebracht. Ihn wenigstens selbst zu befüllen, so viel Liebe muss sein.

Ich werde immer wieder gefragt, welche Fertigfuttermarken ich denn für empfehlenswert halte. Ich antworte darauf aus folgenden Gründen nicht gerne: Erstens möchte ich mir meine Freiheit bewahren und eine firmenunabhängige, an der Sache orientierte Beratung bieten und mich von keiner Marke vereinnahmen lassen. Ich verbiege mich nicht gegen meine Überzeugungen, die ich in jahrzehntelangen Erfahrungen in meiner Praxis, in meinem Futterladen und als Hundezüchterin gesammelt habe.

Zweitens finde ich oft einige Produkte einer Marke recht gut, andere der gleichen Marke aber nicht, was eine pauschale Empfehlung erschwert. Es ist einfach angezeigt, sich jedes Produkt einzeln vorzunehmen. In meinem Laden hatte ich das Problem, dass man als Einkäufer von den Futtermittelfirmen gezwungen wurde, Warenzusammenstellungen als vollständige Sets abzunehmen. Die Ladenhüter blieben liegen. Die Kunden waren unzufrieden, weil Ihr Favoritmenü schon ausverkauft war. Es konnte aber nichts Neues bestellt werden, weil wieder nur ein ganzes Sortiment geordert werden musste. Produkte von Familien- und mittleren Betrieben haben mich deutlich mehr überzeugt als Massenware von Konzernen. Einige davon bieten inzwischen Betriebsführungen für Fachkräfte an. Die Firma Hills, von denen ich damals die Ehre hatte besucht zu werden, schreibt: „Der Tierarzt, der irgendein handelsübliches Fertigfutter empfiehlt, ohne sachkundig zu erklären, warum es denn gut ist, versagt dem Tierbesitzer eine pflichtgemäße Dienstleistung. Diese Art Ratschlag zwingt den Besitzer, seine Entscheidung unter dem Einfluss der Werbung, anstatt auf Grund wissenschaftlicher Erkenntnisse zu treffen.“ Wie wahr! Wie wir gesehen haben, spielt aber für die Beurteilung nicht nur die Ernährungsforschung, sondern auch die Gesetzes- und Wirtschaftslage eine Rolle. Aber es könnte den Unterschied zwischen Abgeben und Verkaufen bzw. Beraten und Wissensvermittlung machen.

Sollten Sie trotzdem weiterhin auf Fertigfutter bestehen, rate ich zu folgender Vorgehensweise:

Kaufen Sie kleinere Packungen, keine Riesensäcke.

Wechseln Sie die Marken und die angegebenen Fleischarten. Was in dem einen Futter fehlt, ist in dem nächsten vielleicht drin. Außerdem beugt es dem Entstehen ausschließlicher Vorlieben vor, die zu einseitiger Vitalstoffaufnahme und Problemen bei therapeutischer Diät führen können, besonders bei Katzen. Am besten sind Rein-Fleisch-Dosen von einer Tierart mit Beifutter (Gemüse, Flocken etc.) in Abwechslung.

Wechseln Sie zwischen Nass- und Trockenfutter, aber mischen Sie diese nicht zusammen. Nassfutter hat den Vorteil eines natürlichen hohen Wassergehaltes, schadet aber bei Dauereinsatz den Zähnen, weil der gesamte Kauapparat durch Nichtgebrauch verkümmert. Pellets hingegen haben den Nachteil durch hohen Kohlenhydratanteil Karies durch Säureplaques und große Kothaufen zu produzieren. Zudem sind sie für Schlingfresser keine physiologische Nahrung.

Man darf den Herstellern durchaus unterstellen, dass sie sich bei den verschiedenen Rezepturen ihrer Menüs etwas gedacht haben, weshalb eine Mischung mit anderem ausgewiesenen Allein- oder Ergänzungsfutter keinen Sinn macht. 60 % der Hunde in Deutschland sind Rassehunde. Für sie gibt es spezielle Futtersorten, welche statistisch bei ihnen besonders gehäufte Krankheiten berücksichtigen sollen. Das Preis-Leistungs-Verhältnis ist bei denen allerdings nicht als besonders gut zu bewerten, da fast alle ähnliche Zusammensetzungen mit nur geringen Abweichungen vorweisen und deshalb sowohl prophylaktisch wie therapeutisch ungeeignet sind. Inzwischen gibt es Spezialfutter für mindestens 24 verschiedene Hunderassen und für 7 verschiedene Rassekatzen, sogar für unterschiedliche Altersklassen.

Auch beispielsweise für mangelnde Spielbereitschaft, Müdigkeit, Unlust gibt es ein unüberblickbares Angebot, obwohl der Unterschied hier eher im Preis als in der Qualität spezieller Zutaten zu suchen ist. Für bestimmte Krankheiten werden verschiedene Diätfuttermittel angeboten, die die Therapie unterstützen sollen: Diabetes, Übergewicht, Rekonvaleszenz, bei Problemen von Magen und Darm, Niere oder Herz und weitere. Sie sollten aber nie vorbeugend, sondern nur nach erfolgter Diagnose verabreicht werden. Ist das Prinzip verstanden, können Sie therapieunterstützende Menüs auch selbst zusammenstellen. Dafür möchte ich in diesem Buch Anleitung geben.

Kaufen Sie umweltfreundlich und tierversuchsfrei hergestelltes Futter in möglichst 100% recyclebarer Verpackung oder lose.

Bei Nierenerkrankungen Trockenfutter zu verabreichen macht aber einfach keinen Sinn, denn zur Gesundung geht es dabei um Entgiftung mit möglichst hoher Flüssigkeitszufuhr, die bei Trockenfutter nicht gegeben ist, da ja von vorneherein schon mindestens 70-90 % für die Herstellung entzogen wurden. Hier ist immer Dose vorzuziehen. Carnivoren decken ihren Flüssigkeitsbedarf fast ausschließlich über den Verzehr ihrer Beutetiere und trinken von Natur aus wenig. Außerdem stammen

Katzen ursprünglich aus dem heißen Ägypten. Die Vorfahren der Hunde benötigen in sibirischer Kälte kaum Wasser.

Beachten Sie die Herstellerempfehlungen, aber bleiben sie kritisch. Die empfohlenen Mengenangaben liegen bei Trockenfutter meist zu hoch, da die Energiedichte bereits hoch ist, bei Dosenfutter und Barf-Empfehlungen eher zu niedrig, da der Wasseranteil höher ist. Es gibt keine allgemein gültigen Mengenangaben pro Kilogramm Lebendgewicht, da jedes Individuum bezüglich Appetit, Verdauungsleistung, Bewegung, Klima, Drinnen- oder Draußenhaltung sowie Hormonstatus verschieden ist. Die Rippen eines Tieres sollen fühlbar, aber nicht sichtbar sein. Das ist die ganze Weisheit. Übergewichtige Katzen erkennt man an der unteren hängenden Bauchlinie, wo das meiste Fettgewebe angesetzt wird.

Häufigste Fehler bei Fütterung von Fertigfutter:

- Zu große Trockenfuttersäcke, zu lange gelagert.
- Tagein, tagaus die gleiche Marke.Was in der einen fehlt, wäre vielleicht in der anderen drin. 70 % der Hunde- und Katzenhalter kaufen immer ein und dieselbe Marke. (ZZA) Im Sinne der Firmenbindung ist Abwechslung angeblich des Tieres Sache nicht. Die Natur setzt aber immer auf Variabilität. Ad libitum Fütterung, d.h. ständig eine gefüllte Schüssel, ist als unphysiologisch anzusehen und provoziert zuweilen Überdruß, vor allem aber Übergewicht mit allen Folgeerkrankungen.
- Vorwiegend Dosenfutter schädigt die Zähne durch Nichtgebrauch, vor allem wenn keine Knochen gegeben werden
- Ausschließlich Trockenfutter ist genauso schädlich.
- Zusätzliche willkürliche Gaben von Supplementen.
- Falsche Lagerung (zu feucht, nicht verschlossen etc.)
- Zu langes Stehen lassen in ungereinigten Näpfen. Futter kann durch Regen oder Fliegeneier verderben.
- Es wird zu wenig Frischwasser angeboten.
- Mischen von Nass- und Trockenfutter oder Mischen von Rohfutter mit Industriefutter (außer evtl. in der Übergangsphase).
- Anfeuchten von Trockenfutter, es kann schnell sauer werden.

Nachteile von Fertigfutter:

- Wir geben Fast-Food und wissen nicht, was im jeweiligen wirklich enthalten ist.
- Alle Bestandteile wurden mechanisch, chemisch und thermisch verändert. Getreide-Fleisch-Mischungen für Tüten werden extrudiert, das heißt mit hohem Druck auf 150 -200 Grad Celsius erhitzt, durch die Düsen eines großen Fleischwolfs gepresst und in eine zähflüssige Masse verwandelt, die sich ausdehnt und dann

Sogenannte Kaltabfüllung ist ein Jahr haltbar

in verschiedenen Formen getrocknet wird (⟹siehe Tabelle 14 „Trockenfutterherstellung"). Die Form der Pellets hat jedoch nichts mit den bioverwertbaren Inhaltsstoffen zu tun. Die verschiedenen Knochen- oder Herzchenformen, Farben, Aufmachungen, Bezeichnungen und Werbeversprechen sind eine Pseudoauswahl für Mensch und Tier.

- Das Endprodukt ist steril, aber hitzelabile Vitamine und instabile Fettsäuren überstehen diese Gewaltanwendung nicht unbeschadet. Der Nährstoffverlust soll dann durch synthetische Zusätze aus dem Labor wieder ausgeglichen werden. Alles Lebendige ist hier ausgetrieben worden, die Nahrung ist tot. Natürliche, wertbestimmende Inhaltsstoffe sind nicht mehr vorhanden. Ungesundes wird zugefügt, denn alle Zusatzstoffe (⟹siehe Kapitel Futtermittelrecht) haben keinen gesundheitsfördernden Wert.
- Dosen werden zur Haltbarmachung länger als 8 Minuten bis 110 Grad erhitzt. Auch bei sogenannter Kaltabfüllung wird der Inhalt zwar kalt hineingegeben, die geschlossene Dose danach aber einer Dampfgarung unterzogen und bis über 100 Grad erhitzt. Es gehen zwar auf diese Weise keine Mineralstoffe verloren, aber Vi-

tamine und sekundäre Pflanzenstoffe werden durch vierstündige Hitzeeinwirkung und Überdruck zum Teil inaktiv oder chemisch verändert.

- Darmflora und Immunabwehr leiden unter sterilem Essen. Das bedeutet ein Risikofaktor für die Entstehung von Allergien. In Dosen und Tüten fehlen frische, aktive Enzyme, Bakterien, natürliche Vitamine, Sekundäre Pflanzenstoffe (⟹siehe Sekundärstoffe) und Biophotonen (⟹siehe Biophotonen). Eine frische Pflanze oder ein Beutetier hat sich biologisch in Bezug auf pH-Wert, Enzymaktivität und Photonenemission austariert und lebt auf Zellebene noch in einer höheren inneren Ordnung, die vom aufnehmenden Organismus als Information wahrgenommen und für die eigene Gesundheit *einverleibt* wird. Das ist bei processed food nicht der Fall, da der Organismus die mangelnden Strukturelemente als mangelnde Ordnung wahrnimmt.
- Dosen haben eine schlechte Ökobilanz: Im Inhalt werden 80 % Wasser transportiert, wodurch der Sättigungseffekt per Gewichtseinheit entsprechend geringer ausfällt. Aluminium (⟹siehe dort) und Plastik (⟹siehe dort) sind gesundheits- und umweltschädlich und verursachen viel Müll.
- Die Herstellung von Trockenkräckern benötigt einen langen Produktionsweg: Zuerst wird das Design des Produktes am Computer entworfen. Dann werden die entprechenden Rohwaren aus aller Welt zum Teil mit Flugzeugen herbeigeschafft, mit LKWs zur Fabrik gefahren, wo sie in Containern zwischengelagert werden. Extrakte und Trockenware werden mit Wasser mit den anderen Zutaten vermengt, gepresst, getrocknet, maschinell in Tüten verpackt und mit Etiketten versehen. Mit Gabelstaplern werden Paletten in Regale des Werks geschoben. LKWs fahren dann zu den Großhändlern. Die dort klimatisiert gelagerte Ware wird dann nochmals zu den Einzelhändlern transportiert, von wo der Endverbraucher sie endlich nach Hause fährt. Ökologisch ist anders.
- Mit extrudiertem Getreideprotein wird Fleisch gestreckt, sodass eine fleischähnliche Konsistenz erreicht wird. Mit rotem Beete Saft und Paprika wird die entsprechende Farbe verpasst, wenn überhaupt ein natürlicher Farbstoff verwendet wurde. Diese Tricks werden auch bei der Produktion von Lebensmitteln angewandt.
- In Trockenfutter finden wir einen zu hohen Stärkeanteil verschiedenster Getreidesorten von mindestens 50 % und mehr.
- Bei ausschließlicher Fütterung von Industriefutter können Erkrankungen schon im Alter von 5 bis 6 Jahren auftreten, besonders der Haut und der Zähne.
- Anorganische Mineralien und Vitamine aus dem Labor liegen im Gegensatz zu Frischekomponenten in anders gebundener Molekülform vor, die dem Organismus eine Zwangsverstoffwechselung abverlangen. In unbehandelten Naturstoffen werden diese jedoch abhängig vom individuellem Bedarf absorbiert. Der im Nachhinein zugesetzte Mineralienanteil ist oft zu hoch, was bei Dauerfütterung zu Nierenschäden führen kann.

- Verderbnis durch Futtermilben, Schimmel, Getreidemotten kann bei Containerware nicht immer festgestellt werden. Künstliche Aromastoffe überlagern deren Geschmack oder Verdorbenes wird mit Frischem vermischt. Die Industrie hat die Kunst, die Sinne zu täuschen, zu höchster Perfektion entwickelt.
- Nachgewiesenermaßen weisen Tiere, die lebenslang mit Industriekost ernährt werden, mehr Allergien, Karies, Zahnstein, Schilddrüsenunterfunktion, Diabetes und Skelettprobleme sowie Hyperaktivität auf. Viele Tierhalter berichten von gesteigerter Nervosität, vermehrten Allergien und Nierenproblemen bei der Verfütterung von Trockenfutter. Durch Aufquellen der Pellets im Verdauungstrakt kann es zu plötzlichem Stuhldrang, Durstattacken, häufigem Kotabsatz, aufgedunsenem Bauch sowie kleinen Darmblutungen und möglicherweise lebensbedrohlichen Magendrehungen kommen.
- Der geldwerte Anteil des Doseninhaltes beträgt nur 5 %. Der Rest des Preises fällt auf Löhne, Steuern, Strom, Wasser, Maschinenabschreibungen, Gebäudeunterhaltung, Etikettierung, Werbung, Transport, Verpackung, Logistik. Jeder Verarbeitungsschritt erhöht den Preis des landwirtschaftlichen Primär-Erzeugnisses. Je höher die Verarbeitungsstufe, desto kleiner wird der Wertanteil des Vorproduktes. Wenn ich also selbst zubereite macht meine eigene Arbeit die größte kostenlose Wertschöpfung aus. Fertigprodukte sind Futtermittel mit eingebautem Dienstmädchen.
- Jeder Verarbeitungsschritt bei der Bequemvariante erfodert ein Mehr an Zusätzen: für den verloren gegangenen Geschmack, für die verloren gegangene Farbe, für die verloren gegangene Bindungsfähigkeit und Struktur, für die verloren gegangenen Vitamine. Man kann Tiernahrung noch so genau auf Inhaltsstoffe analysieren, aber die Zusammensetzung aus dem Laborbaukasten wird nie dem Orginalbeutetier entsprechen.
- Im Trockenfutter fehlt es an natürlichem Zellwasser (⟹ siehe dort) von Fleisch, Fisch, Gemüse, Obst und Kräutern. Das sind 60 bis 90 % an Flüssigkeit, die für die Gesundheit förderlich wäre. Wassermangel kann zu Nierenschäden führen, da sowohl Hunde wie auch Katzen von Natur aus wenig trinken.
- Bei getesteten Alleinfuttern wurden folgende Mängel angeprangert: An Linolsäure bei 5 Sorten und an Vitamin B1 bei 3 Sorten. Dabei können Hunde Vitamin B1 im Dickdarm selbst herstellen und Linolsäure findet sich genügend in in jedem billigen Fleisch. Man zweifelt am Sachverstand der Tester. Ellen Kienzle, Professorin für Tierernährung, Uni München, sagt: „Ein Alleinfutter, das wirbt, frei von Zusatzstoffen zu sein, ist nicht glaubwürdig." Synthetische Zusatzstoffe sind fast immer dabei. An die 400 Futtermittelzusatzstoffe sind in der EU legal. Bei Mäusen verdoppelte sich die Metastasenrate durch die Industrievitamine C, E und A. Grundsätzlich sind alle Laboratoriumsprodukte körperfremd und haben immer unerwünschte Nebenwirkungen.
- In Trockenfutter fehlen oft die essentiellen Omega 3 Fettsäuren, weil sie ohne Konservierungsmittel schnell ranzig werden. Konservierungsmittel sind aber beim

Autoklav mit Schienen für die Loren mit den Dosen“

Volumenzunahme von Trockenfutter“

Verbraucher auch nicht erwünscht und außerdem zum Teil gesundheitsschädlich. Verdorbenes oder erhitztes Fett hat im Organismus keine positive Funktion mehr.

- Industriefutter sind konzipiert auf der Grundlage ökonomischen Gewinns und Bequemlichkeit für den Tierhalter. Das lange gesunde Leben Ihres Vierbeiners steht nicht im primären Focus. Trends und Modeströmungen sind für den Käufer gemacht, sie sind dem Vierbeiner egal. Durch Mangel an Vitalstoffen und Vielfalt kann es jedoch zu Übergewicht mit Folgeerkrankungen kommen. Das Fehlende wird dann ständig vom Tier gesucht, gleichzeitig werden zu viele Kalorien aufgenommen.
- Für Industriefutter werden, zumindest von den ganz großen Firmen, nicht immer so tierfreundliche Fütterungsversuche für Mindestbedarfsmengen mit Katzen und Hunden in Einzelhaft durchgeführt.
- Die Werbung ist rein auf menschliche Modeströmungen und falsch verstandene Vorlieben ausgerichtet, anstatt auf variable Bedürfnisse des Tieres. Beispiel: „Wir verwenden ausschließlich reines Muskelfleisch“. Diese Firmen scheinen nicht zu wissen, dass Leber und Niere viel mehr Wertstoffe beinhalten. Es steckt nicht alles im Muskelfleisch! Ausschließlich Muskelfleisch führt sogar zu Mangel! Genauso die Werbung „mit wenig Fett“ oder „ohne Knochenmehl“. Calciumcarbonat ist keineswegs besser und ohne Calciumzusatz zu Fleisch stimmt das Ca:P Verhältnis nicht. Oder „ohne tierische Nebenerzeugnisse“ oder „Wir verzichten auf Schlachtabfälle“. Diese sogenannten Schlachtabfälle haben wertvolles Eiweiß und viele Resourcen gekostet und werden in andere Länder für Menschen exportiert!! Wie lange werden wir uns diese Luxusansprüche noch leisten können?

Vorteile von Fertigfutter:

- Zeitersparnis für Berufstätige und Gestresste, auch als Reise-Fertigkost,
- Günstiges Transportvolumen bei Trockenfutter,
- Nicht preiswert, aber billig, etwa 15 € für einen Retriever im Monat bei Billigmarke, bei hochpreisigem Futter circa 70 Euro,
- ist im Allgemeinen keimärmer als Selbstzubereitetes.
- Das Tier kann im Futter nichts ausortieren, da schon alles klein vermischt ist.
- Einige Enzymhemmer (Phytin in Getreide, Avidin im Eiklar) werden durch Erhitzung inaktiviert und machen diese Substanzen besser aufschließbar.
- Bei Maul- und Zahnproblemen unkomplizierte Fütterung von Dosennahrung. Das kann man allerdings auch durch frisch gewolftes Fleisch erreichen.
- Gute Lagerfähigkeit von Vorrat ohne Gerüche und Stromverbrauch.

Die halbe Tagesproduktion im Hochregallager

Warum, worin, wie, wo, wann, wie oft, wie lange, seit wann, von wem, was und wie viel sollte gefüttert werden?

Warum füttern wir überhaupt?

Nach dem Gesetz der Entropie zerfällt alles Geordnete wie es ein Organismus ist, wenn nicht ständig Energie zugeführt wird. Wenn die Energiezufuhr weniger ist als der Verbrauch, stirbt das Tier letztendlich.

Davor bewahrt *Hunger:* Er entsteht

- durch Dehnungsrezeptoren der Magenwand, die den Füllungszustand melden,
- durch Veränderung der Blutzusammensetzung und absinkendem Spiegel von Glukose in Blut und Gehirn (⟹siehe Grafik Blutzucker),
- durch Veränderung der Fettsäuren im Blut bei Fettdepotabbau. Das Hormon Leptin, gebildet in den Fettzellen und ins Blut entlassen, ruft das Sättigungsempfinden hervor und reguliert so den Energiestoffwechsel. Leptin zügelt den Hunger. Das Hormon Ghrelin im Magen stimuliert ihn, sinkt bei Futteraufnahme und beendet Mahlzeit. Bei Neigung zu Adipositas kann eine Resistenz gegenüber Leptin vorliegen. Die natürliche Freßbremse funktioniert dann nicht mehr.Im Alter sinkt die Leptinausschüttung, weshalb es u.a. bei älteren Tieren zu Gewichtszunahme kommt.
- Durch bestimmte Gene, die das hormonelle Zusammenspiel bestimmen, weshalb manche Rassen eher zu Über- oder Untergewicht neigen,
- durch Aminosäuren-Defizite,
- durch Hormone, die den Appetit in Abhängigkeit von Wachstum, Zyklus, Trächtigkeit, Laktation, Input an Kalorien an das Hungerzentrum im Hypothalamus des Gehirns melden. Das Hormon Ghrelin wird vom leeren Magen produziert und ans Gehirn gesendet, um Nahrung zu suchen und diese ggf. auch aggressiv zu verteidigen,
- durch Druckreiz auf die Magenwände.Protein- und Fettrezeptoren in Magen und oberem Dünndarm mobilisieren außerdem den Hypothalamus.
- durch Darmbakterien, die Substanzen ins Blut ausscheiden, wenn sie satt sind.
- durch Gerüche, besonders Häm (⟹siehe Blut), die Verdauungssäfte stimulieren. Stress, Hitze, Fieber, Krankheiten (Hirntumor, Leishmanien u.v.m.) oder Überdruss wegen des immer gleichen Angebots können diese Regulatorien außer Kraft setzen und freiwilliges Fasten und Ablehnung nach sich ziehen.

Appetit:

ist mehr hirngesteuert durch Auswahl, Gewöhnung. Erziehung, Prägung, Futterneid, sexuellen Status, Erwartungshaltung, Tageszeit, Aromen und Gerüche, emotionale Wirkung durch Zuneigung, Krankheit (Kau- oder Schluckprobleme). Die Sättigung über den Hypothalamus reguliert sich aber manchmal nicht richtig, denn sie kann nur bei natürlichem Angebot funktionieren. Durch künstliche Aromen und

Digest (⟹siehe dort) wird der Geschmackssinn manipuliert, wodurch die Bedürfnisse des eigenen Organismus nicht mehr genügend wahrgenommen werden. Das kann rasseabhängig oder durch künstliche Appetitsteigerer, z.B. Glutamat, ausgelöst sein. Ernährungsstörungen sind in freier Wildbahn unbekannt.

Appetitverlust kann normal sein bei heißem Wetter, während Scheinschwangerschaft oder bei verliebten Rüden. Bei Appetitverlust durch Krankheit empfiehlt sich freiwilliges Fasten erst einmal zu akzeptieren. Es entlastet den Verdauungsapparat und der Organismus kann seine Kraft auf die Heilung oder auf Vordringlicheres konzentrieren. Erst bei längerer Abstinenz empfiehlt sich gehaltvolle Flüssignahrung: Fleisch- oder Hühnerbrühe, ggf. mit einem verschlagenen Eigelb, mehrmals täglich, zur Not als Zwangsfütterung (⟹siehe Zwangseingabe). Appetitanregend sind vor allem tierisch-protein- und fett-reiche Komponenten, nicht aus dem Kühlschrank, sondern leicht erwärmt, damit der Geruch stimulierend wirken kann, und zuweilen per Hand gereicht. Bei Mäkeligkeit (⟹siehe Magerkeit) können Lebermehl, pürierte Leber, Bierhefe oder etwas Fischöl über das Essen geträufelt helfen.

Gegen chronisches gieriges Schlingen mit Verschlucken gibt es für Hunde einen Antischlingnapf, wo jeder Kräcker einzeln herausgepult werden muss. Schlingen bzw. hastiges Fressen sind für Wolf und Hund jedoch normal, Trockenpellets sind es aber nicht.

Zu viel Input ist genauso schädlich wie zu wenig. Dauerhafter Appetitmangel z.B. bei Senioren kann zu Mangelsymptomen führen.

Worin?

Fressnäpfe sollten standfest, also eher schwer oder mit rutschfesten Gummifüßen ausgestattet und leicht zu reinigen und in der Größe dem Tier angemessen sein. Die in Zooläden angebotenen Futternäpfe sind im Allgemeinen auf Trockenfutter ausgerichtet und viel zu klein. Man kann darin nicht alles richtig vermischen, wenn man barfen will. Für einen großen Hund benötigt man ein Gefäß wie eine große Salatschüssel. Runde können am besten umgerührt und ausgeleckt werden. Futter und Wasser sollten in sauberen Schüsseln aus Glas, Lebensmittel-Keramik, Emaille, Steinzeug oder Edelstahl vorgesetzt werden. Diese sind aromaneutral, allergikerfreundlich, nachhaltig und Rohstoff schonend. Behälter aus Plastik wie Polyamid, Polyäthylen oder Polystyrol, die giftige Stoffe ins Futter abgeben und durch Abrieb von Mikropartikeln Wasser und Umwelt verseuchen sind zu vermeiden. Plastikgefäße können von jungen Hunden angeknabbert und Teile davon verschluckt werden. Zusätzlich enthalten sie gesundheitsschädigende und hormonaktive Weichmacher (Bisphenole, Phtalate⟹siehe Weichmacher), allergene Farbstoffe, ggf. Cadmium und andere Schadstoffe. Bei Aluminiumgefäßen können Metallionen in die Nahrung übergehen (⟹siehe Aluminium). Auch Silikonschüsseln sind ungeeignet, da Silikone nicht biologisch aubbaubar sind.

Jedes Tier sollte seinen eigenen Futter- und Trinknapf haben. Es gibt Spezialfressnäpfe für langohrige Rassen, damit die Behänge nicht mit Futter verkleben.

Wie?

Für größere Fleischteile oder Knochen ist gar kein Gefäß nötig. Sie sollten aber nicht auf Urin und Kot verschmutztem Beton- oder Zwingerboden, sondern auf Natur-Erdboden oder auf der Wiese gegeben werden. Dort nehmen die Hunde auch noch etwas Erde mit auf, die einen positiven Effekt auf den Ultraspurelement- und Vitaminhaushalt hat. Nicht gefressene Knochenreste sollten noch am gleichen Tag entsorgt werden, da sie sonst schlechte Gerüche entwickeln und Ratten, Ameisen und anderes Ungeziefer anziehen. Durch das Wegräumen der Reste lassen sich auch Beißereien unter den Hunden vermeiden und das Verbuddeln, das Gartenfreunde nicht besonders schätzen.

Wo?

Füttern Sie Ihre Hunde dort, wo es für Sie am praktischsten ist. Das dürfte sich wahrscheinlich im Badezimmer oder im Flur abspielen, wo es leicht zu reinigende Fußböden gibt und wo nicht gerade die Kinderspielecke, ein Durchgang, der Futterplatz oder das Klo der Katze liegt. Die Küche sollte außer eventuell bei Kleinstrassen aus hygienischen Gründen tabu sein. Gute Möglichkeiten sind auch der Garten, die Garage, die Terrasse oder der Zwinger, jedoch nicht in der prallen Sonne. Der Ort ist den Haustieren egal, sofern es ein ruhiger Platz ist. Es darf auch jeden Tag ein anderer sein oder machen Sie daraus ein Suchspiel. Raubtiere sind als Jäger nicht auf eine bestimmte Örtlichkeit angewiesen. Der Mensch ist das Gewohnheitstier.

Wenn Sie mehrere Hunde haben, dann füttern Sie sie getrennt, das heißt in verschiedenen Räumen oder getrennten Zwingern, notfalls auch einzeln angebunden ohne Blickkontakt untereinander. So kann auch dem Toben mit vollem Magen vorgebeugt werden. Ständige Anbindehaltung ist jedoch per Tierschutzhundeverordnung gesetzlich an strenge Auflagen gebunden bzw. sollte gänzlich vermieden werden.

Manche Hunde wagen nicht zu fressen, solange ein dominanter Artgenosse zugegen ist. Ängstliche Hunde fressen dann nur kleinere Portionen als die in der Hierarchie höher stehenden. Stressverdauung und Beißereien werden so vermieden. Auch im Mehrkatzenhaushalt hat sich getrennte Fütterung bewährt. Nur so können Sie für jedes einzelne Tier ausserdem überprüfen:

Wie schnell hat es gefressen?

Was hat es aussortiert?

Ist etwas und wie viel übriggeblieben?

Hat es Unverträglichkeitsreaktionen gezeigt wie Übergeben, häufiges Aufstoßen, Pupsen?

Nur nach diesen Kriterien und weiteren wie Figur und Stuhlkontrolle kann ich Menge und Art weiterer Menüs individuell optimieren. Außerdem bewahre ich damit die Langsam- und Mäkelfresser vor Stress und gebe ihnen genügend Zeit. Durch Gier und Neid können Hunde sich verschlucken, im schlimmsten Falle ersticken, wenn sie zu große Teile hinunterwürgen. Durch getrennte Fütterung wird vermieden, dass ein Vierbeiner drei Mal so viel und so schnell frißt wie ein anderer und man sich wundert, warum einer immer dicker wird und der andere immer dünn bleibt. Besonders bei individueller Diät und Krankheit ist getrennte Fütterung anzuraten. Man sollte nicht vergessen, dass Wölfe in einem gewachsenen Familienrudel aufwachsen, jagen und fressen, während bei Mehrfachhundehaltung die Gruppe vom Menschen zusammengestellt wird. Schließlich bestehen natürliche Rudel aus miteinander verwandten und nicht willkürlich zusammengewürfelten Tieren. Die Gruppenstabilität wird unter Naturbedingungen nur selten gestört, nur Neugeborene kommen hinzu. Hunde gehen nicht automatisch freundschaftliche Bindungen ein, nur weil sie unter einem Dach in einer Zwangsgemeinschaft zusammengepfercht leben. Ihre sozialen Spielregeln sind dann leichter zu erschüttern, besonders bei empfundenen Ungerechtigkeiten. Ein überlegenswerter Gedanke bei Rudelzusammenstellungen und Gruppenfütterungen.

Gaben vom Tisch oder zwischendurch sind abzulehnen und führen zu Betteln, Stehlen, fordernder Bellerei und unter Umständen sogar zu Dominanzproblemen in der Erziehung oder gegenüber anderen tierischen oder menschlichen Familienmitgliedern. Außerdem wird ein ausgeglichener Nährstofflevel durcheinandergebracht, besonders bei Diät.

Wann?

Die Fütterungszeit können Sie ganz nach ihrem eigenen Tagesrhythmus bestimmen. Dem Hund ist es egal. Bei Katzen ergibt sich eine ander Situation, sie können nerven. In Erwartung von Futter schüttet der Hundemagen im Voraus Säure aus. Bei Neigung zu Gallekotzen (⟹siehe dort) kann eine unregelmäßige Fütterung helfen. Als Jäger wissen sie in der Natur nie, wann die nächste Mahlzeit erbeutet werden kann. Hund und Wolf produzieren wie der Mensch Verdauungssäfte nur bei Nahrungsangebot. Da Wölfe vorzugsweise Groß- und Schalenwild erlegen, sind auch Hunde physiologisch an größere Portionen angepasst, nicht jedoch an Klein-klein-Leckerlies über den ganzen Tag verteilt.

Ich persönlich füttere morgens, weil die Hunde dann im Laufe des Tages ausreichend Gelegenheit haben, sich in vorgesehnen Regionen zu lösen. Das ist bei Abendfütterung nicht so, besonders Welpen und Junghunde tun sich dann mit der „sauberen“ Nacht schwer. Besteht man auf Abendfütterung sollte man wenigstens danach noch mindestens einmal einen kurzen Ausgang einplanen.

Bei Arbeits-, Hüte-, Jagd-, Schlitten- und Rennhunden sollte grundsätzlich immer nach getaner Arbeit, frühestens nach dem Tränken und sobald sich Atmung und Puls beruhigt haben, gefüttert werden. Bei Nichtbachtung können besonders nicht ausreichend trainierte Hunde dadurch in einen hypoglycämischen Zustand kommen. Füttern nach dem Training entspricht auch der Psychologie und Physiologie als Belohnung bzw. Jagdbeute.

Hunde, die nie etwas nebenbei aus der Hand oder vom Tisch bekommen, betteln nicht, egal, ob sie regelmäßig oder unregelmäßig gefüttert werden. (⟹siehe Belohnung)

Das erste Mal Wasser

Wie oft?

Machen Sie sich keinen Stress. Ein erwachsener Hund muss entgegen anderslautender Empfehlungen nur einmal täglich zu fressen bekommen. Bei Wölfen wechselt Völlerei mit Fasten ab, weil nur jeder 10. Jagdversuch zum Erfolg führt. Das besagt, dass ich beim Hund mal einen Futtertag auslassen kann. Sei es, dass ich mal wieder vergessen haben sollte, Fleisch aufzutauen oder dass es mit der Zeit allzu sehr pressiert hat. Auch hierbei gilt: Wir sind es, die dem erwartungsvollen Blick nicht standhalten können. Denn Fasten ist durchaus ein sehr natürliches und wirksames therapeutisches Mittel bei Durchfall, Verstopfung, Übergewicht oder Allergie. Auch ein fiebriges Tier verweigert oft freiwillig die Nahrung. Zwingen Sie ihm nichts rein, es wird nicht verhungern. Meine Hunde legen an heißen Tagen ab und zu einen Essverweigerungstag ein, ohne im Mindesten krank zu sein.

Hunden mit zehrenden Krankheiten oder nach Operationen sollte man allerdings mehrmals am Tag etwas anbieten, ebenfalls untergewichtigen. Auch liest man allenthalben, man solle nur einmal die Woche Innereien füttern. Hier schlägt wieder die moderne Phobie eines Wohlstandsmenschen durch. Innereien haben wesentlich mehr wertvolle Inhaltsstoffe als Muskelfleisch, schauen Sie in die Wertstofftabellen, wie oft und wobei überall Leber und Nieren genannt werden.

Bei Welpen beginnt man etwa ab der dritten Lebenswoche mit einer kleinen Zusatzmahlzeit zur Muttermilch. Wenn die Mutter wenig Milch oder sehr viele Welpen hat, auch früher.

Man sollte sie vorher erst ein bisschen an Wasser gewöhnen: Erst am Finger lecken lassen, dann ein bisschen ins Wasser stupsen, bis sie von selbst schlabbern. Zuerst verziehen sie ihr Gesichtchen vor Ekel, das ist normal, schließlich ist die Muttermilch ja viel süßer und reichhaltiger. Zur ersten Freß-Gewöhnung nimmt man etwas Hack oder ein klein-fingernagel großes Stück rohes Hähnchenfleisch oder -leber auf den Finger und lässt jeden Welpen Witterung davon aufnehmen und streicht ein bisschen ins Mäulchen. Es geht auch mit Rindermilz oder –herz. Ihr Instinkt läßt sie interessiert schnuppern. Sie saugen es dann an und schlucken es ganz. Nach einigen Tagen kann man das pürierte Fleisch, dann nach und nach weiche Fleischstückchen in einen flachen Teller oder ein Keramikschüsselchen tun und eventuell die Welpen ein bisschen hineinstupsen, damit sie lernen, aus Gefäßen zu fressen. Untertassen oder Plastikschüsselchen bewähren sich nicht, da sie zu leicht umfallen, da die Welpen gewissermaßen noch nicht zivilisiert fressen und auch mit den Pfoten reinsteigen, sodass alles umkippt und alle besudelt sind. Es gibt extra runde große flache Stahlgefäße für Welpen zu kaufen, lohnt aber nur bei großen Würfen oder regelmäßiger Zucht. Ich nehme schwere standfeste Keramiknäpfe, die in Zooläden für Kaninchen angeboten werden. Sie können auch nicht angenagt werden.

Man steigert die Fütterungen dann ab der vierten Lebenswoche bis zu drei am Tag, abhängig wie viel Milch die Mutterhündin noch gibt. Eine gut ernährte Hündin säugt noch mehrmals täglich mindestens bis zur 8. Woche. Solange die Kleinen noch keine Knochen nagen können, mischt man etwas Knochenmehl oder Eierschalenpulver unter den Fleischbrei, den man nach und nach mit wenig milden gemahlenen Kräutern anreichert. Kohlenhydratzerlegende Amylasen können Hunde- und Katzenwelpen erst ab der 5. Lebenswoche bilden. Erst mit 3 Monaten sezernieren sie so viel wie erwachsene Tiere. Deshalb sollte man vorher keine Kohlenhydratkomponenten dem Futter zufügen, weil dadurch die Proteinverdauung gestört wird. Fett am Fleisch ist aber kein Problem.

Ab der 7. bis 8. Woche fange ich an, nebenbei kleine Knochen oder Knorpel zu geben, beispielsweise Hühnerfüße. Später im ersten Lebensjahr füttere ich dann morgens die große Komponentenmahlzeit bis zur Sättigung und abends gibt es noch ein Knorpelstück, Hühnerkarkasse oder –Gurgel oder Ähnliches. Gebarfte Welpen wachsen zwar etwas langsamer, haben aber immer guten Appetit, festere Muskeln

Erste Mahlzeit

Barfwelpen

und Gelenke, und leiden im späteren Leben seltener an Allergien, Adipositas, Diabetes und Krebs.

Auch trächtigen und laktierenden Hündinnen sollte man 2 x täglich etwas anbieten. Sie haben viel Energie- und Nährstoffbedarf, aber weniger Platz im Bauch. Damit kann man gleich nach der Bedeckung beginnen oder erst, wenn sich während der Trächtigkeit größerer Appetit bei ihnen bemerkbar macht, am besten bis zu dem Zeitpunkt, wenn sie nach der Geburt wieder etwas zunehmen sollen oder am Ende ihrer Laktation sind. Da sie in dieser Zeit weniger laufen, aber einen erhöhten Bedarf an Kalzium (⟹siehe dort) haben, sollte man diese Zufuhr genau austarieren, damit es nicht zu Verstopfung kommt.

Von Mäusen und Menschen weiß die Wissenschaft inzwischen, dass sie schlank und gesund bleiben und älter werden, wenn sie bis zu 16 Stunden ohne Nahrung sind. Menschen und Tiere, die ständig vor sich hin kauen, werden immer dicker und kränker, weil ihre Bauchspeicheldrüse, Entgiftungs- und Verdauungsorgane nicht ausreichend zur Ruhe kommen. Das gilt auch für unsere fleischfressenden Vierbeiner. Versuchstiere, die einen Tag fressen durften so viel sie wollten und danach einen Fastentag hatten, zeigten einen deutlichen Rückgang an chronischen Krankheiten.

Katzen vertragen am besten mehrere kleine Mahlzeiten am Tag, was aber leider die Besitzer oft zu Überfütterung verführt.

Wie lange?

Wie lange sollte das Futter angeboten werden? Wie gesagt, ich halte nichts von ad libitum Fütterung, das gibt es für Fleischfresser in der Natur nicht, da es sofort andere Interessenten auf den Plan rufen würde. Außerdem ist alles in Dauerverfügung schnell nicht mehr interessant. Tiere, die dauernd etwas im Maul haben, verlieren ihr Gefühl der natürlichen Sättigung. Auch wird ständig die Bildung von Magensäure angeregt. Sogar mäkeligen Tieren und Welpen sollte die Nahrung nach einer Viertelstunde wieder weggenommen und lieber mehrmals täglich angeboten werden. Knochen-Nagen kann natürlich länger dauern. Reste können kühl gestellt und am nächsten Tag wieder angeboten werden. So lernen sie zügiges Fressen. Hinzu kommt, dass Barf-Fleisch und Nassfutter Fliegen anziehen, die sehr schnell ihre Eier hinein legen. Durch Speichel feucht gewordene Kräcker setzen leicht Schimmel an. Katzen sind, im Gegensatz zu Hunden, besonders empfindlich gegen verdorbenes Futter. Gefangene Mäuse sind halt immer frisch.

Seit wann?

Sollten Sie als Berater gerufen werden, (⟹siehe Anamnesefragebogen Tabelle 3) sollten Sie sich alle obigen Fragen beantworten lassen. Legen Sie sich einen Fragebogen an und machen Sie sich Notizen. Manche Zusammenhänge werden erst mit zeitlichem Abstand und neuerlichem Überdenken klar. Ein guter Vorbericht macht 50 % des Erfolges der Therapie aus. Dazu gehört auch: Seit wann bestehen diese oder jene

Unpässlichkeiten? *Sehen* Sie sich Unterbringung, Futter, Futterplatz, Näpfe, Zwinger, Katzenklo, andere Haustiere, ggf. Stuhlproben und schriftliche Untersuchungsergebnisse an. Betrachten Sie das Tier genau. Stellen Sie keine Suggestivfragen wie: Haben Sie etwa....? Aber *hören* Sie gut zu. Aus meiner Praxiszeit weiß ich sehr wohl, dass wegen ihres schlechten Gewissens Hundehalter es mit der Wahrheit manchmal nicht so genau nehmen. Auf die Frage: Seit wann hat Ihr Hund nichts mehr gefressen, sagen sie: So ein oder zwei Tage. Wird am Ende eine Obduktion durchgeführt, kommt oftmals die Wahrheit ans Licht, dass das Tier mindestens eine Woche nichts zu sich genommen hat, weil Magen und Darm völlig leer sind.

Auch der eigene Geruchssinn kann auf manche Fährte führen, zum Beispiel, wenn Hunde aus dem Maul *riechen*. Ein scharfer Gesamtgeruch des Tieres kann auf Stoffwechsel- oder Nierenprobleme schließen lassen, auf unter dem Fell verborgene Verletzungen oder einfach Vernachlässigung der Haarpflege. *Fühlen* Sie das Fell, ob es talgig oder schuppig ist.

Egal welches Futter ich gebe, die wichtigsten Kriterien für die Laienbeurteilung sind:

- Verhalten und –änderungen,
- Fell- und Hautbeschaffenheit sowie
- Appetit und Verdauung bzw. tägliche Stuhlkontrolle.

Auch die Frage

Wer füttert?

kann Bedeutung erlangen. Manchmal benötigen Sie etwas kriminalistisches Gespür.

Ich sagte zu meiner Nachbarin, dass ihr Schäferhund aber mager sei. Sie meinte: „Vielleicht hat die Putzfrau vergessen ihn zu füttern." Ohne Kommentar!

Auch Kindern sollte man nicht die Aufgabe des Fütterns überlassen oder nur im Beisein von Erwachsenen, da sie durch gieriges Anspringen, Umwerfen, Futterneid und Bisse gefährdet werden können. Kurzum: Eine erwachsene zuverlässige Person sollte sich um das Wohl des vierbeinigen Familienmitgliedes kümmern, gerne mit der Beteilung von Kindern. Bei verläßlichen Vierbeinern kann ein Grundschulkind diese Aufgabe allein übernehmen.

In der Tierforschung hat man festgestellt, dass auch die Person, die die Versuchstiere füttert, einen Einfluss auf die wissenschaftlichen Ergebnisse hat.

Was füttere ich?

Wir kommen hiermit zu einer der wichtigsten Fragen.

Artgerecht heißt, der Art der Caniden angepasst. Der Urahne des Hundes ist der Wolf, genauer der Grauwolf bzw.entsprechend für die Hauskatze die afrikanische Falbkatze. Eins steht fest: Sie fressen weder aus Dosen noch aus Tüten und sie brauchen auch keinen Salzstreuer. Sie reißen Stücke aus lebendwarmen Beutetieren

Ganzer Hühnerflügel

und schlingen sie hinunter mit allem drum und dran. Eingeweide und Innereien werden am Wolfsriss zuerst gefressen. Die Innereien sind mit Magen-Darm-Inhalt verschmutzt, der Rest mit Gras und Erde, wovon immer ein Teil mit verschluckt wird, das reinigt den Darm. Das Sprichwort „Dreck reinigt den Magen" hat also eine gewisse Berechtigung.

Und das Dran? Alle kleineren Beutetiere wie Nager oder Vögel werden in Fell- oder Federrichtung im Ganzen verschlungen. Unser Wolf muss ohne Federlesens schnell schlingen ohne zu kauen, damit er noch etwas abbekommt, ehe der Wurfbruder schneller ist. Meine Hunde fressen auch ganze Hühner oder –teile samt Federn. Zu viel davon kann möglicherweise Verstopfung verursachen. Die reinen Federkiele sind unverdaulich und werden dann fein parallel angeordnet wie Mikadostäbe wieder erbrochen. Andere Hunde nehmen sich die Zeit, ganze Vögel vorher zu rupfen.

Die bevorzugtesten und gesündesten Teile der Beutetiere sind die Leber, das Hirn und das Knochenmark auf Grund besonders wertvoller Inhaltsstoffe. (⟹siehe Kapitel

Bewertung bestimmter Komponenten). Die ranghöchsten Tiere sichern sich oft genau diese Teile. Pansen und Darm werden auch gefressen, dabei werden automatisch Verunreinigungen mit Verdauungsresten mit aufgenommen. Dies sind enzymatisch und bakteriell aufgeschlossene Pflanzen wie Samen, Gras und Kräuter. Dadurch beimpfen sie ihre eigene Darmflora mit neuen Genen. Hunde, die nie Zugang zu solcherart frischem Darminhalt haben, fressen deshalb liebend gerne frische Kaninchen- oder Schafköttel, Kuhfladen oder Pferdeäpfel, wo immer sie sie finden. Bitte erlauben Sie es, dann ersparen Sie sich nämlich diverse Darmsanierungen. Es ist lediglich darauf zu achten, dass die Weidetiere vorher nicht mit Ivomectin entwurmt wurden, weil einige wenige Rassen, besonders Colliartige, darauf empfindlich reagieren können. (⟹siehe Ivermectin)

Als letzte Beutetierreste bleiben Knochen, Fell und Hörner. Selbst die werden noch angeknabbert. Was nach ein einhalb Tagen von einem verendeten Kalb übrig blieb, das streunende Hunde und Füchse gefunden hatten, sehen Sie auf dem Foto eines verendetem Kalbes, nämlich fast nichts. Nur ein paar Knochen und Fell waren noch übrig, der wertvolle Kopf mit Hirn war verschleppt. Köpfe werden gerne von Wölfen und Streunerhunden auf Seite geschafft, sofern sie nicht zu schwer sind, um sie in Ruhe „knacken" zu können.

In Deutschland wird bei der Hundefütterung artgerecht mit barfen gleichgesetzt, was biologisch, artgerecht, roh füttern bedeutet. Die Futteranteile nenne ich Komponenten. Man muss sich klar darüber sein, dass auch Barfen nur Ersatz ist. Der Begriff meint im Allgemeinen kein vollständiges lebendwarmes und kein enzymatisch aufgeschlossenes, heißt zu deutsch vergammeltes, Beutetier. Aber es stellt die beste Ernährungsform dar, die in unserem zivilisiertem Stadtleben noch möglich ist. Wenn ein Hund keine Rohnahrung verträgt, dann liegt es am Hund, seiner Darmflora, seiner Drüsenaktivität und nicht an der Rohnahrung. Wir geben alles so frisch wie möglich. Auch Aufgetautes ist keine Frischware mehr, sondern schon Ersatz.

Natürlich könnten wir überfahrene Hasen füttern oder totgeborene Pflanzenfresser. Das dürfte aber nicht jedermanns oder -fraus Geschmack oder Möglichkeit sein. Deshalb versuchen wir die Komponenten, aus denen ein Beutetier besteht, so komplett wie möglich zusammenzustellen im Sinne eines Baukastensystems. Dabei ist nicht entscheidend, dass immer alle Nährstoffe in jedem Menü täglich vorhanden sind. Es ist ausreichend, wenn der Wochenplan ausgewogen ist.

Essensreste vom Tisch? Früher wurden fast alle Hunde mit dem bedient, was auf den Tellern übrig geblieben war. Die Nahrungsreste der Menschen trugen unter anderem ursprünglich zu der Haustierwerdung des Wolfes bei. Die Steinzeitmenschen jedoch ernährten sich selbst zuerst von rohem, später von feuerbehandeltem Fisch und Fleisch. Heute ernähren sich die meisten Leute von Fertigkost, die zu fett, zu süß, zu kalorienreich, zu ballaststoffarm, zu gesalzen, zu einseitig und zu verarbeitet ist. Was dann noch für die Hunde übrig bleibt, ist für diese auch nicht gesünder. Aber bei eigener Zubereitung fallen etliche Komponenten an, die sehr wohl gut an unsere

Rest von verendetem Kalb nach einem Tag

vierbeinigen Hausgenossen verfüttert werden können, und ohne Gesundheitsschäden integrierbar sind: Fleisch-, Fisch- oder Gemüsebrühen, am besten ungesalzen, Fleisch-, Fisch- oder Käsereste, auch überlagert, heruntergefallene oder Knick-Eier, die Pulpe selbst gemixter Säfte, ausgelesene Salatkräuter und Reste geputzten Gemüses, Reste von gekochtem Reis, Polenta, Haferflocken (bitte kein Brot, keine Nudeln, da zu verarbeitet ⟹siehe Kapitel C Kohlenhydrate).

7 % der Katzen werden mit Barf ernährt, in der Hauptsache Rassekatzen, die dadurch eine gute Figur behalten.

Was füttere ich, wenn ich barfe?

Jagen lassen?

Viele Hunde, vor allem die instinktstarken und die mit Jagdblut würden liebend gerne selbst für ihr Futter sorgen und auf die Jagd gehen. Leider ist das bei unseren zivilisierten Waldspaziergängen so gar nicht im Sinne von Hundeführern und Förstern. Was uns bleibt, ist die Verfütterung von Wildfleisch. Es schadet auch niemandem, wenn Bello oder Miezi im Feld sich der Mäusejagd hingeben. Manche Mäuse können zwar Fuchsbandwürmer übertragen, das ist aber höchst selten und keine Gefahr bei regelmäßiger Parasitenkontrolle. Meine Hunde jagen, nicht gerade mit meiner Zustimmung, Katzen und Ratten, fressen sie aber nicht, leider aber Eidechsen, halbflügge Vogelnestlinge, Mäuse, Geflügel, Meerschweinchen und Kaninchen, wenn sich die Gelegenheit dazu bietet. Auch meine kleinen Schildkröten haben sie schon als Knochen fortgeschleppt. Ihr Verfolgungstrieb hängt davon ab, wie viel Jagdgene die Rasse noch hat. Allerdings kann man sich da in manchen Einzelexemplaren sehr täuschen. Meine Ridgebackhündin, eigentlich eine Stöberrasse, ist an der Jagd gänzlich uninteressiert. Meine Rottweilerhündin, vom Ursprung her eine Treiberrasse, ist jedoch eine Jägerin par excellence. Der Hundebesitzer kann versuchen, den Jagdtrieb einerseits durch Erziehung, andererseits spielerisch auf andere Beutegreif-Aktivitäten wie Fährten, Suchspiele, Beuteangel, Ballwerfen etc umzulenken. Am Ende lockt dann der wohlgefüllte Napf als erarbeiteter Lohn der Mühe.

Im Gegensatz dazu ist das Jagen bei Katzen, sofern es Ratten und Mäuse bestrifft, im Allgemeinen sehr wohl erwünscht, da diese als Erntevernichter und Kankheitsüberträger großen Schaden anrichten. Man kann aber auch Hauskatzen gesund ernähren. Anders sieht es mit Vögeln aus, wo unsere Stubentiger leider nicht zwischen Spatzen und aussterbenden Vogelarten oder fütternden Vogelmüttern unterscheiden können.

Freilauf für Katzen ist nicht automatisch mit artgerecht gleichzusetzen. Wenn sie verwildern, gefährden sie die natürliche Fauna. Aus Vogelschutzgründen ist Freigang abzulehnen. Wenigstens sollte jede hoffentlich kastrierte Outdoorkatze ein Glöckchen umhängen haben, um die Federtiere zu warnen. Das Halsband mit Gummizug sollte eng genug anliegen, damit die Raubkatzen nirgendwo hängenbleiben können. Einige erfahrene, erwachsene Vögel werden wenigstens so gerettet, nicht aber unerfahrene flügge Nestlinge. Freigänger mit Glöckchen haben 50% Reduktion an Beute. Eine Kompromisslösung wäre ein geschlossener Freiluftauslauf.

Allein in den USA werden 4 Milliarden Vögel im Jahr von Haustigern ermordet, unter ihnen fleißig fütternde Vogeleltern, deren Junge im Nest verhungern. 70 % aller Katzen bringen auch Vögel nach Hause. Neben Singvögeln werden auch Hasenjunge, Eichhörnchen, Fledermäuse, Fische, seltene Amphibien und Reptilien gejagt. In England hat man allein vom Frühjahr bis Herbst 92 Millionen von Hauskatzen umgebrachter Beutetiere gezählt. Und die Vögel haben es schon schwer genug: Neben Zusammenstöße mit Flugzeugen und Windrädern, Fallen und Abschuß auf ihrem

Vogelzug, Glasfronten, Extremwetterlagen und Stromkabel sterben immer mehr Arten durch Insektenmangel aus. Seit 1980 ist die Vogelpopulation in Europa um bis zu 90% zurückgegangen. Da spielen Landwirtschaftspolitik, Pestizide, Biospritanbau mit Maismonokulturen und mangelnde Brachflächen eine Rolle. Von Menschen eingebürgerte Katzen sind im Wesentlichen neben Ratten dafür verantwortlich, dass einzigartige Faunen unwiderbringlich geschädigt wurden. Es ist ein wissenschaftlich bewiesener Irrtum, dass gefütterte Katzen nicht oder weniger jagen. Ihnen fallen durchschnittlich 2 Vögel pro Tag zum Opfer. Sie haben aber sterilisiert oder kastriert auf Schiffen, Bauernhöfen und in Lagerhäusern ihren Nutzen und machen dort einen guten Job als Schädlingsbekämpfer.

Was ist barfen?

Wie bereits dargelegt bedeutet barfen biologisch, artgerecht roh füttern. Biologisch und artgerecht soll heißen so weit als möglich den Vorfahren unserer Haustiere und der Natur angepasst.Es gibt in der Wildnis keine erhitzte oder gekochte Nahrung. Auch sogenannte „Frischebeutel" hängen nicht in den Bäumen. Ein Wolf findet außer lebenswarmem höchstens gefrorenes, getrocknetes oder angegangenes Fleisch. Von daher ist der Buchstabe R nur logisch, nämlich alles roh zu verabreichen. Da machen nur die Getreide bzw. Kohlenhydratträger eine Ausnahme, weil sie in der Ernährung des Wolfes nicht vorkommen und deshalb in der Ernährung des Hundes entweder ganz weggelassen oder thermisch aufgeschlossen werden müssen, da sie sonst unverdaulich sind. Das gilt in noch größerem Ausmaße für Katzen.

Warum barfen?

Wenn ich barfe, muss ich keine Etiketten studieren, ich weiß ja was ich in die Schüssel fülle. Ich benötige keine Aromastoffe, Stabilisatoren, Konservierungsmittel, Farbstoffe, Emulgatoren oder verlängernde Füllstoffe. Auch keine großen Verpackungen, die durch halb Europa gekarrt werden und die dann sowieso zu einem Drittel mit Luft gefüllt sind. Durch lange Wege steigen auch die Mengen an Verpackungsmaterialien, die wieder viele natürliche Resourcen verbrauchen. Die Wareneinfuhr für den inländischen Konsum verursacht etwa ein Drittel der indirekten CO_2 Emissionen zum Beispiel bei Rindfleisch aus Argentinien. Regional und Bio haben weniger Treibhauseffekt als Import oder gar Grundstoffe, die eingeflogen werden. Einzelhändler, Großhändler, Speditionen, Transport, gekühlte oder beheizte Lagerhäuser, pestizidbegaste Containerware aus entfernten Herkunftsländern, das alles ist nicht nachhaltig und verbraucht viel Strom. Mit Barfen tun Sie sich nicht nur einen Gefallen für die Gesundheit Ihres Haustieres, sondern schonen auch Ihren Geldbeutel und die Umwelt.

Barfen ist naturnaher und deshalb gesünder und auch umweltfreundlicher. Es ist der Caniden-Physiologie eher angepasst, in Übereinstimmung mit normalen Stoffwechselvorgängen. Besonders glücklich kann sich der Hundehalter schätzen, der regional frische Schlachtabfälle direkt vom Erzeuger, von Biobauern, von Hausschlachtungen, von Schlachthöfen oder Jägern ergattern kann. Dann tue ich obendrein noch etwas für die positive Umweltbilanz durch Einsparung von Entsorgung, Verpackung, klimatisierten Zwischenlagerungen und langen Transportwegen.

Etliche Krankheiten lassen sich durch richtiges bzw. gezieltes Barfen nicht nur mildern, sondern sogar oftmals heilen oder wenigstens abkürzen und es lassen sich Medikamente einsparen. (⟹siehe Kapitel Diätetische Beeinflussung und Phytotherapie von Krankheiten von A bis Z). Hundehalter, die auf Barfen umstellen, stellen fest, dass ihr Hund viel weniger Ausscheidungen hinterlässt. Das ist noch ein Beitrag zum Umweltschutz, und zwar deutschlandweit, wo jährlich 1400 Tonnen Hundekacke anfallen, wovon dann ein Großteil Unverdauliches eingespart werden kann.

Wir sollten uns klar machen, dass Getrocknetes und Gefrorenes für unsere Tiere auch nur die zweitbeste Lösung ist. Frisch und roh heißt die Devise, wobei für Hunde roh wichtiger ist als frisch, im Gegenteil, zu unserem Bedauern lieben sie Gammelgeruch. Und im Hundefutter finden wir so gut wie nie Wildfleisch, roh schon gar nicht, sondern eben nur Turbo-Mastfleisch, was erklärt, weshalb, selbst wenn wir barfen, das eben auch nur einen Ersatz darstellt, obwohl es die für unsere Fleischfresser die gesündeste Form ist, die heute in Städten noch möglich ist. Wild ist immer bio, allerdings gibt es auch Fleisch von Gatterwild und Abschußfarmen. Das lebt eingezäunt und zugefüttert, um dann von schießwütigen Großstädtern gegen Geld abgeknallt zu werden. Gebt Pansen statt Pellets! Füttert (mit) Herz und Hirn.

Vorteile des Barfens:

- gesündere naturnahe Fütterung. Grundsätzlich gilt: Je unverarbeiteter und frischer, desto gesünder. Ich kann selbst Verschimmeltes, Fremdkörper etc. im Einzelnen aussortieren, was bei Containerverarbeitung nicht möglich ist.
- Der genetische Code vom Wolf zum Hund hat sich weniger als 1 % in 6 Millionen Jahren verändert. Erhitzte Nahrung gibt es erst seit ca. 10 000 Jahren. Beispiel: Ein Rohkost-Barf-Menü mit Rindfleisch, pürierter Möhre und etwas Kartoffel hat mindestens doppelt so viele Vitamine wie eine gleichnamige Dose. Da bei dieser die einzelnen Vitamine unterschiedlich hitzeempfindlich sind, entsteht im Endprodukt ein Ungleichgewicht.
- Keine künstlichen Lock-, Farb-, Suchtstoffe, keine Geschmacksverbesserer, keine synthetischen Vitamine, keine anorganischen Mineralstoffe. Ohne Menadion (⟹siehe Vitamin K), ohne Konservierungsstoffe wie BHA, BTA etc.. Ohne Rückstände des Herstellungsprozesses, zum Beispiel Antihaftzusätzen, Schmiermittel für die Kolbenabfüllung oder Reinigungsmittel für Maschinen und Schläuche. "Frei-von" hat Konjunktur. Clean Label stellen wir selber her.
- Hunde fressen nach individuellen Kriterien zubereitete Mischkost mit mehr Appetit und Freude. Katzen ziehen Frischfleisch noch mehr vor als Hunde. Außerdem ist die Verdaulichkeit, die bei kommerziellem Fertigfutter bei ca. 85 % liegt, fast immer höher.

Komponentenfutter mit Lab-, Blättermagen, Salat und Weizenkleie

- Ich entscheide und kontrolliere die Komponenten selbst. Ich überlasse sie nicht anonymen Personen. Ich mache mich unabhängig von bestimmenden Konzernen. Eine 100 % ige Kontrolle habe ich auch beim Barfen nicht, denn Rückstände und Gifte sind im Fleisch nicht sichtbar. Die Beurteilung ist aber auf jeden Fall viel praxisnaher.Wer sieht, was er in den Napf tut, weiß auch, was drin ist. Lassen Sie sich nicht für dumm verkaufen! In nur wenigen letzten Jahrzehnten wurde uns suggeriert, dass wir zu unwissend seien, um unsere eigenen Haustiere zu füttern. Beweisen Sie in Eigenverantwortung das Gegenteil! Die natürliche Gesamtkomposition von Rohkost kann nicht durch wissenschaftliches Zusammenrühren ersetzt werden. Ein Naturprodukt ist mehr als die Summe seiner Teile.
- Es werden keine Mineralien ausgewaschen. Beim Kochen von Fisch und Fleisch werden 30 % der Mineralstoffe ins Kochwasser abgegeben.
- Es werden keine Enzyme, Vitamine, Proteine oder sekundäre Pflanzenstoffe zerkocht oder chemisch verändert, und in einen für den Organismus schlecht verwertbaren Zustand versetzt.

- Individuelle Abstimmung nach Rasse, Geschlecht, Appetit, Erkrankung, Alter, Wetter, Vorlieben, Sexstatus, Aktivität und Haltungsform. Keiner kennt Ihr Tier so gut wie Sie selbst. Werden Sie zum Experten Ihres eigenen Lieblings.
- Problemlose Zuordnung des Gefressenen zu Stuhlgang, Krankheiten, Allergien. Eigene Barf-Zubereitung hat nur drei Komponenten, die ich einer Unverträglichkeit leicht zuordnen kann. Das geht nicht bei einem Fertigfutter mit Dutzenden von Inhaltsstoffen.
- Keine Energieverschwendung für Kochen, Braten, Grillen, Backen, auch hier gilt Resourcenschonung. Erhitztes Fleisch verändert seine molekulare Struktur. Dabei weiß man noch nicht, wie viele und welche chemischen Veränderungen genau dabei stattfinden. Fest steht aber, dass hocherhitztes Fleisch keine natürliche Eiweißstruktur, keine hitzelabilen Vitamine, keine Biophotonen und aktiven Eigenenzyme mehr aufweist. Zusätzlich können sich auch krebserregende Stoffe, wie zyklische aromatische Amine, aromatische Kohlenwasserstoffe, Benzpyren, Acrylamid oder Nitrosamine bilden. Für Acrylamid gibt es keinen vorgeschriebenen Grenzwert. Besonders viel davon findet sich in Geröstetem, Gebratenem, Geräuchertem, Gebackenem und Frittiertem, Verkohltem oder Angebranntem, auch in normaler Backkruste. In solchem Fleisch werden auch Rückstände aus Tierarzneien freigesetzt, die vorher als gebunden vom aufnehmenden Organismus besser entgiftet werden. Deshalb können sich im erhitzten Fleisch mehr Rückstände finden als im Frischfleisch. Aber in der Futterindustrie wird geworben mit: Frischfleisch! Naturbelassen! In der Dose! Dabei finden sich in 1 Kg rohem Fleisch 1 – 10 ppb Nitrosamine (⟹ siehe dort), in verarbeitetem aber bis zu 80 ppb, also bis zu 80mal mehr. In rohem Fisch sind 1-9 ppb Nitrosamine, in erhitztem Fischmehl aber 100-200 ppb, also hier bis zu 200 Mal mehr. Und das ist nur ein veränderter Stoff. Man vermutet, dass sich in erhitztem Fleisch Proteine bilden, die Allergien favorisieren, da betroffene Tiere das Fleisch roh oft gut vertragen. Gift in Lebensmitteln ist legal, in Futtermitteln noch viel mehr. (⟹ siehe Tabelle 12 Futtergifte) Die Gesetze unterstützen nicht Gesundheit und Umwelt, sondern bedienen die Interessen des Lebens- bzw. Futtermittelmarktes. Nahrungs- und Futterindustrie sind die umsatzstärksten Industrien der Welt. Lassen Sie sich nicht „bewerben“, aber gut informieren!
- Weniger Krankheiten und Tierarztkosten, keine Ausgaben für Pillen und Pülverchen, Ergänzungsmittel und Zusätze, denn ein richtig gebarfter Rohkost-Canide hat alles was er braucht, auch wenn in der Werbung immer wieder das Gegeteil behauptet wird, um alle möglichen Barf-Zusätze an die Frau zu bringen.
- Entgegen allgemeiner Reklame sind, richtig gemacht, keine weiteren Supplemente oder Vitaminpülverchen nötig. (Knochenmehl oder evtl. Fischöl ausgenommen) Ich spare Geld. Auch wenn ich keinen eigenen Garten besitze, kann ich auf jedem Spaziergang frische Kräuter sammeln. Das kostet nichts.

Wilder Majoran

- Der Organismus von Hund und Katze kann Vitamine und organisch gebundene Mineralien (⟹siehe jeweils dort) nach individuellem Bedarf verwerten und wird nicht übervitaminisiert und -mineralisiert.
- Je mehr Rohstoffe man im Naturzustand besorgt und selbst bearbeitet, desto preiswerter wird es. Frisches Futterfleisch ist die preiswerteste Fütterung. Bei den Grundstoffen sind uns Herkunft und Qualität besser bekannt.
- Richtig gebarfte Hunde und Katzen haben erwiesenermaßen weniger Zahnstein, Maulgeruch, Giardien, Allergien, Übergewicht, Hyperaktivität, Freßstörungen, Magendrehungen, Diabetes, Krebs, Schilddrüsenprobleme, Gelenk-, Darm-, Haut- und Harnwegserkrankungen und leben länger. Sie wachsen aber langsamer und neigen dadurch zu festeren Muskeln und weniger Skeletterkrankungen. Sie sind nicht nur gesünder, sondern auch glücklicher. Zufriedenheit erkennt man am Mit-sich-selber-spielen, in der Wiese räkeln, am freudigen Was-machen-wir-jetzt-Blick.
- Für die meisten Tiere schmackhafter. Sie können auch noch Liebe und Wissen mit

in den Napf tun. Schöngeister können ihre Kreation gerne dann auch „Kartoffelstampf mit Spinatpüree und Gulaschfleisch“ nennen.

- Rohkost hat einen 8 mal höheren Wassergehalt als Trockenfutter, zudem wertvolles Zellwasser. Es kommt deshalb seltener zu Nierenerkrankungen.
- Weniger Hundekacke in der Umwelt, da bessere Verwertung. Frischfleisch, Innereien und tierische Rohfette werden bis zu 98% verdaut, deshalb entstehen dreimal kleinere Kotmengen als bei konventionellem Fertigfutter. Ein Beitrag zum Umweltschutz, da in Deutschland täglich 2,4 bis 3 Millionen Tonnen Hundekot anfallen. Großes Stuhlvolumen spricht immer für schlechte Verdaulichkeit. Außerdem vermindern sich die verbrauchten Mengen an Kottüten und Katzenstreu.
- Umweltschutz und bessere Ökobilanz durch weniger Verpackung, Aluminiumfolien und -schalen, Plastik, Transport (kein Vorteil bei Versand). Sie kaufen keine bunten Packungen für den Müll. Konserven und Plastik sind klimaintensiv in der Herstellung und stellen einen grossen Teil der Meeresverschmutzung dar. Sie benötigen für ihren Abbau 50 bis 200 Jahre. Tiefkühlkost verursacht allerdings 3xmehr Treibhausgase als Frischkost. Bei Hausanlieferung sollte man darauf achten, dass die Styroporboxen als Pfand zurückgegeben werden können.
- Ich kaufe frisch, regional, saisonal, vermeide Fertigware. Im Allgemeinen sind die ökologischen Entscheidungen auch für die Gesundheit die besten.

Nachteile des Barfens:

- Ich muss mich eingehender informieren und selbstbestimmt entscheiden, anstatt Food-Designern die Verantwortung zu überlassen, die ihre eigene Gewinnspanne im Blick haben. Aber eigenes Gehirnschmalz (!) einsetzen ist doch wohl kein Nachteil, oder?
- Ich muss geplant einkaufen, die passende Menge organisieren, richtig lagern, Reste weiterverwenden. Ich muss besser vorsorgen mit Kauf und Auftauen. Zuerst füttere ich das am schnellsten Verderbliche frisch und sofort (Mägen mit Inhalt, Därme, Fettes, Drüsenhaltiges, Blutiges), der Rest wird portioniert und eingefroren. Wenn man vergisst, Fleisch fürs Aufzutauen herauszulegen, vom Gefrierfach in den Kühlteil, kann man einen Tag Fasten einschieben oder sich mit Trockenfleischprodukten behelfen.
- Angeblich sollen 75 % aller gebarften Hunde Nährstoffmängel, zum Beispiel an Vitamin D aufweisen. Das kann aber nur passieren, wenn zum Beispiel keine Leber oder nie Fisch gefüttert werden und es grundsätzlich an Abwechslung fehlt, (⟹ siehe Fehler beim Barfen). Nahrungsergänzungsmittel sollen deshalb angeblich dringend notwendig sein gegen Mangelerscheinungen. Hundehalter mit Halbwissen sollen so zum Kaufen dieser Zusätzen verführt werden, die nicht nötig sind.
- Hunde die angeblich kein Barf-Futter vertragen: Die Natur hat den Tieren ein funktionierendes Verdauungssystem mitgegeben. Wenn Barfen nicht funktioniert, ist nicht das Futter falsch, sondern der Darm nicht in Ordnung. Bei Fertigfutter

soll der Organismus an großtechnische Abfalltechnologie angepasst werden. Es sollte jedoch eher die Technologie an die Natur angepasst sein.

- Vorbereitung: Einkaufen, Portionieren, Pürieren, Kleinschneiden, Mischen, Einfrieren, Auftauen, verlangen bei Hardcore Barfern eine bessere Planung als nur Klicker in den Napf kollern lassen. Ein Teil dieser Arbeit entfällt aber bei vorgefertigt eingekauftem gefrorenem Rollfleisch. Es ist bereits gewürfelt und liegt in 100g-1300g Beuteln zu einen Kilopreis von ca. 2,00 bis 7,00€ vor. Gefrorene Gemüsewürfel finden sich in Barfshops oder getrennten Komponententüten in Baumärkten.
- Für schnelle und unkomplizierte Mahlzeiten gibt es also Convenience Barf als Tiefkühlprodukt All in One mit 90 % vom Tier, Single Protein. Gemüse und Obst sind allerdings daruntergemischt und nicht zum Aussortieren. Kaufen Sie am besten Reinsorten, keine Gemische. Gefrorenes oder abgepacktes Frischfleisch ist für sich schon ein gewisser Widerspruch. Plastik? Schutzatmosphäre? (⟹siehe Schutzgas) Letztere dient zur Haltbarkeitsverlängerung und kann Histaminvergiftung und allergischen Schock auslösen.
- Nicht jeder liebt es, Fleisch aufzubewahren und zu schneiden. Bei den oben genannten Barf-Fertigportionen wird dem eiligen Hundebesitzer aber inzwischen auch das noch abgenommen. Regional einkaufen, portioniert einfrieren, Napf säubern, selber Fleisch entnehmen, schneiden, Gemüse frisch pürieren, mischen, evtl. Reis kochen, das kostet mich etwa eine gute Viertelstunde für einen großen Hund. Zu viel? Bei Convenience Barf braucht es nicht mehr viel Erkärungen, einfach rausnehmen, auftauen, hinstellen.
- E. coli Bakterien könnten von Rohfleisch oder Salmonellen von Geflügel auf den Menschen durch Zubereitung oder Lecken übertragen werden. 47 % des Hühnerfleischs soll von Zoonosen wie Bakterium Campylobacter verseucht sein, Pute zu 19,5%, auch in Hack, Milch, Schweine-, Rind- und Kalbfleisch. Auch Antibiotika und multiresistente Bakterien sind gefunden worden. Allerdings wird dabei verschwiegen, dass davon frisches Supermarktsfleisch für den Menschen ebenfalls zu 50 bis 80 % betroffen ist. Salmonellen wurden in Salami, Mettwurst und Schinken, sowie in Beeren, Gewürzen und Dünger gefunden. Das Risiko von Rohfleisch für Hund und Katze ist also nicht größer als für den Menschen, eher vielfach geringer, da Carnivoren eine stärker keimabtötende Magensäure haben. EHEC Bakterien und Salmonellen können sich ebenso auf Wildfleisch als auch auf Pflanzen für den Menschen finden. Zweitere sind auch in Trockenfutter und Kauknochen gefunden worden. Sauberkeit und richtige Hygiene können Übertragungen verhindern (⟹siehe Kapitel Zubereitung). Tiefgefrieren hemmt die Vermehrung fast aller Parasiten und Bakterien.
- Rohes Fleisch kann Toxoplasmoseerreger übertragen. Sie übertragen sich aber ebenso von ungewaschenem Gemüse und Obst und mehr noch von Freilaufkatzen und ihrem Kot.

- Die Gefahr, dass Hunde sich durch rohes Fleisch mit Bandwürmern infizieren, ist gering und kommt höchstens bei Wildfleisch vor. Fadenwürmer im Fisch sind nicht krankheitsverdächtig und werden durch Gefrieren abgetötet.
- Alle Organe und Körperteile werden durch veterinärbehördliche Fleischbeschau kontrolliert. Wir hatten noch nie eine so hohe Lebensmittelsicherheit wie heute, das gilt auch für Hygieneregeln im Umgang mit Tierfutter. Sie sind mit die besten der Welt. Auch kann ich beim Selbst-Barfen noch eventuelle pathologische Unregelmäßigkeiten vor oder beim Zerkleinern entdecken. Es schließt regelmäßige Wurmkontrollen und eventuelle Behandlungen beim Haustier ja nicht aus. Hunde werden von Gammelfleisch geradezu magisch angezogen. Ein bisschen Gerüchle, schillernde oder bräunliche Farbveränderung machen ihnen nichts aus, wenn wir bedenken, dass die meisten Hunde Aas, überfahrene Frösche oder vergammelte Mäuse sogar als Leckerbissen betrachten und gefahrlos überstehen.
- Hunde stellen in dieser Hinsicht keine Ansteckungsgefahr dar, man muss sich und sein Kleinkind ja nicht von seinen Hunden ablecken lassen und Händewaschen nach Futterzubereitung sollte selbstverständlich sein. In meinen 20 Jahren Barfen hatte ich noch nie Probleme, habe sogar eigene verendete Tiere verfüttert. Auch ist noch nirgendwo ein Fall von BSE beim Hund aufgetreten.
- Wo gibt es die wissenschaftlichen Beweise der gesundheitlichen Vorteile des Barfens? Es gab sie lange Zeit nicht. Es waren bisher lediglich empirische Beobachtungen, weil solche Untersuchungen bezahlt werden müssen und viel Geld kosten. Daran sind Konzerne weniger interessiert. Inzwischen gibt es aber sowohl in Schweden (Kollath), sowie Belgien (Lippert & Sapy) Versuche, wo Fertigfutter ernährte Hunde mit gebarften verglichen wurden (info@hundefutter-tests.net). Die oben genannten Vorteile des Barfens wurden alle bestätigt, mehr noch, die Lebenserwartung gebarfter Hunde erhöhte sich durchschnittlich um 3 Jahre.

Beschaffung von Barfkomponenten

Wir Menschen jagen inzwischen nicht mehr selbst im Wald, sondern zwischen Supermarktsregalen. Hier können wir beispielsweise 1 Kilo Huhn für 2 bis 4 Euro kaufen, billiger als mancher Kilopreis von gestrecktem Dosenfleisch für Hunde.

Die schwierigste Beschaffung dürfte das Fleisch sein, denn Gemüse, Obst und Kräuter gibt es auf jedem regionalen Ökomarkt, in jedem Supermarkt oder Bioladen oder am besten ungespritzt aus dem eigenen Garten, saisonal frisch oder getrocknet oder in gefrorenen Kleinportionen. Oft bekommt man kurz vor Schließung des Wochenmarktes sogar Gemüse oder Obst zum Spottpreis oder sogar geschenkt. Man kann auch Abokisten von Höfen anliefern lassen. Aus eigenem Anbau, selbst gesucht oder gepflückt sind sie auf jeden Fall nicht nur billiger, sondern auch frischer und rückstandsärmer. Beispielsweise weisen Blätter von Löwenzahn, Sauerampfer oder Brennessel ein Vielfaches an Eisen, Zink, Kupfer und Mangan auf. Obwohl die Bioverfügbarkeit beim Hund ungewiss ist, sind diese Kräuter trotzdem gesünder als gespritztes Super-

Die Auswahl an Vitaminträgern ist groß

marktsgrün. Mehr Enzyme und Biophotonen enthalten sie allemal. In Futtermärkten kann man Löwenzahn oder Brennnessel auch getrocknet lose kaufen. Brennnessel oder Hagebutten gibt es auch als praktisches, fertiges Pulver. Hier vermindern sich allerdings die Wertstoffe am schnellsten.

In Barfshops gibt es Gemüse– oder Obstkomponenten bereits fertig zerkleinert portioniert, täglich frisch gemischt, oder eingefroren oder getrocknet. Man braucht auch gar nichts extra kaufen, wenn man sich selbst gesund ernährt. Meine Hunde bekommen die Pulpe meiner selbstgemachten Säfte, die sind dann bereits püriert. Oder meine Gemüseabfälle wie Außenblätter von Salat und Kohl, Strünke, Kerngehäuse vom Apfel oder Kräuterreste: Pimpernell, Ampfer, Giersch, Borretsch, Kresse, Petersilie, Basilikum, Portulak, Fenchelgrün, Radieschenblätter, Möhrengrün (in Maßen), Kohlrabiblätter, Kürbisblätter, Selleriegrün, Liebstöckel, Melisse, Minze, Beinwell (wenig), Brombeerblätter. Schalen oder Strünke enthalten oft weit mehr sekundäre Pflanzenstoffe und Mineralien als die eigentlichen Knollen und so werfen wir oft das Gesündeste weg. Ab damit in den Mixer und direkt in den Futternapf. Durch die feine Zerkleinerung wird das wertvolle Chlorophyll freigesetzt. Getrocknet sollte immer nur Ersatzwahl sein, wenn im Winter mal nichts Frisches zur Verfügung steht, muss aber eingeweicht und auch zerkleinert werden. Je grüner, größer und aromatischer die Blätter bei Trockenware sind, desto besser die Qualität.

Es gibt richtige Frischfleischtheken für Hunde, meist in Großstädten, zum Beispiel in Berlin, Köln und Hamburg. Manche haben sich nur auf Bio spezialisiert, allerdings mit Preisen, die weit über normalen für menschliche Lebensmittel liegen. In Versuchen bevorzugten Tiere in 80 % klar die Bioprodukte. In Barfshops, den Metzgereien für fleischfressende Haustiere, gibt es abgepackter Rollfleisch, bereits in kleine Stücke geschnitten und gefroren oder gewolft oder ganze Beutetiere wie Küken, Ratten oder Mäuse gefroren für ca. 1 € das Stück. Auch Zooläden und sogar Baumärkte haben inzwischen Gefriertruhen, wo sich Portioniertes verschiedener Tierarten in Plastiktüten findet. Neuerdings gibt es auch gefriergetrocknetes Barffleisch, welches vor der Fütterung 10 Minuten in Wasser eingeweicht werden muss. Empfehlenswert, wenn's mal schnell gehen soll, wenn mal wieder vergessen wurde, Fleisch für den nächsten Tag aufzutauen, auf Reisen oder als Belohnung. Das lässt sich auch über den Hundebedarfsversand beziehen. Grünen Pansen und Frischfleisch können Sie per Express-Lieferservice ab 5 € Pauschale ins Haus ordern.

Barf ist über den Nimbus des ausgefallenen Modetrends längst hinausgekommen. In den USA gibt es sogar schon Show-Kochen, wo Futter direkt frisch zubereitet wird.

Selbst bei Discountern gibt es inzwischen eine große Auswahl an Getrocknetem: Ohren, Ochsenziemer, Schweinenasen, Hühnerleber, Hühnermägen, Fellstücke, Klauen (ungefüllt!), Trockenfleisch, Trockenfisch etc..

Alteingesessene Firmen geben sich reichlich Mühe, mit Halbwissen entgegenzusteuern und Verwirrung zu stiften, beispielsweise mit Konserven, die als Frischfütterung oder Barf-Dosen beworben werden. Auch die Aussage „Herstellung auf Frischfleischbasis" oder „Frischedienst", der nur Konserven und Tüten mit trockenen Kräckern an die Tür bringt, ist eine Verbrauchertäuschung. Oder diese Leute haben das Wesentliche nicht kapiert. Was soll an Dosen frisch sein? Schließlich nennen sie sich Konserven, weil der Inhalt durch Erhitzung konserviert wurde,

Am preiswertesten ist es, sich mit Metzgerläden, Jägern, Hausschlachtern, Bauernhöfen, Schlachthäusern oder Geflügelhöfen, eventuell mit Sammelbestellungen gut zu stellen. Hat man erst mal die regionalen Bezugsquellen ausgemacht, ist barfen wesentlich billiger als Tüte oder Dose und zudem noch gesünder und frischer. Bekomme ich Fleischreste, können diese zuweilen sehr fett sein. Dann empfiehlt es sich, zum Teil das Fett abzuschneiden und es bei einer anderen Menüzusammenstellung mit fettlosen Fleischkomponenten wie Lunge, Milz, Herz oder Leber zu mischen.

In Supermärkten finden wir nur noch selten Innereien, Suppenhühner, Suppenknochen, Markknochen, Hühnerleber, Rinderleber und -nieren, Hühnerherzen, Hühnerkarkassen, Schweinefüßchen. Kaufen Sie nur an der Frischetheke, auch nicht mariniert, möglichst nicht in Plastik und nicht eingeschweißt. Auch Tiefkühlware ist kein Frischfleisch. Ansonsten findet sich in deutschen Supermärkten in dieser Richtung nicht mehr viel für unsere fleischliebenden Haustiere. Schlachterläden können in den vorgeschriebenen EU Schlachthöfen zwar ihre Tiere noch selbst aussuchen, die sind aber nicht viel anders als die für Supermärkte.Wochenmarkt ist besser als Supermarkt. Am preiswertesten ist es, sich mit Metzgerläden, Jägern, Hausschlachtern, Bauernhöfen, Schlachthäusern oder Geflügelhöfen, eventuell mit Sammelbestellungen gut zu stellen. Hat man erst mal die regionalen Bezugsquellen ausgemacht, ist barfen wesentlich billiger als Tüte oder Dose und zudem noch gesünder und frischer.

Es ist wohl inzwischen so, dass junge Hausfrauen wohl kaum noch Suppen selbst kochen, denn zumindest die Knochen dafür sind nicht mehr so leicht zu bekommen. Wertvolle Innereien gelten für den Menschen als „Arme-Leute-Essen", weshalb sie containerweise nach China gehen, wo weniger Begüterte es noch zu schätzen wissen.

Für kleine Hunde kann man natürlich auch Teureres kaufen, weil dann die Menge preislich nicht so ins Gewicht fällt. Vielleicht brauchen Sie auch einfach ein bisschen Fantasie. Ich habe mir auf dem Dorf von einem Bauernhof ganze Eimer voller Putenabfälle samt Innereien, Köpfen, (Quelle für Hirn) und Füßen besorgt. Ich habe mir Wildreste von Jägern geben lassen oder die von Hausschlachtungen, auch vom Schwein. Das ist vielleicht alles ein bisschen ekliger, aber allemal billiger, vor allem, wenn man mehrere große Hunde satt zu kriegen hat. Früher konnte man auch am Schlachthof preiswert Schlachtabfälle bekommen. Bitte kaufen Sie kein Halal oder Kosher Fleisch. Es stammt von geschächteten Schlachttieren, denen lebendig und ohne Betäubung die Kehle durchgeschnitten wurde, wonach sie bei vollem Bewusstsein verbluten. Es ist in vielen europäischen Ländern verboten, in Deutschland und Österreich jedoch nicht.

Lebensmittelqualität, mit der immer geworben wird, ist für Hunde schlichtweg nicht notwendig. Canis familiaris ist von seiner Historie her vom Jäger zum Jagdbegleiter, vom Beutegreifer zum Resteverwerter geworden. Das sollten sie auch bleiben und meiner Meinung nach keine Nahrungskonkurrenten zum Menschen werden. Ich halte auch nichts von diesen „Erlesenen Beilagen" wie Shrimps oder grünem Spargel. Die Zutaten werden immer exotischer. Spargel ist wegen der langen Fasern für Hunde völlig ungeeignet, Hirse nicht wertvoller als Hafer. Ich nehme zu Gunsten der Firmen an, dass es sich bei Fisch für Haustiere noch um gut zu verwertende Abfälle entsprechend von Lachs, Shrimps, Makrele, Thunfisch handelt, also Haut, Gräten, Köpfe, Flossen, Innereien usw., die haben genauso ihre wertvollen Inhaltsstoffe. Ich finde grundsätzlich auch nichts dabei, wenn zum Teil wertvolle Proteinstoffe wie Fleischmehl, Knochenmehl oder Federmehl verwertet werden. Auch Hunde, die einen ganzen Vogel verspeisen, schlucken dabei Federn.

Wenn ich Großeinkäufe mache, füttere ich die Innereien immer frisch zuerst, da sie auf Grund ihrer hohen Enzymaktivität zuerst verderben. Festere Fleischstücke und Knochenteile friere ich ein. Schweine- und Geflügelmägen muss man grob auswaschen, während man Wiederkäuermägen nur ausschütteln braucht und samt dem anhaftenden Grünzeug gibt. Nur Pansen und Blättermägen von Weidetieren eignen sich in dieser Form. Den grünen Inhalt schütte ich in eine große Schüssel und lasse sie im Hof stehen. Ich beobachte, dass meine Hunde etwa zwei Tage daran lecken, danach nicht mehr, weil dann alle lebendigen Mikrolebewesen, Vitamine und Enzyme darin inaktiv geworden sind. Anschließend entsorge ich den Rest auf den Kompost. Oder ich habe vorher einen Teil als Gemüsebeilage portionsweise eingefroren. Frische ungesäuberte Wiederkäuermägen (Pansen, Blätter-, Netz- und Labmagen) sind das kompletteste Menü, was man geben kann, da braucht man gar nichts mischen. Sie vereinen außer Knochen alle Komponenten: Fett, Fleisch, vorverdautes Grünzeug, gute Mikroorganismen und Enzyme.

Heute ist es so, dass man viele Teile eines Schlachttieres, die gut für unsere Hunde wären, in Deutschland nicht mehr kaufen kann, weil sie per Gesetz nicht verarbeitet werden dürfen. Dazu gehören Rückenmark, Magen– und Darminhalt und leider auch das Gehirn, was aber ohne weiteres bis zu den BSE Skandalen der menschlichen Ernährung diente. Hirn schmeckt gebraten etwa wie Rührei. Trotz ihrer raren Wertstoffe werden sie als Dünger verarbeitet und aufs Feld geworfen. Ohne Hirn ist es schwer, ausreichend DHA und EPA (⟹ siehe Ungesättigte Fettsäuren) zuzuführen. Es gibt für diese essentiellen Fettsäuren nur noch eine andere Quelle, nämlich Meeresfische. Sie sind ekzessiv teuer und man sollte sie für Tierfutter nicht kaufen, weil die wichtigsten Fischgründe der Meere inzwischen alle überfischt sind und damit das Artensterben unterstützt wird. In Barfbüchern wird tatsächlich Heilbutt- und Wildlachsfilet angepriesen. Wissen diese „Experten“ nicht, dass selbst Menschen aus Umweltschutzgründen darauf verzichten sollten, nachzulesen bei Greenpeace. Ich finde es geradezu obszön, so etwas als Tierfutter zu empfehlen. Es steht wirklich genug Anderes zur Wahl.

Bei den Kohlenhydraten, falls ich diese denn füttern möchte, gibt es auch kein Beschaffungsproblem. Reis, Haferflocken, Polenta etc. gibt es in jedem Supermarkt, billiger und besser zum Vermengen ist Bruchreis aus dem Zooladen. Bitte füttern Sie keine Nudeln, auch nicht diese blödsinnig beworbenen Barf-Nudeln. Sie sind mehrfach erhitzt und der beste Weg zu einer Weizenallergie und viele Hunde reagieren augenblicklich mit Haarausfall und Juckreiz.

Lagerung von Barf-Futter

Frischware an Fleisch, Innereien, Gemüse, Obst und Kräuter lagern wir natürlich im Kühlschrank. Größere Einkäufe werden portioniert, wenn sie es nicht schon sind, und möglichst ohne Unterbrechung der Kühlkette vom Markt in den Gefrierer verfrachtet, wobei ich persönlich zur Übersicht Knochen und Fleisch in Fächern trenne. Wenn möglich benutzen Sie keine Plastikschalen oder –tüten dafür (⟹ siehe Weichmacher), sondern gefriergeeignete Glasbehälter, die es preiswert zu kaufen gibt. Man kann auch Kaffeegläser oder Glaskonserven aufheben, säubern und weiterverwenden. Die muss man dann aber langsam und mit der Öffnung nach unten auftauen, damit sie nicht reißen. Sie haben zwar oft noch einen Plastikdeckel oder einen aus Metall mit weichmacherhaltiger Gummidichtung, aber wenn man es nicht überfüllt, kommt der Inhalt damit nicht in Berührung. Glas speichert im Gegensatz zu Plastik keine üblen Gerüche und Giftstoffe, sondern enthält weder gesundheitsschädliche Rückstände noch Chemikalien, ist wesentlich öfter wiederverwertbar, transparent für den Inhalt und wird von Säuren und Laugen nicht angegriffen.

Ich persönlich habe einen Kühlschrank nebst Gefrierfach für uns Menschen und einen, wo auch meine Futterküche für alle Tiere ist. Auch meine Tiermedikamente lagere ich dort, sowie futtertaugliche Küchenreste und eventuell der nicht leergefressene Napf für den nächsten Tag. Je nach Größe und Anzahl der Hunde tut es auch ein extra Mini-Tiefkühler. Ich kaufe größere Mengen Innereien, Fleisch, Knochen etc. auf einmal ein, die ich dann portionsweise einfriere. Alles leicht Verderbliche davon verfüttere ich frisch als Erstes. Eine extra Futterkühlmöglichkeit ist sehr praktisch, weil der Geruch von angegangenem Fleisch für Menschen nicht angenehm ist. Bei den Hunden ist das mit Sicherheit nicht der Fall, im Gegenteil regt es sogar ihren Appetit an. Kaum öffne ich mal die Kühlschranktür der Fütterküche, kommen meine Hunde schon gelaufen und stehen erwartungsvoll „Schlange". In einer Großstadtwohnung wird man eher nicht so viel Platz haben, aber auch eher einen kleineren Hund sein eigen nennen, wo man dann ein extra Abteil im Kühlfach für ihn einrichten kann. Eine größere verschließbare, aus Platzgründen viereckige Glasschüssel, worin alles Frische für den Hund aufbewahrt wird, tut es auch. Je länger gefroren und gelagert, desto weniger Vitamine und Nährstoffe sind darin. Deshalb sollte man es zügig aufbrauchen, ehe man Neues einfriert.

Getrocknet ist immer dritte Wahl, da sich mehr Wertstoffe an Vitaminen verlieren, Mineralien, Farbpigmente und Aromen aber konzentrierter sein können. Mit bestimmten Farbpigmenten kann man die Fellfarbe gewollt oder ungewollt beeinflussen.

Es gibt noch eine gute Art der Bevorratung: Man kann Hundepesto machen: Man püriert frische Kräuter mit Lachsöl. In einem verschlossenen Glas hält es sich mindestens eine Woche im Kühlschrank und man gibt es täglich löffelweise einfach dem Fleisch dazu.

Konservierung

Kein Mensch hat Zeit, jeden Tag für den Hund einzukaufen. Die Frage ist also: Wie kann ich mir das Barfen erleichtern. Der einzige Nachteil des Barfens ist die Investition von etwas mehr Zeit und Gehirnschmalz. Die Hauptzeitersparnis liegt in größeren Einkäufen und der Konservierung wie unter Lagerung beschrieben, sodass ich bei Bedarf entnehmen kann. Die einzigen Konservierungsmethoden in der Natur sind

a) Kühlen und Einfrieren,
b) Trocknen und
c) Fermentieren.

Dass alle diese drei Methoden nicht lebensfeindlich sind, merken wir daran, dass sowohl getrocknete Samen, Nüsse oder Körner selbst nach Jahrtausenden noch keimfähig sein können. Dieselben Substanzen besitzen jedoch gekocht oder hoch erhitzt keine Lebenskraft mehr, ihre Bioabstrahlung (⟹siehe Biophotonen) ist zum Erliegen gekommen.

Zu a) Was passiert beim *Einfrieren*? Unter Luftabschluss, bei Kälte von minus 5 bis 18 Grad und bei Dunkelheit findet praktisch keine Fäulnis oder Verwesung statt. Die Tätigkeit von zersetzenden oder eventuell krankmachenden Mikroorganismen und Parasiten kommt zum Erliegen. Sie können aber nach dem Auftauen möglicherweise wieder zum Leben erweckt werden.

Der Abbau von Vitaminen, Sekundärstoffen und Enzymen wird gebremst, ebenso die Zersetzung von Eiweiß und Fett. Allergene können ihre Allergenität verlieren.

Je länger die Einfrierzeit, desto mehr Nährstoffe gehen verloren. Wichtig ist Sauerstoffabschluss, damit es nicht zu Gefrierbrand kommt, das sind helle Flecken auf dem Gefriergut. Es verliert dann zwar an Geschmack und wird zäh, ist aber nicht verdorben und noch tiertauglich. Gefriergut hat 18mal mehr Vitamine als Dosenware, in der sich so gut wie keine mehr finden. Es sollte nicht in der Mikrowelle, auch nicht in warmem Wasser, sondern im Kühlschrank aufgetaut werden.

Zu b) Beim *Trocknen* wird der Wassergehalt auf ein Minimum gesenkt und ist somit als lebens- und vermehrungswichtiger Stoff für Fäulnisbakterien, andere Mikroorganismen und Schädlinge nicht verfügbar. Sonnengetrocknetes unterstützt nicht nur diesen Vorgang, sondern erhöht auch noch den pflanzlichen Vitamin D2 Gehalt. Meist ist es aber großtechnisch getrocknet und wird als Gemüse- oder Obstpulver, Fleisch- oder Knochenmehl vertrieben. Durch mechanische Verarbeitung gehen dabei auch Wertstoffe verloren. Andere wie Aromen, Mineralstoffe, Ballaststoffe in Pflanzen oder Proteine in Fleisch (bis zu über 80 %) liegen hingegen besonders konzentriert vor, während Vitamine gelitten haben. Allergene können inaktiviert werden. Trockenware hat im Vergleich zu Frischware ein 10mal geringeres Gewicht, was ich in einer geringeren Dosierung berücksichtigen muss. Reines Dörrfleisch kann man als „Trockenbarf" betrachten. Es hat den Namen BALF bekommen, Biologisches, artgerechtes, luftgetrocknetes Fleisch. 1 Kilogramm davon entsprechen 4 kg Frischfleisch.

Eine besonders wertschonende Behandlung verbindet Gefrieren und Trocknen. Ohne Erhitzung schrumpfen Volumen und Gewicht durch Wasserverlust. Kommt so auch in der Natur vor und wird für Fleisch-Trockenprodukte angewandt. Je schneller dieser Prozess stattfindet, desto weniger Wertstoffe gehen verloren, Aromen und Nährstoffe bleiben weitgehend erhalten. Frischem Fleisch wird durch schnelle Runterkühlung auf bis zu -50 Grad unter Druck nur das Wasser entzogen. Durch Zufügen von Wasser kann es wieder seine ursprüngliche Konsistenz bekommen. Als Dauernahrung nicht so geeignet, aber gut auf Reisen oder als Belohnung. Lagerfähigkeit und Haltbarkeit werden durch Trocknen und Vakuumverpackung verbessert.

c) *Fermentieren* Enzymaktivität finden wir beim Abhängen des Fleisches, bei Hefe, der Herstellung von Käse, Joghurt, Dickmilch, Kefir, Sauerkraut und anderem milchsaurem Gemüse und allen anderen Produkten mit reger Bakterientätigkeit.Nährstoffe und Vitamine bleiben erhalten, Enzyme unterstützen Verdauungs- und Immunsystem. Sie spielt im Zusammenhang mit Carnivoren insofern eine Rolle, dass Fleisch eine enzymatische Alkalinisierung durchläuft, die der Mensch sich durch Abhängen des

Fleisches zu Nutze macht, der Hund durch Vergraben, was übrigens auch Naturvölker tun. Das Fleisch wird dadurch zarter, leichter verdaulich und entwickelt einen gewissen Haut Gôut. Außerdem ist es unterirdisch vor Maden geschützt und durch anhaftende Erde werden noch positive Mineralien und Bakterien aufgenommen. Hunde spüren das alles. Auch beim Sauerwerden von Rohmilch oder der Käseherstellung, wo die entstehende Milchsäure ein natürliches Konservierungsmittel darstellt, spielen fermentative Prozesse eine durch nichts zu ersetzende Rolle wie ebenfalls bei Fermentgetränken.

Kochen ist zwar auch eine sehr effektive Art der Konservierung, wird jedoch nirgendwo in der Natur angewandt. Seit Jahrmillionen wird in der Natur nichts gekocht, in Säcke gefüllt, einggedost oder mit Konservierungsmitteln aus der Chemiegroßküche versetzt. Konservendosen gibt es erst seit etwas mehr als einem Jahrhundert. Da wirbt doch tatsächlich ein Hersteller mit: Nur einmal schonend gekocht!

Auch *Räuchern* ist nicht natürlich, zudem meist heute durch Raucharomastoffe ersetzt. Diese sind in dem Programm der Entgiftungsorgane nicht vorgesehen, Pökeln und Mikrowelle auch nicht. Zivilisationskrankheiten bei Mensch und seinen Haustieren sind sehr ähnlich und entstehen unter anderem durch zu viel abgetötete Nahrung, denn sie sind die einzigen Lebewesen, die sich solcherart ernähren. Wildtieren bleiben deshalb viele Zivilisatosen wie Allergien, Übergewicht, Essstörungen, Autoimmunkrankheiten, Diabetes, Tics und andere erspart, denn sie fressen kein devitalisiertes Futter.

Damit komme ich zu der Frage:

Wie barfen?

- Tipps für schnelles und preiswertes Barfen:
- Es muss nichts gewogen, gemessen oder berechnet werden. Niemand tut das für sein eigenes Essen und jedes Individuum ist und ißt unterschiedlich.
- Es braucht nichts gekocht werden, es sei denn ich füttere die Kann-Komponente Getreide.
- Ich bestimme die Menge und die Komponenten in Abhängigkeit von Figur und Gesundheit des Tieres.
- In der Hauptsache über die Stuhlkontrolle, aber auch über Fellqualität und Verhalten, bestimme ich die Verträglichkeit.
- Gröbere oder feine Zerkleinerung und Vermischung bemessen sich lediglich an der Akzeptanz. Grundsätzlich gilt für rohe Gemüse, Obst oder Kräuter: Je feiner püriert, desto besser.
- Ich benötige keinerlei Zusätze, Vitaminpillen, Pülverchen, Supplemente etc. Denn kein einziges Produkt kann eine gesunde, ausgewogene Ernährung ersetzen. Ich nenne Barf auch Komponentenfutter. Ich brauche nur diese vier Komponenten:

1. **Tierische Fette,**
2. **Fleisch bzw. Körperteile und Organe** als Proteinträger,
3. Gemüse *oder* Obst *oder* Kräuter als **Mineral- und Vitaminträger**, plus
4. rohe **Knochen**. Fertig.

Da sowohl Innereien wie auch Fleischabfälle meist mit Fettanhang vorliegen, habe ich hier gleich die ersten zwei Komponenten auf einmal abgedeckt. Von jeder Kategorie nehme ich *eine* Sorte. Das sind 70 bis 90 % Tierisches und 10 bis 30 % Pflanzliches. Mischungen von zu vielen Komponenten zusammen werden oft im Ganzen verschmäht, wenn nur ein kleiner Anteil davon nicht akzeptiert wird. Außerdem ist die Zuordnung zu Unverträglichkeiten nicht mehr gegeben.

Ich bemesse meine Komponenten für den Vierbeiner an meiner eigenen Küche: Reste von Fleisch, verlesenem Salat, Radieschenblätter, matschige Bananen, Fruchtpulpe meiner Säfte, Kürbisschalen, Papayaschalen, Kohlrabiblätter, evtl. gekochtem Reis, ungesalzene Gemüse- oder Fleischbrühe etc..

Lassen Sie Ihren felligen Begleiter mitentscheiden, vor allem einen kranken. Eine gesunde Auswahl ergibt sich aber nur aus einem natürlichem Angebot. Alle Wildtiere können mit erstaunlicher Präzision die für sie qualitativ gesündeste Nahrung aus dem reichhaltigen Angebot der Natur auswählen. Der Physikprofessor Fritz Albert Popp meint: „Hätten wir noch einen gesunden Appetit, bräuchten wir uns um Lebensmittelanalysen nicht zu kümmern.“ Das Gleiche gilt für unsere Haustiere.

Zubereitung

Was brauche ich zur eigenen Zubereitung eines Barf-Menüs? Am besten erst einmal, wenn möglich, einen Arbeitsplatz etwas oder ganz abseits der menschlichen Essenszubereitung. Oder ich bereite es zeitlich getrennt vor, sodaß keine Keime auf unsere Lebensmittel übertragen werden, die der Hund als Aasfresser locker verträgt. Das heißt auch: Hände waschen nach dem Umgang mit Fleisch. Was brauche ich noch? Einen extra Topf für das Kochen oder Überbrühen von eventuellen Getreidekomponenten, ein scharfes Fleischermesser, ein extra Schneidebrett, einen Rührlöffel, eine Schöpfkelle und eine durch nichts zu ersetzende Püriermaschine. Eine Geflügelschere kann nützlich sein, notfalls ist dafür auch die Rosenschere dienlich. Alles sollte, wenn es geht, nicht aus Plastik sein und ausschließlich für die Tiere verwendet werden. Alles inklusive der auch nur dafür zu verwendenden Arbeitsplatte wird selbstverständlich nach jedem Gebrauch mit Spülmittel und einem extra Schwamm gereinigt. Damit keine Verwechslung entsteht, benutze ich immer eine andere bestimmte Farbe für die Futterküche als für unsere Küche für Schwamm, Messer, Brett etc. Eine Vorrichtung zum Schärfen der Messer spart Kraft und Zeit. Die Futterschüsseln werden täglich gereinigt. Auf die Idee, sie in meine Spülmaschine zu tun, käme ich jedoch nie.

Jedes Tier hat seinen eigenen Napf, den ich individuell nach Menge und Komponenten fülle. Ich schneide das Fleisch klein, püriere mein Obst oder Gemüse und vermische alles gut. Dafür brauche ich eine große, tiefe, runde Schüssel, die viel größer sein muss als die meist in Zoohandlungen angebotenen Näpfe, da Barf-Portionen größer sind als Trockenfutterportionen und ich alles gut verrühren möchte, ohne dass es über den Rand fällt. Für nicht-allergische Hunde kann ich alles mischen, was gerade in meiner Küche so angefallen ist, was ich an Sonderangeboten ergattern konnte oder gerade zur Hand habe. Ich lege noch einen Knochen obendrauf. Es kann serviert werden!

Es gibt Hundehalter, die machen sich viel zu viel Arbeit, die dem Hund nicht dient, wie das Backen von Hundeplätzchen oder 20 g von dem und 20 g von anderem Fleisch per Rezept. Ich würde gerne wissen, ob sich diese Autorinnen auch so viel Mühe mit dem Großziehen ihrer Kinder machen. Dazu passt, dass Tierfutter mit einer Steuererleichterung von 7% Mwst. veranlagt wird, Kitaessen für unsere Kinder aber mit 19 %.

Die meisten Tierhalter sind eher zu bequem, und beschränken sich nur noch auf das Auftauen von bereits vorgefertigt gewolftem, portioniertem Fleisch und Gemüse, das sie sich ins Haus schicken lassen. Alles sollte dann wenigstens nicht im Beutel aufgetaut werden. Das ist in Ordnung, aber ab und zu ganz frisch wäre besser.

Rasseunterschiede

Wenn ich barfe kann ich mein persönliches Programm für meine Rasse zusammenstellen, da jede vermehrt zu bestimmten Krankheiten, jedes Individuum zu Besonderheiten in Verhaltensweise, Stoffwechsel, Verdauung, Vorlieben, Appetit und Unverträglichkeiten neigt.

Für einige Rassen wie Labradors, Dackel und Cocker ist Verfressenheit typisch. Da sollte man dann Menge, Fett- und Kohlenhydratkomponenten reduzieren bis zeitweilig ganz weglassen.

Andererseits gibt es Rassen, die zu Untergewicht neigen können wie zum Beispiel Setter oder Irish Wolfhounds. Da suche ich dann Komponenten aus, die Energie schaffen wie fettes Fleisch und leicht verdauliche, das heißt aufgeschlossene Kohlenhydrate. Im Übrigen ist es leichter einen dicken Hund schlank, als einen mageren ansehnlich zu bekommen.

Unterschiede des Alters

Welpenfütterung:

Das Erste und Beste für den Eintritt ins Leben ist die Muttermilch einer gebarften Hündin zwei Monate lang. Ihre Milch ist doppelt so nahrhaft wie Kuh- oder Ziegenmilch. Keine Panik, wenn die Mutter nach ein paar Wochen vor ihren Kleinen ihre eigene Mahlzeit erbricht. Die Jungen werden sich nach Wolfsart sofort darüber hermachen. Es ist für die Jungen, deren Darmflora noch im Aufbau begriffen ist, durch die Andauung und enthaltenen Enzyme besonders leicht verdaulich. So werden die richtigen Keime auf die Welpen übertragen. Ihr noch unreifes Immunsystem steht eng mit einer gesunden Darmflora in Verbindung.

Muttermilch ist das Beste

Ab gut drei Wochen, bei kleinen Würfen und wenn die Mutter viel Milch hat auch erst ab der 5. Woche, gewöhne ich die Welpen zuerst an Wasseraufnahme. Ich schmiere ihnen ein bißchen Wasser um das Mäulchen oder stupse sie in ein feststehendes flaches Gefäß. Normalerweise verziehen sie dann ihr Gesichtchen vor Ekel, denn schließlich ist Muttermilch süß und nahrhaft. Sie lernen es aber schnell. Dann kann ich püriertes Fleisch anbieten, bzw. etwas Hack, gekauft oder selbst püriert. Zuerst einmal täglich, dann zweimal, abhängig von ihrer Verdauung. Nach und nach sollte man ein wenig roh gemahlene Eierschalen oder Knochenmehl damit vermischen. Sobald sie das nach etwa einer Woche problemlos fressen, kann ich das Fleisch in fingernagel-großen Stückchen anbieten: Leber von Huhn oder Rind, Hühnerherzen, Muskelfleisch von Rind oder Huhn. Ganz allmählich gehe ich dann zu dem bereits mehrfach besprochenen Komponentenfutter über, zuerst ohne Kohlenhydrate, aber unbedingt mit vermischtem Knochenmehl oder anderen Kalziumträgern. Ab etwa der 7. Woche fange ich mit zusätzlichen Knorpelstücken zum Benagen an wie längs aufgeschnittene Teile von Rindergurgeln, knorpeliges Brustbein oder Rippchen, Hühnerhälsen oder –karkassen. Ich füttere 2 x täglich Komponentenfutter neben Muttermilch bis zur etwa 8. Woche. Ab diesem Alter nur noch einmal morgens satt, abends nur noch Fleischknochen. Ich bin damit gut gefahren und habe eine Reihe

Wasser was ist das?

prämierter Hunde großgezogen. Dass die Welpen bis zum vollständigen Absetzen immer noch ein bisschen Muttermilch bekommen, ist wichtig für ihr Immunsystem. Das setzt allerdings eine besonders gute Fütterung und genug Flüssigkeitsaufnahme der Mutterhündin voraus. (Foto „So lange wie möglich Muttermilch") Mit bestimmten Kräutern und Homöopathika kann man den Milchfluß anregen, falls das nötig sein sollte. (⟹ siehe Milchmangel).

Bei gekauften Welpen sollte man sich in jedem Fall etwas vom bisherigen Futter vom Züchter mitgeben lassen und langsam umstellen.

Während des Wachstums brauchen junge Hunde, vor allem die Großrassen, einen erhöhten Anteil an Eiweiß bis zu 32 % und mindestens 10 % Fett, wobei das Vorhandensein von DHA eine besondere Bedeutung hat. Stärkehaltiges sollte anfangs vermieden werden, weil sich die Amylaseaktivität erst im Laufe der ersten Lebensmonate entwickelt, dem Stärkeangebot entsprechend. Grundsätzlich bekommen sie das Gleiche wie erwachsene Hunde, nur mehr von wertvollem Protein, Kalziumträgern und guten Fetten, aber achten Sie auf Übergewicht. Ein Welpe darf ein wenig pummelig aussehen, aber nicht schwerfällig werden, was seinem Skelettsystem schadet. Wachsende Hunde fressen relativ größere Portionen als ausgewachsene ab dem 1. Lebensjahr, männliche nehmen schneller zu als weibliche.

Schon Welpen können Knochen fressen

So lange wie möglich Muttermilch

Bis zum Endgewicht erreichen manche Rassen bis zum Hundertfachsten ihres Geburtsgewichtes.

Je nach Rasse gelten Junghunde von der ersten Läufigkeit, also ca. 8 Monaten, bis zu ein bis anderthalb Jahren. Im Allgemeinen sind kleine Rassen eher frühreif und Großrassen eher spätreif. Was früh investiert wird, spart später Tierarztkosten und Erziehung. Ja, auch Erziehung, denn die frühe Ernährung hat Einfluss auf die Gehirnentwicklung und somit auf die Lernfähigkeit. Wer Berechnungen liebt, kann die Gewichtsentwicklung mit standardisierten Wachstumskurven vergleichen.

Beispiel Welpenschüssel: Menü für einen viermonatigen Rottweilerwelpen:

gebrühter Blättermagen in daumengroßen Stücken (bekomme ich leider nur gebrüht zu kaufen) und Rindfleischstücke mit Fettanhang + rohes Knochenmehl + pürierter Kürbis (weiche Innenfasern plus Schale gemahlen, das fiel von meiner Küche ab) + ein wenig gekochter Reis oder etwas Weizenkleie (weil ich alle satt kriegen will), alles gut verrührt. Die Gesamtportion macht in Menge etwa 3 – 4 Suppenkellen aus für die Haupt-Tagesmahlzeit für einen Welpen. Abends gibt's noch eine Hühnerkarkasse.

Senioren:

Das Grundsätzliche bleibt bei allen Alterklassen gleich. Die beste Altersvorsorge für ein langes gesundes Leben sind artgerechtes, abwechslungsreiches Futter, Bewegung an frischer Luft und Sozialkontakte. Vorzeitige Vergreisung lässt sich im Allgemeinen auf Mangel an Vitalstoffen und mangelnde Gewebeentwässerung (nicht genügend Flüssigkeit) zurückführen. Große Rassen altern schneller als kleinere, Riesenrassen ab 5, mittelgroße ab etwa 7, Kleinrassen ab etwa 10 Jahren.

Sollte mein alter Hund Zahnprobleme haben, so lasse ich diese vom Tierarzt behandeln. Manches Problem wie mangelnder Appetit, vermehrtes Speicheln oder Knochen Ablehnen wird sich dadurch von selbst lösen. Einem nicht mehr voll kaufähigen Maul sollte man keine harten Knochen mehr zumuten, sondern bestenfalls noch Knorpel anbieten oder auf andere Kalkzusätze wie Eierschalenpulver oder Knochenmehl zurückgreifen. Ein alter Hund braucht davon nicht mehr allzu viel, er baut ja keine Knochen mehr auf, Zähne wachsen nicht nach und durch verminderte Bewegung neigt der alternde Hund auch noch mehr zu Verstopfung, worauf bei der Menüzusammenstellung zu achten ist.

Ein wertvoller Futterzusatz für arthrotische Gelenkprobleme (⟹ siehe Arthrose) sind die Gallerten ausgekochter Rinderfüße, Sehnen und Knochen. Sie enthalten die Stoffe, die wir sonst in teuren Präparaten kaufen. Ich kenne alte Leute, die darauf schwören und jeder Mahlzeit eine Kelle davon zufügen. Übergewicht verschlimmert alle Krankheiten, deshalb ist auf die Kalorienzufuhr zu achten, ggf. Fett zu reduzieren und Kohlenhydrate wegzulassen.

Zunehmenden Enzymverlust gleichen wir durch besonders enzymhaltige Komponenten (⟹siehe Enzyme) aus. Da auch die Pufferkapazität nachlässt, ist auf einen guten Säuren-Basen-Ausgleich zu achten. (⟹siehe Tabelle 16 Basen – Säuren). Bei Gewichtsverlust braucht es mehr fettreiche Energiezufuhr. Sofern keine spezielle Nierenerkrankung vorliegt, ist auch auf ausreichende und sogar höhere Eiweißzufuhr zu achten, um Muskelabbau entgegenzuwirken. Insgesamt sollte die Nährstoffdichte des Futters im Alter zunehmen, also weniger unverdauliche Ballaststoffe.

Unterschiede in Funktion (Zucht, Arbeitshunde, Sporthunde)

Grundsätzlich ist die Fütterung der trächtigen und säugenden Hündin nicht anders als das normale Barfen. Der Bedarf an Eiweiß, Fett und Calcium ist erhöht. Ich lege besonderen Wert auf gute Wertstoffe wie Leber, Herz, Hühnchen also wertvolle Eiweißträger, weiches Fett von Huhn, Fisch, Schwein, evtl. ganzen frischen Fisch, ausreichend Kalziumträger für die Skelettentwicklung der Welpen und die Milchbildung. Man sollte mehr als einmal täglich füttern, denn die Mutterhündin sollte möglichst während Trächtigkeit und Säugezeit kein Gewicht verlieren, da die fettlöslichen Giftstoffe in ihrem Körper in der Milch freigesetzt werden und die Welpen belasten können. Zur Unterstützung der Laktation kann man Fenchelsamen und -grün ins Futter mahlen oder als Tee geben Das wichtigste ist hierfür aber genügend Flüssigkeitsaufnahme, die ich mit suppigem Futter, Brühen oder mit Milch verdünntem Trinkwasser anregen kann. Nach der Geburt kann man die Mutterhündin auch damit verwöhnen, es ihr im Wurfnest vorzuhalten, denn sie ist zu sehr beschäftigt, um extra zum Trinken auszusteigen, aber sie nimmt es dankbar an.

Leider habe ich oft festgestellt, dass ausgerechnet Arbeitshunde, also die, die unersetzlichen Dienst für den Menschen tun, wie Polizeihunde, Rettungshunde, Suchhunde, Blindenhunde, Assistenzhunde, leider auch oft Jagdhunde, am häufigsten täglich mit dem gleichen Trockenfutter abgespeist werden. Oft sind sie dann in relativ jungen Jahren bereits nicht mehr voll arbeitsfähig. Wir sollten gerade diese Hunde, die so nützlichen Dienst am Menschen tun, in Dankbarkeit mit besonderer Aufmerksamkeit füttern und belohnen und nicht jeden Tag lieblos trockene Klicker wie harte Geschosse in ihren Napf kollern lassen. Die bleiben dann auch erst mal wie Steine im Magen. Je höher die körperliche Beanspruchung, desto mehr tierische Eiweiße brauchen sie.

Häufigste Fehler beim Selberzubereiten:

- jeden Tag dieselbe Mischung, vor allem, wenn es sich dabei auch noch um Grenzfuttermittel handelt. Diese sollten in der Menge, z.B. Leber, eingeschränkt werden.
- nach menschlichem Kriterien Gesalzenes und Gewürztes,
- jeden Tag nur Muskelfleisch, zu selten verschiedendste Innereien. Wölfe fressen zuerst die Eingeweide und Innereien, dann erst Muskelfleisch und zum Schluss die Knochen, bei Hunger dann auch noch Klauen, Haut etc. Bei vielen Menschen besteht der Irrtum, dass nur Muskelfleisch als richtiges Fleisch angesehen wird.

Dabei haben die meisten Innereien mehr Wertstoffe. Ohne diese kann es zu Vitamin A und D Mangel kommen.

- Abwechslung ist das Prinzip der Natur. Alle hier angegebenen Komponenten und Vitalstoffträger sollen nie in exzessiver Menge oder Zeiträumen verabreicht werden,
- reine Fleischfütterung ohne den täglichen Knochenanteil oder anderen Ca-Komponenten kann zu Kalziummangel und damit zu Bewegungsproblemen führen (⟹siehe Kalzium). Schwerpunktmäßige Fütterung von Fleisch und Milch führt zu schweren hypocalcämischen Zuständen wie Geburtstetanie oder Rachitis.
- Die exotischste und ausgefallendste oder teuerste Zutat ist nicht automatisch die gesündeste. Teures Neues ist nicht prinzipiell besser als Altbewährtes, hat zudem meist eine weit schlechtere Ökobilanz. Beispiel Känguru-, sogar Zebrafleisch, Quinoa oder Mango. Muss man das wirklich ins Fertigfutter geben? Ich nehme zu Gunsten des Herstellers an, dass dabei auch nur der Trester verwendet wird. Das wäre o.k. Gesund und preiswert sind absolut vereinbar.
- zu viele verschiedene gemischte Zusätze und Mittelchen. Es genügt je *ein* Produkt meiner 4 Komponenten. Dabei werben Firmen „Mit 5 Sorten Fleisch“. Ein Wolf frisst immer nur das Fleisch eines einzigen gleichen Beutetieres in großer Menge auf einmal, niemals Wiederkäuer und Geflügel gleichzeitig.
- Erhitztes, wie Kochen von Fleisch, Gemüse oder schlimmer noch Knochen, Selbstgebackenes, auch für den Hund, ist kein Barf. Kochen ist wie vorverdaut und unterfordert den Verdauungsapparat.
- Der Wolf schätzt keine Suppen, er will was für die Zähne. Er bäckt auch keine Kekse.
- Gemüse und Obst wird nicht ausreichend püriert, Fleischstücke sind nicht klein genug. Garten- oder Fallobst muss nicht geschält, nicht mal gewaschen werden. Bei gekauften Früchten von Apfel, Papaya oder Ingwer, kann man die Schalen mahlen, in diesem Falle gewaschen. Sie enthalten die meisten Vitalstoffe.
- Nudeln und Brot sind die schädlichsten, ungesündesten und allergenisierendsten Beilagen, auch wenn sie sich als Barfnudeln titulieren. Auch die Werbung: „Krokettenform, nach dem Vorbild der Natur!“ spricht nicht für das Tierverständnis des Herstellers. Auf welchem Baum wachsen die?
- bei richtiger Handhabung sind keine weiteren Vitaminpülverchen etc. nötig, auch nicht die, die als Barfzusatz beworben werden. Ausnahme sind tierische Öle als Ersatz für Fisch bei Schlankheitskost oder Omega-3-Mangel und Knochenmehl bei Zahnproblemen.
- Firmen, die mit Dosenfutter fürs Barfen werben, auch wenn sie die Natur oder den Wolf im Namen führen oder Tüten als Beuteprinzip benennen, haben nichts verstanden und versuchen die Quadratur des Kreises. Lassen Sie sich nichts vormachen mit: Mit Frischfleisch, Ja, aber vor dem Eindosen. Frisch ist nichts aus der Büchse, nur vor der Büchse.

- Die Portionen sind zu klein, weshalb die Hunde bei Umstellung abnehmen, denn die Energiedichte ist bei Trockenfutter ja wesentlich höher. Grammangaben und die Größe von Futterschüsseln orientieren sich fast immer nur an Trockenfutter. Oft fehlen ausreichend Ballaststoffe und Fette. Häufig werden auch noch die Knochen weggelassen.
- nach menschlichen Kriterien Ausgewähltes mit Phobie gegen tierisches Fett, Innereien, angegangenes Fleisch, Schlachtabfälle. Menschen, die fettreiches Fleisch oder Innereien verabscheuen, füttern es auch nicht ihren fleischfressenden Haustieren. Dabei wissen sie oft nicht, dass in der Wurst, die sie essen, Innereien und bis zu 50 % verstecktes Fett zu finden sind. Und Fleischfresser haben andere Bedürfnisse und Verdauungsapparate als der Mensch. Ohne Leber ist keine ausreichende Bedarfsdeckung mit Vitamin A oder Vitamin D3 zu erreichen. Kohl hat noch immer den Armutsnimbus, dabei sind alle Kohlsorten potente Antikrebspflanzen. Diese anthropozentrischen Einstellungen werden durch Fertigfutterwerbung geschürt, wo Reklame nach Kriterien für Menschen gemacht wird: Bello und Mizi brauchen keinen Grill, keine Soße und auch keine Pasta. Basta!
- Die kollektive Cholesterinhysterie hat beim Menschen eine Fettphobie ausgelöst, die jetzt ungerechtfertigterweise auf Carnivoren übertragen wird. Nur ein gesunder „Ölwechsel“ kann fettlösliche Giftstoffe entsorgen. 15 – 20 % unbehandeltes Naturfett sind empfehlenswert.
- tellertaugliches Fleisch mit überzogenen Qualitätsansprüchen. Jeder Europäer wirft an die 100 kg Essen pro Jahr weg. Wir sollten uns schämen. Die Haltbarkeitsdaten sind überzogen angegeben und vieles davon ist für den Menschen noch genießbar und wird für Tafeln abgegeben. Fressbar ist es erst recht noch für Tiere. Sie sind von ihrer Historie schon immer Verwerter von Überresten des Menschen gewesen, auch die können für ihn gesund sein. Hunde sollten keine Nahrungskonkurrenten des Menschen werden, zumal er Knochen, Knorpel, Sehnen, Haut viel besser verwerten kann als der Mensch. Jährlich landet das Fleisch von 4,1 Millionen Schweinen, 45 Millionen Hühnern und 230 000 Rindern im Müll deutscher Haushalte. Das ist im Hinblick auf die Würde bedürftiger Menschen einfach obszön, wenn wertvolles Protein noch nicht einmal an Tiere verfüttert, sondern verbrannt und hierzulande als Dünger auf die Felder geworfen wird, wo sich Millionen Menschen auf der Welt nicht einmal im Jahr eine Fleischmahlzeit leisten können. Hinzu kommen noch die entsprechenden Reste aus Großhandel, Einzelhandel, Gastronomie und vom Bauern. (⟹siehe Reste) Nicht zu reden von mangelnder Nachhaltigkeit, denn es stecken zu viel Arbeit und Ressourcen an CO_2, Wasser und Energie in diesen Überschüssen. Unserer Wohlstandsgesellschaft scheint das Bewusstsein für den Wert von Lebensmitteln verloren gegangen sein. Nachhaltigkeit verträgt sich nicht mit der Verwendung von Lebensmitteln in Heimtierfutter, vor allem nicht mit solchen, die von weit her transportiert werden und womöglich die Ökosysteme in den Ursprungsländern bedrohen.

Ich freß noch längst nicht alles

Umstellung

Gesunde Hunde kann man nach meiner Erfahrung praktisch von heute auf morgen auf Barf umstellen. Manche machen einen geradezu gierigen, nach „Lebendigem" und Enzymreichem ausgehungerten Eindruck. Etwas mehr Zeit sollte man älteren Hunden geben (⟹siehe Grafik „Umstellung auf Barfen"), indem man das gewohnte Futter mit gewolftem rohem Fleisch bzw. Hack mischt und den Anteil über eine Woche immer mehr erhöht, bis man zur Fleisch-Knochen-Grünkost übergegangen ist. Manche Leute kochen auch zuerst das Fleisch ab und mischen alles wie Komponentenfutter, verringern dann von Tag zu Tag die Kochzeit, bis es roh bleibt. Die Darmflora braucht Zeit zur Anpassung.

Bei Katzen braucht es mehr Geduld. Sie sind oft sehr eigen und lehnen Ungewohntes ab. Deshalb dauert die Umstellung länger. Das ist schlecht, wenn sie bei einer Krankheit auf Diät gesetzt werden sollten. Manche Katzen hungern lieber, was gerade im Krankheitsfalle Auszehrung begünstigt. Breiiger Kot sollte nicht länger als drei Tage dauern. Deshalb rate ich immer allen Besitzern von Kitten, von Anfang an abwechslungsreich und am besten roh zu füttern, besonders in den ersten 6 Lebensmonaten. Es ist auch nicht ganz verkehrt, ihnen deshalb gelegentlich Dosen- und Trockenkräcker vorzusetzen.

Futter-Zusammenstellung

Wie stelle ich Barf-Futter zusammen? Aus oben gesagtem ergibt sich, dass ich lediglich vier Komponenten mischen brauche. Die Arbeit liegt hier nur im Heranschaffen und Zerkleinern, nicht im Kochen. Man nehme:

Einen Teil rohes Fleisch oder Innereien mit anhängendem Fettanteil,
einige Esslöffel Obst *oder* Gemüse *oder* Kräuter, frisch und fein püriert,
etwa 2 Knochen täglich, abhängig von deren Größe bzw. der des Hundes. Fertig!

Das Fleisch oder die Innereien stellen die Proteinkomponente dar. Im grünen oder pflanzlichen Anteil finden wir zwar auch Proteine, sie sind aber in ihrem Aminosäurespektrum nicht optimal und schwer verstoffwechselbar. Sie sind die Träger von Vitaminen, Mineralstoffen, Enzymen und sekundären Pflanzenstoffen und deshalb unentbehrlich. Die Kombination von pflanzlichen und tierischen Komponenten erziehlt eine insgesamt höhere biologische Wertigkeit als jede einzelne für sich allein.

Die Knochen sind wichtig für den alkalischen Stoffwechselausgleich zum Fleisch und ggf. der Kohlenhydratkomponente.(⇒siehe Tabelle 7 Säuren-Basen) Aber sie haben noch einen weiteren positiven Zweck, den einer lustbetonten Beschäftigung für unsere Vierläufer. Das ist auch erziehungstechnisch von Bedeutung bei Welpen, damit sie sich nicht an unseren Schuhen vergreifen. In der Zeit des Zahnwechsels zwischen dem 4. - 6. Lebensmonat ist der Drang zu nagen besonders groß. Knochen säubern Zähne und Zahnfleisch und trainieren die Kaumuskulatur. Bei ausschließlich aus Dosen gefütterten Kleinhunden fallen die Zähne durch Nichtgebrauch aus, nachdem sie jahrelang kariös, verfärbt, löcherig, stinkend und schmerzhaft gewesen sind. Diese Zähne müssen dann gezogen werden, wie ich es oft genug in meiner Praxis erlebt habe.

Eine Komponente ist eine Kann-Komponente, das heißt, ich kann Kohlenhydrate füttern, muss es aber nicht. Sie sind außer den paar Einheiten, die ich gelegentlich in Form von rohen Pflanzen gebe, für Carnivoren nicht essentiell. Sie dienen nur zur Sättigung und besseren Vermischung. Kleinen Rassen braucht man überhaupt kein Getreide füttern, weil die Futtermenge geldlich nicht ins Gewicht fällt. Hat man aber mehrere großrassige Hunde, dann ist man froh, wenn man sie alle satt bekommt. Wir wollen ja keine Rippen zählen. Man kann einen Teil der Energie in dieser Form sicherstellen und erspart sich etwas Fleischschlepperei. Falls unser Vierbeiner nicht von Unverträglichkeiten oder Allergien betroffen ist, die oft diese Komponente betrifft, kann man bedenkenlos ein Drittel Getreide der Futtermischung zufügen. Man kann auch alle Komponenten der einzelnen Träger untereinander mischen, die man gerade zur Hand hat oder preiswert als Sonderangebot erstehen konnte.

Wie der Name „ Barf“ schon sagt, sind die Zutaten des Hundemenüs alle in rohem Zustand. Es gibt nur eine Ausnahme, das sind die Stärketräger, die alle in thermisch aufgeschlossenem Zustand gegeben werden müssen, also gekocht, (mit trockener Hitze) gepoppt, (mit Heißdampf gewalzt) in Flockenform, getoastet (z.B. Weizenkeime),

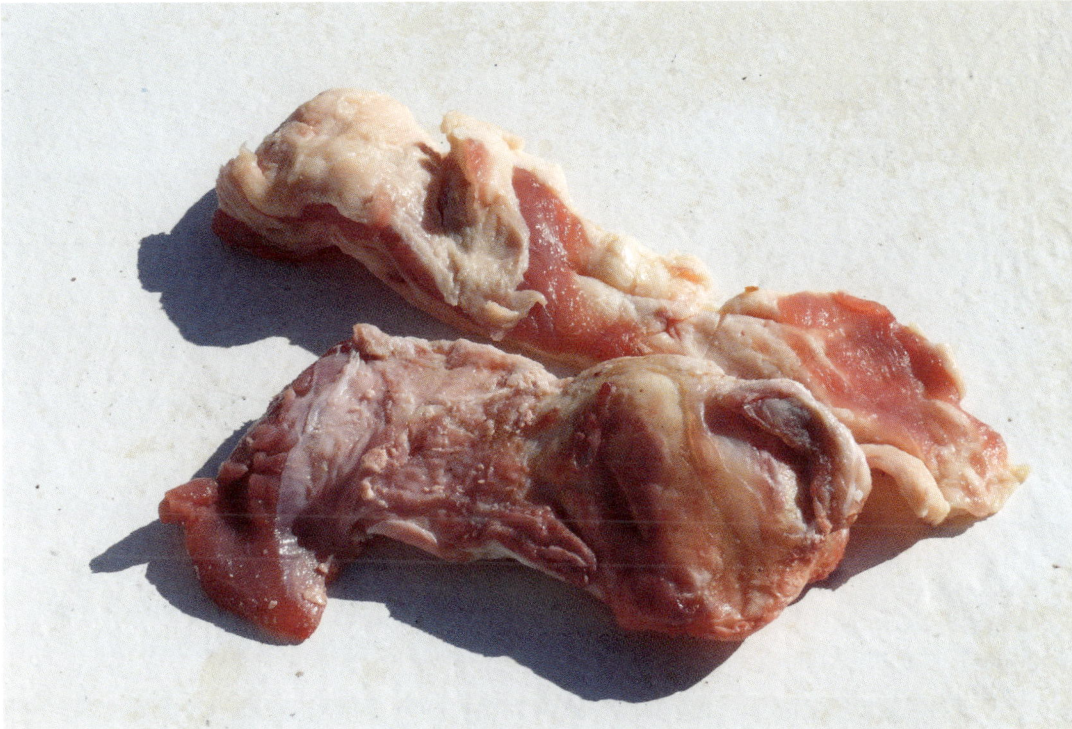

Fettes Rindfleisch

fein gemahlen und lange eingeweicht oder überbrüht. Ich möchte hier Quinoa oder Amaranth eigentlich nicht nennen. Allein meine Vorstellung, da könnten arme Indios sich den Buckel krumm arbeiten, damit wir hier ihr sauer erarbeitetes Gut an unsere dekadenten Hunde und Katzen verfüttern, widerstrebt mir. Ich habe von peruanischen Bäuerinnen gehört, dass wegen des Exports ihr ureigenes Getreide für sie inzwischen kaum noch erschwinglich ist.Wegen ihres exotischen Nimbus sind diese sogenannten Superfoods eine reine Marketingangelegenheit. Heimische Produkte sind genauso gesund und zudem umweltfreundlicher.

Der wichtigste Anteil ist das Fleisch samt Nebenprodukten, wozu auch die Innereien und ihr Fettanteil zählen. Für ganz kleine Welpen wird der Proteinträger püriert, dann immer gröber gelassen. Wie groß ich letztendlich die Stücke für das erwachsene Tier schneide, hängt von seinem Fressverhalten ab. Ist er ein Schlinger und hat seine Schüssel samt Gemüse ruck zuck leer, brauche ich es nicht so klein zu schneiden, nur gut mit den anderen Komponenten vermengen. Es gibt aber auch die Langsam-Fresser und die Mäkler. Denen vermischt man am besten alles so klein, dass sie nichts aussortieren können, gegebenenfalls ab und zu sogar gewolft. Das Fleisch sollte mit Kräutern *oder* Gemüse *oder* Obst gemischt werden, und zwar in pürierter bzw. gemahlener, roher

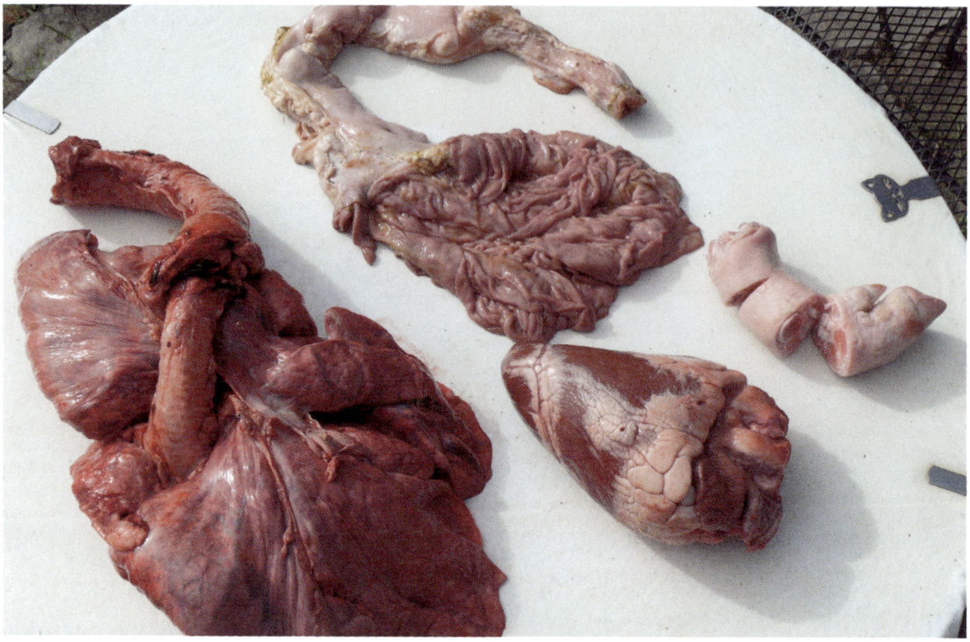

Rinderlunge, -herz, Labmagen, Schweinefüßchen

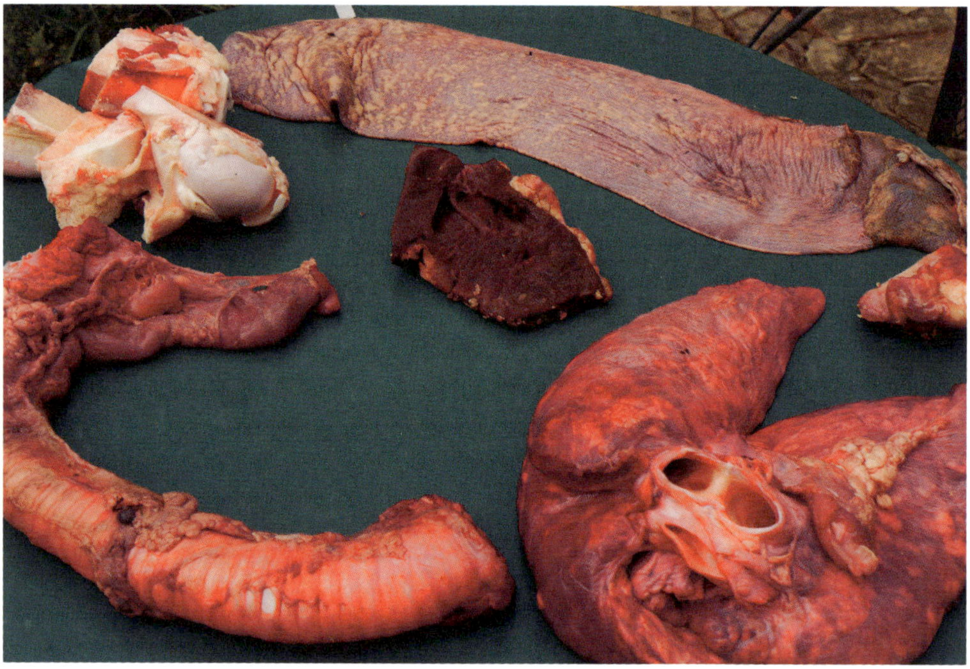

Sandknochen, Milz, Herz, Gurgel und Lunge vom Rind

Eigenproduktion von frischem Fleischknochenmehl

Form, etwa 10 % der Ration. Gut gemahlen schrumpft eine gute Hand voll Kraut auf einen Esslöffel. In Ausnahmefällen wie Übergewicht und bei Akzeptanz kann ohne Probleme auf bis zu 30 % erhöht werden. Dazu benötige ich eine Küchenmaschine von mindestens 700 Watt, besser 1000 Watt. Ich möchte hier keine Reklame machen, aber ohne meinen Hochleistungs-Blitzhacker, Moulinette bzw. Kitchenchopper könnte ich nicht barfen. Ich habe einen für uns Menschen und einen für die Futterküche. Eine Banane oder anderes weiches Obst lässt sich auch mal nur mit der Gabel zerdrücken, aber durch Pürieren werden mehr Vitamine und Chlorophyll freigesetzt. Sie merken an der Kotfarbe des Tieres, dass so fast alles resorbiert wird und auch bei Verfüttern von Spinat oder Salat keine grünen Würstchen entstehen. Es gibt auch Tierhalter, die einen Fleischwolf zum Zerkleinern nutzen.

Als letzte Komponente sind die Knochen von großer Wichtigkeit, mit oder ohne Fleischanhang. Ich kann sie als Garnierung auf mein Hundemenü legen oder einzeln von Hand geben.

Obwohl Wölfe und Schlittenhunde auch Gefrorenes fressen, empfehle ich das nicht. Unsere zivilisierten Caniden sind leider empfindlicher geworden, denn eigentlich ist eine geschlagene Beute ja körperwarm. Deshalb sollte man möglichst zimmertemperiert oder lauwarm füttern, das gilt vor allem für Schlechtfresser und Welpen.

Für Hunde liegen in den nachfolgenden Aufstellungen mehr wissenschaftliche Ergebnisse vor, auf die ich mich beziehen kann, als für Katzen. Das liegt daran, dass

Pürierte Hühnerkarkasse

der Hund in der Humanmedizin als Modelltier für Untersuchungen herangezogen wird und so nebenbei mehr Erkenntnisse über Kaniden vermittelt, als über Feliden, die sich nicht so gut händeln lassen.

1. Primär-Komponenten:

Primärkomponenten sind die sattmachenden Grundmaterialien der Nahrung. Zu den Primärkomponenten gehören die Makronährstoffe Eiweiß, Fett und Kohlenhydrate. Sie sind die einzigen Energielieferanten.

A: Die wichtigste Primärkomponente für Carnivoren sind Proteine

Proteine sind dreidimensionale, makromolekulare, hitzeempfindliche Eiweißstrukturen, die aus Ketten von mehreren Tausend gefalteten organischen Säuren, den Aminosäuren, bestehen. Sie enthalten neben Kohlenstoff, Wasserstoff und Sauerstoff auch Stickstoff. Sie tragen eine Aminogruppe –NH2 und eine Säuregruppe –COOH im Molekül. Aminosäuren sind die Bausteine der Proteine, der entscheidensten Moleküle des Lebens. Ohne Aminosäuren können Mineralstoffe im Blut nicht zu ihren Zielorganen transportiert werden. Sie sind auch Bestandteil der wichtigen Enzyme und Neurotransmitter. Kleinere Ketten mit unter 100 Aminosäuren werden Peptide genannt. Proteine enthalten Stickstoff, der bei der Futteranalyse gemessen wird und nur in Proteinen vorkommt.

Proteine sind je nach molekularer Struktur wasserlöslich oder nicht. Die wasserlöslichen wie in Fleisch und Innereien sind sehr gut verdaulich, die nicht wasserlöslichen sind schwer verdaulich wie zum Beispiel in Sehnen, Faszien, Fell oder Horn und wirken wie Ballaststoffe. Alle bestehen aus Aminosäuren. Aminosäuren werden für die Biosynthese von körpereigenem Eiweiß und für das Wachstum, besonders der Muskeln, gebraucht. 98% der Proteine im Fleisch sind für Caniden verwertbar und bestehen aus etwa 20 verschiedenen Aminosäuren. 91 % des Futteranteils bei Wölfen ist tierischen Ursprungs.

Einer der wichtigsten Vorteile des Barfens ist, dass die Proteine beim Rohfleisch in ihrer natürlichen Gesamtstruktur erhalten bleiben. Beim Erhitzen verändert sich ihre dreidimensionale Struktur, indem die molekularen Ketten ihre Faltung verlieren und sich teilweise in einzelne Aminosäuren auflösen, die damit, wie in nahrhafter Hühnerbrühe zum Beispiel, leichter vom Darm resorbiert werden können. Für kranke Tiere kann das ein Vorteil sein.

Diese Komponente ist essentiell für Carnivoren und leider die teuerste. Sie sollte den größten Teil des Futters ausmachen.

Katzen haben einen um 2/3 höheren Proteinbedarf als Hunde und brauchen im Kittenalter einen Minimalgehalt von 25 %, weshalb sie sich nicht vegan ernähren lassen. Zu viel pflanzliches Protein schädigt ihre Nieren. Eine Katze vegan ernähren zu wollen ist eine Vergewaltigung ihrer Natur.

Bei Hund und Katze ist es so gut wie immer falsch, eiweißreduziert zu füttern. Eine Belastung der Nieren durch zu viel Eiweiß konnte nicht bestätigt werden. Proteine geben mehr gesunde Energie, weil sie ohne Höhen und Tiefen von Zuckerspiegel, Hungerattacken und emotionalen Frustrationen vereinnahmt werden. Allein 1/3 des aufgenommenen Eiweißes wird für den Haaraufbau und –wechsel benötigt, daneben für Enzyme, Hormone, Muskeln. Eiweißüberfütterung gilt nur für minderwertiges Eiweiß mit geringer biologischer Wertigkeit, da sich dann zu viele Eiweißabbauprodukte (Ammoniak, Harnsäure, Kreatinin usw.) im Blut ansammeln. Keine Angst vor zu viel Eiweiß. Eiweiß kann im Gegensatz zu Fett und Kohlenhydraten nicht im Organismus gespeichert werden und muss regelmäßig zugeführt werden.

Getreide und Pflanzen in getrocknetem Zustand haben bereits einen Proteinanteil von ca. 12 %. Das reicht als Pferdefutter für Pflanzenfresser, aber nicht für Fleischfresser, denn es kommt bei ihnen auch auf eine hohe biologische Wertigkeit mit einem ausreichenden Anteil an essentiellen Aminosäuren an. Deshalb ist für sie tierisches Eiweiß weit besser verwertbar als pflanzliches. Fleisch mit natürlichem Wasseranteil enthält 12 bis maximal 25 % Eiweiß. Reines Trockenfleisch und getrockneter Fisch haben die höchsten Protein-Werte von bis zu über 80 %. Die höchste biologische Wertigkeit haben Eier. Der Maßstab für biologische Wertigkeit ist das Hühnerei mit Referenzwert 100, der als Vergleichswert für die Berechnung dient. Eier sind besonders für kranke und rekonvaleszente Tiere zu empfehlen.

Proteinträger können zudem mehr Vitamine beinhalten als Obst: Äpfel weisen nur 7 verschiedene Vitamine auf, ein Schweinekotelett oder ein Ei hingegen 9. Eiweißträger weisen sich nur schwerpunktmäßig aus, denn auch andere Komponenten wie Kohlenhydratträger beinhalten Eiweiß, nur wesentlich weniger und nicht in kompletter Aminosäurezusammensetzung: Eiweißgehalt pro 100 Gramm: Spirulina 57g, Sprossenkeime 26-42g, Hafer 13g, Reis 7g, Kartoffel 2g.

Insbesondere im Wachstum kann Proteinmangel zu Entwicklungsstörungen führen. Eiweißmangelernährte Welpen zeichnen sich durch einen aufgetriebenen Bauch, aber kaum Muskulatur aus. Eiweißmangel entsteht bei ausschließlicher Fütterung von einseitigem minderwertigem billigem Trockenfutter, von zu viel Getreide und bei vegetarischer oder gar veganer Ernährung. Proteinmängel gibt es bei Straßenhunden, in Massenzuchten oder Tierheimen. Mangel zeigt sich in schlechtem Wachstum, Gewichtsverlust, Schwäche, Krankheitsanfälligkeit, Hautproblemen, verzögertem Haarwechsel und Verhaltensstörungen wie Verwirrtheitszuständen.

Eine Eiweißrestriktion ist nicht mal bei allen Nierenerkrankungen indiziert. Nur Purinempfindliche machen eine Ausnahme (⟹siehe Purinempfindlichkeit) Im Allgemeinen schadet eine Restriktion von Protein eher als sie nützt. Nicht nur die Eiweißgesamtmenge, sondern auch die Qualität der Eiweiße mit vollständigem Aminosäurespektrum, spielen eine Rolle.

Besonders viel Eiweiß benötigen wachsende, trächtige, laktierende, rekonvaleszierende und sportlich stark beanspruchte Tiere wie Rettungs-, Renn- und Schlittenhunde in Training und Einsatz, aber auch alte Vierbeiner, damit sie ihre Muskel- und Knochensubstanz möglichst lange erhalten, sofern ihre Nieren noch normal arbeiten. Allerdings heißt das nicht, dass sie alle nur die erlesensten Fleischteile benötigen, denn ein Beutetier hat immer auch schwerer verdauliche Anteile. Ein Wolf von 45 kg, entsprechend etwa einem Bernhardiner, frisst davon bis zu 13 kg an einem Tag, allerdings nicht täglich. Der tägliche Durchschnittsverzehr kann 2 bis 7 kg betragen, nicht nur reines Muskelfleisch, sondern auch Knochen, Haut, Sehnen, Innereien, Darminhalt etc. In Wolfslosung findet man viele Haare und Knochen. Wir müssen auch bedenken, dass Wölfe durchschnittlich bis zu 14 km täglich laufen, das schaffen unsere Hunde wohl nur in den seltensten Fällen.

A: Proteinträger

Fleisch, Innereien, Fisch, Eier und Milchprodukte sind die wichtigsten tierischen Proteinträger. Soja ist der wichtigste pflanzliche Proteinträger.Auch im Getreide sind Proteine enthalten. Mais zum Beispiel hat knapp 10 % Rohprotein, Hafer ca. 11 %. Sojamehl dagegen hat 34-38 % und mehr. Seine biologische Wertigkeit liegt aber nur bei 80%, bei Mais noch weit darunter, bei Hühnerei jedoch bei 100%, bei Fisch und Fleisch bei knapp 90%. Biologische Wertigkeit bedeutet, dass aus 100 g Nahrungseiweiß so und so viel % an Körpereiweiß aufgebaut werden kann. Pflanzen mit Proteinen sind für Carnivoren nicht vollwertig, weil sie im Allgemeinen weit weniger Proteine enthalten (Getreide 10 %, Kartoffeln 2%), weil essentielle Aminosäuren fehlen oder ihre Verhältniszahlen nicht optimal sind. Deshalb werden sie nicht als Proteinträger klassifiziert. (Ausnahme Soja ⟹siehe dort)

Eiweißgehalte je 100 Gramm: Pflanzl. Eiweißextrakte in Fertigfutter 90g, Rinderblutpulver 89,1g, Federmehl 80g, Trockenfisch, Weizenkleber 70g, Fischmehl 60g, Fleischknochenmehl 51g, Grieben 50g, Getrocknete Mehlwürmer 49g, Trockenhefe 47g, Trockenmagermilch 36g, Wildfleisch 22g, Hühnerfleisch 20-21g, Rindfleisch 15-27g, Fisch 15 – 20g, Schweinefleisch 14-28g, Käse durchschnittlich 15-20g, Quark 8-17g, Hühnerei 12-13g, flüssige Milchprodukte ca. 3-4g/100ml.

Welche Proteinträger finden wir in konventioneller Tiernahrung? Tierische Nebenprodukte stammen zu 98 % aus Massentierhaltung und sind durch die EG-Verordnung 1774 von 2002 in drei Kategorien eingeteilt:

Kategorie 1:

Alle Kadaver von Heim-, Zirkus-, Zoo-, Versuchs- und infizierten Wildtieren, alle Tierseuchentiere z.B. positiv BSE getestete oder daran verendete Rinder, Schafe und Ziegen inklusive deren ausgewiesene Risikomaterialien wie Hirn, Rückenmark, Augen, Därme und Köpfe werden als Heizmaterial entsorgt und kommen nicht ins Tierfutter. Jedoch kommt der größte Teil des Rindfleisches ohne BSE-Test auf den Markt. Die Verfütterung von Tiermehl an pflanzenfressende Tiere ist seit 2001 verboten, jedoch ist importiertes Soja zehn Mal so teuer als einheimisch zu entsorgendes Tiermehl. Ein Schelm, wer Böses dabei denkt!

Seit der BSE-Epidemie gilt Hirn aller Schlachttiere als Risikomaterial, weshalb wir keines mehr kaufen können, obwohl es vorher Jahrhunderte lang auch für den Menschen nicht nur essbar, sondern aus gutem Grund besonders begehrt war. Es muss heute in der Tierkörperbeseitigungsanlage verbrannt werden und kommt dann als organischer Dünger mit Blut- und Fleischmehl auf die Felder. Bio verzichtet auf diese Art Dünger. Tiermehl darf zwar nicht mehr an Lebensmittel liefernde Tiere, jedoch an Hunde und Katzen verfüttert werden. Tiermehle haben einen hohen Kalziumgehalt und hochverdauliches Eiweiß und kosten nur ein Zehntel von Soja. Tiermehl aus Abdeckereien wird verbrannt, Tierfett verwertet.

Kategorie 2:

Fleisch von schlachttauglichen Tieren, die aber wegen Transportschaden, Unfall oder zum Beispiel gebrochenem Bein als minderwertige Not- und Krankschlachtungen anfallen, samt Darm- und Mageninhalten, sowie mit Medikamenten behandelte Tiere. Sie werden an Tierparks für Carnivoren abgegeben oder an Tierfutterzulieferer. Da aber heute Heimtierhalter oft zu anspruchsvoll sind, werden diese Teile, die früher über die sogenannte Freibank gekocht als preiswertes Fleisch für Menschen verkauft wurden, meist in Abdeckereien verbrannt und als Dünger verwertet und kommen nur noch selten ins kommerzielle Heimtierfutter, ebenso wie Verpackungen mit abgelaufenem Mindesthaltbarkeitsdatum. In Deutschland fallen allein bei Schlachtung, Zerlegung und Fleischverarbeitung mehr als 2 Millionen Tonnen Schlachtnebenprodukte an, die kostenpflichtig entsorgt werden müssen oder müssten.

Kategorie 3:

Fast die Hälfte alle Schlachtabfälle fällt in diese Kategorie und darf im Gegensatz zu den oben genannten Kategorien verkauft werden, wenn auch nur an dafür ausgewiesene Betriebe, die hierfür eine Zulassungsnummer erhalten, die man auf Dosen finden kann. In der Deklaration werden sie als „Fleisch und tierische Nebenerzeugnisse" benannt. Was in welche Kategorie eingeteilt wird, entscheiden die Schlachthöfe selbst, die aber eher an Verkauf als an Abfall interessiert sind. Für Heimtierfutter ist nur noch diese Kategorie zugelassen.

Erstens fallen in diese Kategorie Schlachtteile von lebensmitteltauglichen Tieren, die für menschlichen Verzehr geeignet sind, für die aber keine Nachfrage oder Überproduktion besteht, zum Beispiel Knochen, Hälse, Fette, Schwarten, Magen ohne Inhalt, Lunge, Zunge, Leber und Nieren, weil in Europa nur höchstens 50 % eines Schlachttieres verzehrt werden. Kategorie K3 umfasst alle Schlachtteile, die in Europa nicht oder wenig gegessen werden. Das klingt nach Abfall, es sind aber wertvolle Teile nicht nur für Carnivoren, sondern die in anderen Teilen der Welt von Menschen gerne verzehrt und oftmals dorthin exportiert werden. Für die Lebensmittelüberschüsse kassieren die Exporteure auch noch sogenannte Ausfuhrerstattungen zusätzlich, womit sie sich die Entsorgung sparen. In den Drittweltländern werden dadurch die heimischen Kleinbauern zugrunde gerichtet. (⟹Siehe Proteinträger) Besser wäre, wenn wir bei uns hier mehr vom gesamten Tier essen und/oder regional und frisch an unsere Heimtiere verfüttern würden.

Zweitens: Hierunter fallen tierische Nebenprodukte der Schlachtung zum Beispiel Stichfleisch (das ist die Einstichstelle, wo das Schlachttier entblutet wurde und sich ein Bluterguss gebildet hat. Je Schwein fällt etwa ein halbes Kilo an). Außerdem Stempelfleisch, Mägen, Pansen, Blut, Schlund, Schwarten, Kehlköpfe, Reste der Hühnerschlachtung, Geschlechtsorgane, Federn, Eierschalen, getötete Eintagsküken, Häute, Hufe, Hörner, Borsten oder Entsorgungsmaterial mangels Frische, Hygiene, optischer Mängel oder hoher Keimzahlen. Nur wenn sie als Verarbeitungsmaterial ausgewiesen wurden, dürfen diese tierischen Nebenprodukte zur Herstellung von Hunde- und Katzennahrung oder für Zoo- und Pelztiere verwendet werden. Es stammt aber von genusstauglichen Tieren, die für menschlichen Verzehr geschlachtet wurden. Aber selbst mit diesen Billigzutaten, für die keiner mehr Verwendung findet, ist Hundefertigkost teurer als Babynahrung, Katzenfertigfutter teurer als ein frisches Kotelett. Allerdings gelangt Gammelfleisch als neues Wirtschaftsgut auch illegal in die menschliche Nahrungskette als Fertiggericht mit Schinken, Gulasch, Döner, Wurst, Gelatine, Brühwürfel und Tortellinifüllung, weil die Abfallcontainer fast unkontrolliert weitergehandelt, exportiert und reimportiert werden können. Nur der dann noch unverkäufliche Rest-Überschuss wird ebenfalls zu Tiermehl bzw. Dünger verarbeitet, zu Haarmehlpellets, Hornspänen usw. Die Tiermehle der verschiedenen Kategorien sind analytisch untereinander nicht zu unterscheiden. Es denke sich jeder seinen Teil dabei.

Grundsätzlich ist gegen die weitere Verwertung wertvollen Proteins nichts einzuwenden, aber bitte an die Tiere und nicht für uns Menschen!

Das Beste an Proteinversorgung für unsere Carnivoren wären ganze Beutetiere. Dann wären automatisch alle Komponenten vorhanden, beispielsweise überfahrene Hasen. Sie bestehen bis zu 90 % der Trockensubstanz aus tierischem Eiweiß. Man vergleiche mit Trockenfutter. Man kann Küken, Ratten, Wachteln oder Mäuse als Ganzes gefroren -mice on ice- in Zooläden oder Baumärkten kaufen, das ist aber nicht jedermanns Sache.

Das Zweitbeste wären rohe Wildfleischabfälle, denn des Menschen vierbeiniger Begleiter wurde vom Jäger und Beutegreifer zum Jagdbegleiter und Resteverwerter.

Vielleicht ist den meisten Menschen nicht bewusst, dass das ernährungs-physiologisch wertvollste Teil eines Tieres eine gesunde Leber ist. Aber der Verbraucher ist heute auf Muskelfleisch fixiert. So bekommt der Hund dann doch zuweilen noch Gutes an sogenannten Resten (⟹siehe dort). Und das Übrige an Sehnen, Knochen, Knorpel etc. kann er als Fleischfresser in der Tat besser verdauen als der Mensch, zum Einen wegen seines niedrigen Magen-pH-Wertes bis unter 1, und zum Anderen wegen eines speziellen Enzyms, der Urikase, die den Hund befähigt, bei der Fleischverdauung entstehende Harnsäure auszuscheiden. Da wir aber im Allgemeinen weder sich selbstversorgende Hunde betreuen, noch alle Jäger sind, versuchen wir Beutetiere so gut wie möglich nachzubauen. Das geht am besten mit Barf.

Proteine sind aus Aminosäuren zusammengesetzt, und zwar nur aus linkshändigen. In allen lebendigen Wesen gibt es spezielle Zellproteine, die andere Proteine unterstützen, ihre korrekte räumliche Gestalt und ihre richtige Faltung zu bewahren, die sie bei Hitzeeinwirkung (Sonne, Feuer, Hitze, Kochen, Fieber etc.) zu verlieren drohen, das heißt, sie denaturieren. Damit verlieren sie ihre biologischen Funktionen. Sind sie irreparabel in einem Organismus geschädigt, werden sie von Enzymen entsorgt. Wird dieses Hitzeschockprotein an seiner Arbeit gehindert, ist das Lebewesen nicht mehr überlebensfähig. In erhitztem Fleisch werden also ausgerechnet diese „kranken" Eiweiße verspeist und vermindern die Verdaulichkeit.

Frischfleisch und Beutetiere haben einen Proteingehalt von 12 bis 20 % mit 70-80% Wasser. In frischen 100g Geflügelfleisch, Fisch oder Meeresfrüchten finden wir 23g verdauliches Eiweiß, in rohem Rind-, Pferde- oder Lammfleisch 18 bis 22g. Der Proteinanteil beträgt also nur höchstens ein Fünftel in Frischware. Deshalb sollte man sich von einem eventuell niedrigerem Proteinanteil im Dosenfutter, verglichen mit Trockenware, nicht täuschen lassen, denn wenn ich das Wasser abziehe, bleibt bei Frischfleisch ein Fünftel hochverdauliches Eiweiß übrig.

Zieht man das Wasser ab, bleiben 54 % Protein, wenn man ein Beutetier soweit trocknen würde, dass es wie kommerzielles Trockenfutter nur noch 10 % Feuchtigkeit hätte. Bei noch besserer Trocknung kann gutes, reines Trockenfleisch bis zu 80 % Protein vorweisen, zum Beispiel bei Pansenstreifen. (⟹siehe Tabelle 17 „Wasser-Proteinanteile")

Ein Kilo Wildfleisch liefert sechsmal mehr Kalorien als dieselbe Menge Beeren. Die Proteine im Fleisch sind dem eigenen Körperaufbau in ihrer Struktur ähnlicher und erfordern deshalb vom Organismus weniger Umbauarbeit als pflanzliches Eiweiß. Sie gelten als besonders hochwertig, weil ihre Aminosäurezusammensetzung denen ähnelt, die der Körper für die eigene Eiweißsynthese benötigt. Aus 100 Gramm Fleisch kann der Hund fast ebenso viel körpereigenes Eiweiß bilden. Das Protein aus Frischfleisch kann er zu 98 % verwerten, das aus Insektenmehl zu 85 %, Knochen noch zu 33%. Auf Grund der enthaltenen essentiellen Fett- und Aminosäuren gilt tierische Eiweißnahrung als biologisch wertvoller. Viele wichtige Stoffe kann der Fleischfresser-Organismus zwar selbst zusammenbasteln, andere muss er aber fix und fertig aus der Nahrung beziehen, aus Proteinträgern wie Muttermilch, Fisch, Fleisch, Innereien, Blut oder Ei. In Pflanzen ist ihr Bausatz nicht komplett. Erhöhte Temperatur des Körpers wie bei Hitzestress oder Fieber, verändert Körperproteine und aktiviert die oben genannte Hitzeschockentgiftung. Noch mehr werden Eiweißstoffe durch Kochen, Mikrowelle, Braten oder Frittieren verfälscht und dadurch für Fleischfresser schwerer verdaulich. Am deutlichsten sehen wir das, wenn wir ein Ei braten: Farbe, Konsistenz, Struktur, Geruch, Festigkeit, alles ändert sich. Durch veränderte Form verlieren Proteine im Organismus einen großen Teil ihrer Biofunktionsfähigkeit.

Bei den Proteinträgern spielen die verschiedenen Aminosäuren eine bedeutende Rolle: Aminosäuren sind organische Verbindungen als Ammoniakderivate. Sie sind die Buchstaben größerer Eiweißstrukturen, die erst in ihrer Gesamtheit als Baumaterial wirksam sind. Nochmal: Es sind lebenswichtige Informationsstoffe. Proteine bestehen aus mindestens 200 Aminosäuren, die in Ketten dreidimensional gefaltet sind. Es ist nicht egal, wie sie gefaltet sind, auch die Faltung hat einen wichtigen Informationsgehalt.Bei Erhitzung wird die Faltung teilweise zerstört. Eine völlig falsche Faltung kann tödlich wirken. Es besteht zudem die Hypothese, dass Umweltgifte fehlgefaltete Proteine entstehen lassen, die dann zu Krankheiten führen.

Man unterscheidet essentielle Aminosäuren, die mit der Nahrung zugeführt werden müssen, und nicht-essentielle. Fehlt auch nur eine essentielle Aminosäure werden auch die anderen in ihrer Verwertung eingeschränkt.

In nachfolgender Aufstellung sind die Trägerstoffe in jeweils abnehmender Menge in rohen Komponenten angegeben. An erster Stelle nenne ich für den Fleischfresser immer die Quelle tierischen Ursprungs, dann pflanzliche geeignete Komponenten und an dritter Stelle Kohlenhydratträger, weil bei den beiden letzteren die ausreichende Bioverfügbarkeit nicht gesichert ist. Für Carnivoren ungeeignete Träger werden nicht aufgezählt.

Die Proteinkomponenten sollten alle essentiellen Aminosäuren enthalten. Je zehn sind für Fleischfresser essentielle Aminosäuren: Methionin, Arginin, Histidin, Isoleucin, Leucin, Lysin, Phenylalanin, Threonin, Tryptophan und Valin. Das geht nur, wenn ich sowohl die Tierart, die Körperteile als auch die Organe ausreichend abwechsle. Der Minimaleiweißbedarf beträgt 12 %. Es gibt Premium Nahrung, die nur gut 7 % aufzuweisen hat. Weizenmehl mit Spinat und Karotten haben allerdings auch schon bereits 12 % Protein, ohne ein vollständiges Spektrum an Aminosäuren vorzuweisen. Da es sich dabei nur um pflanzliche handelt, fehlen darin essentielle Aminosäuren.

Essentielle Aminosäuren sind

Arginin: Es ist die Aminosäure mit dem höchsten Gehalt an Stickstoff. Für den Hund nicht, aber für die Katze essentiell. Bei mit Ersatzmilch handaufgezogenen Wolfs- und Hundewelpen wurde ein Mangel beschrieben, der sich in Linsentrübungen der Augen äußerte. Arginin unterstützt die Harnstoffbildung, den Blutkreislauf und die Muskeln und ist ein Energielieferant für die Immunzellen im Darm. Angaben pro 100 Gramm: Gelatine aus gekochten Knochen, Knorpel oder Abfällen, u.a. von Fisch (Wildlachs) oder Huhn hat 7450 mg, Schweinefleisch 1520mg, Rindfleisch 1400 -1470mg, Lammfleisch 1390mg, Lachs 1330mg, Käse 900 -1330mg, Eigelb 1280mg, Meeresfisch 1180 -1250mg.

Histidin: Es ist wichtig für die Bildung des Gewebshormons Histamin und zur Schwermetallentgiftung. In Rindfleisch, Ei, Sardinen, Thunfisch, Makrele, Hartkäse.

Isoleucin: Es baut Muskeln auf und unterstützt ihre Energie.Mangel kann zu Hormon- und Wundheilungsstörungen führen.In Rindermuskelfleisch zu 11,7 %, in Hühnerfleisch.

In Mais zu 25 %, in Weizen zu 6,6%.

Leucin: Es hilft Muskeln und Immunsystem zu stärken, mindert Stress. In Rindfleisch

L-Lysin: Antagonist zu Arginin, einer anderen Aminosäure. Lysin ist wichtig für ein stabiles Bindegewebe und wirkt viruzid. Mangel möglich durch zu viel Mais, einseitiges Fertigfutter oder höheres Alter. Er kann sich durch Haarausfall bemerkbar machen. Besonders in Rindfleisch 7,6 -10 % der vorhandenen Aminosäuren, auch in Schweinefleisch, Hähnchenbrust, Lachs und anderem Fisch und in jedem Bindegewebe. In Hefe. In Soja und Weizen zu 0,6%.

Methionin: Schwefelhaltig, unter anderem wichtig für die epigenetische Anpassung, sowie die Verwertung der Vitamine B1 und B7, leberschützend, entgiftend durch Schwermetallbindung, entzündungshemmend. Wird therapeutisch zur Harnansäuerung und bei FUS (felines urologisches Syndrom) der Katze angewendet, da bei der

Metabolisierung Schwefelsäure anfällt. Neuerdings werden Aminosäuren z.B. Methionin auch mit Hilfe von Kunststoffmembranen großtechnisch hergestellt und sollen durch Zusatz Tierfutter nährstoffreicher und besser verwertbar machen. Dabei findet es sich in jedem Fleisch, bes. Rind, Fisch, Ei, Hartkäse, Quark. Chlorella

Phenylalanin: Es dient zur Bildung von Stresshormonen. Antagonist zu Tryptophan. Bei Mangel kann es zu Pigmentstörungen und Appetitminderung kommen.

Findet sich in allem Eiweißhaltigem, besonders in Fleisch von Rind und Wild und Innereien. Auch in Fisch, Ei und Milchprodukten.Angeblich soll es in großer Menge bei Hunden Aufgedrehtheit bewirken. Ich kann mir aber nicht vorstellen, dass das bei roher natürlicher Gesamtkomposition der Fall sein kann. Auch in Kurkuma.

Threonin: Es dient dem Kollagenaufbau und der Nahrungsverwertung.

In Muskelfleisch und Herz von Rind und Huhn, sowie in Hirn.

Tryptophan: Es wird zum Aufbau der Vitamine B3 und B6 (⟹siehe dort) sowie der Hormone Serotonin und Melatonin benötigt, die beruhigend wirken und für Ausgeglichenheit und Schlaf Bedeutung haben. Besonders wirksam in Verbindung mit Kohlenhydraten und Fetten.Bei hyperaktiven Hunden wurden Zusammenhänge zwischen ihrem Verhalten und ihrem Fett- und Tryptophan-Stoffwechsel gefunden. Mangel bei chronischem Stress ist möglich.In Fleisch von Truthahn, Schwein, Schaf, Geflügel, Fisch, in Eiern, Milch und Frischkäse.

Großtechnisch aus genverändertem Bacillus hergestellt. Es gab Rückrufaktionen wegen Todesfällen.

Valin: Es ist wichtig für Muskeln, Immunabwehr und Hormonhaushalt.

In Fleisch von Rind und Huhn

Nicht essentielle Aminosäuren finden sich größtenteils in Pflanzlichem.

Man unterscheidet nicht-essentielle von essentiellen Aminosäuren. Erstere kann der Körper selbst herstellen, zweitere müssen mit der Nahrung zugeführt werden. Es kommt also nicht allein auf die Prozentzahl an.

Nicht essentielle Aminosäuren sind

Betain: Betain nennt sich chemisch Trimethylglycin und ist ein Derivat der Aminosäure Glycin (⟹siehe dort). Dieser Eiweißbaustein ist ein natürliches Stoffwechselprodukt, das leberentgiftend wirken, Clostridien in Maul und Darm bekämpfen und Sauerstoffzufuhr in Gewebezellen verbessern soll. Es wird auch als Vitaminoid eingestuft. (⟹siehe Kapitel Sekundäre Pflenzenstoffe) Ratten gedeihen besser mit Betain, z.B. das in Roter Bete, wegen ihrer entgiftenden Methylgruppe, die die Umweltanpassung der

Gene unterstützt. Angaben in 100 Gramm: In Gänsefüßen 330mg, Rindfleisch 15 -35mg, Hühnerleber 15mg, Dornhaimuskelfleisch, Miesmuscheln, Krabben. Brokkoli. Es kann synthetisch hergestellt werden.

Cystein: Cystein ist eine schwefelhaltige Aminosäure und wichtig für den Leberstoffwechsel und die Bildung des Haarkeratins. Bei Mangel wird zu wenig Glutathion, ein körpereigenes Antioxydans synthetisiert.Cystein wirkt entgiftend und antientzündlich.

Natürlicherweise in Hühnerbrühe, Hühnerhaut, Hühnerkrallen, Federn, Fell, Häuten, allem Bindegewebe, Schweineschwarte mit Borsten, Horn, Hufen, Blut, wenig in Fleisch, Fisch, Eiern. Knoblauch, grünen Außenblättern von Blumenkohl.

Großtechnisch aus Haaren, Federn und Borsten gewonnen oder chemisch aus molekular veränderten Mikroorganismen erzeugt und als E 920 als Backmittelzusatz Brötchen und Brot (Hundekuchen?) zugesetzt. Seit 2001 in EU Gewinnung aus Menschenhaar verboten. Heute mehr aus genverändertem Bakterium E. Coli hergestellt, einem gewöhnlichen Darmbewohner. Cystein wird industriell gewonnen und für die Teiggängigkeit der Maschinen eingesetzt. Diese scheint Vorrang vor der Gesundheit von Tier und Mensch zu haben.

Bei zu viel Cystein, zu wenig Flüssigkeitsaufnahme oder bei Nierenproblemen können sich Cysteinsteine in den Harnwegen bilden.

Glutamin: Es ist in Nahrung normalerweise ausreichend, da in Muttermilch, in Knochenbrühen und fast allen Proteinträgern als eine der häufigsten Aminosäuren vorhanden, außerdem von Darmbakterien erzeugt. Mangel nur bei Proteinunterversorgung und gestörter Darmflora. Wirkt für Enzym- und Proteinsynthese im Muskelaufbau, für die Ammoniakentgiftung und gegen Übersäuerung. Nicht zu verwechseln mit Glutamat (⟹siehe dort), dem Salz der Glutaminsäure, die sich molekular von Glutamin unterscheidet. Glutamat wird als künstlicher Geschmacksverstärker verwendet und wirkt als Neurotransmitter.

Glycin: Es ist die kleinste und einfachste Aminosäure. Sie ist wasserbindend, antientzündlich, entgiftend und wird metabolisch aus der Aminosäure Serin (⟹ siehe dort) unter Bildung von Purinen hergestellt. Glycin ist Bindungs-Agonist von Glutamin und wichtig als inhibitorischer Neurotransmitter zur Hemmung von Muskel- und Rückenmarksverbindungen zur Bewegungskontrolle. Außerdem ist Glycin ein Hilfsstoff für die Bildung von Häm, Kollagen, Gelenkknorpel, Haut und Haaren.

Großtechnisch chemisch isoliert ist Glycin süß schmeckend und wird als Weichmacher, Geschmacksverstärker und Feuchthaltemittel als E 640 ohne Mengenbegrenzung in Lebens-, Futtermitteln und Medikamenten eingesetzt, obwohl es in der Literatur zum Teil als neuro- und nephrotoxisch beschrieben ist.

Gelatinepulver hat pro 100g 19.050mg, das sind 22 % der darin vorhandenen Aminosäuren.Übermäßige Aufnahme von Glycinreichem kann zu Harnsteinen (⟹siehe dort) führen. Natürlich vorkommend in Knochenbrühe, allen Proteinen, besonders in Kollagen:

in Lachs 960mg, das sind 4,7% der darin vorhandenen Aminosäuren, in Schweinefleisch 944mg, das sind 4,5 %, in Hühnerbrust 940mg, das sind 4,4 %, in Ei 432mg, das sind 3,4 %, in Milch 69mg, das sind 2 %.

L-Carnitin: Der Name kommt von Carne = Fleisch. Es ist körpereigen herstellbar, aber nur wenn die Aminosäuren Lysin und Methionin, sowie die Vitamine C, B6, Folsäure und Eisen ausreichend vorhanden sind. Es gilt auch als Vitaminoid und ist konditionell essentiell, soll heißen, der Bedarf ist nur bei besonderen Belastungen, zum Beispiel bei arbeitenden Schlittenhunden oder beim Muskelaufbau von Riesenrassen erhöht. Es aktiviert das Immunsystem, wirkt sich positiv auf den Fettstoffwechsel, Fell und Muskeln aus. Es dient zur Gehirnentgiftung und wird in Gehirnbotenstoff umgewandelt. Carnitin regeneriert gebrauchtes Vitamin E. Bei veganer Ernährung ist ein Mangel an L-Carnitin nur durch Zusatz synthetischer Präparate in Form einer Mischung von D- und L-Carnitin verhinderbar. Körpereigenes Carnitin ist allerdings immer nur L-Carnitin. D-Carnitin kann zu Muskelschwäche führen, weil es wiederum den Transport von L-Carnitin hemmt. Das Ergänzungsmittel gilt deshalb als umstritten. In Herz, Fleischbrühe, Lammfleisch, Stutenmilch, Schweinefleisch, Eigelb, Hefe, magerem Muskelfleisch.

Prolin: Es unterstützt die Kollagensynthese in allem Bindegewebe, in Knorpel, Sehnen und Bändern. Findet sich in Knochenbrühe, Käse und Soja.

Serin: Serin wird in den Metaboliten Glycin umgewandelt und dient als Vorstufe des wichtigen Neurotransmitters Dopamin. Großtechnisch wird Serin aus Soja gewonnen. Serin kommt in den meisten proteinhaltigen Nahrungsmitteln vor wie Entenei, Rinderhirn, Schweineniere und –leber, Hühnerherz und –leber, sowie Fisch.

Taurin: Taurin kann von Hunden aus Cystin im Körper hergestellt werden. Für Katzen ist es essentiell, da sie es zwar synthetisieren können, aber nicht in genügender Menge. Mangel von Vitamin B6 als Cofaktor vermindert die Synthese und es wird weniger Gallensäure gebildet. Bei Katzen und großwüchsigen Hunderassen hat man Mangel bei Fertigfutteraufzucht festgestellt, der sich in neurologischen Störungen wie Verwirrtheit bis zu Epilepsie, sowie Herzleiden und Erblindung äußerte, weil Taurin durch Erhitzung größtenteils zerstört wird. In manchen Fertigfuttern wird deshalb inzwischen Taurin zugesetzt (⟹siehe aber D- und L- Aminosäuren), vor allem für Katzen etwa 1000mg/kg.Taurin-Mangelschäden durch veganes oder vegetarisches Futter ist nur verhinderbar durch Zusatz von synthetischem, weißem Taurinpulver. Hohe Taurinkonzentrationen dieser Art führten allerdings bei Ratten zu Nervosität und Selbstverletzungen, deshalb darf es nicht überdosiert werden. Natürliches

Vorkommen in ausreichender Menge liegt nur in tierischen Komponenten vor: In Hunde- und Katzen-Muttermilch,in bitterer Rindergalle, woher sie ihren Namen hat, (Taurus = der Stier), in allen Herzen verschiedener Tiere, bes. Geflügelherzen. Pro 100g Maus sind ca. 240mg Taurin enthalten, in allen Meeresfrüchten 260-370mg, in Grünlippmuschelfleischpulver oder –extrakt und Fischen (rohem Dorsch, Schell- und Thunfisch) 23-70mg, in Muskelfleisch 150-690mg, mehr enthalten bei Säugetieren, besonders Ziege als bei Geflügel, in Innereien, hier besonders Nieren 13-44mg, Lebern 11-30mg und allen Arten von Mägen und Geflügeleingeweiden, in Milch 6mg/100ml.

*Tyrosin:*Tyrosin kann aus der Aminosäure Phenylalanin enzymatisch hergestellt werden. Aus Tyrosin werden lebenswichtige Neurotransmitter hergestellt, die belebende, aktivierende Motivationsfunktion haben und als Stimmungsaufheller gelten. In Fisch und altem Käse. In Kurkuma.Hafer.

B: Die Zweitwichtigsten Primärkomponenten sind Fette

Fette sind Ester des dreiwertigen Alkohols Glycerin mit Fettsäuren und nicht wasserlöslich. Sie sind essentiell und für das Überleben unabdingbar. Die diversen Fettsäuren haben unterschiedliche Funktionen im Körper. Da gibt es die gesättigten Fettsäuren und die ungesättigten, die sogenannten Omega-Fettsäuren. Einzeln kommen sie in der Natur nicht vor, sondern nur als Fettsäurengemische. Unter ungesättigt im chemischen Sinne versteht man das Vorhandensein von C=C Doppelbindungen an Kohlenstoff in der Länge der Molekülkette. Fettsäuren sind Carbonsäuren: Je mehr Doppelbindungen, desto ungesättigter ist die Fettsäure und desto besser wird sie verwertet. Man unterscheidet kurzkettige Fettsäuren bis C4, die direkt ins Blut wandern, und langkettige bis C12. Die Zahl gibt die Anzahl der Kohlenstoffverbindungen an.

Fette dienen als Lieferant und Speicher für Energie, sie isolieren gegen Kälte und schützen innere Organe. Zuweilen Mangelstoff, vor allem in konventionellen Trockenfuttern. Fettmangel bewirkt stumpfes Fell, eventuell nässende Hautentzündungen, besonders am Ohr und zwischen den Zehen, und möglicherweise Abmagerung und erhöhte Reizbarkeit. Mehr Fett bedeutet mehr Leistung des Gehirns, welches zum größten Teil aus demselben besteht. Es ist unabdingbar für die Isolierung der elektrischen Reizübertragung der Neuronen. Außerdem könnten die Vitamine A, D, E und K ohne Fette gar nicht in die Zellen transportiert werden. Wenn also zu wenig Fette aufgenommen werden, kann es sekundär auch zu Vitaminmangel kommen.

Der Wolf bevorzugt proteinreiche Nahrung, am liebsten mit viel Fett, also Fleisch, Haut und Innereien mit ihrem natürlichen Fettanhang. Seine wichtigste Energiequelle ist Fett. Fett stellt 2 bis 2,5mal so viel Energie wie Kohlenhydrate oder Eiweiß zur Verfügung. Ein Beutetier hat 5-15 % Fett, allerdings bei 80 % Wasseranteil. So sollte es auch in unserem Futternapf sein. Gönnen Sie Ihrem Vierbeiner wie sich selbst das Sahnehäubchen. Würde das Beutetier getrocknet wie Trockenfutter, dann müsste dieses ein Minimum an 22 % Fett haben. Kennen Sie eines? Normale Trockenfutter enthalten maximal 6 %, Dosen meist noch weit weniger mit 1 bis 5%, weil man den Wassergehalt abziehen muss. Langfristig kann das bei Dauerfütterung zu Mangelerscheinungen führen.

Spezialnahrung für Schlittenhunde weist einen hohen Fettanteil von 30 bis zu 60% auf. Früher wurden sie mit fettem Walroß-, Robben- oder Walfleisch ernährt, Lachs oder sogenannter Pemmikan-Trockenkraftnahrung aus Dörrfleisch, Rindertalg, Beeren und Trockenhefe. Kommerzielles Trockenfutter mit hohem Protein- und Fettgehalt und 15 % Kohlenhydraten hat sich nicht bewährt, da es, wie bei allen Rassen, Darmblutungen verursachen kann. Deshalb zieht man heute Wurstzubereitungen mit Fisch, Schmalz, Mineralien und Hefe vor. Allerdings muss man zwischen Wettkampfhunden und den Hunden für die Jagd unterscheiden, die im Sommer ohne Einsatz zuweilen nur alle drei Tage gefüttert werden.

Bis zu maximal 25 % Fett der Ration sollte für den gesunden Hund kein Problem sein, wenn er durch Kälte oder schwere Arbeit geschwächt ist oder zunehmen soll. Ein hoher Fettanteil in der Ration hat in Versuchen die Ausdauerleistung verbessert.

Katzen vertragen bis zu 60 % Fett ohne Schäden. Bei normaler Fütterung sind es 10 % bis 22%, im Wachstum bis zu 35%. Sie freuen sich über einen zusätzlichen Klacks Butter. 10 bis 15 % des Menüs sollte für Normalos in punkto Figur und Belastung der Durchschnitt sein. Fast alle Lipide sind für Hund und Katze über 90 % verdaulich. Verwenden Sie in der Hauptsache Fleischanhangsfette, kein Rinder- oder Schaffettpulver, das einem Verarbeitungsprozess unterworfen wurde, was wir nicht wollen. Als Grenzfuttermittel kann zu viel Fett Überdruss, Durchfall oder Übergewicht bewirken.

Man unterscheidet Depotfett, zum Beispiel Unterhautspeck, und Organfett, welches an Herz und Nieren hängt und in deren Zellen eingebaut ist. Fett hat viele Vorteile: Es macht satt, isoliert gegen Kälte, erhöht die Schmackhaftigkeit, weshalb auch menschliche Feinschmecker marmoriertes Fleisch dem fettlosen vorziehen. Es transportiert Vitamine und verringert Verstopfungen. Wölfe erhalten ihre Kalorien über den Verzehr von fetten Fischen und besonders im Herbst über die Pflanzenfresser, die sich im Sommer eine Speckschicht angefressen haben, um ebenfalls gut über den entbehrungsreichen, kalten Winter zu kommen. Fett ist neben Fell die beste Isolationsschicht gegen Kälte. Das gilt auch für das nötige Winterpolster für Zwingerhunde. Auch trächtige, und noch mehr säugende Hündinnen benötigen einen höheren Fettanteil als im Normalzustand, damit sie ihr Gewicht während dieser Zeit halten können, da durch die Auflösung ihrer Fettdepots fettlösliche Gifte freigesetzt werden und den Welpen über die Milch schaden können.

Fette sind lebensnotwendige Grundbausteine des Organismus. Fettarm zu füttern entbehrt jeglicher wissenschaftlicher Grundlage, es sei denn phasenweise bei bestehenden Krankheiten wie Adipositas oder Unterfunktion der Bauchspeicheldrüse. Die fettlöslichen Vitamine A, D, E, und K können ohne Fette in der Nahrung im Darm überhaupt nicht absorbiert werden und werden unverändert wieder ausgeschieden.

Erhitzte Fette sind allerdings nicht mehr zum Transport fettlöslicher Vitamine geeignet. Fette sind wichtig für die gegenseitige elektrische Isolation von Nervenfasern, für die Hormonbildung, den Molekültransport und den mechanischen Puffer für Organe und Gewebe. Fette erhöhen den Vitamin-Blut-Transport durch Lipoproteine und die Verdaulichkeit.

Ein Kilogramm Fett hat einen Nährwert von 9290 cal/kg, Eiweiß und Kohlenhydrate haben etwa die Hälfte. 50g Fett stecken beispielsweise in 5 Esslöffeln Öl oder 180g Salami.

B: Träger von Fetten

Pflanzliche Öle eignen sich nicht für Carnivoren, insbesondere nicht die konventionellen Öle, wo aus wertvollen Naturstoffen giftige Produkte hergestellt werden. Öle sind Kunstprodukte und in dieser konzentrierten Form in der Natur nicht vorhanden. Sie werden hier nur für das Verständnis des Verbrauchers zum Teil genannt. Alle konventionellen Öle werden erhitzt und sind deshalb ungeeignet. Sie enthalten nur noch reine Kalorien und keinerlei wertvollen Sekundärstoffe mehr. Pflanzliche Öle können bei Hunden Allergien und Rachitis trotz Kalzium-Supplementen hervorrufen, da sie die Ca-Resorption durch Seifenbildung verhindern. Das ist bei tierischen Fetten nicht der Fall, die immer vorzuziehen sind. Kaltgepresste, naturbelassene Öle sollten immer in dunklen Glasgefäßen gekauft und gekühlt aufbewahrt werden. So behalten sie Farbe, Aroma und Vitamine.

Fettanteile pro 100 Gramm: Lebertran 100g, Schweinespeck 65-90g, Wurst 20-40g,

Hartkäse, Schweinebauch 30g, Aal, Hering, Thun 25g, Hackfleisch, halb und halb 20g, Hühnerfleisch 6-20g, mageres Rindfleisch 4-14g, Hühnerei 12g, Kaninchenfleisch 8g.

Gesättigte Fettsäuren stellen sich so dar: -C-C-C-C-. Sie haben keine reaktionsfähige Doppelbindung und sind mit Wasserstoffatomen gesättigt. Sie sind hitzestabil, also hocherhitzbar, eher fest, nicht so leicht verderblich. Sie sind preiswert, weil ihre Ausbeute durch Hitze und Druck hoch ist und werden deshalb in der industriellen Verarbeitung vorgezogen. Kein Mangelstoff, eher überrepräsentiert, nicht essentiell, da der Körper sie selbst herstellen kann. Diese bindungsmäßig abgesättigten Fette haben einen höheren Schmelzpunkt, sind chemisch weniger aktiv, schwerer verdaulich angreifbar und länger haltbar. Die gesättigten Fette stillen vor allem den Hunger. Sie sind aber auch Träger von Geschmacksstoffen und Vitaminen und wichtig für die Kalzium- und Magnesiumaufnahme.

Träger vorwiegend gesättigter Fette sind Grenzfuttermittel. Sie sind keinesfalls grundsätzlich schlecht, sondern das Problem ist, dass sie fast immer erhitzt angeboten werden oder zur Verfügung stehen, was ihre Verdaulichkeit wesentlich verschlechtert. Sie sollten unbedingt roh verabreicht werden. So haben sie nachweislich keine negativen Auswirkungen auf die Gesundheit. Nur unerhitzte gesättigte Fettsäuren können ihre Funktion zur Bindung von Zellwasser und zur Ausleitung von fettlöslichen Giften wahrnehmen. Besonders Talg neutralisiert Darmgase bei gleichzeitig reichlich Kohlenhydraten. Träger gesättigter Fette sind Anhangsfette von Rind und Schaf und Milchprodukte wie Butter, Sahne und Käse.

Fettreduziert zu füttern schadet fast immer. Gesättigte Rohfette sind besser als gar kein Fett und gute Energielieferanten, auf jeden Fall besser als in Form von Getreidestärke. Auch hierbei ist Vielfalt wichtig. Eine optimale Fettzusammensetzung als Faustregel stellt sich so dar: 1/3 gesättigte Fette, 1/3 einfach ungesättigte Fette und 1/3 mehrfach gesättigte Fette.

Träger von gesättigten Fettsäuren

Viele gesättigte Fettsäuren, die eher einzuschränken, aber nicht schädlich sind, weil sie für die Stabilität der Zellmembranen sorgen, finden sich in Schaffett, fettem Schaffleisch, Wurst, Ei, fettem Käse sowie fast allen Fertigmenüs. Für Katzen wird 1 Teelöffel/d an Schmalz, Butter, besser noch Ghee empfohlen, wenn das Fleisch sehr mager ist. Auch bei den Fettquellen ist Abwechslung angezeigt.Bioprodukte haben meist etwas weniger gesättigte Fettsäuren zu Gunsten der ungesättigten.

Gesättigte Fettsäuren finden sich jeweils in 100 Gramm: Kokosfett 92g, Kokosöl 10g, Palmkernöl 83g, Butter 64g, Kokosnuss 60g, Talg bzw. fettes Rindfleisch, -hack 50-54g, Palmöl 46g (⟹siehe dort), Schweineschmalz 41-43g, Geflügelfett 30-36g.

Einfach und mehrfach ungesättigte Fettsäuren (⟹siehe auch Vitamin F) unterteilen sich in einfach und mehrfach ungesättigte Fettsäuren sind abhängig von der Anzahl der Doppelbindungen im Molekül. Diese spielen eine unterschiedlich große Rolle für die Entgiftung und Bioverfügbarkeit, weil sie bindungsaktiv sind. Das sind die sogenannten Omega Fettsäuren, die man je nach den Positionen ihrer Doppelbindungen wiederum in Omega 3, Omega 6 und Omega 9 Fettsäuren einteilt. Die Position der ersten Doppelbindung wird vom Ende des Moleküls her gezählt und entsprechend beziffert.

Einfach ungesättigt stellt sich so dar: C-C=C-C, (z.B. Ölsäure in Olivenöl),
zweifach ungesättigt so: C-C=C-C=C (z.B. Linolsäure in Distelöl).

Ungesättigte Fettsäuren sind essentiell und spielen eine herausragende Rolle für die Entwicklung und Stoffwechseltätigkeit des Gehirns, der Augennerven, der Neuronenbahnen und des Immun- und Hormonsystems. Im Hautstoffwechsel sorgen sie für Fellglanz und die Elastizität der Krallen.Bei Mangel kommt es zu Gehirn- und Nervenstörungen. Fettsäuren sind Bausubstanz von Zellmembranen, Blut und Gehirn. Ungesättigte Fettsäuren sind schnell Mangelstoff, weil sie dem Körper kontinuierlich zugeführt werden müssen. Wir können sie fast nur in frischen Sämereien und Nüssen, Leinsamen und Leinöl finden. Leider reichen die aber für Hund und Katze in pflanzlicher Form nicht aus, weil diese für sie nur schwer resorbierbar sind. Ihr Umbau findet nur zu einem sehr geringen Prozentsatz statt, weshalb sie für Carnivoren nicht nur untauglich sind, sondern sogar giftig sein können, und zwar durch den Herstellungsprozess mit fragwürdigen Zusätzen, durch Fälschungen und gepanschte Mischungen. (⟹siehe Tabelle 13 Ölherstellung und Spezialitäten) Ihnen fehlen außerdem die essentiellen Omega-3-Fettsäuren DHA und EPA, die so gut wie nur in tierischen Quellen vorkommen.

Omega Fettsäuren treten immer in verschiedenen Mischungsverhältnissen auf, auch zusammen mit gesättigten Fettsäuren, was die entsprechende biologische Wertigkeit beeinflusst. Fettlösliche Toxine werden am besten von mehrfach ungesättigten Fettsäuren entgiftet. Ungesättigte Fette haben einen niedrigeren Schmelzpunkt als gesättigte, sind also flüssiger. Sie sind leichter verdaulich. Sie binden Sauerstoff und werden deshalb schneller ranzig. Erhitzen beeinträchtigt die biologische Wertigkeit dieser Fette besonders.

Eine Faustregel lautet: Je weicher das Fett, desto mehr ungesättigte Fettsäuren sind enthalten und es bleibt auch im Kühlschrank weich oder flüssig. Je fester, desto weniger ungesättigte Fettsäuren enthält das Gesamtfett und umso mehr gesättigte Fettsäuren. Daraus erkennen wir, dass Rindertalg sehr wenig ungesättigte Fettsäuren hat, Schweinefett oder Hühnerfett schon mehr und fette Fische oder Tran am meisten. Die Ernährung und Haltung der fleischliefernden Tiere wirkt sich auch im Fettgewebe aus: Hammelfett aus Südspanien hat einen höheren Schmelzpunkt als Hammelfett aus Nordengland. Das Fett von Schweinen, die bei tropischer Temperatur gehalten werden, hat einen höheren Schmelzpunkt als das von Schweinen, die bei Niedrigsttemperaturen gehalten werden, weil das in der Kälte lebende Tier mehr innere Wärme erzeugen muss. Aus demselben Grund ist das Fett von Kaltwasserfischen Omega-3-reicher, weil diese auch im Antarktiswasser stoffwechselaktiv bleiben müssen. Je kälter die Umgebungstemperatur der Schlachttiere, desto reicher ist ihr Fett an ungesättigten Fettsäuren. In der Landwirtschaft ist allerdings gesundes Omega-Fett-reiches Fleisch nicht erwünscht, da es schneller verdirbt und die Haltbarkeit herabsetzt. Deshalb bekommt der Bauer auf Grund einer „Fettzahl“ mehr Geld für ungesünderes Fleisch.

Fleisch und Milch von Haustieren sind im Gegensatz zu denen von Wild und Fisch zwar insgesamt fettreicher, aber viel ärmer an den wichtigen ungesättigten Fettsäuren. Wildbret hat viel mehr ungesättigte Fettsäuren als Schlachttierfleisch, weniger, aber dafür gesünderes Fett. Die bekannten Omega-Fette finden sich beispielsweise noch zu 30% in denen des Büffels, aber nur noch zu 2% in denen der Hochleistungsrinder. Schon Rinder, die langsamer und „ungepuscht“ wachsen dürfen, haben weniger gesättigte, aber mehr ungesättigte Fettsäuren in ihrer Muskulatur. Fleisch vom Hirsch hat beispielsweise 6 mal mehr ungesättigte Fette als das vom Weiderind. Da die Variabilität der Fettsäuren in Fettgewebe und Milch den zugeführten Lipiden entspricht, geht daraus hervor, dass Wildkräuter den Büffel eben doch gesünder machen als wissenschaftlich ausgeklügeltes Futter unser Schlachtvieh. Reh, Hirsch und Hase kommen zudem umweltfreundlich ganz ohne Mais, Weizen und Soja aus.

Bei den ungesättigten Fettsäuren unterscheidet man Omega 3, 6 und 9 Fettsäuren. Öle mit einem hohen Anteil sollten immer extra nativ gekauft, im Kühlschrank in dunklen Flaschen aufbewahrt und nicht erhitzt werden, da sie sonst ihre positive Wirkung verlieren.Native Öle sollten unraffiniert sowie 100 % naturbelassen sein und eine noch höhere Qualitätsstufe als kalt gepresste Öle haben.So behalten sie Farbe, Aroma und Vitamine. Kaufen Sie keine Kapseln, sondern Öl, wo der Inhalt gesehen und gerochen werden kann.

Die **Omega 3 Fettsäuren** haben ihre Doppelbindung an der dritten Position vom Ende des Moleküls gezählt. Sie sind essentiell und hitzelabil und sollten deshalb weder bei der Herstellung, noch bei der Verwendung erhitzt werden, weil chemische Bindungen, Geschmack und Aroma dadurch zerstört werden.

Man unterscheidet bei Omega 3 Fettsäuren zwischen pflanzlicher und tierischer Herkunft. Diese Unterscheidung ist sehr wichtig und wird oftmals selbst in Fachbüchern nicht beachtet. Selbst der Mensch als Omnivor tut sich schwer, die essentiellen Fettsäuren DHA und EPA aus pflanzlichen Quellen umzubauen. Das schafft er nur individuell verschieden zu 5 bis maximal 20%. Der Umbau wird durch zu viel Omega 6 blockiert. Er erfordert außerdem ausreichend Zink, welches ebenfalls oft ein Mangelstoff ist. Beim Hund ist der Umbau von Omega 3 aus pflanzlichen Quellen sogar noch viel weniger möglich, weshalb pflanzliche Quellen als Lieferanten für DHA und EPA für ihn ungeeignet sind. Leinöl kann Spuren von Gentechnik enthalten und allergieauslösend wirken. Ähnlich ist es bei anderen puren Samenölen, denn in der Natur gibt es Öle in dieser reinen Form überhaupt nicht. Direkt verwerten können Carnivoren aber die Omega 3 Fettsäuren aus tierischer Quelle in rohen Anhangsfetten von Weidetieren, in Fisch, Hirn und Wildfett (⇒siehe Träger von Fetten in 1B). Weidefleisch erkennt man an einer gelblicheren Marmorierung. Es verwundert schon sehr, dass in manchem, selbst hochpreisigem Katzenfertigfutter keinerlei DHA zu finden ist.

Bei den Omega 3 Fettsäuren unterscheidet man solche aus pflanzlicher und aus tierischer Herkunft. Die pflanzlichen sind *nicht essentiell* und schlicht überflüssig für Carnivoren in Nüssen, Nussölen, Gras, Moringasamen. Pflanzliches EPA und DHA soll auch in Speise- und Mikroalgen und Zucht-Mikro-Algenöl vorhanden sein. Es liegt aber dort nur als Vorstufe vor, die fast nicht umgewandelt werden kann. Andere Quellen verweisen auf Phytoplankton als gleichwertige Quelle. Die Aussagen widersprechen sich.

Träger pflanzlicher Omega 3 Fettsäuren

Alpha-Linolensäure (ALA oder LNA)

Aus LNA bzw. ALA kann der Mensch nur zu 5 bis höchstens 10 % EPA und DHA herstellen, Fleischfresser können das noch viel schlechter. Bei Enzymmangel oder –defekt, sowie Zink- oder B-Vitaminmangel, zu viel Omega 6- oder Trans-Fetten funktioniert diese Synthese überhaupt nicht. Linolensäure wird zu Prostaglandin (⟹siehe dort) umgewandelt. Sie harmonisiert das Immunsystem und wirkt antiallergisch. Viel LNA findet sich in konventionellen Ölen, die meist von mangelhafter Qualität, ungekühlt, hoch erhitzt und aus gespritzten, zum Teil genmanipulierten Ölsaaten hergestellt sind. (⟹ siehe Tabelle 13 Ölherstellung)

ALA finden wir zu 50-70% der Fette in Bioleinöl. Es hat am meisten ALA und ist damit das einzige Öl mit mehr 3 als Omega 6. 60 % in Chia-Samen, 60 % in Perillaöl, 40 – 48 % in Leindotteröl, 17 – 20 % in Hanföl, 5 –13 % in Walnussöl, 7-11 % in Rapsöl, 8 % in Sojaöl, 5 % in Weizenkeimöl, 1 % in Olivenöl, 0,5 % in Distel- oder Sonnenblumenöl.

In allen anderen Ölen gar nicht oder im unter eins Prozentbereich. Auch in Leinsamen und -schrot, Avocado, Soja nur in Spuren. In Mais und Weizen ist dagegen gar kein ALA vorhanden.

Omega 3 Fettsäuren aus tierischer Quelle sind essentiell und ein häufiger Mangelstoff. Sie können nur zu sehr geringem Teil durch Omega 3 Fettsäuren aus pflanzlicher Quelle, siehe oben, ersetzt werden. Die Fettsäuren aus tierischer Quelle sind unersetzlich für Lernvermögen und Herzfunktion und wirken entzündungshemmend, antidiabetisch und antirheumatisch. Sie sind essentiell für Hormonbildung und Zellmembranen sowie Entwicklung von Augen, Gehirn und Haut. Erhöhte Zugabe wirkt sich positiv bei Hyperaktivität aus. Sie wirken vorbeugend auf Darmkrebs, Hautekzeme und krankhaften Krallenverlust.Besonders betrifft das die Fettsäuren

DPA = Docosapentaensäure,

EPA = Eicosapentaensäure und

DHA= Dihydroxyaceton. DHA ist die am höchsten ungesättigte Fettsäure natürlichen Ursprungs und reagiert mit Eiweißstoffen. Sie ist unersetzlich für Gehirnfunktion, mithin Lernen und Konzentration. Sie ist als Hauptbestandteil der Neuronenmembranen die wichtigste dieser drei, besonders für Gehirn und die Netzhaut des Auges. Die Myelinschicht von Gehirn und Nervenbahnen besteht zu 75 % aus Omega-3 und -6 Fetten. Sie machen bis zu 40 % der Gehirnfette aus und sind teils Vorstufen, teils Gegenspieler körpereigener Prostaglandine (⟹ siehe dort). Hirn besteht zu 60-70% aus Fett in der Trockensubstanz, davon 30 % DHA. DHA ist die im Gehirn am reichlichsten vorhandene Fettsäure. Wir finden darin Omega 6 zu Omega 3 im Verhältnis 1:1.

EPA sorgt für Ausgeglichenheit, wirkt entzündungshemmend besonders auf die Gelenke und findet sich der Hauptsache in Meeresfisch, wenig in Wildfleisch. Diese drei wichtigen Fettsäuren sind auch in der Milch der Muttertiere enthalten, sofern dieses genügend Speicher hatte. Wenn nicht, kann schon jetzt die Ursache für spätere Hyperaktivität der Welpen gelegt werden, eine früher noch unbekannte Verhaltensstörung. DHA fördert, klinisch erwiesen, intelligenteren lernfähigeren Nachwuchs. Die Zufuhr findet zuerst über die Plazenta, dann über die Muttermilch statt, und sollte dann später über die Nahrung weiter beibehalten werden.

DHA und EPA beeinflussen das Verhalten positiv im Sinne abnehmender Aggression und Unruhe. Sie haben positiven Einfluss auf Entzündungen, Denkvermögen, Sehkraft und Verhalten. Bei Hyperaktivität, Konzentrationsproblemen und Altersdemenz fand man bei Menschen wesentlich geringere Omega 3 Konzentrationen in Blut und Hirn als bei Gesunden. Ich nehme an, dass das bei Hunden ebenso ist. Nervenzellwände im Gehirn bestehen zu 60 % aus DHA und EPA. Diese beiden unterstützen zusätzlich ein gesundes, glänzendes Fell und das Immunsystem. Sie gelten außerdem als entzündungshemmend im Gegensatz zu der entzündungsfördernden Arachidonsäure (⟹siehe dort). Hochwertigen Futtersorten werden inzwischen zum Teil auch diese beiden wichtigen tierischen Omega 3 Fettsäuren zugesetzt, wenn auch nur in verschwindend kleiner Menge von 0,03 bis 0,1 %.

Fettsäuren werden in der Leber tierartspezifisch umgewandelt und in das eigene Fett eingebaut. Weil bei diesen drei Fettsäuren häufig ein Mangel vorliegt, kann man sie therapeutisch bei Zivilisationskrankheiten, auch psychischen, wie Hyperaktivität und Gehirnallergien, bei Hormonstörungen, bei Atopie, und allgemein bei Entzündungen und Gelenkproblemen einsetzen.

Selbst bei Menschen hat man einen eklatanten Mangel an den Fettsäuren EPA und DHA festgestellt, weil zu wenig Fisch gegessen wird. Kein Pflanzenöl kann Fischöl ersetzen. EPA und DHA finden sich in der Nahrung fast nur in natürlichen Rohfetten von Kaltwasser- und fetten Meeresfischen, beziehungsweise deren Fischölen, und, nun ja, in der Hirnsubstanz. Falls Sie also Hirn verfüttern können, ist das eine sehr gute Quelle. Resourcen dieser wichtigen Omega Fettsäuren sind rar geworden. Meeresfisch ist nicht nur viel zu teuer und fast ausgestorben, sondern auch noch mit DDT und anderen netten Giften verseucht. Man kann sich mit Lachsöl oder Lebertran behelfen. Die Tiere mögen es, aber hier haben wir auch schon wieder einen Pferdefuß, denn Zuchtlachs hat nur einen geringen Prozentsatz davon im Vergleich zu Wildlachs. Ozeanfische und Süßwasserfische sind verseucht. Aquafarmfische weisen Würmer und Spuren von Blei und Quecksilber, Antibiotika oder Wurmmitteln auf. Diese industrielle Massenhaltung ist nicht nachhaltig, da sie für jedes Kilo Zuwachs die doppelte Menge an Wildfisch braucht. In Deutschland handelt es sich zu 80 % um Importlachs aus Norwegen, wo man sich große Mühe gibt, mit Hilfe von Impfungen (!) gegen Fischkrankheiten keine Spuren von Antibiotika zu hinterlassen und den maritimen Futteranteil auf 30 % zu beschränken.Dafür fand man das Nervengift Endosulfan, sowie PCB (⟹siehe Weichmacher) im Fisch. Die Fjorde werden durch die Lachsfarmen verschmutzt.

Lebertran sollte man wegen des hohen Vitamin D und A Gehaltes nicht überdosieren. Algenöl und Seetang können zum Teil als Ersatz für Fisch gelten.

Ansonsten kommt dieser rare Stoff fast nur in fettem Seefisch und tierischen Ölen wie Wal- oder Lebertran, Krill- und Robbenöl vor, in geringerem Maße in Wildlachs, weniger in Wildfleisch. Noch in den 30iger Jahren wurde auch in Europa Walfleisch aus der Antarktis an Hunde und Katzen verfüttert. Fisch wird empfohlen als beste

Prävention gegen Hautkrankheiten, krankhafte Unruhe und Unleidlichkeit und eben auch für gesunden Nachwuchs. Auch Bio-Fleisch und Bio-Rohmilch von Weidekühen können noch einen gewissen Anteil aufweisen. Aber wo bekommt man denn noch Rohmilch? (Vorzugsmilch ist auch erhitzt und ebenfalls nichts für Fleischfresser ⟹ siehe Milch).

Caniden fressen mit Vorliebe das Hirn ihrer Beutetiere. Es ist ein sehr begehrter Teil am Riss für das Alphawolfspaar. Der Kopf wird oft schnell beseite geschafft und weggeschleppt, weil das Knacken des Schädels mehr Arbeit erfordert. Schweinehirn wird sogar bei Krebsdiäten empfohlen. Also Hirn aus dem Schlachterladen kaufen für uns und unsere Hunde? Seit BSE gilt es als Risikomaterial und muss in der Tierkörperbeseitigungsanlage verbrannt werden. Es kommt dann als organischer Dünger mit Blut- und Fleischmehl mit auf die Felder, obwohl es sich um sehr hochwertige Eiweiß- und Fettstoffe handelt. Auf Bestellung kann man ganze Köpfe erwerben.

Träger vom Omega 3 Fettsäuren tierischer Herkunft sind *essentiell*. Sie finden sich in Hundemuttermilch, Hirn aller Tiere, Fisch, Tran, Fett von Wildtieren, wenig in Blut und Augen.

In Krustentieren, besonders Krillöl (28% EPA,18% DHA) und Antarktischem Krill (=Zooplankton aus kleinen roten Garnelen) und in Seefischöl sind doppelt so viel EPA und DHA Fettsäuren enthalten wie in konventionellem Lachsöl, und immer in allen Kaltextrakten mehr als in erwärmten Extrakten. Gute Omega 3 Fette finden sich in natürlichen Fetten von Robben und Wal als Waltran und Robbenöl, Fischölen von fetten Hochsee-, Kaltwasser- und Meeresfischen wie Hering, Lachs, besonders Wildlachs = wilder Silberlachs (nicht verwechseln mit dem fettärmeren Seelachs), Thun, Dorsch, Sardine, Sardelle, Forelle, Kabeljau. Auch in Muschelfleisch, weniger in Lebertran, zu 30 % im Hirn aller Tiere, zu 4 bis 5 % in allem Wildfleischfett bes. Hirsch, Reh, Wildkaninchen und guten Weiderohmilchprodukten, in Butter und roher Bio-Kuhmilch, aber nur von Grünfuttertieren auf artenreichen Weiden wie beispielsweise der Alm, in den rohen Eidottern freilaufender Hühner.

Sehr wenig in konventionellem Fleisch, davon noch am meisten in Herz, und in konventioneller Milch. Marine Algen und Seetang können teilweise als Ersatz für Fisch genommen werden, neuerdings in manchen Fertigfuttern 0,07 bis zu 0,1 % zugesetzt, enthalten aber oft kein DHA, jedoch verhältnismäßig viel EPA.

Kein Pflanzenöl kann Fischöle ersetzen. Pro 100 Gramm: Makrele 2000mg, Dosenlachs 1800 mg, Seefischöl 490 mg.

Omega 6 Fettsäuren haben 2 Doppelbindungen, die erste an 6. Stelle des Moleküls. Sie sind zwar essentiell, aber es besteht kein Mangel, weil sie eher überrepräsentiert und deshalb einzuschränken sind. Bereits fettarmes Fleisch enthält genügend Omega 6 Fettsäuren, weshalb normalerweise kein Mangel besteht. Omega 6 Fettsäuren sind zwar essentiell, aber in heutiger Fütterung eher überrepräsentiert und können Entzündungsneigung und Sterblichkeit erhöhen. Trotzdem wird immer mit den angeblich so wertvollen Omega 6 Fettsäuren geworben. Wichtiger als die absolute Zufuhr ist jedoch das Verhältnis zu den tierischen Omega 3 Fettsäuren, die meist unterrepräsentiert sind. Zu viel Omega 6 beeinträchtigt die Umwandlung von ALA in EPA und DHA. Besonders schlecht ist das Verhältnis von Omega 3 zu Omega 6 in Trockenfutter. Da wird mit essentiellen Ölen geworben. Es sind dann nur 0,5 % konventionelles Sonnenblumenöl darin, ausgerechnet noch ein Öl, das besonders viel Omega 6 Fettsäuren aufweist. Zuchtfisch hat zuweilen 2 bis 3 Mal mehr Omega 3 Fettsäuren aufzuweisen als Wildfisch, dafür aber doppelt so viel von Omega 6 und ist deshalb nicht wertvoller, weil es auf das gegenseitige Verhältnis ankommt. Empfohlen wird ein Verhältnis von Omega 3 zu Omega 6 von 1 zu 2.

Linolsäure = LA, zweifach ungesättigt, gehört zu den Omega 6 Fettsäuren, ist essentiell, aber kein Mangelstoff. Linolsäure findet sich heutzutage in fast allem Fleisch und Fett konventionell ernährter Masttiere, die mit zu viel Getreide vollgestopft werden. Das gilt auch für Mastgeflügel. Ihr Fett hat einen Linolsäureanteil von 15 bis 25 %, Fischöl nur 5 %. Zuchtfische haben einen hohen Gehalt an LA durch zugefütterte konventionelle Pflanzenöle, die sich auf Kosten der guten Omega 3 Öle in ihrem Fleisch anreichern. LA kann von Hunden in GLA und Arachidonsäure umgewandelt werden.

Träger von Linolsäure: Essentiell, aber eher überrepräsentiert, kein Mangel. Bereits fettarmes Fleisch hat genügend Omega 6 Fettsäuren. LA ist reichlich vorhanden in fast allen industriellen Pflanzenölen und fast jedem Fleisch und seinem Fett durch Fütterung der Masttiere mit zu viel Getreide, sowie in Eiern und Wurst. Dasselbe gilt für Zuchtlachs durch zugefütterte eben dieser konventionellen Pflanzenöle, weshalb man keines dieser Öle davon seinem Vierbeiner geben sollte. Konventionelle Pflanzenöle haben zwar bis zu 10 Mal mehr LA als tierische Quellen, sind aber kein natürlicher Rohstoff (⟹siehe Tabelle Ölherstellung) und werden hier nur zum Teil der Vollständigkeit halber für den Tierhalter und die Beurteilung von Fertigfutter pro 100 Gramm aufgeführt: Fettsäuren in Maiskeimöl und Weizenkeimöl 55800mg, Sojaöl 53400mg, Margarine 46 300mg, Schweineschmalz 8600mg.

Gammalinolensäure (GLA oder GLS): seltene, nicht essentielle 3-fach ungesättigte Omega 6 Fett-Säure, die aus der essentiellen Linolsäure synthetisiert wird. Sie tritt in Form von 8 möglichen Isomeren auf, von denen nur eine voll biologisch wirksam ist. Ihre Wirksamkeit beruht fast ausschließlich auf diesem einen GLA-Isomer. Über die Wirkungsweise im Organismus bestehen widersprüchliche Angaben.

GLA = GLS findet sich zu 8-12 % in kaltgepresstem Nachtkerzenöl,

2-4 % in Hanföl, in Schwarzkümmelöl, Afa-Algen (=Cyanobakterium und Spirulina), Spirulinaalgen, allen Mikroalgen, sehr wenig in Hafer. Borretschöl hat zwar 20–25% GLA, ist aber therapeutisch längst nicht so wirksam wie Nachtkerzenöl (durchschnittlich 9%) u.U. sogar gefährlich, da es die Prostaglandinbildung (⟹siehe

Prostaglandin) fördert, während Nachtkerzenöl dies hemmt. In den meisten anderen Ölen nicht vorhanden.Schwarzkümmelöl wird innerlich wie äußerlich als natürliches Insektizid beworben.

Arachidonsäure, viermal ungesättigt, essentiell für Katzen, aber nicht für Hunde, da sie sie aus der Omega 6 Linolsäure, siehe oben, im Körper umwandeln können und zwar je mehr, desto größer der Gehalt im Futter an Linolsäure ist. Arachidonsäure findet sich nur in tierischen Fetten, allem fetten Fleisch und Wurst von Tieren, die mit Getreide oder Tiermehlen gefüttert wurden, in Schweinespeck, Gänsefett, Gänseschmalz, Butter, vollfetter Milch, fettem Käse. Arachidonsäure wirkt entzündungsfördernd und spielt bei Gelenk- und Darmproblemen sowie Autoimmunkrankheiten eine Rolle. Sie ist aber auch wichtig als Komponente von Zellmembranen und Gewebshormonen, bei Katzen für die Trächtigkeit. Arachidonsäure wird von der Gegenspielerin EPA blockiert.

Träger von Arachidonsäure pro 100 Gramm: Schweineschmalz 1700mg, Schweineleber 870mg, Eigelb 300mg, Thunfisch 280mg, Leberwurst 230mg, Schinken 130mg, mageres Schweinefleisch und Fleischwurst 120mg.

Omega 9 Fettsäuren haben eine Doppelbindung an der 9. Stelle des Moleküls. Sie sind *einfach ungesättigt*, hitzelabil, nicht essentiell. Hieran gibt es keinen Mangel.

Träger von Omega 9 als einfach ungesättigten Fettsäuren: In Schweineschmalz finden wir 49%, in Palmfett 44%, in Talg 43 %, in Milch 37%, in Kokosfett 6%.

C: Kohlenhydrate sind die unwichtigste Komponente

Kohlenhydrate sind organische Verbindungen aus Wasserstoff, Sauerstoff und Kohlenstoff. Sie sind für Karnivoren nicht essentiell, jedoch preiswerte Energielieferanten. Der Verdauungsapparat unserer Carnivoren kann Kohlenhydrate roh nicht aufschließen und verwerten. Sie müssen aufgeschlossen oder ganz weglassen werden.

Kohlenhydrate bestehen aus verschieden langen Ketten von Glukosemolekülen, die der Organismus im Darm mit Hilfe der Amylase-Enzyme wieder in Glucose zerlegen muss. Wir unterscheiden Einfachzucker (Glukose, Fruktose und Galaktose) und Zweifachzucker, wozu normaler Haushaltszucker (Saccharose besteht aus Glucose und Fruktose) zählt, und Mehrfachzucker, das ist die Stärke in Getreide und Kartoffeln, Obst und Gemüse. Stärke wird in Glucosemoleküle zerlegt und in Zellen als Fett eingelagert.

Getreide verbessert die Kotkonsistenz, macht Komponentenfutter leichter mischbar. Es ist aber das erste, was man bei vielen Krankheiten weglassen sollte (Blähungen, Diabetes, Allergien, Übergewicht, Krebs und Tumoren, Giardiose, Candidose, Epilepsie, Haut- und Gelenkprobleme). Ein hoher Kohlenhydratgehalt produziert neben Speicherfett Azidose und große Kothaufen sowie Karies durch Säureplaques.

Es ist die unwichtigste oder auch ganz zu vernachlässigende Komponente, für Katzen noch mehr als für Hunde. Sie vermindert die für wichtige Stoffwechselprozesse nötigen B-Vitamine und Magnesium. Katzen können Kohlenhydrate kaum verwerten, trotzdem werden sie sogar in Diätfutter für Feliden verwendet. Je höher der Kohlenhydratanteil, desto negativer fällt in Versuchen die Ausdauerleistung von Hunden aus. Die meisten Krankheiten entstehen bei Caniden durch die Kohlenhydratverdauung, während Eiweiß- und Fettverdauung der normalen Physiologie entsprechen, sofern sie im Rohzustand verabreicht werden. Diese sind automatisch vergesellschaftet mit der Aufnahme von Glycogen, „dem tierischen Kohlenhydrat", das vom Fleischfresser am besten verdaut werden kann. Der Stärkeanteil eines Beutetieres ist aber denkbar gering: Einige halbverdaute Körner in dem Kropf eines Vogels, ein paar halbverdaute Grassamen oder Fruchteile im Magen eines wilden Pflanzenfressers. Der Kohlenhydratanteil liegt im eigentlichen Beutetier nur in Form von Glycogen vor, das als Energievorrat in Leber und Muskulatur gespeichert ist, aber lediglich 1 bis 2 % ausmacht. Auch Einfach- und Zweifachzucker in Beeren und Früchten kann er besser verdauen als gekochtes Getreide.

Der pflanzliche Gerüststoff Zellulose als faserreiches Kohlenhydrat im Gemüse hat eine wichtige Bedeutung als Träger von Mineralien, Vitaminen, Sekundär- und Ballaststoffen. Ballaststoffe gelten auch als Darmregulatoren, weil sie von Fleischfressern nicht weiter zerlegt werden können. Einfache Kohlenhydrate, die rasch aufgenommen werden wie Zucker und Weißmehl, sollten weitestgehend vermieden und durch komplexe ersetzt werden. Zellulosepulver (E 460) oder Lignin (Sägemehl) werden Fertigfutter als Stabilisator und Verdickungsmittel zugegeben und sind nicht deklarierungspflichtig.

Stärke ist für den Fleischfresser verdaulich in Form von Futtergetreide, Brot, Cornflakes, Nudeln, Backwaren, Flocken. Sie lassen erst den Blutzucker-, dann den Insulinspiegel hochschnellen, danach schnell wieder absinken. Die Maßeinheit der Wechselwirkung zwischen aufgenommenen Kohlenhydraten und dem Blutzucker ist der glykämische Index. Leicht verdauliche Kohlenhydrate halten nicht solange satt wie Proteine oder Fett. So entsteht durch rasch wiederkehrendes Hungergefühl mit der Zeit Übergewicht. (⟹siehe Grafik 9 Blutzucker), aus dem sich später dann Diabetes entwickeln kann.

Kohlenhydratträger sind reine Sättigungsbeilage und liefern keine oder kaum Vitalstoffe. Sie sind für Caniden nicht essentiell und entbehrlich, aber möglich. Sie sind nur reine Energielieferanten, um dünne Hunde satt zu machen oder bei mehreren großen Hunden an Fleisch und Kosten zu sparen. Zu viel Stärke überfordert mit der Zeit die Bauchspeicheldrüse und kann zu Übersäuerung, Dysbiose, Pilzbefall und Krebs führen. Getreidekorn enthält im Durchschnitt 10 % Rohprotein. Man vergleiche mit dem ausgewiesenen Gehalt auf Verpackungen.

Zellulose ist ein komplexes Strukturkohlenhydrat von Pflanzen, die Pflanzenfresser mit Hilfe von Mikroorganismen aufschließen können. Fleischfresser können das jedoch nur sehr eingeschränkt mit Hilfe ihrer Darmbakterien im Dickdarm. Das meiste davon wird unverdaut ausgeschieden und zählt zu den unlöslichen Ballaststoffen. (⟹siehe 2a). Ist Zellulose bei Fertigfutter ausgewiesen, handelt es sich meist um Rübenfasern oder um Sägemehl, das als Füllstoff fungiert, auch im Katzenfutter.

Kohlenhydratträger unterscheidet man in *glutenhaltige* und *glutenfreie.*

Gluten ist ein hoch allergenisierender Eiweißstoff, der auch Kleber genannt wird. Man sollte ihn bei sensiblen Hunden vermeiden. Glutenhaltiges kann Magen-Darm-Störungen, Allergien, Atopien, Hyperaktivität, Entzündungen, Epilepsien und Demenz auslösen.

Man kann kleine Rassen aus ökonomischen Gründen ganz ohne Getreide füttern. Bei großen Rassen bietet sich eine Mischung mit den anderen Komponenten an, sofern sie nicht unter Unverträglichkeiten oder Allergien leiden, die häufig glutenhaltiges Getreide, inzwischen aber immer öfter auch Reis und Mais betreffen. Besonders schädlich sind Weißmehle und sogenannte Mühlennachprodukte, Backwaren, Brot und Nudeln, die nie verwendet werden sollten. Stärke, die aus gentechnisch veränderten Pflanzen gewonnen, modifiziert wurde, muss in der EU nicht gekennzeichnet werden.

Getreidezusätze machen satt, verbessern die Kotkonsistenz durch bessere Vermischung, machen die Kotkonsistenz gleichmäßiger. Weder ist sie zu fest wie bei Knochen, noch zu dünn bei zum Beispiel Fütterung von Leber oder Milz. Bei reiner Fleisch-Knochen-Fütterung wird der Stuhl fraktioniert abgesetzt. Das heißt zuerst dunkler, flüssiger, pastöser durch die Verdauung von Fleisch, später grau-weiß und fester durch längere Verdauungszeit von Knochen, Sehnen- und Bindegewebe.

Weil erhitzte Komponenten, wie alle Getreidesorten, eine längere Verdauungszeit haben, wird zuweilen empfohlen, sie von den anderen rohen zu trennen. Mit der gleichzeitigen Mischung mit den Protein-, Fett-, Vitamin- und Kohlenhydratkomponenten habe ich aber nie Probleme gehabt. Meine Hunde würden mich und mein Futter ohne Fleisch mit Verachtung strafen. (⟹ siehe Magensäureprobleme). Schließlich schlucken die Wölfe ja auch den Panseninhalt mit dem Fleisch. Zudem ist der Magen sehr gut in der Lage zu selektieren. Beim Übergeben wird nicht alles, sondern nur der ungesunde Anteil ausgeschieden. Trennkost, also separates Essen von Eiweiß- und Kohlenhydratträgern, wird selbst für den Menschen als wissenschaftlich überholt eingestuft.

Hunde besitzen mehr stärkespaltende Enzyme als Wölfe, sowohl an Menge wie auch an Aktivität. Das ist die Anpassung an Domestikation und an mehr als einem halben Jahrhundert Fertignahrung und Fütterung vom Tisch. Durch mindestens 20 Hundegenerationen Trockenfütterung hat sich inzwischen bei einigen Rassen die Amylaseausschüttung des Pankreas verdoppelt. Bei Laborhunden wurden höhere Amylasewerte als bei Wölfen festgestellt, auch die entsprechenden Gene für ihre Herstellung hatten sich vermehrt.

Ich betrachte das allerdings nicht als eine erfreuliche genetische Anpassung an Billigfutter. Die Bauchspeicheldrüse wird so ständig überfordert und funktioniert dann in höherem Alter nicht mehr optimal. Auch kann bei einem zu hohen Anteil von Stärke im Futter nicht ausreichend Magensäure gebildet werden, da Caniden zur deren Ausschüttung den olfaktorischen Schlüsselreiz von Häm im Fleisch benötigen. Durch weniger Säure werden aber wiederum Bakterien und Parasiten nicht genügend abgetötet, was Darmfloraverschiebungen, Fehlgärungen und Durchfall bewirken kann.

Durch kontinuierliches Barfen bildet sich eine gesunde, natürliche Fleischfresser-Flora. Fleischnahrung ist wesentlich gehaltvoller und belastet den Verdauungsapparat weniger als Kohlenhydrate. Dadurch erklärt sich der kürzere Darm des Hundes, seine viel kürzere Kontaktzeit der Nahrung von nur einem halben Tag bei rohem Fleisch und eine relativ kleine Kotmenge ein bis zwei Mal am Tag, da fast alles verwertet werden kann. Bei der Fütterung von zu viel Kohlenhydraten verändert sich die Darmflora. Die Verdauungszeit verlängert sich auf fast das Doppelte und es wird an Menge fast so viel ausgeschieden wie gefressen wurde.

Wenn Kohlenhydrate gefüttert werden, sollten auch diese wie alle anderen Komponenten alle paar Tage gewechselt werden. In einem Futter sollte nur *ein* Träger, nicht wie in Fertigfuttern mehrere verschiedene Stärketräger, enthalten sein.

Besonders halbfeuchtem Futter wird oft bis zu 10 % Glukosesirup oder Zucker als Geschmacksverstärker und Wasserbinder zugesetzt. So werden Diabeteshunde produziert. Im Darm freuen sich Candida Pilze, Giardien und Krebszellen über diese Moleküle, die sie zum Teil zu Alkoholen umbauen, die den Gehirnstoffwechsel beeinflussen und Hyperaktivität auslösen können. Hefen wie Candida und Saccharomyces spp. können nach Antibiotikabehandlung im Darm überhandnehmen und zu Darmgasen und Bildung von Fuselalkoholen führen, die bei chronischem Bestehen ins Blut übergehen und Schäden an Leber, Nieren, Knochenmark und Hirn bewirken können. Im Verhalten wirkt sich das in Überdrehtheit, Nervosität, Hyperaktivität und mangelndem Lernvermögen aus.

Stärke, die aus gentechnisch veränderten Pflanzen gewonnen, also modifiziert wurde, muss in der EU nicht gekennzeichnet werden.

Träger von Kohlenhydraten

Alle Stärketräger müssen gekocht, überbrüht, gepoppt, gepufft= expandiert, gebacken, geflockt oder wenigstens fein gemahlen und länger eingeweicht werden. Manche sind roh giftig, wie Kartoffeln und manche Yamssorten. Die Verdaulichkeit ist auch im aufgeschlossenen Zustand von der Eiweißart der Begleitstoffe abhängig.Trockenprodukte wie Flocken oder Popcorn müssen im Menü mit etwa der doppelten Menge Flüssigkeit zubereitet werden.

Glutenhaltige Kohlenhydratträger sind: Weizen, Weizenkleber als weißes Pulver, Maisgluten, Seitan, Gerste, Tsampa (geröstetes Gerstenmehl), Bulgur (gebrochener Weizen), Couscous (Weizengrieß), Graham, Triticale, Paniermehl, Roggen, Emmer (Zweikorn), Kamut (Urweizen), Dinkel, Grünkern, Einkorn, Klebreis und jede Art von Grieß, Grütze, Graupen, Kleber und Schrot davon sind für empfindliche Tiere nicht empfehlenswert. Kleien haben wenige Kalorien, sind ballaststoffreich, eiweißreich, mineralreich, phosphorreich, putzen den Darm und können zuweilen eine gute Pigmentierung bewirken. Möglich sind auch Flockenmischungen, etwas gekochter Grieß, weiche Gerstenflocken, gekochte Graupen, etwas Hundekuchen. Die Urgetreidesorten Emmer und Einkorn weisen fast doppelt so viel Eiweiß wie hochgezüchteter Weizen auf, dafür weniger Kohlenhydrate und sind zudem weniger Allergie auslösend.

Brot, Brötchen, Nudeln, Kuchen, Kekse, Pizza, Backwaren sind völlig ungeeignet, zweimal erhitzt und der „beste" Auslöser für eine Dysbiose und Allergie, deshalb nicht empfehlenswert. Nirgendwo kommen mehr Zusatzstoffe zum Einsatz als bei Teig- und Backwaren (industrielle Enzyme, Sorbate, Milcheiweiß, Eigelbpulver, Phosphate, Aromen, Dextrose und jede Menge weitere Hilfsmittel).Auch Aromastoffe und Bindemittel sind oft auf Glutenbasis hergestellt.

Brot: ist erhitztes Getreide mit inzwischen jeder Menge von Zusätzen (siehe oben). Schon Mehl wird kaum noch unbehandelt vertrieben. Wegen der vielen Zusätze und des Glutens sollte man kein Brot verfüttern. Tierfutterhersteller kaufen aber Altbackwaren und Brotüberschüsse von Bäckereien auf und so landet es im Trockenfutter oder in Hunde-Snacks und erhöht damit auch den Salzgehalt.

Nudeln: Sie sind mehrfach erhitzt, liefern nur energetische Leerkalorien ohne weitere Wertstoffe. Sogenannte Barf-Nudeln sind das Blödsinnigste, was ich je in dieser Hinsicht gelesen habe. Manchem Hund fallen bereits nach einer verspeisten Weizennudel die Haare großflächig aus.

Weizen: Weizen ist zur Zeit noch nicht genmanipuliert. Er hat 70 % Stärkeanteil. Bei 80% des Eiweißes im Weizen handelt es sich um Gluten. Etwas überbrühte Weizenkleie oder eingeweichte Weizenkeime können gegeben werden, wenn keine Unverträglichkeit oder spezielle Allergie vorliegt oder zu vermuten ist. Für nicht-gluten-allergische Hunde ab und zu einige Löffel Kleie unters Futter sind gut für die Darmperistaltik, dienen als antioxydativer Darmputzer und enthalten viele ausgewiesenen Vitalstoffe (Alle B Vitamine, Vitamin E, Mg, Mb, K, F, Se, Zn, J, Cu, Cr, natürliches Inosit und Ballaststoffe). Zink und B-Vitamine kann der Hund sich daraus allerdings nicht verfügbar machen, weil Phytin, eine phosphorhaltige Verbindung, die auch in fast allen Vollkornarten vorkommt, B-Vitamine unbrauchbar macht und die Resorption von Kalzium und Zink behindert. Vollkornweizen hat außerdem einen allergenisierenden Enzymblocker. Weißmehl sollte immer gemieden werden. Weizen wird auch für Hyperaktivität verantwortlich gemacht.

Glutenfreie Kohlenhydratträger sind: (Vorsicht bei Fertigmischungen und Spuren der Verarbeitung bei Herstellern auch anderer Getreidesorten): Weizenkeime und Weizenkleie (können Spuren von Gluten enthalten), Weizensprossen enthalten kein

Gluten. Matschig gekochter Bruchreis, Wildreis, Vollreis. Überbrühte Haferflocken. Wenig gekochte, zerdrückte Kartoffeln. Gekochter Maisgrieß bzw. Polenta. Wenig gekochte, zerdrückte Maniok (auch Yucca oder Cassava, genannt, roh giftig, oder als Tapioka, Stärkemehl aus der Wurzel, in Trockenfutter verwendet als Stärkekleister für den Zusammenhalt der Kräcker). Yams (Dioscorea, viele Sorten, einige roh toxisch). Cornflakes (Vorsicht Zucker, Konservierungsstoffe und Transfettsäuren).Topinambur. Taro (abkochen und 2 x Kochwasser wegschütten). Johannisbrotkernmehl. Kastanienmehl. Kokosmehl. Hirse, Sorghum oder Sorgo (südamerikanische Dunkelhirse), Teff (Zwerghirsemehl), Buchweizen, Chia. Amaranth (Inkaweizen). Rotes, schwarzes und weißes Quinoa (muss sorgfältig gewaschen werden, Kochwasser wegschütten wegen Bitterstoff Saponin). Quinoa, Canihua und Amaranth sind Pseudogetreide. Soja (Mehl, Tofu), Bataten (Süßkartoffeln können zu Blähungen führen, ebenso wie Erbsenmehl (häufig in Fertigfutter) oder Kichererbsenmehl, weniger Süßlupinenmehl). Soja und die Leguminosensamen (Erbsen, Lupinen) werden als Eiweißträger eingestuft.

Hafer: Er hat 40 % Stärke. Hafer wird im Allgemeinen in bereits bearbeiteten Flocken angeboten, da sonst Bitterstoffe, wie bei vielen unerhitzten Getreidesorten, den Geschmack verderben. Die entspelzten Körner werden gereinigt, zweimal mit Wasserdampf bis 100 Grad erhitzt, gequetscht und so gleichzeitig hitzesterilisiert und dann einige Stunden getrocknet. Sie brauchen für den Hund deshalb nur noch kurz überbrüht oder eingeweicht werden. Die feinblättrige Sorte eignet sich dafür am besten. Hafer ist glutenfrei, enthält jedoch eine andere Glutenform als Weizen, das Avenin. Hafer kann durch die Verarbeitung beim Hersteller mit Gluten verunreinigt sein. Von zu Viel Haferflocken bekommen Hunde einen dünnen, gelben Stuhl, als Komponente im Menü ist er aber ein gutes Stärkungsmittel für Kranke und Magere.

Hirse: Braunhirse kann auch als Mehl roh angerührt oder als Sprosse gegeben werden. Reich an Silizium, Fluor, Schwefel, Magnesium, Kalium, Zink, B-Vitaminen, besonders in den Keimlingen. Nicht säurelastig. Resorptionswerte beim Hund unbekannt. Äthiopien exportiert Teff als modernes Superfood. Ihre Wertstoffe sind viel Protein, Kalzium, Kalium und Eisen, aber Oxal- und Phytinsäure in der Schale. Ihr Export gefährdet die Versorgung der einheimischen Bevölkerung.

Kartoffeln: haben als Nachtschattengewächs giftige Alkaloide auch in Blättern und Trieben. Rohe Tomaten, Paprika, Chili und Auberginen sind deshalb für unsere Tiere alle nicht geeignet. Das fettlösliche giftige Solanin wirkt als grüner Abwehrfarbstoff gegen Fraßfeinde. Es befindet sich in allen grünen Teilen wie Blättern und oberirdischen Früchten (Kartoffelfelder!), ansonsten in ungekochten oder verdorbenen Kartoffeln, in der Schale, in weißen Trieben, im Kochwasser und Fritierfett. Deshalb sollte Kartoffelwasser und evtl. Auftauwasser etc. nicht verwendet werden. Diese Giftstoffe werden zum größten Teil durch Kochen zerstört. Obwohl Solanin durch den Urin ausgeschieden wird, kann es bei Zufuhr in chronischer Form oder höherer Konzentration Sehstörungen, Erbrechen, Leber- und Gallenerkrankungen auslösen und teratogen wirken. Man hat Herbizide in Kartoffeln gefunden, die für Entlaubung und Schalenfestigkeit gespritzt werden. Rohe Kartoffeln sind außerdem unverdaulich, weil die Stärke nicht aufgeschlossen werden kann.Die Verdaulichkeit gekochter Kartoffeln liegt jedoch für den Hund bei 80 %. Eine durchschnittliche Kartoffel wiegt 80g. Für Fertigfutter werden Kartoffelflocken oder auch Süßkartoffelpulver zugesetzt.

Mais: Er hat 60 % Stärkeanteil und etwa 10% Protein. Weltweit gibt es kaum noch nicht-genmanipulierten Mais, selbst bio kann verunreinigt sein. 2009 wurde der Anbau von Genmais in Deutschland verboten. Der meiste Mais landet im Tierfutter. Mit Genmais gefütterte Ratten hatten unterentwickelte Nieren und ein angegriffenes Immunsystem. Vielleicht sind deshalb immer mehr Hunde auch gegen Mais allergisch, obwohl er im Allgemeinen kein Gluten enthält. Er ist auch arm an lebenswichtigen Aminosäuren. In Kombination mit Fleisch ist gekochtes Maismehl, -schrot bzw. –griess aber zu 94 % verdaulich. Maisflocken, also gewöhnliche Cornflakes, sind ein Gesundheitsrisiko, weil sie zu viele Zusätze enthalten. Bio-Polenta kann man gut geben. Ursprünglich gab es bis zu 500 Sorten Mais in den verschiedensten Kornfarben und Geschmacksorten von süß bis salzig.

Maniok= Cassava= Yucca, als Mehl Tapioka, Farinha oder Sago genannt, wird zu 93 % verdaut. Es wird aus der Wurzel gewonnen und hat ca. 80g Kohlenhydrate/100g. Phospohorlastig. Sollte nur gekocht oder als Mehl verwendet werden, da roh giftig durch Blausäuregehalt. Wird weltweit als Futtermittel eingesetzt. Die Blätter dienen als proteinreiches Gemüse. Es gibt weltweit 50 verschiedene Sorten.

Reis: ist sehr gut geeignet, sofern sich noch keine Allergie entwickelt hat, da im Allgemeinen glutenfrei und wird zu 97 % verdaut. Kann in Spuren genmanipuliert sein. Als Bruchreis preiswerter und schneller matschig gekocht, auch Milchreis möglich, aber in ungesalzener Brühe (keine Würfel) oder Wasser zubereiten. Reisflocken und Puffreis sind schon aufgeschlossen. Nicht geeignet sind Schnellkochreis und Wildreis. Wildreis ist kein Reis, sondern es sind die Samen eines Wassergrases.Vollkornreis ist schwerer verdaulich und hat nicht viel mehr Ballaststoffe. Vorsicht: Es gibt auch glutenhaltigen Klebreis (Basmati, Duftreis).

Yams: ist die einzige bekannte Pflanze, die ein Progesteron ähnliches Gegenhormon zu Östrogen in der Wildpflanze aufweist. Es wird therapeutisch genutzt. So wie durch Säuredominanz werden auch viele Zivilisationskrankheiten durch Östrogendominanz ausgelöst, da dieses Hormon in Umweltgiften, in Pestiziden, in Fleisch durch Masthilfsmittel, im Wasser durch Rückstände hormonhaltiger Medikamente schon in geringsten Dosen auf die Geschlechtsdrüsen einwirkt und dort zu Zysten, Myomen und Fertilitätsproblemen führen kann. Einige Dioscorea-Arten sind im rohen Zustand in großer Menge durch Blausäure toxisch.

Vollkorn: alle Sorten sind für den Hund schwer aufschliessbar, auch in erhitzter Form. Deshalb sind die darin enthaltenen Wertstoffe für ihn ziemlich wertlos.

2. Sekundär-Komponenten

Diese sekundären Bestandteile sind automatisch in den oben genannten primären Grundstoffen enthalten:

Träger von Sekundär-Komponenten

2a) Ballaststoffe

Ballaststoffe werden definiert als pflanzliche Faserstoffe, unverdauliche Nahrungsbestandteile wie Zellulose und nicht spaltbare Stärke. Sie haben ein wichtige Funktion als Füllstoffe für den Weitertransport der Nahrung. Obwohl oder weil sie schwerverdaulich sind, stellen sie also trotz ihres Namens keine überflüssige Last dar. Sie können Gifte, Karzinogene, Flüssigkeiten, Säuren, Vitamine und Sekundäre Pflanzenstoffe binden und die Darmflora von Dysbiosen heilen. Ballaststoffe sind Nahrung für die Bakterien, vor allem im Dickdarm. Daraus bilden diese dann kurzkettige Fettsäuren, die als Nahrung für die Darmepithelzellen dienen. Zusätzlich stellen sie die Vitamine K und H her. Ballaststoffe enthalten schwer verdauliche Pflanzenbestandteile in Form von Rohfaser bzw. unverdaulichen Strukturelementen und holzigen Teilen der Pflanzen wie Zellulose, Pektin oder Lignin. Obwohl sie zum größten Teil unverdaut ausgeschieden werden, haben sie eine wichtige Funktion: Durch den Volumenreiz des Darmes sorgen sie für den lebenswichtigen Weitertransport, regen die Darmtätigkeit an und sorgen für die Entleerung der Analdrüsen. Sie bewirken außerdem ein gutes Sättigungsgefühl, binden Schadstoffe wie Schwermetalle oder Pestizide und verbessern die Kotkonsistenz, die dann ausgeglichener und weniger fraktioniert daher kommt. Sie sind die Putzkolonne des Darmes. Obwohl damit geworben wird, unterfordert „Leicht verdaulich" hingegen das Verdauungssystem.

Ballaststoffe können einen mehr oder weniger großen Teil des Menüs ausmachen. Eine Erhöhung des Ballaststoffanteils empfiehlt sich bei Übergewicht, da sie Sättigung vermittelt, und bei Verstopfung, da sie die Darmperistaltik anregt. Eine Verringerung sollte bei Magerkeit, Rekonvaleszenz, Wachstum, Trächtigkeit und Laktation angestrebt werden. Sowohl zu viele wie zu wenige Ballaststoffe können zu Verdauungsproblemen führen. Am besten entfalten sie ihre Wirksamkeit fein zerkleinert.

Obwohl Ballaststoffe als rein pflanzlich definiert sind, gibt es aber auch schwerverdauliche Teile des Beutetieres, die als unverdaulich bis schwerverdaulich ähnlich wie Ballastoffe wirken: Die Eiweißstoffe bzw. Kollagene in Bindegewebe und Keratin in

Sehnen, Faszien, Häute mit Fell, Federn, Schnäbeln, Krallen, Hufhorn, Klauen. Auch Lunge, Euter, Hoden, Ohren, Ochsenziemer, Luftröhren, Schwarten, Schweinenasen, Kopfhaut, Hühnerkrallen, Geflügelfüße, Schnäbel, Geweihstangen, Federn und ganze Köpfe haben einen zähen Anteil, der zwar verdaut werden kann, aber länger braucht, um aufgeschlossen zu werden.

In Wolfslosung findet man zum großen Teil unverdauliche Reste von Haaren und Knochen. Katzen nutzen die unverdaulichen Teile der Maus um ihre Haarballen besser ausscheiden zu können. Ballaststoffe können zum Mangelstoff werden bei reiner Dosenfütterung und „erlesenen" Barfmenüs ohne Knochen, Sehnen, Knorpel. Dabei fehlt unverdauliches Kollagen, was zwar nur teilweise verdaut wird, aber Entgiftungsfunktion hat, Säurepuffer ist und die Darmperistaltik anregt. Durch Kochen ist es zwar besser verdaulich, verliert aber seine gesundheitsfördernde Wirkung. In Fertigfutter ist es immer erhitzt und erhöht als Billigzutat den gemessenen Protein-Stickstoff-Anteil in der Rohproteinangabe.

Pflanzliche wie tierische Ballaststoffe sind die reinsten Darmputzer. Da sie fast unverdaulich sind, „fegen" sie den Darm bis zu seinem anatomischen Ende. Aber auch hier kann man mit zu viel Billigstoffen zu viel des Guten tun: Ein zu hoher Ballaststoffanteil kann Wachstumsverzögerungen und schlechtes Gedeihen bei Welpen, Gewichtsabnahme und Nährstoffmangel hervorrufen.

Anstatt Futterzellulose zu kaufen sollte man lieber mehr Gemüse zufügen, das auch noch andere Wertstoffe hat.

Ballaststoffträger sind alle Pflanzen: Gemüse (besonders grüner Sellerie), Früchte, Kräuter, Samen, Bataten, Johannisbrot, Rübentrockenschnitzel sind Ballaststoffträger, je holziger, desto effektiver. Pro 100 Gramm in Weizenkleie bis zu 50g, Haferflocken 10g, Naturreis 3-4g, Gemüse: Kohl, Salat, Möhren etc. 1 bis 4g, Obst: Äpfel, Ananas etc. 1 bis 2g, weißer Reis 0,6-1,4g.

In Futtermitteln werden Rübenfasern beigegeben, die bei der Zuckerherstellung anfallen und die deshalb kaum noch zuckerhaltig sind. Andere beliebte Füller in Fertigfutter sind Traubenkernexpeller, Chicoree, Rote Beete, Reste der Saftherstellung, Johannisbrotschrot, Zellulosepulver bzw. Sägemehl, welches man auch isoliert kaufen kann. Besser sind beim Barfen allerdings tierische „Ballaststoffe" und mehr Gemüse.

Heilerde wird nicht resorbiert, hat aber, wie der Name schon sagt, hohe therapeutische Wirksamkeit. Sie entgiftet, mineralisiert, bindet Säuren, Schadstoffe und schädliche Mikroorganismen und gleicht Magen-Darm Unpässlichkeiten aus. Es ersetzt die Aufnahme von Erde bei Hunden, die in sterilen Großstadtwohnungen ihr Futter aufnehmen, auf Asphalt spazieren gehen müssen und nie in der Erde buddeln können.

2b) Vitalstoffe: Unter Vitalstoffe verstehe ich die Gesamtkomposition essentieller Vitamine, Aminosäuren, Fettsäuren, Mineralstoffen mit ihren natürlichen sekundären Begleitelementen, wie spezifische Sekundärstoffen (⟹siehe 2b), Enzymen, Biophotonen, Zellwasser und Probiotika. Letztere werden in Barffutter mit nicht steriler Erde, reifem Fleisch und ggf. Joghurt aufgenommen. Die Makronährstoffträger der Eiweiße, Fette und Kohlenhydrate enthalten sie automatisch. Alle dienen miteinander als gegenseitige Verwertungshelfer. Der Organismus ist seit Jahrtausenden an natürliche Quellen angepaßt. Ganze Beutetiere haben alles in optimaler Zusammensetzung. Bei Zootieren müssen bei Fleischbrockenfütterung Vitamin-Mineralstoff-Präparate zugefügt werden. Bei chemischer Synthese bestehen jedoch fast immer Abweichungen in der molekularen Struktur.

Vitalstoffträger haben Vitalstoffe als biologische Wirkstoffe, die in geringen Mengen mit den Hauptkomponenten aufgenommen werden. Die Natur bietet sie gratis an und zusätzlich noch in körperfreundlicher Komposition. Trotz geringer notwendiger Mengen können Tier und Mensch ohne diese Vitalstoffe nicht leben. Deshalb sind auch für den Fleischfresser Pflanzen in direkter frischer oder indirekter vorverdauter Form unersetzlich und immer vorzuziehen. Überdosierungen sind dabei kaum möglich. Allerdings kann auch der nicht standardisierte Wirkstoffgehalt ein Nachteil sein, da Naturprodukte unterschiedliche Mengen aufweisen. Nach dem Kauf verringern Transport, Lagern, Waschen, Schälen und Kochen den Gehalt. Die natürlichen Vitalstoffe werden von lebenden Organismen geliefert. Deshalb schwankt ihr Gehalt durch Einfluss von Anbaumethode (Gewächshaus, Monokultur, konventioneller oder Bio-Anbau, Freiland, Nährlösung bzw. Aquakultur), Düngung, Sorte, Boden und Bodenbearbeitung, Klima, Sonneneinwirkung, Sauerstoff, Wärme und Feuchtigkeit vor und nach der Ernte, Erntezeitpunkt und Reifezustand. Der Vitamin C Gehalt bei Äpfeln kann beispielsweise um das 10 fache divergieren. Die angegebenen Werte sind deshalb nur Durchschnittswerte und können, abhängig von oben genannten Parametern und Messmethoden stark variieren. Auch sind die Analysemethoden unbekannt. Es wird in Tabellen nicht darauf hingewiesen, ob die Substanzen in rohem oder im Verzehrzustand gemessen wurden. Außer bei den Kohlenhydratträgern sollte alles auf Rohes zu beziehen sein. Bei verschiedenen Angaben unterschiedlicher Quellen wurde das gesamte Von-Bis-Spektrum angegeben.

Bei Fleisch entscheiden die Fütterung der Tierart, Schlachtalter, Rasse, Stall- oder Weidehaltung über die natürliche Variationsbreite an Wertstoffen.

Die absoluten Werte sagen jedoch nichts über die Bioverfügbarkeit aus. Manche Vitamine sind zwar chemisch nachweisbar vorhanden, können aber in der vorliegenden, meist pflanzlichen Form gar nicht vom Fleischfresserorganismus verwertet werden. Es gilt die Vollständigkeit der inneren Komposition der Pflanze oder des Proteinträgers. Sie beurteilen ja auch ein Buch nicht nach der Seitenzahl, sondern nach dem gesamten Informationsgehalt. So macht es auch der Organismus. Auch die Zusammenstellung des Menüs mit den anderen Komponenten spielt für die Resorption eine Rolle.

Praktisch alle Vitamine und Mineralstoffe, die in Nahrungsergänzungsmitteln angeboten werden, sind in aufwendigen chemischen, nicht nachhaltigen Prozessen, zum Teil unter Einsatz von chemischen Lösungsmitteln hergestellt. Durch Fertigfutter oder Tabletten hat es bei allen diesen Vitalstoffen Vergiftungen durch Megadosen in synthetischer bzw. unmetabolisierter Reinform gegeben. Dabei können Durchfälle, Harnsteine, Krebs und erhöhte Metastasenrate etc. die Folge sein.

Die Angaben sind zudem teilweise nur sehr ungenau zu erhalten. Zum Beispiel bei der Angabe Käse: Es gibt hunderte Sorten, unter anderem Frischkäse, Hartkäse, Rohkäse etc., auch noch von verschiedenen milchgebenden Tierarten, die sich natürlich in ihren Inhaltsstoffen und –mengen unterscheiden. Im Allgemeinen haben Roh- und Hartkäse die höchsten Vital-Werte. Ebenso sind Milchprodukte ein sehr ungenauer Begriff und meist nicht empfehlenswert.

Als erstes sind immer die tierischen Träger genannt, aus denen der Carnivore am besten entsprechende Vitalstoffe aufnehmen kann. An zweiter Stelle pflanzliche Träger, ebenfalls in Reihenfolge der Menge des Gehaltes, soweit bekannt. An dritter Stelle nenne ich eventuelle Kohlenhydratträger. Für Fleischfresser nicht sinnvolle Träger wurden weggelassen.

Zu den Vitalstoffen gehören vor allem die Vitamine.

Es werden fettlösliche (A,D,E,K) und wasserlösliche (Vitamin C und alle der B-Gruppe), sowie essentielle (A, D, B 12) und nicht-essentielle Vitamine (C, K, alle anderen Bs) unterschieden.

Mangel kann entstehen:

- durch ungenügende Zufuhr (zu erhitzt, zu verarbeitet, zu einseitig ⟹siehe Tabellen 6 „Individueller Stoffwechsel“ und 10 „Vitaminverluste“),
- durch erhöhten Bedarf oder vermehrtem Verbrauch (Krankheit, Trächtigkeit, Stress, Medikamente),
- durch Resorptionsstörung im Darm (Alter, Entzündung, Parasiten), (⟹siehe Tabelle 18 „Einflüsse auf die Futteraufnahme“)

Massive Avitaminosen kommen heutzutage in Industrieländern bei unsren Haustieren nicht häufig vor, am ehesten bei Fütterung von Dauerdosenkost, Tütennahrung und im Haltbarkeitsdatum überschrittener Fertigware. Latente subklinische Mangelzustände sind aber nicht selten. Defizite liegen am ehesten bei vegetarisch, erst recht vegan ernährten Tieren vor, und zwar an Vitamin D3 und B 12.

Viele Vitamine sind wärme- und lagerempfindlich. (⟹ siehe Tabelle 10 Vitaminverluste). Nach drei Tagen Lagerung bei Zimmertemperatur hat beispielsweise frischer Spinat bereits fast 80 % seiner Vitamine verloren. Alle frischen Kräuter und Gemüse verlieren kontinuierlich im Durchschnitt bis zu 20 % ihrer Vitamine pro Tag. Gemüse vom Supermarkt erreicht den Verbraucher nach Transport und Lagerung durchschnittlich erst am 4.-10. Tag nach der Ernte. Ein frischer Apfel hat doppelt so viel Vitamin C wie ein monatelang im Kühlhaus aufbewahrter Winterapfel. Bei Lagerung im Kühlschrank wird Vitamin C nach 3 Tagen um mindestens ein Drittel reduziert. Bis die Ware den Verbraucher erreicht, können mehr als 40 % des ursprünglichen Mikronährstoffgehaltes verloren sein. Wenn sie dann noch erhitzt wird, sind keine Vitamine mehr übrig. Das gilt auch für fast alle kommerziellen Obstsäfte, sowie „schonend vorgegarte" Barf-Komponenten in Form von Gemüse-Obst-Mischungen, die immer pasteurisiert sind. Es empfehlen sich am besten täglich frische oder wenigstens gefrorene Gemüsesorten. Frisches Obst und Gemüse enthält jedoch 4 x mehr Vitamine als Tiefgekühltes und noch viel mehr als zu lang gelagertes. Blanchieren ist unnötig, weil dabei schon bis zu einem Drittel der Vitamine verloren gehen. Vermeiden Sie Mikrowelle.

Der Organismus benötigt einen ständigen Nachschub an Vitaminen, die den ebenfalls lebenswichtigen Enzymen erst zu chemischer Aktivität verhelfen. Sie sind die wahre Frischzellenkur. Man hat Wölfe beobachtet, die bis zu mehreren Kilo pro Tag an Äpfeln, Birnen, Pflaumen und Holunder fressen. Auch Wildkatzen fressen zuweilen Früchte.

Ein größerer Bedarf als normal besteht bei Trächtigkeit, Säugezeit, Wachstum, extremen klimatischen Verhältnissen, erhöhter Leistung und Krankheit, wobei die verabreichten allopathischen Medikamente wie Abführmittel, Schmerzmittel, Magensäurehemmer, Antibiotika, Cortisone oder Barbiturate als Vitaminkiller wirken.

Konserven haben immer einen reduzierten Nährwertgehalt. Frischkost und Gefriergemüse haben bis zu 18 Mal mehr Vitamine.

Das grundsätzliche Konzept, Futter billig, schnell verfügbar noch lange haltbar herzustellen und gleichzeitig als gesund auszuweisen, ist als gescheitert zu betrachten. Erlittene Verluste im Nachhinein mit chemisch hergestellten Vitaminen wieder aufzupeppen ist unmöglich. Es gibt zahlreiche wissenschaftliche Hinweise auf die schlechtere Bioverfügbarkeit von Laborvitaminen. Die Natur lässt sich eben nicht verbessern oder kopieren. Der Organismus kann sehr wohl zwischen natürlichen und synthetischen Vitaminen unterscheiden. Ihre Herstellung bedient sich eher unappetitlicher Quellen: genmanipulierten Bakterien, toten Fröschen, Pilzen, Schlachtresten, Reisschalen, Fischmehl oder Erdöl. Aus diesen Grundstoffen werden sie herausgelöst, filtriert, maschinell getrocknet, vermischt. Millionen von Jahren kamen Mensch, Wolf und Katze ohne künstliche Vitamine aus. Vitaminlieferanten sollten daher vom Garten, Balkon oder Spaziergang stammen oder frisch vom Bioladen, vom Bauern oder Wochenmarkt. Zudem finden sich in Naturprodukten von jedem Vitamin Gemische seiner vielen verschiedenen Molekül- und Verbindungsformen, aus denen der kluge Organismus genau diejenigen absorbiert, die gerade benötigt werden. Natürliche Vitamine sind an Eiweißmoleküle, Enzyme in pflanzlichen und tierischen Stoffen gebunden und werden so vom aufnehmenden Tier anders verstoffwechselt. Hypervitaminosen werden bereits als häufige Ernährungskrankheit durch einseitige Zwangsresorption von künstlich hergestellten Vitaminen registriert. Vitaminpräparate und -vormischungen enthalten fast immer nur eine Form, und zwar die, welche die Pharmaindustrie am billigsten und einfachsten nachbauen kann. Sie sind aber optimal nur synergetisch zusammen wirksam. Vitaminpräparate, sei es als Spritze, als Futterzusatz oder als Ergänzungsmittel sind isolierte Kunstprodukte, die es in der Natur so nicht gibt. In Präparaten stecken unter anderem noch zusätzliche Hilfsstoffe wie Farb-, Streck-, Füllstoffe. Bitterer Geschmack wird mit Zucker- oder Aromastoffen überdeckt. Chemievitamine können Allergien fördern und die Wirkung von Impfungen negativ beeinflussen, indem sie die spezifische Abwehr zu Gunsten der unspezifischen unterdrücken.

Was auch zu wenig bekannt ist: Der Begriff von beispielsweise Vitamin A ist nicht ein bestimmtes Molekül, sondern eine Sammelbezeichnung für hunderte verschiedener, ebenso bei den Vitaminen E oder D und anderen. Sie liegen in verschiedenen Bindungsformen vor, was eine unterschiedliche Bioverfügbarkeit im Organismus bedingt.

Höchstens bei nachgewiesenen akuten Mangelerscheinungen sollte auf synthetische Vitamine zurückgegriffen werden. Bei Stoßtherapie mit Vitaminpräparaten wird der Überschuss an Vitaminen, der nicht sofort verwertet werden kann, ausgeschieden. Auch deshalb steht auf allen Präparaten, dass sie keine ausgewogene Ernährung ersetzen. Am besten werden die sogenannten Mulsine aufgenommen, die der Körper in solchem Falle auch gerne annimmt. Am schlechtesten werden Vitamine als reine Säuren, zum Beispiel Ascorbinsäure verstoffwechselt. Besser verfügbar sind sie als neutrale Salze an Mineralien wie Ca oder Mg gebunden, oder noch besser, an Aminosäuren oder Methylgruppen. Diese sind allerdings im Herstellungsprozess teurer, hier als Beispiel Methylcobalamin (aktives Vitamin B12).

Auch das ausgeklügeldste Kombipräparat ersetzt nicht das Wechselspiel hunderter Substanzen in einem ausgewogenen Naturmenü. Es empfiehlt sich demnach fast immer, nach unten angegebener Tabelle entsprechende Vitaminträger bevorzugt im Wechsel zu verabreichen, wenn ein Mangel nachgewiesen oder vermutet wird.

Der Wolf nimmt die meisten dieser essentiellen Stoffe in Form von roher Leber und rohem Fisch auf, sowie im vorverdauten und deshalb aufgeschlossenen Inhalt des Verdauungstraktes seiner Beutetiere. Da es sich bei den bevorzugten Beutetieren meist um Pflanzenfresser handelt, finden sich darin Gräser, Kräuter, Sprossen und jede Menge verschiedenartiges unbelastetes Grünzeug. Bei der Fütterung sollte es sich im besten Falle um Weide- oder sogar Wildtiere handeln. Das Artenspektrum der aufgenommen Pflanzen ist bei Weidetieren schon um vielfaches kleiner als bei Wildtieren. Der Verdauungsinhalt der mit Kraftfutter gefütterten Stalltiere eignet sich allerdings nicht zur Fütterung für unsere Carnivoren, ebenso wenig die Mageninhalte von Geflügel und Schwein, sehr wohl aber die Mägen selbst.

Es folgen die *Vitaminträger,* in denen sich die einzelnen lebensnotwendigen Vitamine in natürlicher Form befinden:

Die angegebenen Mengen sind nur Näherungswerte, da es sich um Vitamine mit natürlicher Schwankungsbreite handelt. Fettlösliche Vitaminträger brauchen immer

Fette als Begleitstoff, um ausreichend resorbiert zu werden. Nur gute Vermischung und feine Vermahlung im Rohzustand sichert eine ausreichende Verdaulichkeit und Akzeptanz.

Vitamin A (Retinol) ist fettlöslich und hitzelabil. Kochen und Gefrieren vermindern den Gehalt um mindestens 20 %. Wird in Leber und Nieren gespeichert. Mangel häufig durch zu viel Soja und zu viel an Retinol-armem Grundfutter, was zu Hautproblemen, brüchigen Krallen, glanzlosem Haarkleid, Schilddrüsenunterfunktion und grauem Star führen kann. Es ist Gegenspieler zu Vitamin D und kann deshalb sowohl in Unter- wie Überdosis Knochenprobleme hervorrufen.

Ich möchte hier nicht das allseits zitierte Betacarotin anführen, denn es gibt noch jede Menge anderer Carotinoide: 300 oder 600 (so viel unterscheiden sich die Literaturangaben!).

Allein zu den pflanzlichen gehören unter anderen noch Lutein und Lycopen (⟹siehe 2b Vitaminoide). Für Carnivoren sind aber die Carotinoide in Tierischem um ein Vielfaches bedeutsamer als in Pflanzen. A-Vitamine in tierischen Substanzen sind nämlich 6-fach wirksamer gegenüber pflanzlichem Provitamin A. Provitamin A, deshalb heißt es „Pro", kann nur mit genügend Vitamin E, welches ein Mangelstoff sein kann, und genügend Zink, welches ebenfalls ein Mangelstoff sein kann, aufgeschlossen und in eigentliches Vitamin A, also Retinol, umgewandelt und bioverfügbar gemacht werden. Der Hund kann das nur äußerst eingeschränkt, die Katze gar nicht. Auch wenn Fett und Proteine fehlen, sind Carotinoide überhaupt nicht transportfähig. Das erklärt, warum die in Fertigfutter und Barfrezepten genannten Möhren oder die in Tabellen genannten Gemüse- und Obstsorten oder synthetische Vitamin A-Zusätze in Fertigmischungen kaum Bedeutung haben. Das soll nicht heißen, dass Karotten schaden. Sie dienen als guter Ballaststoff-Spender oder vielleicht als harmlose Beschäftigung, aber eben nicht als Vitamin A-, also Retinol-Quelle.

Als Nummer eins dafür gelten aber die Lebern aller Schlacht- und Beutetiere. Überdosis ist möglich durch exzessive Leberfütterung oder Lebertran und kann zu Knochenschäden, bei der Katze zu Wirbelsäulenversteifung führen. Durchschnittlich zweimal die Woche sollte ein Vitamin-A-Träger auf dem Speiseplan stehen. Pro 100 Gramm sind in Schweineleber 39100 µg, in Rinderleber 15300 - in seltenen Fällen 100000µg, in Putenleber 12800µg, Schafleber 9500µg, Aal 1000µg, Thunfisch: 160-1500µg (es gibt mindestens 7 Sorten), Käse: 300-500µg, Eigelb 200µg. Eier von Grünlandhühnern haben doppelt so viel wie konventionelle. In Gänsefleisch, Makrele, und Fischöl: 100µg, Lachs: 41µg. Außerdem in allen anderen Lebern, besonders Dorschleber. In Lebertran, Lachsöl, Hühnerfüßen, Weidevollrahm, Weidebutter. Wenig in Weidemilch.

Ein weiteres nicht essentielles tierisches Carotinoid ist Xanthin, eine wasserlösliche Purinbase. Es ist ein natürliches Abbauprodukt des Nukleotidstoffwechsels von Purin

Gemüse auch für den Hund

zu Harnsäure. Es ist ein wirksames Antioxidans bei Regeneration, Muskelsteifheit, Sonnenbrand und Augenkrankheiten. Es findet sich als rosa Farbstoff u.a. in Lachsfleisch, in den Schalen von Krill, Garnelen, Hummer und deren roten Ölen, aber auch in Federn, Schnäbeln, Eidotter, Blut, Muskeln, Milch und Augen. Daran kann man sehen, dass sogar Tieraugen, die wir als als Abfallprodukt ansehen und die außerhalb Europas durchaus Bestandteile von Speiseplänen sein können, noch wertvolle Inhaltsstoffe enthalten.

In pflanzlicher, anderer chemischer Form als Zeaxanthin, liegt dieses Carotinoid auch in roten Meeres- und Mikroalgen, gelborangen Früchten wie Mango oder Goji, Löwenzahn, Grünkohl, Spinat, Mangold oder Kürbis vor.

Bei Verfütterung von zu viel Xanthinhaltigem oder dem synthetischen Xanthin-Farbstoff (E161) zum Beispiel in Surimi und Meeresfrüchten, kann es zu Xanthinurie und zu Harnsteinbildung kommen, besonders bei Medikation mit Allopurinol. Beachtung bei Purinempfindlichkeit (⟹ siehe dort)

Überdosierung von Vitamin A ist möglich durch einseitige Leberfütterung (Katzen), hohe Vitamin A Dosen in Medikamenten und durch Retinoide, das sind die synthetischen Derivate der Vitamin-A-Säuren. Das Bundesinstitut für Veterinärmedizin warnt vor risikoreichen Beta-Carotin-Präparaten. Im Hundefutter muss bei diesem Zusatz (E 672) die Menge in Internationalen Einheiten (IE) pro Kilogramm angegeben werden, wobei eine Einheit 0,3 Mikrogramm entsprechen.

Vitamin B1 (Thiamin): wasserlöslich, essentiell für Katze, nicht essentiell für Hund, da Hunde B1 im Dickdarm selbst herstellen können, sofern ihre Darmflora gesund ist. Bei externer Zufuhr wird es zu 80 % durch Hitze, außerdem durch Sauerstoff, Lagerung und Konservierungsmittel zerstört und ist deshalb nur in frischem Rohem ausreichend vorhanden. Vitamin B1 benötigt zur ausreichenden Bioaktivität für Nerven und Leberspeicher das Spurenelement Mangan. Ein Mangel entsteht bei Dauerverabreichung von zu vielen Stärkeprodukten, zu viel ganzem, rohem Fisch (Hering, Karpfen, Seewolf, Stint, Hecht, Flunder, Zander, Makrele und Kabeljau mit thiaminasehaltigen Eingeweiden). Thiaminase blockiert die B 1 Aufnahme. Mangel kann auch bei Therapieeinsatz von Magensäureblockern (⟹siehe Säureblocker) vorkommen und Hyperaktivität und Koprophagie (⟹siehe jeweils dort) bewirken, im schlimmsten Falle Lähmungen. Pro 100 Gramm in Muskelfleisch, besonders vom Schwein 0,6-0,8mg, Schinken, da konserviert, nur 0,3- 0,5mg, Muskelfleisch Ente 0,3mg, Fisch (Scholle 0,2mg, Makrele 0,14mg), Leber, Niere 0,3-0,5mg, rohem Eigelb 0,3mg, Milch 0,1-0,3mg. In Bierhefe 120mg. Im Magen-Darm-Inhalt von Pflanzenfressern wie grünem Pansen oder Blättermagen. In Avocado, Mangold. In Haferflocken, Weizenkeimen.

Bei parenteraler Verabreichung kommt es gelegentlich zu allergischen Reaktionen bis zum Schock.

Vitamin B2 (Riboflavin) ist eine Vitamingruppe. Wasserlöslich. Verlust durch Hitzeeinwirkung bis zu 75 %, durch Licht schon 20 %. Vitamin B 2 ist wichtig u.a. für die Embryonalentwicklung und Thyroxinsynthese der Schilddrüse.Wird zum Teil in Eigensynthese hergestellt, deshalb nicht essentiell, braucht aber zum aktiv Werden die anderen B-Vitamine. In der Industrie als gelber Farbstoff (E101) verwendet.

Normalerweise kein Mangelstoff, nur wenn die Darmflora nicht genügend bildet, was sich durch Koprophagie zeigen kann. In der Hauptsache in tierischen Lebensmitteln. Pro 100 Gramm in Leber vom Schaf 3,3mg, vom Schwein 3,2mg, vom Rind 3mg, vom Huhn 2,5mg. 60 g am Tag davon decken bereits den Bedarf. In allen anderen Lebern ebenfalls vorhanden, auch in Niere (Rind 2,3 mg), in Käse 0,7 - 0,45mg, in Muskelfleisch (Rind, Lamm 0,3mg, Huhn 0,2mg). Außerdem in Augen, Lunge, Vormägen, Fisch, Eiern, Molke, Joghurt, Bierhefe. Sehr wenig in Kohl, Spinat, Brokkoli, Algen.

Vitamin B3: (Nikotinamid, Niacin) wasserlöslich, deshalb Verlust durch Auslaugen, hitzebeständig. Wird vom Hund mit Hilfe von Darmbakterien und in der Leber mit Hilfe von Tryptophan gebildet, nicht aber bei der Katze, die deshalb einen höheren Bedarf hat.

Mangel bei vegetarischem Futter, besonders maislastigem, kann zu pathologischer Dunkelfärbung von Schleimhäuten führen. Die Bioverfügbarkeit von Niacin oder Nikotinsäure in Pflanzen setzt hochwertiges tierisches Eiweiß im Futter mit der Aminosäure Tryptophan, sowie Zusammenspiel mit den Vitaminen B1 und B6 und Folsäure voraus.

Nur in tierischen Produkten voll verwertbar:

Besonders viel in Kaninchenfleisch und allen Lebern pro 100 Gramm von Rind 15-20mg, Huhn und Schaf 15-17mg, Pute 8-15mg, Schwein 10-12mg, in Rinderniere und Schweinefleisch 10mg, Geflügelfleisch 9,3mg, Schweineniere 8mg, Rindfleisch 7,5–11,3mg, Eiern 3,8mg). Außerdem in Schlachtabfällen, Thunfisch, Lachs, Sardellen, magerem weißem Fleisch (⟹siehe dort), Milchprodukten (⟹siehe dort), Bierhefe. In Avocado, grünen Algen, Papaya, Bananen. In Weizenkleie 17,7mg, Weizenkeimen.

Bei Überdosis mit synthetischem B3 kann es zu Vergiftungserscheinungen in Form von Krämpfen und Gelbsucht kommen.

Vitamin B 4 = Cholin, ist nicht essentiell, aber wichtiger Methylgruppendonator. Cholin wird für die Bioverfügbarkeit von Vitamin B 5 gebraucht. Es hilft bei der Umwandlung in Gehirnbotenstoff Acetylcholin als Gegenspieler zu Dopamin. Es ist nützlich für den Aufbau der Zellwände, als Baustein für Fett und Nervengewebe sowie die epigenetische Umweltanpassung. Ein Mangel führt zu Leberstörungen und Fettleber.

In Hirn und Leber besonders von Rind und Schwein, in Herz, Lachs, Hühnerfleisch, Eigelb, Hefe. In Kurkuma (44mg/100g), grünem Salat. In rohen Weizenkeimen.

Vitamin B5 (Panthenol, Pantothensäure): nicht essentiell, da durch gesunde Darmflora gebildet. Es ist wasserlöslich, durch Auslaugen und Hitze entsteht Verlust bis 50%. B5 hilft aus Cholin (⟹siehe dort) den lebenswichtigen Neurotransmitter Acetylcholin herzustellen, kann das aber nicht ohne die anderen B Vitamine. Ein Mangel kann bei Dysbiosen, ballaststoffarmer Nahrung und Antibiotika-Behandlung auftreten. Bei Unterversorgung ergrauen die Haare vorzeitig.Pro 100 Gramm: In Lebern von Rind 9,3mg, Geflügel 7,2mg, Schwein 6,8mg, Eigelb 3,7mg, Herzen von Huhn 2,6mg, Rind 2mg, Forellen 1,7mg, Camembert 1,1mg, Muskelfleisch von Huhn und Rind 1mg, Hering 0,9mg. Außerdem in Niere, Milchprodukten, Bierhefe. In Grüngemüse, Avocado, Blumenkohl, Grünalgen.

In Weizenkeimen, Weizenkleie, Soja, Kartoffeln.

Vitamin B6 (Pyridoxin): nicht essentiell, wasserlöslich, 100% hitzelabil, auch langes Tiefkühlen vermindert den Gehalt um mindestens 45 %. Es liegt in 6 verschiedenen Verbindungen vor. Es ist wichtig für die Bildung körpereigenen Eiweißes und unterstützt das Nervensystem. Mangel kann nur durch Proteinmangel, jahrelanges, einseitiges, erhitztes, womöglich veganes Futter, hohen Kortisonlevel durch Therapie oder chronischen Stress, Antibabyspritzen und Epilepsie ausgelöst werden. Die Katze hat einen viermal höheren Bedarf als der Hund.

Pro 100 Grammi in rohem Fisch: in Lachs und Sardinen 1mg, außerdem in Makrele und Hering. In Lebern: Rind 0,7-1mg, Huhn 0,8mg, Schwein 0,6mg, weniger in Muskelfleisch: Strauß 0,52mg, Schaf und Schwein 0,4-0,5mg, Pute 0,35mg, Rind 0,3mg. Außerdem in Nieren, Herzen, Milchprodukten, rohem Eigelb, Bierhefe, Acidophilus Bakterien bzw. -Präparaten. In Grün- und Wurzelgemüse, Algen, Melone, Kohl, Papaya, Bananen, Kürbis, Avocado.

Synthetisches B 6 ist neurotoxisch und kann bei Überdosis Ataxie, Unruhezustände und Gefühllosigkeit in den Gliedmaßen hervorrufen. Es gab Rückrufaktionen bei Hundefutter in USA, nachdem Hunde u.a. an Leberversagen gestorben waren.

Vitamin B7 (Biotin, Vitamin H): nicht essentiell, da im Darm gebildet und gespeichert. 60 % - 72 % Verlust durch Erhitzen. Ein Mangel kann bei gestörter Darmflora, Therapie mit Antibiotika oder Abführmitteln auftreten. Wichtig für die Verwertung von Vitamin B 5 und Vitamin K. Biotin ist ein Hautvitamin, Mangel bewirkt Haarausfall, trockene Haut, brüchige Krallen.

Pro 100 Gramm in Nieren (Schwein 135µg, in Lebern (Schaf 130µg, Pferd und Rind 96µg, Schwein 90µg, Geflügel 10-80µg. In Eigelb 25µg. (Avidin im rohen Eiklar inaktiviert dieses Vitamin.) In Sardinen 21µg, Barsch 11µg, Milchprodukten 3,5µg. Außerdem in Lammfleisch und -innereien, Bierhefe, Acidophilus Bakterien bzw. -Präparaten. In Bananen 5,5µg, Hagebutten, Karotten, Luzernegrün, Algen, Spirulina, Keimlingen.In Haferflocken 20µg, Soja.

Bei medikamentöser Überdosis kann es ebenfalls zu Haarausfall kommen.

Vitamin B10 (*Paraaminobenzoesäure,PABA, Paraminobenzoat*) nicht essentiell, unterstützt die Wirkung der Folsäure. Zuständig für Fellfarbe und Hautgesundheit. In Lebern, Nieren, Hefe, Weizenkeimen.

Vitamin B11(Folsäure,Vitamin B9 oder M): eigentlich nicht essentiell, trotzdem häufiger Mangel. Das Vitamin ist wasserlöslich und benötigt andere B Vitamine, um im Darm zur aktiven Form der Folinsäure umgewandelt zu werden. Zu 100 % thermolabil (⟹siehe Tabelle 10 Vitaminverluste) und sehr empfindlich gegen Lagerung, Verarbeitung, Licht, Sauerstoff, Säuren und Konservierungsstoffe, deshalb ist schnell Mangel möglich durch frischkostarmes, erhitztes, einseitiges Futter oder bei vegan ernährten Carnivoren. Außerdem wird Folsäure durch Hormongaben, Antibiotika, Schmerzmittel und Barbiturate vernichtet. Folsäuremangel kann wiederum ein Zink- und Vitamin B 12 Defizit begünstigen. Mängel äußern sich in Problemen mit Darm, Nerven und Blut.

Pro 100 Gramm in Lebern: Rind 600µg, Huhn 380µg, Pute 300µg, Kalb 240µg, Schwein 136µg, in Hühnerfüßen 240µg, Eigelb 160µg, Thunfisch 15µg. Weniger in allen Innereien, Nieren, Hühner-, Puten- und Muskelfleisch, Blut, Lachs, Rohmilch, Camembert, Hefe. In Bio-Weizengraspulver 320- 1100µg, Petersilie 150µg, Mango 36µg, Kurkuma 17µg, in allem Grüngemüse, bes. Kräuter, Moringa, Spinat, Feldsalat, Endivie, Fenchelgrün, Brokkoli, Avocado, Rosenkohl, Grünkohl, Selleriekraut, Blumenkohl, rohen Seealgen. Karotten, Kürbis, Roter Bete, Brombeeren. In rohen Bio-Weizenkeimen, Weizenkleie 200µg, Haferflocken.

Unmetabolisierte Folsäure in synthetisch hergestellter Form in Nahrungsergänzungsmitteln ist aggressiv und kann schleichende Überdosierung, Mangel an Zink und Vitamin B 12 und schlimmstenfalls Krebs bewirken. Folate dagegen sind natürlich und die eigentliche Wirksubstanz ohne Limit in den oben genannten Trägern. Allerdings vermindert sich der natürliche Folsäuregehalt wiederum durch Behandlung mit zugesetzter Labor-Ascorbinsäure als Konservans bei Frischfleisch und Fisch.

Vitamin B12 (Cobalamin): komplexes Molekül, wasserlöslich, lichtempfindlich, säureempfindlich, hitzeempfindlich, dabei Verlust mindestens 12 %. Es ist ein vielseitiges Stoffwechselvitamin, das mit Hilfe anderer Vitamine u.a. an der Aktivierung von Folsäure, der Herstellung von Carnitin und Cholin (⟹siehe jeweils dort) beteiligt ist. Vitamin B12 ist essentiell, da das im Dickdarm von Mikroben hergestellte B 12 beim Hund nur schwer resorbiert werden kann. Seine Herstellung im Organismus ist zudem von dem Mangelelement Kobalt (⟹siehe dort) abhängig. Kobalt muss in das große Molekül als Zentralatom eingebaut werden. Cobalamin ist wichtig für den Muskelaufbau aus Aminosäuren, für Blutbildung, Eiweißstoffwechsel, Nervenfunktion. Es gibt drei verschiedene Cobalamine, nur eines davon ist für den Hund resorbierbar. Mangelerscheinungen können erst nach Jahren auftreten, je nachdem wie gefüllt der Speicher in der Leber war. Sie treten auf bei Belastung mit Säureblockern, Antibiotika, Quecksilber (Impfungen) oder/und Blei, bei vegetarisch oder vegan ernährten Fleischfressern und solchen nach Magen-Darm-Operationen, mit EPI bzw. Pankreasinsuffizienz, im höheren Alter und durch Enzym- und Resorptionsstörungen. Sie führen zu Anämie, Schmerzen oder Taubheit der Gliedmaßen, Gehirnentwicklungs-Verzögerungen, Nervosität oder Lethargie, Konzentrations- und Gedächtnisverlust mit psychotischen Verhaltensänderungen, Aggressivität und Senilität sowie Ergrauen des Fells. Voraussetzungen einer ausreichenden Versorgung mit B 12 sind ausreichende Magensäurebildung, intakte Schleimhäute, Darmflora und Bauchspeicheldrüse, wo beim Hund 80% und bei der Katze 70 % des Vitamins gebildet werden. Außerdem das Vorhandensein von genügend Kobalt. Gestörte Aufnahme ist häufiger ist als zu wenig Zufuhr (⟹siehe Tabelle 18 „Einflüsse auf Futteraufnahme“). Die resorbierbare Form ist für Carnivoren nur in Tierischem vorhanden, muss aber noch in die biologisch aktive Form umgewandelt werden:

An erster Stelle in Muttermilch, wenn Hündin oder Kätzin genügend Speicher aufweisen.

Pro 100 Gramm in allen rohen Lebern (Rind 65µg, Kalb 60µg, Schwein 40µg, Huhn 25µg, weniger in Leberextrakten. In Nieren 25µg, Hasen- und Kaninchenfleisch

10µg. In Fischen (Hering 8,5-11µg, Makrele 9µg, Seelachs 1,2-3 µg, Sardinen 0,1µg, Forelle.

In Rinderhack 4-5µg, rohem Ei 1,4-5,4µg, Schweinefleisch 3µg, Käse 1-2 µg, Joghurt, Kefir, Quark und Milch 0,4– 0,8µg.

Außerdem in allen Nieren, besonders vom Schaf, in Milz, Lachs, magerem Rind- u. Schweinemuskelfleisch, Schalentieren, Fleischbrühen. In inneren Organen von Beutetieren, vor allem Därme, besonders Dickdarm und Vormägen, Pansen, Pferde- und Kaninchenblinddarm, alle mit Inhalt. In frischen Pferdeäpfeln, frischen Schafs- und Kaninchenkötteln. Es tut mir leid, Menschenkot von Fleischessern ist besonders reich an B12. Es wird in geringen Mengen auch über Bakterien mit der Erde, sowie durch schlammiges Wasser aufgenommen. Überdosierung durch natürliche Zufuhr ist nicht möglich. In Hefen befindet sich kein Vitamin B 12 oder nur in zu vernachlässigbaren Spuren.

In Pflanzen, Algen und vergorenem Gemüse befinden sich nur Pseudocobalamine, unwirksame B12-Analoga, die Carnivoren nicht in die bioaktive Form umwandeln können. Sie haben deshalb auch keine Vitaminwirkung und können sogar das bioaktive B12 blockieren. Deshalb besteht fast immer Mangel bei vegetarisch oder vegan ernährten Hunden.

Industrielles Vitamin B12, ein hitzestabileres Cyanocobalamin, wird aus verschiedenen genmanipulierten Bakterien gewonnen. Es ist nur schwer bioverfügbar.

Vitamin B13 (Orotsäure) ist ein Vitaminoid, nicht essentiell, da in gesunder Darmflora vorhanden. Das Vitaminoid arbeitet vitaminähnlich mit Folsäure und Cobalamin in der Leber zusammen.

In Schaf- und Ziegenmilch, Molke, Schafkäse, Leber, Hefe, Joghurt. Wird auch als Bindungssäure für Magnesium und andere Mineralien in Präparaten genutzt.

Vitamin B15 (Pangamsäure), nicht essentiell, wird mit Hilfe von Betain im Organismus gebildet. Äußere Zufuhr durch Blut, Pferdeleber, Bierhefe. Weizenkleie

Vitamin B17 (Laetrile, Amygdalin), hitzelabil, Anti-Neoplastisches Vitamin = Cyanogenes Glycosid, das fälschlicherweise als Vitamin benannt wurde. Nicht-essentiell. Ein Molekül Hydrogenzyanid (Blausäure + Benzaldehyd) + 2 Moleküle Glucose werden durch das Enzym Rhodanase nur in Krebszellen in Thiocyanat und Benzoesäure umgewandelt. Dies soll eine selektive Toxizität für Krebszellen bedingen. Ausscheidung geschieht über Urin. Behandlungen beim Menschen waren erfolgreich gegen Krebs, bei Hund und Katze nur in Spezialpraxen angewandt. Es muss genau dosiert werden, da es sonst durch Kumulation toxisch wirkt. Andere Quellen halten Amygdalin auch in höherer Dosierung nicht für gefährlich. Möglicherweise bestimmen die Dosis und die molekulare Bindungsform die Gift- oder Heilwirkung.

In Sprossen, Apfelkernen und -schalen, allen Kohlsorten, Spinat, Kresse, Papaya, Kürbis oder Hirse auch in höherer Zufuhr ungefährlich. Auch Spirulina enthält Cyanoverbindungen. Interessant ist, daß Pferde Mangokerne und rohe Maniokwurzel mit aktivem Blausäuregehalt verzehren, aber nach einer gewissen Menge ablehnen. Ähnlich liegt die eingesschränkte Empfehlung bei Aprikosenkernen für den Menschen. Tiere kennen anscheinend die Gesundheitswirkung mit Maß.

Vitamin C= Ascorbinsäure: wasserlöslich, wird durch Sauerstoff und Kochen bis zu 100 % zerstört, auch empfindlich gegen Licht. Auch bei Vitaminen ist die Molekülform von Bedeutung. Nur L-Ascorbinsäure wirkt als Vitamin. Nicht essentiell, da es von Hund und Katze selbst in der Leber hergestellt wird. Hunde synthetisieren 30 bis 50 mg Ascorbat/kg. Nur bei Problemen des Darmes oder der Leber kann ein Mangel auftreten, was zu verminderter Spermienzahl, Knochen- und Schleimhautproblemen führen kann. Zu hohe Gaben von synthetischem Vitamin C Gaben können Osteodystrophie auslösen.

Pro 100 Gramm in Lebern (Rind 30mg, Huhn 28mg, Schwein 23mg, Pute 20mg, in Nieren, Roh-Milchprodukten, Walhaut. Katzen finden Vitamin C in Mäusen. Eine der Vitamin C haltigsten Obstsorten ist Ananas mit bis zu 1000mg. Mahlen Sie ruhig die Schalen oder den Strunk als Vitaminträger (nicht das Grün), Guave 270mg, schwarze Johannisbeeren 175mg, Petersilie 166mg, Brokkoli 115mg, Rosenkohl 112mg, Apfel je nach Sorte 3-26mg, plus Kerngehäuse, das hat mehr als das Fruchtfleisch. Außerdem in Grüngemüsen wie Brokkoli, Weißkohl, Spinat, Fenchelgrün, Kresse und Brennnessel (besonders frisch und wild gesammelt hat sie 7-10 x so viel wie Salat).

Großtechnisch werden Ascorbinsäure (E 300) oder Kalzium-Ascorbat (E 302) als Konservans in Fleisch, Wurst und Weißmehl eingesetzt. Es wird „frischer“ Fleischware, Kottlets, Fleischspießen, Würsten (Teewurst) und Lachs zum Haltbarmachen als Farbstabilisator und Antioxidationsmittel zugefügt. Sogar das Vieh bekommt es als i.v. Injektion kurz vor der Schlachtung, gewissermaßen als Lebendkonservierung. Vitamin C wird industriell durch gentechnisch veränderte Organismen hergestellt und kann bei Dauerdosis Harnsteine entstehen lassen. In Megadosen kann es sogar zu Blutvergiftung führen, weil das im Blut enthaltene Eisen, das dort an Eiweiße gebunden ist, durch Ascorbin freigesetzt wird. Freies Eisen wirkt aggressiv und toxisch. Ascorbinsäure aus dem Labor kann Skorbut beim Menschen nicht vollständig ausheilen; das vermögen nur Vitamin C haltige Früchte mit ihren Sekundärstoffen.

In Fertigfutter wird Ascorbylphoshat dem reinen Vitamin C vorgezogen, weil es stabiler ist und durch Erhitzung nicht abgebaut wird.

Vitamin D3 (Cholecalciferol): Es wird in der Leber tage-, bis maximal wochenweise gespeichert, sowie im Fettgewebe. Nur diese Vitamin-D3-Art in Produkten tierischen Ursprungs kann vom Fleischfresser verwertet und in die bioaktive Form umgewandelt werden, nicht aber das in Pflanzen vorhandene D1 und D2. Vitamin

D3 ist essentiell, nicht hitzestabil mit etwa 10 % Verlust. In anderen Literaturstellen wird allerdings von 95 % Verlust gesprochen. Aus diesem Grunde verzehren nordische Völker ihre Fische auch roh, da die Bildung in ihrer Haut durch Klima und Kleidung behindert ist.Vitamin D3 wirkt entzündungshemmend und damit vorbeugend gegen Autoimmunkrankheiten und Krebs. Es ist fettlöslich, weshalb es vor allem in rohem Fettreichem zu finden ist. Es braucht Magnesium, um in der Leber aktiviert zu werden. Es ist Gegenspieler zu Vitamin A und Parathormon und benötigt genügend Kalzium. Cholecalciferol ist unentbehrlich für den Kalziumhaushalt und damit den Knochenaufbau, den Eisen-, Fett- und Zuckerstoffwechsel, sowie verantwortlich für die ausgleichende Funktion der Nebenschilddrüse (Parathormon). Es verstärkt die Makrophagen der Immunabwehr und die Gehirnenzyme. Bei Mangel fördert es deshalb Hyperaktivität. Unterversorgung liegt besonders bei Dauermedikation von Antiepileptika und Cortisonen vor. Bei Tumoren oder chronischen Erkrankungen der Leber oder Niere kann die endogene Aktivierung fehlen. Bei fettlos (Light Produkte, kalziumarme oder falsche Diät bei Übergewicht), vegetarisch oder vegan ernährten Tieren kann es ebenfalls zu Mangel kommen. Übrigends wird gesetzlich nicht zwischen vegetarisch und vegan unterschieden. Deshalb wird dort auch schon mal ein wenig Rindertalg, Schweine- oder Wollfett eingeschmuggelt. Bei Mangel an D3 kommt es zu unvollständigem Kalziumstoffwechsel, Entkalzifizierung der Knochen, Rachitis, Osteomalazie, Osteopenie und anderen Skelett- und Autoimmunschäden, sowie Krebs. Bluttest möglich.

In Hunde-Muttermilch, nur wenn die Hündin ausreichend D3 in ihrem Fett- und Leber-Speicher hatte. Pro 100 Gramm: in Hering 27µg, Lachs 16,3µg, Sardinen 7,5µg, Thunfisch 4,5µg, Makrele 4µg, Käse 0,6-0,95µg, in rohem Eigelb nur von Freilandhühnern 2,9µg, Sahnekefir 0,2µg.

Da dieses Vitamin hormonähnliche Wirkung hat, wird in anderen Quellen wie bei Enzymen die Aktivität in internationalen Einheiten angegeben. 40 I.E. entsprechen dabei 1 Mikrogramm = 1µg. Eine I.E. von Vitamin D3 wird damit also 0,025 µg gleichgestellt: Pro 100 Gramm finden wir dann in Lebertran (Menge richtet sich nach der natürlichen Schwankungsbreite) 400-12000 I.E., in Aal 4700-5075 I.E., Hering 1000-1040 I.E., Sardinen frisch oder Dose 300-1500I.E., Lachs 300-800I.E., Lachsresten 200 I.E., Eigelb 116 I.E., Schafleber 80 I.E., Rinderleber 68 I.E., Käse 40 I.E.. Außerdem in allen Lebern von Meeresfischen (Dorsch, Hai, Kabeljau, Schellfisch, Thun), weniger von Freilufttieren, hier besonders Robben, Wild, Karibu, Ren. Besonders viel findet sich in Fischleberölen, z.B. Dorschlebertran. Weniger in allen anderen Fischölen von Lachs, Dorsch oder Krill, in Meeresfischhäuten, sehr wenig in Nieren, Forelle, Joghurt. Süßwasserfische enthalten fast kein Vitamin D.

Viel Sonne und Bewegung an frischer Luft schadet unseren Tieren auf keinen Fall, auch wenn Caniden und Feliden kein Vitamin D in der Haut synthetisieren können.

Überdosis kann bei Fisch-Ölen, Nahrungsergänzungen und synthetischem Vitamin D3, das inzwischen Milch, Getränken und Backwaren zugesetzt wird, zu Organverkalkungen, Nierensteinen, Knochenschäden (Femurkopfnekrose) und sogar zum Tod führen. Es gibt kein Gegenmittel. Ist Vitamin D 3 (E 671) dem Hundefutter zugefügt, muss es auch mengenmäßig deklariert werden und zwar in Internationalen Einheiten (I.E.) per Kilogramm. Das Vitamin D in Präparaten wird aus Schafwollfett, Lanolin, extrahiert oder in Form von Fischöl zugesetzt.

Vitamin D2= Ergocalciferol ist die pflanzliche Vorstufe, die im Körper des Hundes nicht zu D3 umgewandelt werden und deshalb für ihn nicht verfügbar gemacht werden kann. Somit hat es für ihn keine Bedeutung, ebenso wenig wie die nur in Pflanzen vorkommenden Sterine Vitamin D 4 und D 5. Es gibt kein veganes Vitamin D 3. Angeblich soll es aber aus Pilzen und Flechten herstellbar sein. Diese sind aber keine reinen Pflanzen.

Vitamin E (Tocopherol) ist wie bei vielen Vitaminbezeichnungen nur ein Sammelbegriff. Fettlöslich. Nur eingeschränkt hitzelabil, Verlust bis zu 10 %, aber sehr lager- und gefrierempfindlich. Natürliches Vitamin E kommt in 8 verschiedene Molekülformen vor. Die bekanntesten sind die vier Tocopherole Alpha, Beta, Gamma, Delta und vier Tocotrienole. Letztere wirken viel stärker antioxydativ als das meist in Präparaten und Fertigfuttern zugesetzte alpha-Tocopherol (E 307). Die natürlichen Tocopherole kommen zusammen mit Gamma-Tocopherol besonders in rotem Palmöl vor. Auch die drei anderen Tocopherole werden bei Zusatz synthetisch hergestellt (E 308, E 309). Bei gleicher Aufnahmemenge ist die biologische Aktivität der natürlichen E-Vitamin-Komplexe um ein vielfaches höher als bei synthetischen und hat eine Schutzfunktion. Die natürliche dreidimensionale D-Molekülform kann im Labor nicht nachgebaut werden, ähnlich wie bei synthetischen Aminosäuren. Die räumliche Ausdehnung eines Moleküls, die der Organismus erkennt und die die Leber bevorzugt, ist ebenso wichtig wie seine chemische Bindungsform. Tocopherole schützen die ungesättigten Fettsäuren vor Oxydation und sind an diese gebunden, sowohl im Organismus wie auch als mehr oder weniger unschädlich zugesetzte Fett-Konservierungsmittel. Im Körper arbeiten diese Vitamine antioxidativ nur synergetisch im Zusammenhang mit Vitamin C und den Mangelstoffen Selen und Zink. Die Absorptionsrate wird durch ranzige und ungesättigte Fette vermindert. Alle Vitamin E Sorten sind immer an Fette gekoppelt und werden im Körper in diesen gespeichert. Bei der Verfütterung sind tierische Träger vorzuziehen.

Mangel beim Hund ist selten, möglich durch überlagertes, fettloses Futter. Präparat E-Mulsin therapeutisch entzündungshemmend einsetzbar bei Arthrose, Arthritis, Teckellähme, Harninkontinenz, vor allem nach Kastration bei Hündinnen, bei Krebs und generalisierten Alterserscheinungen. Überdosis kann die Vitamin K-Synthese beeinträchtigen.

Pro 100 Gramm in tierischen Fetten: Fischöl 2-4mg, Eidotter 1,8-5,7mg, Makrele, Hering 1,5-2mg, Hühnerherz 1,3mg, Käse 1mg, außerdem besonders viel in Lachsöl,

Lebertran. In Fleisch von Lachs, Aal, Makrelen. Geflügelfett, geringe Mengen in fetten Schlachtabfällen, Nieren, Hühnerkrallen. In pflanzlichen Fetten: Keimlingen, Kleien 1,6-320mg, Kurkuma 62,5mg, rohen Bio-Weizenkeimen bis 30mg, Süßkartoffel 4,5mg, Avocado 1,3mg. Außerdem geringe Mengen in Alfalfasprossen, Grünmehlen, Goji-Beeren, Grünem Sellerie.

Eine Überdosierung über normale Nahrungszufuhr ist nicht möglich.

In konventionellen Ölen wird Tocopherol zugesetzt. Diese sind weder für Tiere, noch für uns gesund zu nennen (⟹ siehe Tabelle 13 Ölherstellung). Synthetische Vitamin E Präparate kann man aus Mineralöl herstellen. Sie sind nur ein Drittel so wirksam und werden sogar für Todesfälle verantwortlich gemacht (Cochrane-Studie). Sie enthalten meist DL-Alpha statt des besseren Gamma- oder D-Tocopherols und können Krebs und Gehirnblutungen bewirken.Die molekulare D Form wird doppelt so gut aufgenommen wie die synthetische DL Form. Überdosis von chemisch hergestelltem Vitamin E (Trockenfutter) kann zu Unterfunktion der Schilddrüse führen. Dieses Vitamin E wird dabei als Fettkonservierungsstoff zugesetzt, aber oft als Wertstoff interpretiert. Es muss mengenmäßig deklariert sein. Andere Literaturstellen geben für alpha DL-Tocopherol Internationale Einheiten an, sodass 1 I.E. einem Milligramm entspricht.

Vitamin F: Damit sind alle essentiellen Fettsäuren gemeint, also die bekannten ungesättigten Omega-Fettsäuren. Sie weisen eine oder mehrere Doppelbindungen im Molekül auf, die besonders reaktionsfreudig sind und damit Entgiftungsfunktion wahrnehmen können. Es handelt sich immer um Mischfette gesättigter und ungesättigter Fettsäuren, wobei Fischöle die meisten ungesättigten haben, nämlich bis zu 80 %, bei kaltgepressten Bio-Pflanzenölen ebenfalls bei 80%, wobei ihre Verhältniszahlen nicht unberücksichtigt bleiben dürfen. Es gibt einen absoluten und einen relativen Omega3Mangel.

Kokosfett und Palmöl (⟹siehe dort) haben nur 50%, etwa ebenso viel wie durchschnittlich in tierischen Säugetierfetten. Importiertes weißes Palmöl ist das meist verwendete Öl in Tierfutter, deklariert als Pflanzenfett.

Mangel an ungesättigten Fettsäuren kann bei Dauerfütterung von Billig-Fertig-Futter oder fettarmen Schlachtabfällen entstehen und bewirkt stumpfes Fell, talgige trockene Schuppen, Hautpilz, schlechte Wundheilung und Hyperaktivität. Ungesättigte Fette werden besonders schnell ranzig. Höhere Dosen oder chronische Zufuhr von ranzigem Fett beeinflussen die Verdauung negativ, stören Wachstum, Hautstoffwechsel, sowie die Vitamin E Resorption und können zu Leberschäden führen.

Siehe unter *Omega 3 Fettsäuren aus pflanzlicher Quelle:*

Obwohl in guten Pflanzenölen, Leinöl, Nüssen (Leinsamen, Sonnenblumenkerne, Walnüsse, Mandeln, Sämereien) vorhanden, sind die Omega 3 Fettsäuren aus pflanzlichen Quellen für Carnivoren vernachlässigbar, überflüssig und nicht empfehlenswert, weil schwer verwertbar, wenn nicht sogar schädlich durch allergene Wirkung. Kastanien, Macadamia, Aprikosenkerne, Bucheckern, Mandeln und Muskatnuss können zu Vergiftungserscheinungen in Form von Gliedmaßenschwellungen und Muskelschwäche führen. Konzentrierte Öle kommen ja in der Natur so überhaupt nicht vor und schon gar nicht raffiniert. (⟹siehe Tabelle 13 Ölherstellung) Manche Öle können bei Hunden zu Allergien (selten), Kokosöl zum Beispiel zu Magen-Darm-Problemen führen.

Algen und Seetang sind zwar besser, noch besser aber sind *Omega 3 Fettsäuren aus tierischer Quelle:* Pro 100 Gramm in Lachsöl 30000-35000 mg, Makrele, Hering 1000-3000mg, Sardellen, Dose 1700-2055mg, Sardinen, Dose 982-1604mg, Lachsfleisch 814-3000mg je nach Lachsart, Forelle 1000mg, Lachsreste 627mg, Thun 111- 1173mg je nach Art und Verarbeitung, Wels 373mg, Seelachs, Kabeljau= Dorsch, Scholle 50- 840mg. Außerdem in anderen Fischölen zu 60 % der Fette (Waltran, Heringsöl), 20 % in Lebertran (teelöffelweise), in Schweinefett, in Butter zu 35%. Außerdem in Waltran, Robben- und Krillöl, Hirn und Augen aller Tiere, besonders von Wild und Weidetieren, weniger in Geflügelfett, Meeresfischabfällen, Meeresfrüchten, Wildfleisch, Eiern freilaufender Hühner. Sehr wenig in Lammfleisch, Süßwasserfischen, fast nichts in Mastfleisch und Milch konventioneller Art.

Vitamin K 2 = Menachinon: nicht essentiell, fettlöslich, hitzestabil, wird aber durch Herstellung und Lagerung von Futtermitteln inaktiviert. Vitamin K ist eine Sammelbezeichnung für Menachinone. Kein Mangel beim Hund, da Menachinon von Darmmikroben, vor allem von Bakterium Coli, im Dickdarm gebildet und in der Leber gespeichert wird. Nur bei nicht intakter Darmflora, Verdauungsproblemen oder Antibiotikabehandlung kann es zu Mangel kommen. Mangel wurde bei nicht gesäugten und/oder nicht hundgerecht ernährten Welpen festgestellt. Vitamin K 2 steuert Speicherung und Einbau von Kalzium in die Knochen und ist lebensrettend für die Blutgerinnung. Es wird bei akuter Rattengiftintoxikation verabreicht, weil das Gift Dicumarol die Blutgerinnung außer Kraft setzt. Vitamin K 2 findet sich pro 100 Gramm in Hühnerfleisch 300mg, Eigelb 45mg, in Hundemuttermilch, frischen Pferdeäpfeln, Lebern und Leberextrakten, Kaninchenblinddarm. Außerdem, aber nur sehr wenig, in tierischen Anhangsfetten, Fisch, Fischmehl, Innereien, Fischöl, Lebertran, Joghurt, Hartkäse, bes. Gouda, Butter, Quark.

Vitamin K 1= als Provitamin *Phyllochinon* oder englisch *Phytonadion* kommt nur in Pflanzen vor, besonders grünen, und hat deshalb für den Hund keine Bedeutung, weil seine Bioverwertung zweifelhaft ist und es auch nicht durch die Placenta aufgenommen werden kann.

Getreide hat nur äußerst wenig Vitamin K, deshalb wird Vitamin K 3 bei getreidelastigem Fertig-Futter zusätzlich beigegeben. Aber das ist *K 3 = Menadion*, welches synthetisch, künstlich und giftig ist, toxisch für Atemwege und Haut, zudem nicht bioverwertbar und damit wirkungslos. Deshalb ist dieses Vitamin K in Lebensmitteln nicht zugelassen und in Fertigfutter schädlich.

Vitamin P (Polyphenole, Bioflavinoide) sind hitzestabile, an die 5000 verschiedene Gerbsäureverbindungen mit antioxydativem, vitaminähnlichem, enzymunterstützendem Charakter. Sie werden den Sekundärstoffen von Pflanzen zugerechnet. Flavonoide entstehen erst durch UV-Einwirkung und Wärme in der Schale, also nicht unbedingt in Treibhäusern oder in unreif geernteten Früchten. Flavonoide sind polyphenole Farbstoffe in Pflanzen, und nur in diesen. Sie sind besonders wichtig für die Methylierung der epigenen DNS-Strukturen, das heißt für die An- und Abschaltung der Gene für eine optimale Anpassung an die Umwelt. In diese Kategorie fallen die Anthocyane in blauen und roten Pflanzenteilen. Sie sind deshalb besonders wertvoll für den aufnehmenden Organismus. Sie werden im Dickdarm von Bakterien zu Rutin, Quercetin, Resveratrol und vielen weiteren, auch in der Medizin verwendeten Extrakten, abgebaut. Flavonoide haben ein unglaublich weites gesundheitsförderndes Spektrum: antimikrobielle, fungizide, antivirale, antitumoröse, entzündungshemmende, immunstimulierende, antithrombotische, antiallergische, antikarzerogene, schmerzlindernde, wundheilende, kardio-, hepar-, entero- und neuroprotektive Wirkung, und das alles, ohne Resistenzen zu erzeugen. Noch ein Grund mehr, warum Pflanzen auch in den Futternapf von Carnivoren gehören.

Pro 100 Gramm in schwarzen Johannisbeeren 1000-2100mg, roten Äpfeln 10-70mg, in allen blauen und roten Beeren, Rotkohl, Brokkoli, Rote Bete, Granatapfel, Hagebutten, Propolis und fast allen Früchten und Blatt-Gemüsen.Chia

Vitamin U: Es hat eine wichtige Rolle bei Geschwulst- und Geschwürheilung des Verdauungsapparates.In Eiern und Rohmilch. Außerdem im rotem Kohl, frischem Kohlsaft, Alfalfa, Petersilie, Sellerie.

Kräuter, Obst und Gemüse transportieren noch etwas Wichtiges:

Mineralstoffe:

Diese anorganischen Substanzen sind essentiell für viele Körperfunktionen, besonders den Wasser- und Säure-Basen-Haushalt. Sie können nicht gespeichert werden. Mineralstoffe sind wichtig für die Abpufferung von Säuren und gelten deshalb als entgiftende Basenbildner. Sie werden besonders gut aufgenommen, wenn sie an organische Substanzen wie Aminosäuren gebunden sind. So werden sie im Blut transportiert. Nur chemisch gebunden und nicht in isolierter Form können sie durch die Zellmembran ins Innere der Zellen gelangen.

Mineralstoffe sind wasserlöslich und werden deshalb im Kontakt mit Wasser (waschen, wässern, kochen) aus ihren Trägern herausgelöst. Die meisten Mineralstoffe befinden sich unter der Schale von Obst, Knollen und Wurzeln, weshalb auch Schälen zur Verminderung beiträgt.

Der absolute Gehalt ist nicht allein entscheidend, wichtig ist auch, in welchem Verhältnis einzelne konkurrierende oder synergetisch arbeitende Mineralstoffe vorhanden sind. Auch die Zusammensetzung der Mahlzeit entscheidet über die Bioverfügbarkeit im Einzelnen. Es liegt eine unüberschaubare Komplexität von Wechselwirkungen vor, die noch längst nicht umfassend erforscht ist. Die Aufnahme eines Nahrungsmittels kann die Wirkung eines anderen verstärken oder vermindern. Nicht immer können Blutuntersuchungen Missverhältnisse aufdecken, da sie nicht als reines Ursache–Wirkungsprinzip fungieren, sondern als Komplettvernetzung im Organismus. Blut ist nur ein Transportmittel und diesbezügliche Laborwerte werden meist überschätzt, da es auch auf die entsprechenden Speicher, die im Blut nicht gemessen werden können, ankommt. Die Werte hängen auch sehr stark vom Zeitpunkt der Abnahme ab. Urin- und Haaranalysen können aussagekräftiger sein.

Der knappste Wert eines Nährstoffes begrenzt die Gesundheit. Eine überhöhte Zufuhr bringt allerdings auch keinen weiteren Nutzen. Anorganisch konsumierte Mineralstoffe können bei Daueraufnahme zu Schäden führen.

In Mischungen, Zusätzen und Präparaten sind Chelate in ihrer größeren molekularen Verbindung an Aminosäuren gekoppelt am besten bioverfügbar, auch organisch gebunden als Carbonat, Ascorbat, Citrat, Gluconat oder Orotat, und andere, die meist auf –at enden, so wie sie zum Teil als Baustein im Körper vorkommen. Organische Säuren sind in der Natur verbreitet und verfügen über eine funktionelle Kohlenstoff-Gruppe (-COOH oder –OH), die Reaktionen eingehen können und schnell aktiv werden. Oxide (die auf -id oder -it enden) werden nur zu 30 % resorbiert, können nicht richtig umgesetzt werden und lagern sich daher im Gewebe als Zellmüll ab. Diese anorganisch gebundenen Mineralstoffe werden als gesundheitsgefährdend angesehen. Alle Abfallprodukte und Giftstoffe in den Zellen lassen diese schneller altern und stören die interzellulare Kommunikation.

Ein Mangel entsteht am ehesten bei chronischem Durchfall, Erbrechen oder einseitiger Fütterung.

Mineralstoffträger:

Mineralstoffe werden am besten organisch an Amino- oder Fruchtsäuren gebunden vom Organismus verwertet wie in den angegebenen Trägern aufgezählt. Die besten sind Frischblut, Blutmehl und Knochen. Da Mineralien durch Kochen ausgewaschen werden, sind auch Fleisch-, Knochen- und Gemüsebrühen wertvolle Mineralienträger.

Mangel entsteht am ehesten bei chronischem Durchfall oder Erbrechen und einseitigem Futter.

Mengenelemente:

Mengenelemente sind essentielle Mineralstoffe. Da sie über Kot und Urin ständig ausgeschieden werden, müssen sie durch die Nahrung wieder ersetzt werden. Mengenelemente liegen bei über 50 mg/kg in der Körperzusammensetzung und im

Grammbereich für 100g aufgenommene Substanz. Zu den Mengenelementen gehören Kalzium, Phosphor, Natrium, Chlor, Kalium, Magnesium und Schwefel. Sie sind im Gegensatz zu Fetten, Kohlenhydraten, Eiweißen, Enzymen und Vitaminen anorganisch, im Boden und im Wasser enthalten und werden von dort in Pflanzen eingebaut. Durch diese nehmen Tiere die Mineralien auf und bauen sie in ihren eigenen Organismus ein, wo sie als elektrisch geladene Teilchen wichtige Aufgaben für Zellfunktion und in der Säure-Basen-Homöostase wahrnehmen. Den Austausch von positiv und negativ geladenen Ionen dieser Mengenelemente nennt man Elektrolyse, die in feinsten Kanälchen in den Zellwänden stattfindet. Diese Leitfähigkeit bestimmt die Durchlässigkeit von Geweben und Gefäßwänden. Die verschiedenen negativ und positiv geladenen Ionen balancieren sich immer paarweise gegeneinander aus, arbeiten synergetisch. Das heißt, nicht die Menge in absoluten Zahlen ist bei der Aufnahme wichtig, sondern auch ihre Relation zu anderen Elementen. Wenn von einem Element zu viel vorhanden ist, kann das den Mangel eines anderen bewirken. Deshalb ist die unkritische Gabe von Mineralpräparaten nicht empfehlenswert. Nur bei eindeutig nachgewiesenem Mangel geben. Zudem kann eine zu hohe Aufnahme eines Wirkstoffes genauso schädlich sein wie eine zu geringe. Da die Bedarfszahlen noch bei weitem nicht vollständig erforscht sind und außerdem individuell von sehr vielen Parametern abhängen, sollte man nicht mit irgendwelchen Zusatzmittelchen experimentieren. Standardversuche an Hunden sind verfälscht, weil sie im Allgemeinen mit ebenso standardisiertem Tütenfutter ernährt werden, die keine Normalwerte wiederspiegeln. Das wäre, als wenn ich Untersuchungen an Menschen machen würde, die sich nur von Fast-Food ernähren und das auf die Allgemeinheit übertragen würde.

Mineralstoffe werden im Fertigfutter als Rohasche ausgewiesen. Es ist aber keine Asche im Futtersack, sondern anorganische Substanzen mit Mengen- und Spurenelementen. Da Mineralien im Gegensatz zu Fetten, Proteinen und Kohlenhydraten keine Energie liefern und beim Verbrennungsprozess übrig bleiben, weist man die Menge des Mineralstoffgehaltes durch Verbrennen der Gesamtsubstanz nach und bestimmt den übrig gebliebenen Rest.

Bei reiner Fleischfütterung mit Getreide entsteht Kalziummangel, da das Verhältnis im Fleisch von Ca:P etwa 1:3 und höher ist. Um dieses auszugleichen ist die Gabe von Knochen so wichtig, da diese einen hohen Kalziumgehalt aufweisen. Knochen sind kein Abfall. Es stecken wichtige Nähstoffe darin, sogar noch in ihrer Brühe. Knorpel ist ebenfalls kalziumhaltig, hat aber mehr weicheres Bindegewebe und weit weniger Kalzium als Knochen. Auch manches Grünzeug kann als Kalklieferant dienen, aber nur zusätzlich. (⟹siehe Tabelle 20 „Kalziumgehalt")

Die wichtigsten Mineralien für den Aufbau von Knochen und Zähnen sind Kalzium und Phosphor. Kalium und Natrium sind am bedeutendsten für den Wasserhaushalt der Zellen. Es kommt aber nicht nur auf die reine Verfügbarkeit an, sondern auf ihr gegenseitiges Verhältnis, Wenn ich eines davon überdosiere, kann ich gleichzeitig den Mangel eines anderen hervorrufen, da sie im Organismus sehr fein in

Form von Regelkreisen miteinander austariert werden. Mineralstoffe bestimmen das Säure-Basen-Verhältnis im Gewebe. Kalzium steht für basisch, Phosphor für sauer. Die Ernährung von Carnivoren ist durch die Fütterung von Fleisch sehr phosphorlastig. Fleisch, zum Beispiel Rinderherz, kann trotz seines Herzknochens bis zu 40 Mal mehr Phosphor als Kalzium enthalten. Noch phosphorlastiger wird das Fleischmenü, wenn zusätzlich Getreide gefüttert wird, da es ebenfalls mehr Phosphor als Kalzium aufweist. Der Ausgleich durch Basenbildner mit Mineralstoffen in Kalziumträgern wie Knochen, Knochenmehl, Eierschalen oder Kalkzusätzen, außerdem durch Gemüse, Kräuter, pflanzlichem Darm- und Mageninhalt, sowie Blut muss sichergestellt sein, um einen wichtigen neutralen Ausgleich zu schaffen. An Hand der Tabelle können Sie selbst kontrollieren, welche Säurewerte in Ihrem Futter vorherrschen. (⟹siehe Tabelle 16 Basen – Säuren)

Basenbildner wie Zink, Magnesium oder Kalium verbinden sich mit Säuren zu pH-neutralen Salzen, die vom Organismus problemlos ausgeschieden werden können. Sind die Ausscheidungsorgane überfordert, ist der Austausch zwischen Blut und Zellen gestört. Die übrig gebliebenen Säuren und Salze setzen sich im Gewebe ab und verursachen Entzündungen, Muskelkater und –verhärtungen im Bewegungsapparat oder als Nieren- oder Blasensteine im Harnapparat. Die gelegentliche Gabe von Blutwurst, Blutmehl oder Wildfleisch sorgt daher für natürlichen basischen Ausgleich und garantiert auch die Versorgung mit Eisen. Auftauwasser mit Blutbeimengung sollte deshalb nicht weggegossen werden, denn das an Proteinen, Enzymen und Mineralien wertvolle Blut fehlt ja im Fleisch von Schlachttieren, die ausgeblutet werden. Manchmal wird empfohlen, dass man Hundemahlzeiten salzen soll. Das ist falsch und beruht auf dem Missverständnis, dass dem Hundefutter Blutsalze fehlen, aber eben nur diese und kein Industriesalz als reines Natriumchlorid (⟹siehe Natrium) mit Aluminium als Rieselhilfe. Im Blut ist viel mehr enthalten als nur NaCl, neben 90% Wasser die Elektrolyte Na+, K+, Ca+, Mg+, Ph-, Cl- sowie weitere Mineralstoffe, organisch gebunden an 10% Proteine mit hoher Bioverfügbarkeit und im neutralen Elektrolytgleichgewicht. Blut ist also gesund und attraktiv für Carnivoren, Küchensalz aber schädlich.

Kalzium ist das wichtigste Mineral für den wachsenden Organismus. Es sorgt für den Zahn- und Knochenaufbau sowohl bei Welpen, aber auch schon im Mutterleib, sowie für die Milchbildung. Deshalb ist es für trächtige oder säugende Hündinnen und Welpen im ersten Lebensjahr von entscheidender Bedeutung. Ein ausgewogenes Ca: P Verhältnis finden wir natürlicherweise in Knochen, in Knochenmehl, in ganzen Fischen mit Gräten, Eiern mit Schalen (⟹siehe Tabellen16 und 20) Alles sollte roh gegeben werden. Bei Erhitzung wird der darin enthaltene Bindegewebsanteil ausgewaschen oder verkohlt, sodass nur die reinen Mineralien ohne Gewebebindung übrig bleiben. Der Knochen ist dadurch jetzt nicht mehr fest, sondern leicht biegsam, spröde und splittrig. Diese Splitter können sich in Maul, Hals, Darm oder nahe den Analdrüsen festsetzen und ggf. therapeutisches Eingreifen erforderlich machen.

Mangel an Kalzium haben am ehesten Tiere mit chronischen Magen-Darm-Erkrankungen, vegetarisch und mehr noch vegan ernährte. Letzteren werden nicht nur Tierfette und –proteine vorenthalten, sondern man gibt anstatt dessen extravagant pflanzlich nachgebildete teurere Schweineohren. Veganes Hundefutter wird noch zusätzlich als getreidefrei beworben und soll dennoch ausgewogen sein. Das ist auch mit Soja, Amaranth, Erbsenmehl und Spirulina unmöglich.

Basenbildende Mineralsalze liegen in rohen Pflanzen in grundsätzlich höherer Menge vor als in gekochten, da sie ausgewaschen werden.

Bitte entnehmen Sie den Trägerangaben worin welche Mineralstoffe im Einzelnen vermehrt enthalten sind, Reihenfolge immer in abnehmender Menge.

Träger von Mengenelementen

Chlor: Cl gehört zu den Halogenen. Es ist als Natriumchlorid ein natürlicher Bestandteil der Umwelt, nicht jedoch Chlor als reines Element als Gas oder Chlorat. Chlor ist essentiell, aber nie ein Mangel, da an andere Mineralien, besonders Natrium im Kochsalz gebunden. Wichtig für die Bildung der Magensäure und den Elektrolytausgleich. In vielen anderen Verbindungen in Chemieprodukten giftig, ätzend und abbauresistent.Weltweit wird die Lösung von Natriumchlorit zur Desinfektion für Trink- und Poolwasser verwendet, sowie zum Haltbarmachen von Fleisch, Gemüse und Obst.Vorsicht auch mit Reinigern und Desinfektionssprays.

Kalium: K ist ein Alkalimetall, der Gegenspieler zu Ca, steuert das Säure-Basen-Gleichgewicht sowie die Nervenimpulse für die Kontraktionen von Herz und Muskeln. Im Allgemeinen ist Kalium kein Mangelstoff, aber zu viel Natrium kann Kalium verdrängen. Überdosis von K ist kaum möglich. Was der Körper davon nicht benötigt, wird mit dem Urin ausgeschieden. Ein Mangel kann entstehen bei Lakritzvergiftung, einem Übermaß an Kochsalz, gewürzter und gekochter Nahrung, da Kaliumsalze durch Kochen ausgewaschen werden, auch bei Wassermangel oder Flüssigkeitsverlust, chronischem Durchfall, Erbrechen, Blutverlust oder chronischer Schilddrüsenerkrankung. Antiphlogistika, Abführmedikamente, Diuretika und Cortisone sind Kaliumräuber und führen bei Dauerbehandlung zu Stoffwechsel-Acidose. Es kommt zu Exsikkose, Schwäche, Muskelkrämpfen und Herzrhythmusstörungen.

Kaliumreich sind vor allem unausgeblutetes Wildfleisch, bestimmte Fische, Blut, Blutmehl, Blutwurst, Fleischauftauwasser, gefrorene Blutwürfel. Pro 100 Gramm:

Milchpulver 1450mg, Fisch (Sardinen 420-560mg, Forelle 470mg, Lachs 330-490mg, Makrele 358mg, Rotbarsch 345mg, Gans 420mg, Hase 400mg, Kaninchen 380mg, Lamm-, Hühner-, Rindfleisch und –milz 360mg, Rehfleisch 336mg, Kalb 300mg, Molke, Joghurt 157mg, Hühnerfüße.

In pflanzlichen Trägern: Alfalfa (-grün, -sprossen, -mehl) 1750-2500mg, Moringa 1170mg, Kurkuma 1260mg, Petersilie 800-1000mg, Avocado 500mg, Topinambur

460mg, Löwenzahn 440mg, Kürbisblätter 436mg, Banane 390mg, Kürbisfleisch 383mg, Zucchini 200mg, Sojasprossen 130-235 mg, außerdem in Pellkartoffeln, Himbeeren, Hagebutten, Rucola, Spinat, Frischpflanzensäften, Dill, Feldsalat, Äpfeln, Knoblauch, Brokkoli, Fenchel, Grünkohl. In Bierhefe 610mg, Weizenkeimen, Kartoffeln, Haferflocken, Mais, Yams. In speziellen kaliumreichen Wässern.

***Kalzium*:** Ca ist ein Erdalkalimetall und essentiell. Oft Mangelstoff bei vegan ernährten Hunden oder wenn zu viel Zerealien, Fleisch und Innereien und keine Knochen oder entsprechender Ersatz (⟹siehe Tabelle 20 Kalziumgehalt) gefüttert wird, da dann ein Phosphorüberschuß entsteht. Es kommt dabei nicht nur auf das absolute Ca-Angebot an, sondern auch auf das richtige Ca:P Verhältnis. Es kann demnach auch ein relativer Mangel in einem falschen Verhältnis der beiden Mineralien zueinander bestehen. Dieses sollte keinesfalls unter 1:1 fallen, da es dann Hyperparathyreoidismus hervorrufen kann. Die Nebenschilddrüse ist nämlich für die Regulation des Ca-Stoffwechsels zuständig.

Für den Kalkeinbau in den Organismus werden außerdem genügend Träger von Vitamin D (⟹ siehe dort) benötigt. Kalzium ist wichtig bei Allergien und deren Prävention zur Abdichtung der Blutgefäße und Verminderung der Histaminausschüttung, bei Knochenschäden, Zahnentwicklung, Trächtigkeit, Säugen und Wachstum, vor allem bei Großrassen. Bei Mangel kommt es entsprechend zu Knochendeformationen durch Knochenweiche (Rachitis), Wachstumsverzögerung, Allergien, Krämpfen, da Kalzium auch die Erregbarkeit der Nervenzellen reguliert. An bevorzugter Stelle stehen für Carnivoren alle tierischen Quellen, da Kalzium an Eiweiß gebunden am besten aufgenommen wird.

Überdosierungen sind möglich durch Kalziumpräparate mit anorganischem Kalzium, also Kalzium-carbonat = Kreide, dem Salz der Kohlensäure, welches Mangel an Zink, Eisen, Kupfer und Phosphor bewirken kann. Gekochte oder gebratene Knochen können den Darm bis zum vollständigen, lebensbedrohlichen Verschluss verstopfen, auch durch zu viele rohe Knochen ohne Anhänge und andere Komponenten, die die Weichheit des Kotes bewirken. Alle Knochen, Futterkalk und Knochenmehle sind Grenzfuttermittel. Ab und zu heller bis grauweißer Stuhl, der ohne Anstrengung abgesetzt wird, ist normal. Weil Knochen etwas schwerer verdaulich sind, werden die unverdauten Reste davon später als Fleisch fraktioniert abgesetzt. Sollte aber bröckeliger zementartiger Kot mehrere Versuche zur Ausscheidung benötigen, sollte die Kalziumzufuhr eingeschränkt und/oder abführende Komponenten (⟹ siehe Verstopfung) bis zur Normalisierung in der Menüzusammenstellung berücksichtigt werden.

Die besten **Kalzium-Träger** sind

1. alle Sorten von rohen Knochen, so wie sie mit Fleisch- und Fettanhang anfallen, sodass sich die Phosphorlastigkeit des Fleisches (P:Ca =3:1) mit dem Ca-Überschuss des Knochens, sowie die Säure-Basen-Bilanz automatisch ausgleichen. Vor allem bei Getreidefütterung dienen Knochen zum Ausgleich des Verhältnisses von Ca:P und

Base:Säure. Knorpel ist weicher, hat einen deutlich geringeren Kalziumgehalt als Knochen, eignet sich aber für kleine Welpen, bei Maulproblemen und kurzschnäuzigen Rassen (z.B. Möpse, Pekinesen), die manchmal auf Grund der Deformation ihres Gebisses große, harte Knochen schlecht benagen können. Knochen von jungen Schlachttieren sind weniger kalzifiziert. Je mehr die Knochen durch Kauen oder Mahlen zerkleinert werden, desto besser ist die Kalziumaufnahme.

Gehalt pro 100 Gramm: Rinderknochen 13800mg, Lammrippen 11000mg, Fleischknochenmehl 10400mg, Ochsenschwanz 1260-4000mg, Brustbein 2900mg, Hühnerhals 1580-1700mg, Flügel 1070-1500mg.

Auch in Geflügelkarkassen, Hühnerkrallen, Putenfüßen, weniger in Knorpel, Luftröhren usw.

2. Knochenmehl gibt es roh beim Metzger, erhitzt als reines weißes Knochenmehl oder bräunliches Fleischknochenmehl im Versand. Knochenmehl hat von Natur aus das richtige Ca:P Verhältnis. Es enthält ca. 13600- 35700mg je nachdem, wie viel Fleisch mit vermahlen wurde. Bei Knochenmehl genügen 2 Teelöffel für einen 10-Kg-Hund, ca. 2 Eßlöffel für einen großen (35kg) oder wachsenden Hund pro Mahlzeit. Auch bei meinen Hündinnen, die gerade geworfen haben, gebe ich auch erst mal nur Knochenmehl ins Futter, bis sie sich nicht mehr rund um die Uhr im Welpennest aufhalten und sich wieder mehr Zeit zum Knochennagen nehmen.

3. Ganze Fische samt Kopf und Gräten: Hering 30 – 60mg, Sardine 85mg, Fischkonserven mit verarbeiteten Gräten: Ölsardinen 330mg, Anchovis. Vorsicht Salz! Der Fisch auf dem Foto war selbst geangelt und nach Stromausfall nicht mehr menschentauglich.

4. Gemahlene rohen Eierschalen 37000mg, ganze Eier samt Schale. Wenig in Eipulver. Ein 10 Kg-Hund bekommt ca. 3 Teelöffel Eierschalenpulver täglich, das man leicht selbst mahlen, aber auch fertig kaufen kann.

5. An fünfter Stelle stehen Hartkäse wie Parmesan 1100-1400mg, Emmentaler 1100mg, Bergkäse, Edamer, Butterkäse, Tilsiter, Gouda; Magermilchpulver 1300mg, Weichkäse wie Camembert 570mg, Handkäse 240mg, Brie, Limburger, Mozarella. Alle sind wegen ihres Salzgehaltes nur gelegentlich zu empfehlen. Milchprodukte verschiedener Tiere, Joghurt, Molke, Dickmilch, Kefir, Buttermilch, Sauermilch, fettarme Milch 120-200mg.

Quark und Frischkäse haben durch ihre Phosphorlastigkeit ein besonders schlechtes Ca:P Verhältnis. Milchprodukte enthalten nur etwa ein Zehntel der Kalziummenge von Knochen oder Hartkäsesorten. Die Bioverfügbarkeit dieser Menge beträgt zusätzlich nur lediglich

30 %, abhängig von der Gesamtmischung mit anderen Komponenten. Sie sind deshalb für Hauswolf und Stubentiger als Kalziumquelle zu vernachlässigen.

6. Kalziumhaltige Pflanzen, auf die man sich aber im Gesamtbedarf keinesfalls allein verlassen sollte, da Kalzium hier nicht gut verwertbar ist: Rotalgenkalk mit 32600mg, hergestellt aus ihren gemahlenen Gerüstsubstanzen, enthalten mindestens

Frischer Fisch

30 % Ca- und Mg-Carbonat, sowie Spurenelemente wie Kieselsäure, Jod und Bor. Ich empfehle ihn nicht, weil es ebenso gute, weniger exotische Quellen gibt. Seealgenmehl 1000-3000mg, Seetang, Seealge. Alles Grenzfuttermittel wegen der Gefahr der Jodüberdosierung.

7. Das aufgeschlossene Grünzeug in Pansen und Blättermagen ergibt ein gutes Ca:P Verhältnis und ist eines der besten Komplettmenüs mit Protein und Fett inklusive.

Grüner Pansen 120 mg, Euter 115mg, Blättermagen 90mg. Auch in anderen Pflanzen findet sich Kalzium, sollte aber nicht als alleinige Ca-Quelle verwendet werden, da Resorption ungewiss. Gemüse weist, im Gegensatz zu Obst, ein hinsichtlich des Kalziums besseres Verhältnis zu Phosphor auf: Alfalfa (-grün, -sprossen, -grünmehl) 1.8000mg, Moringa mindestens 1000mg, Hagebutten 257mg, Petersilie 180-245mg, Soja 200-245mg. Außerdem in Kohlsorten, Brokkoli, Kresse, Löwenzahn, Basilikum, Fenchel, Karotten. Weniger in Himbeeren, Brombeeren, Ananas, Süßkartoffeln, Bierhefe.

8. Ca-reiches Mineralwasser muss ein Minimum 150 - 300 mg Ca /l, am besten 400 bis über 600 mg/l haben. Auch in hartem Leitungswasser.

9. Calciumcarbonat = Kreide in Kalkpräparaten und Fertigfutter als Säureregulator in anorganischer Form ist schwer resorbierbar. Anorganischer Futterkalk reduziert zudem die Magensäure, was besonders bei Fleischfütterung nicht vorteilhaft ist, weil ein Teil der Eiweißverdauung blockiert wird. Fette werden damit durch Seifenbildung schlecht verdaut. Es kann auch zu Nierensteinen führen.Wenn schon Zusatz, dann Knochenmehle, Eierschalenpulver oder wenigstens neutrale Kalziumsalze als Citrat, Laktat, Glukonat, Panthothenat oder Ascorbat.

Phosphorreiche Substanzen wie konventionelle Wurst, Schmelzkäse, Fertiggerichte stören die Kalziumaufnahme, ebenso Oxalsäure Haltiges wie Spinat, Rote Bete, Mangold, Grünkohl, Amaranth, Teff oder rohes Getreide. Zu viel Aufnahme von Kalzium kann vor allem bei Zufütterung von Mineralstoffpräparaten zu Alleinfutter den Knochenstoffwechsel stören und Osteodystrophie, HD und Fehlstellungen hervorrufen.

Magnesium: *Mg* ist ein Erdalkali- und Leichtmetall und ein essentielles Zell-, Nerven-, Knochen- und Muskelmineral. Stress erhöht den Bedarf. Es aktiviert mehr als 300 Enzyme und die Vitamine D 3, E, B1, B6 und C, die alle nur in ihrer aktivierten Form ihre Aufgaben erfüllen können. Magnesium dient zur Entgiftung von Schwermetallen. Der Status kann mit Hilfe einer Haaranalyse bestimmt werden. Magnesium wird durch Waschen und Kochen zu 40 % ausgewaschen. Kalzium und Magnesium sind Gegenspieler und sollten etwa in einem Verhältnis von 2 zu 1 aufgenommen werden. Mangel kann bei erhöhtem Stress, Elektrolytverlust, Hyperaktivität, Diabetes, Pankreatitis, Hyperthyreose, Dauermedikation von Diuretika, Muskelkrämpfen und schlecht heilenden Verbrennungen vorliegen. Er ist nachgewiesen bei mangelnder mütterlicher Fürsorge bei Canidenwelpen. Mangel ist unwahrscheinlich, wenn grüner frischer Pansen und Blättermagen mit Inhalt (40mg/100g), Hühnerfüße oder –haut, sowie rohes Rindfleisch bereits den gesamten Bedarf decken.

Auch mit Eierschalen mit 370mg pro 100 Gramm oder Knochenmehl ist der Bedarf leicht erfüllt.In Hartkäse 55-60mg, Thunfisch 50mg. Beste pflanzliche Quellen sind die Hinterlassenschaften von Weidetieren, sowie alles grünes Gemüse und Kräuter, davon besonders Luzerne 300mg, Basilikum 410mg, Mangold 70mg, Petersilie 40mg, außerdem Blätter von Spinat, Kohlrabi, Kürbis etc. etc., die in jedem Chlorophyllmolekül Magnesium liefern. Es braucht dazu aber ausreichend Vitamine B1 und B 6 in einer gesunden Darmflora.

Auch in Gemüsebrühen, Algen, Heilerde, Bananen.

Trotz hohen Gehaltes in Weizenkleie (490mg), Weizenkeimen (250-336mg), Hirse (160-170mg) oder Haferflocken (145mg) allein nicht ausreichend, in Vollkorn, Mais und Reis erst recht nicht, da die Magnesiumsalze durch Kochen ausgewaschen werden.

Bestimmte ausgewiesene Mineralwässer sollten mindestens 30mg/l, besser 50mg/l Magnesium enthalten. Auch regional in hartem Trinkwasser.

Überdosis in Präparaten, zuweilen auch in Katzenfuttern, verursachen Eisenmangel und Harnsteine. Magnesiumstearat, das auch für Tabletten verwendet wird, gewinnt man aus Schlachtabfällen. Mg kann nur organisch gebunden als gut lösliches Salz aufgenommen werden als -citrat, -gluconat, -aspartat. Bei Mg-Oxid, -carbonat oder -sulfat ist die Bioverfügbarkeit wesentlich geringer.

Natrium: Na ist ein Alkalimetall und essentiell, aber unter normalen Umständen kein Mangelstoff. Es reguliert mit Chlor den Flüssigkeitshaushalt in den Geweben als Gegenspieler zu Kalium. Natrium wird als Elektrolyt in Infusionen u.a. bei Blutverlust, Störung des Säure-Basen-Haushaltes oder Nierenkrankheiten verabreicht. Carnivoren nehmen im Blut, Fleisch und Fisch genügend auf. Bei Überdosierung durch Salz, Tischreste, Meerwasser oder zu vielen Meeresalgen kommt es erst zu Durst, dann zu Ödemen, bei chronischer Zufuhr zu Nierenbelastung und sogar Tod. Natriumsorbat wird Trockenfutter als Konservans zugesetzt. In natürlichen Produkten ist weit weniger Salz enthalten als in verarbeiteten.

Phosphor : P ist essentiell, wichtig für die Bildung von ATP, das heißt für Zellenergie und u.a. für den Knochenaufbau, jedoch nie ein Mangelstoff, da sowohl Fleisch als auch alle Getreidesorten, in welcher Form auch immer, phosphorlastig sind und somit eher ein ungesunder Überschuss besteht. In Obst und Gemüse liegt P in natürlicher Form vor und ist in normalen Mengen nicht schädlich, da das Überschüssige ausgeschieden wird. Anders bei zugesetztem Phosphor, das fast vollständig aufgenommen wird. Überdosierungen entstehen bei zu viel Düngung, Getreidefütterung, einseitiger Muskelfleischfütterung oder das Weglassen von Knochen oder anderen Kalziumträgern. Zur Neutralisierung eines Phosphor Überangebotes ist Calcium und Magnesium nötig, um es über die Nieren auszuscheiden. Zu viel Phosphor kann diese auf Dauer schädigen, weshalb manche kommerziellen Mineralfutter diesen ganz weglassen. Viele kommerzielle Katzenfutter haben einen zu hohen Gehalt. Am natürlichsten ist Phosphorzufuhr in physiologischer Zusammensetzung wie in Knochen, Knochenmehl oder Eierschalen, die wenig Umbauarbeit vom aufnehmenden Organismus verlangen, weil beide Biostoffe im richtigen Verhältnis zugeführt werden. Getreide ist stark phosphorlastig, ebenso Fisch, besonders Seelachs und Thun, Muskelfleisch, Quark (⟹ siehe Tabelle 7 „Säuren-Basen").

Viel wichtiger als die reale Zufuhr ist aber das Ca:P Verhältnis, dem die entscheidende Rolle im Organismus für Skelett und Säure-Basenhaushalt zukommt. Ein zu hoher Phosphorspiegel bewirkt Kalziumabbau in den Knochen und behindert die Eisenaufnahme.

Besonders phosphorlastig sind Leber, Herz, Milz und Lunge vom Rind, Brust und Leber vom Huhn, ansonsten Hirn, Knochenmark, Schmelzkäse, sowie Bierhefe und Lecithin. Außerdem alles Getreide, Weizenkleie und Backwaren. Auch Pseudogetreide wie Amaranth. Schlimmer sind die zugesetzten Phosphate (E450-452) in Leberkäse, Schinken und Wurst. Fertigfuttern wird Ascorbylphosphat als Konservans zugesetzt.

Schwefel: S wird gebraucht zum Aufbau von Knorpel, sowie Keratin für Fell und Krallen und für die Synthese schwefelhaltiger Aminosäuren wie Cystein und Methionin und damit für den Aufbau körpereigenen Eiweißes, sowie von B-Vitaminen. Er ist Bestandteil von Insulin. S ist durch die molekulare Schwefelbrücke wichtig für die räumliche Struktur von Proteienen und Enzymen. Katzen haben einen besonders hohen Bedarf.Durch Hitze und Verarbeitung kann es zu suboptimaler Versorgung kommen. Essentiell, aber kein Mangel, da in allen Eiweißträgern wie Fleisch, Fisch, Eier, Häuten, Hufen, Klauen, Käse etc. enthalten. Auch in Kurkuma, Knoblauch, Brokkoli, Avocados.

In Form von MSM (organischer Schwefel) soll er gegen Hyperazidität, Arthrose, Entzündungen und Schmerzen helfen.Bei Tieren liegen mir keine Erfahrungswerte vor.

Stickstoff: Die Erdatmosphäre besteht zu 78 % aus N (Nitrogenium), das sich leicht mit Sauerstoff verbindet. Ohne Stickstoff gäbe es kein Leben auf der Erde, denn er ist Teil sämtlicher Proteine, Nukleinsäuren und vieler Stoffwechselmoleküle. Außerdem finden wir ihn in Ammoniak im Urin, in Lachgas, in Bodenbakterien, Dünger und vielfachen Anwendungen in der Industrie.

Kochsalz oder NaCl: Beide Elemente sind essentiell wichtig, Bedarf ist aber beim Fleischfresser im Gegensatz zu Pflanzenfressern, die Salzlecken brauchen, über Blut und Fleisch gedeckt. Kochsalz sollte nicht zusätzlich gegeben werden, da der Hund auf Grund fehlender Schweißdrüsen alles überschüssige Salz über die Nieren ausscheiden muss. Zudem kann es bei Gesalzenem zu Kaliummangel kommen, weil Kalium und Natrium in gegenseitigem Abhängigkeitsverhältnis stehen. Vermeidung von Salz auch in Brühen, Fisch- und Gemüsekonserven, Fertiggerichten, Würsten, Gepökeltem, Geräuchertem, Schmalz, Speck, Käse, Brot, Brötchen. Auch manche Fertigfutter sind unsinnigerweise gesalzen, wo Salz als künstlicher Geschmacksverstärker, Konservierungsmittel und Wasserbinder fungiert. Auch das Ablecken der Pfoten von Streusalz sollte verhindert werden.

Der Wolf benötigt keinen Salzstreuer. Wenn von wichtigen Salzen für Hund und Katze die Rede ist, dann handelt es sich nicht um weißes Industriesalz, sondern um mineralreiche Blutsalze mit Kalium, Kalzium, Natrium, Magnesium, Zink, Eisen und Kupfer.Therapeutisch wird Kochsalz bei Erbrechen, chronischen Durchfällen oder Blutverlusten per Infusion verabreicht.

100g Aufschnitt, Wurst, Salami enthalten 1000-5000mg Salz! Brot 1500mg, Käse 620 bis 1100mg.Naturbelassene Lebensmittel dagegen wenig: Fleisch, Fisch, Ei 60 bis 200mg, Gemüse und Obst 2 bis 80mg.

Spurenelemente

Bei Spurenelementen handelt es sich auch um Mineralstoffe, die aber in wesentlich geringer Dosis als Mengenelemente im Organismus enthalten sind. Sie liegen nur in Spuren, also maximal im Milligrammbereich vor, weniger als 50 mg/kg im Körpergewicht. Das ist im Ganzen in einem Hundekörper nicht mal ein Teelöffel voll. Spurenelemente sind wichtig für den Einbau in Enzyme und die Funktion der Hormone. Sie werden in Mikrogramm, also Millionstel Gramm, angegeben. Es handelt sich um anorganische Stoffe und im Wesentlichen um positiv geladene Metall- und Halbmetall-Ionen, die Säuren, die negativ geladen sind, neutralisieren können. Das ist ausschlaggebend für die Säure-Basen-Balance der Zellen und die Entgiftung. Hierzu zählen unter anderen Chrom, Kobalt, Fluor, Mangan, Molybdän, Eisen, Jod, Kupfer, Zink, Selen, Vanadium, Silizium, Bor, Nickel, Arsen. Keines davon kann ein anderes ersetzen. Mangel haben am ehesten vegetarisch und erst recht vegan ernährte Tiere, und zwar an Zink, Jod und Eisen. Besonders Katzen können Spurenelemente kaum speichern.

Seltene Spurenelemente wie Bor, Brom, Germanium, Vanadium, Molybdän, Gold, Kupfer, Jod und Zink sind fast alle in Seealgen oder -mehl enthalten. Die anorganischen Mineralien in Präparaten mit Oxidverbindungen werden nur zu 30 % resorbiert. Anorganisches Selenit und Jodid sind nicht natürlich, ihre Resorbierbarkeit wird unterschiedlich angegeben. Als Salze wie zum Beispiel Natriumborat sind sie besser bioverfügbar als in Form von Säuren wie Borsäure. Noch besser, wenn sie an Aminosäuren wie beispelsweise an Glycin als Chelat gebunden sind wie z.B. Mg-Glycinat. Chelate sind die Verbindung zwischen einem Metallion und einem organischen Molekül.

Der Bedarf an Spurenelementen und ihre Interaktionen sind noch so gut wie gar nicht erforscht, jedenfalls werden die Bedarfsnormen sehr unterschiedlich angegeben, auch beim Menschen. Überhaupt ist der Begriff Norm schwer in ein Schema zu bringen, da jedes Lebewesen seine eigene Norm hat. Es gibt höchstens statistische Durchschnittswerte. Aber es wundert ja auch nicht, denn wir selbst sind ja auch nicht genormt und unterscheiden uns wie unsere Haustiere individuell in Sexualstatus, Gewicht, Alter, Stoffwechselaktivität, aktuellen Bedürfnissen, Unpässlichkeiten, Krankheiten, Temperament, Essverhalten, Lieblingsgerichten und vielem mehr. Bei ausgewogenem, abwechslungsreichem Barf-Futter brauchen Sie sich darum nicht zu kümmern.

Träger von Spurenelementen

Chrom: Cr ist ein hartes silberweißes Metall, das natürlicherweise nur in gebundener Form vorkommt. Die Zufuhr ist von regionalen Bodenvorkommen abhängig. Es ist essentiell wichtig für die Funktion der Bauchspeicheldrüse bzw. die Blutzuckerregulierung, besonders bei kohlenhydratreicher Ernährung. Mangel bei Diabetes.

In Leber, Rindfleisch, Käse, Bierhefe,

In Bauchspeicheldrüsen bzw. Anhangsdrüsen des Darms,

Bio-Weizengraspulver, Algen, Brokkoli, Roten Beeten, Kurkuma.

In Vollkornweizen, Weizenkeimen, Gerste, Kartoffeln. Naturmoor

Chromvergiftungen treten nicht durch die Nahrung auf, sondern durch chromhaltige Chemikalien, Ablecken von Farben oder Chromleder bei Halsbändern oder Geschirren, welche zu Hautallergien und Ekzemen führen können.

Eisen: Fe ist ein sogenanntes Übergangsmetall und essentiell, da unentbehrlich für Muskelaufbau und Sauerstofftransport im Blut. Es gibt den roten Blutkörperchen und Muskeln ihre Farbe und ist Bestandteil vieler Enzyme. Wird eine Zeit lang in der Leber gespeichert. Mangel bei großem Blutverlust, Sickerblutungen nach OPs oder Zahnextraktionen, zu lange auf Säugen ohne Beikost angewiesene Welpen, fleischlos ernährten Hunden, trächtigen oder laktierenden Hündinnen, bei gestörter Futteraufnahme und –verwertung im Alter, bei chronischen Magen-Darm-Erkrankungen und wenn einseitig viel weißes Fleisch (⟹siehe dort) gefüttert wird. Fe kann nur durch Mitwirkung der Salzsäure des Magens in eine lösliche Form überführt werden. Ein Mangel kann zu Leistungsrückgang, Lethargie, Appetitverminderung, schlechtem Fell mit Haarausfall und weißen Schleimhäuten durch Anämie führen. Messung des Ist-Wertes über den Hämoglobin-Wert. Der Ferretin-Wert des Eisenspeicherproteins im Blut misst den Mangel im Vergleich zum Soll-Eisenspeicher.

Nur *Hämeisen* (zweiwertiges Fe^{2+}, komplex organisch gebunden) in tierischen Produkten ist für den Carnivoren verwertbar, nicht aber das dreiwertige pflanzliche Eisen, Fe^{3+}, das noch umgewandelt werden muss und von der Darmschleimhaut fast nicht resorbiert wird. Magensäurehemmer, Milchprodukte sowie Oxalsäure (⟹siehe Oxalate) im Menü blockieren zusätzlich die Eisenaufnahme. Die Ausnutzung aus Tierischem, besonders dunkelrotem Fleisch, ist deshalb mindestens dreimal höher als aus Pflanzen, weshalb Pflanzliches für den Carnivor als Eisenzulieferer nicht von Bedeutung ist. Rotes Fleisch (⟹ siehe dort) weist doppelt so viel Eisen auf wie weißes Fleisch. Viel Eisen findet sich in allem Wild und in ganzen gestorbenen oder gejagten Beutetieren, die nicht wie Schlachttiere ausgeblutet sind, in allen Milzen, in Knochenmark, weniger in Hühnerfüßen, Lammorganen, Hering. Wenig in rohem Fleischsaft, Auftauwasser und seltenem Dosenfutter, dem Blutmehl zugesetzt wurde.

Pro 100 Gramm in Blutmehl 200mg, gefrorenem Rinderblut in Würfeln 43mg, Blutwurst 29mg, Schweineleber 16-22,1mg, Schweinefleisch 1,5-16mg, Schafleber

12mg, Schweineniere 10mg, Rindermilz 9mg, Hühnerleber 7,4-8mg, Hühnereigelb 7,2mg, Rinderleber 6,5-7,1mg, Lammfleisch 2-6mg, Hirschfleisch 5mg, Pferdefleisch 4,7mg, Ziegenfleisch 2,5mg, Rindfleisch 2,3-3mg, Pute 1,5mg, Lachs 0,2mg.

Vorsicht vor Eisenpräparaten, die durch Zinkdefizit und geschwächter Infektabwehr toxisch wirken können. In Fertigfuttern wird grünliches Eisensulfathydrat bzw. Eisensulfat zugesetzt, das auf dem offiziellen Sicherheitsdatenblatt als gefährlich bei Verschlucken (!) und als leber- und nierentoxisch ausgewiesen ist. Der Verbraucher denkt an einen wertvollen Mineralstoff, es ist jedoch ein Konservierungsstoff. Eisenfumarat wird besser aufgenommen als Eisenoxid.

Fluor: F gehört zu den Halogenen und geht schwer chemische Verbindungen ein. F ist kein Mangelstoff, Bedarf unbekannt, aber ein natürlicher Bestandteil der Zähne. Hierbei wandelt sich Kalziumphosphat in das härtere Fluorapatit um. Die Salze nennen sich Fluoride und kommen in der Natur, im Wasser und in Lebensmitteln vor. Über den Bedarf zur Zahnschmelzhärtung streiten sich die Wissenschaftler.

Natürlicherweise in Schweineleber, Rinderniere, Meeresfisch (Sardinen), Eiern.

Es gibt 350 verschiedene industrielle giftige polyfluorierte Verbindungen mit Kohlenstoff. Man findet sie in Teflonbeschichtungen von Töpfen und Pfannen, sowie Schläuchen in der Medizintechnik, in Verpackungen, Antimykotika, Imprägnierungen und Outdoorbekleidungen. Sie sind gesundheits- und umweltfeindlich. Ihr Gift reichert sich im Organismus, besonders in Leber, Blut und Milch an. Sie begünstigen Krebs und Entwicklungsschäden und sollten weltweit verboten werden. Sie kommen natürlicherweise nirgends vor, sind aber inzwischen in der gesamten Umwelt, einschliesslich Trinkwasser, Luft, Lebens- und Futtermitteln nachweisbar.

Jod: J gehört ebenfalls zu den Halogenen. Es kann Mangelstoff sein, da Deutschland Jodmangelgebiet ist. Jod ist wichtig für die Schilddrüsenfunktion. Besonders vegetarisch/ vegan ernährte und ältere Tiere, die immer mit Billig-Fertig-Futter ernährt wurden und intrauterin bereits mangelernährte Welpen können einen Mangel aufweisen. Das kann zu Schilddrüsenunterfunktion (⟹siehe dort), Verhaltens- und Temperamentsproblemen führen.

In Meeresfisch bzw. frischem Seefisch Jodgehalt variabel von 100 – 240 µg/100g: Schellfisch, Seelachs, Makrele, Lachs, Steinbutt, Kabeljau=Dorsch und anderen Meeresfrüchten. Nicht in Süßwasserfischen. Weiterhin in Kehlkopf mit Fleischanhängen, Hühnerfüßen, Deichschafleber, Schweinemagen, Eigelb, Käse. In getrockneten Seealgen oder ihrem Mehl 5-11000µg je nach Art, in Blasentang, Braunalgen, Queller. Sehr wenig in Chlorella- und Spirulinaalgen von 3-12µg. Cyanide können hier die Jodaufnahme blockieren. Das meiste Meeresgemüse wird getrocknet oder als Pulver aus Übersee importiert.

Überdosierung durch übermäßige Fütterung von Schilddrüsenanhängen, häufige Wundbehandlung mit Jodpräparaten, die abgeleckt werden, durch jodiertes Salz,

Mineralstoffmischungen oder zu vielen Seealgen möglich. Braunalgen enthalten besonders viel Jod. Allerdings ist der Bedarf des Hundes pro Kilogramm dreimal so hoch wie der des Menschen. Jod wird als Kaliumjodid oder -jodat zugesetzt.

Karotten pro 23µg, Brokkoli 11µg, Grünkohl 10µg, Kartoffeln 8µg. Quark und Sahne 6-9µg. In Biotierprodukten ist weniger Jod, da den Tieren im Futter kein Jod zugesetzt wird.

Kobalt: Co ist ein essentielles Metall, wird gespeichert. Mangelstoff, da viele Böden durch Auswaschung von saurem Regen kobaltarm sind. Wichtig für Blutaufbau und die Jodaufnahme der Schilddrüse. Mangel bei Anämie, veganer Fütterung, Einnahme von Eisenpräparaten und evtl. im Alter.

In Rinderleber, Milz, Blut, Darmanhangsdrüsen, Knochenmark, Niere, Herz. Sehr wenig in anderen Innereien, Muskelfleisch, Fisch, Eiern und Milch.

In Goji-Beeren, Kurkumablättern

***Kupfer*:** Cu ist chemisch ein Übergangsmetall und kann häufig Mangelstoff sein. Wird in der Leber gespeichert. Es ist wichtig für die Pigmentierung des Fells, für Eisentransport, Nerven- und Immunsystem. Mangel kann bei Übermedikamentierung von Zink-, Eisen- oder Molybdän vorkommen und führt zu Koprophagie, Spreizpfoten, O-Beinen, Durchtrittigkeit, Vergrauung des Fells, beginnend am Kopf. Ein erhöhter Bedarf liegt bei Laktation und Wachstum vor und sollte dann 0,5mg/kg Gewicht zugeführt werden. Normalbedarf 0,1mg/kg pro Tag. Die Versorgung mit Kupfer kann über sein Transportprotein in Blut und Liquor bestimmt werden.

Bei Bedlington-Terrier, Labrador, Dobermann, Spaniel und Westie als genetische metabolische Kupferspeicherkrankheit der Leber bekannt, die mit kupferarmer Diät beherrschbar ist.

Pro 100 Gramm in Lebern (Schaf 8mg, weniger von Schwein, Rind), Eierschalen 0,4mg, Bierhefe 3,3mg. Weniger in Entenfleisch, Kaninchen, Innereien, Hühnerfüßen, Ochsenziemer, Fellstücken, Sardellen und Sardinen, Grünlippmuschelfleisch, Hartkäsen, Weidemilch von nicht sandigen Böden. In Naturmoor-Präparaten für Haustiere und in Mineralerde. Sehr wenig in Sojasprossen 0,23mg, Petersilienwurzel 0,2mg, Birne 0,1mg, Avocado, Brombeeren, Kurkuma, Hagebutte, Ananas. In Weizenkleie 1,3mg, rohen Bioweizenkeimen 1,1mg, Hirse 0,9mg.

Kupfer wird als Sulfat als blaues Pulver als Konservierungsstoff gegen Pilz- und Bakterienbildung als Spritzmittel verwendet und Fertigfutter zugesetzt. Es gilt als hautreizend und umweltgefährdend. Bei Verschlucken (!) kann es zu Bauchschmerzen, Erbrechen, Durchfall, Kollaps und Tod kommen. In trockenem Markenkatzenfutter fielen zuweilen überhöhte Gehalte auf.

Mangan: Mn ist chemisch ein sogenanntes Übergangsmetall. Gelegentlich Mangelstoff. Bei Unterversorgung ist das Transportenzym des Zuckerstoffwechsels gestört.

Mn wird in der Leber gespeichert. In Lebern besonders von Rind,Schaf, Schwein, Huhn pro 100 Gramm 0,3mg, Eigelb 0,13mg, Eierschale 0,6mg, Putenfleisch 0,35mg, Hühnerherz 0,11mg, Sardine 0,12mg. In Kurkuma 24-59mg, Weizengraspulver 5 - 7mg, Mikroalgen 4,6mg, Hagebutte 1,2mg. In Grüngemüsen: Petersilie, Sellerie, Spinat. Waldblaubeeren, Ananas, Bananen. In Weizenkleie 13mg, Buchweizen, Haferflocken, Vollkorn, Reis, Kartoffeln, in Mineralerde.

In Fertigfuttern wird rosa Mangansulfatpulver als anorganisches Konservans und technischer Zusatzstoff beigesetzt, der nicht verschluckt (!) und erhitzt (!) werden sollte. Es wirkt embryonalschädigend und ist wassertoxisch. Es wird aber kaum resorbiert. Auch Manganoxid wird eingesetzt. Mit Barfen ist mit den oben genannten Trägern keine Überdosierung mit Mangan möglich.

Molybdän: *Mo*, metallisches Erdmetall, essentiell, aber auch beim Menschen Bedarf unbekannt. Wichtig für den Protein- bzw. Harnsäureabbau in der Niere, die Aktivierung von Enzymen als Cofaktor, für Fluorideinbau in die Zähne gegen Karies und Bakterien. Kein Mangel nachgewiesen, aber möglich bei ausschließlicher Gabe von processed food, chronischem Stress und Dysbiosen, durch Resorptionsstörungen im Alter, bei Krankheiten und Anorhexie, dann meist mit anderen Mängeln vergesellschaftet.

Pro 100 Gramm in Hühnerfleisch 60µg, Schweinefleisch 30µg, in Leber, Rinderniere, Lunge, Haut, Eiern, Milchprodukten. In Algen, Petersilie, Dill, abhängig vom Molybdängehalt des Bodens auch bei Soja 180µg, Weizengraspulver 83µg.Vollkornreis 80µg, Kartoffeln 5-85µg, Weizenkeimen, Haferflocken, Buchweizen. In Naturmoor, viel weniger in Trinkwasser.

Selen: *Se*. Kristallines Halbmetall mit Knoblauchgeruch. Als an Proteine gebundenes Spurenelement essentiell wichtig für die Schilddrüse, für die Bildung von Sperma und 300 selenabhängigen Enzymen, sowie Entgiftung von den Schwermetallen As, Ag, Cd, Tallium, Pb, Hg. Selen sorgt für gesundes Fell und Krallen. Mangel bei vegetarisch oder vegan ernährten Hunden, da natürlicherweise in tierischem Gewebe, durch Quecksilber (Impfungen!) und bei Schilddrüsenunterfunktion (⟹siehe dort). Stress und Alter erhöhen den Bedarf. Ohne Innereien, Fleisch und Fisch ist eine genügende Selenzufuhr beim Carnivoren schwer möglich. In Organen ist Selen an Eiweiße, besonders an die Aminosäuren Methionin und Cystein gebunden und wird in der Leber kurzfristig gespeichert.

Als Zusatz in Tiernahrung ist anorganisches Natrium-Selenit erlaubt, obwohl es als Enzymgift in kleinsten Dosen sehr giftig und als Umwelt gefährdend kategorisiert ist. Es ist ein weißes Pulver, welches nicht verschluckt (!) und erhitzt werden soll (!) und als sehr toxisch für Augen, Haut und Wasser gilt. Es greift sämtliche Organe an, weshalb für diesen industriellen Zusatzstoff besondere Transport- und Arbeitsschutzbestimmungen gelten. Anorganische Selenverbindungen sind hochgiftig, werden aber als Wertstoff in Form von Na-Selenit in Fertigfutter und sogar in humanen Nahrungsergänzungsmitteln angegeben. Teures Katzentrockenfutter einer bekannten Marke ist mit einem erhöhten Wert aufgefallen.

1. Natürliches Selen findet sich in fast allem tierischem Gewebe, Innereien und gemischten Schlachtabfällen: Pro 100 Gramm in Nieren (Schwein 203µg, Rind 112-120µg), Lebern (Huhn 72µg), Seefisch (Thun 60- 85µg, Sardine, Rotbarsch, Makrele, Seelachs), Käse 60µg, Eigelb 40µg, Außerdem in Reh-, Rind- und Schweinefleisch, Meeresfrüchten bzw. Schalentieren, Fischmehl, Hühnerfleisch.

2. In allen Pflanzen ist der Gehalt sehr abhängig vom Selengehalt des Bodens, der oft ein Mangel ist: (⟹siehe Tabelle 19 "Allgemeiner Stoffwechsel") Kohlrabi 167µg, Knoblauch 5-14µg, Spinat 1µg, Senfmehl,wenig in Kurkuma, Moringa, Weizengras, Brokkoli, Grünkohl, Rotkohl, Feldsalat, Spirulina. In Hafer 5-45µg. Naturreis 5µg, rohen Bioweizenkeimen 3µg, Bio-Vollgetreide.

3. Spezielle Selenhefepräparate sind umstritten, da sie keine gleichmäßigen Selengehalte aufweisen und Allergien auslösen können. Sie werden aber teilweise in Tierfutter eingesetzt und sind jedenfalls besser, aber teurer als das allgemein verwendete Natriumselenit.

4. In selenhaltigem Quellwasser oder in Leitungswassern vorhanden, aber viel weniger, auch in speziellen Mineralwässern.

Bei Medikamentierung Überdosierung leicht möglich, die die Aufnahme von Zink reduziert. Anreicherung in der Niere und in der Atemluft als Knoblauchgeruch.

Zink: *Zn* ist ein sogenanntes Übergangsmetall. Es wird hauptsächlich in der Leber, aber auch in den Knochen gespeichert. Es hat als essentieller Bestandteil von mehr als 300 Enzymen besondere Bedeutung im Stoffwechselgeschehen von Neurotransmittern (Glutamat, GABA), Opiatrezeptoren, Serotonin, Prolaktin, ACTH und der Stickstoffmonooxidsynthese.

Zink ist bereits Mangelstoff in unseren Böden (⟹siehe Tabelle 19 „Allgemeiner Stoffwechsel"). Der Mangel kann sich dann fortsetzen durch billiges Alleinfutter, vegetarisch/vegane Fütterung, zu viel Getreide, Soja, Zuckerstoffe, schlechtes Trinkwasser, durch Säureblocker, Dauerstress, Narkosen, Cortisone, Zigarettenrauch, hohes Alter, bei chronischen Durchfall oder Pankreasunterfunktion, sowie durch übermäßige Vitamin-, Mineral-, Phosphat- oder Kalzium-Zufuhr, wodurch das Mineralgleichgewicht durcheinandergebracht wird. Bei Huskie- und Bullterrier-Welpen kennt man auch ein genetisch bedingtes Zinkmangelsyndrom durch spezifische Störung im Metabolismus des Zinktransportproteins. Die Serumkonzentration von Zink von durch Beißvorfälle auffällig gewordenen Tieren ist mehr als doppelt so hoch wie bei nicht aggressiven Hunden. Meist werden diese Tiere eingeschläfert, da diätetisch nicht beeinflussbar.

Ranziges Fett kann besonders bei großwüchsigen Rassen eine zinkreaktive Dermatose entstehen lassen.

Zinkmangel kann herabgesetztes Geschmacks- und Riechvermögen, schlechte Wundheilung, schwere Dermatitis, Haarausfall, brüchige Krallen, Haut- und Darmschleimhautprobleme, Candidose und psychische Störungen in Form von Aggressivität bewirken, letztere nachgewiesen beim Berner Sennenhund, Bullterrier und Husky und als asthmatische Erkrankung bei der Katze. Nachtblindheit kann entstehen, weil Zink für die Vitamin-A-Verfügbarkeit für die Sehkraft eine Rolle spielt. Zink unterdrückt Viren. Es ist für die reibungslose Funktion von Enzymen essentieller Bestandteil, besonders für die der Haut (Wundheilung) und des Nervensystems, außerdem für die Entgiftung von Cadmium, PCBs, Hg und Pb. Ein ausgeglichener Zinkspiegel erhöht die Stresstoleranz. Aminosäuren in tierischen Nahrungsmitteln, besonders Methionin, wirken resorptionsfördernd auf Zink, deshalb ist es fast nur in tierischen Komponenten bio-verfügbar:

Pro 100 Gramm in Eierschale 12mg, Innereien, bes. Lebern (Schwein 6mg, 4,8mg, Schaf 4mg, Huhn, Reh), Fleisch (Pute 5mg, Rindermilz 4,3mg, Pferd 3,9mg, Rinderhochrippe 3mg), Sardinen (3,4mg), Hartkäsen (Bergkäse 6mg, Emmentaler 4,8mg. Spirulina 2,5mg).

Außerdem in Meeresfrüchten, Hühnerfüßen, Hühnerbrühe, Fellstücken, Ochsenziemer, Stutenmilch. In Hagebutte 104mg, Sojasprossen 0,96mg, Brokkoli, Moringa, Kurkuma, frischen Feigen. Wenig in Meeresalgenmehl, Blasentang, (Bier-)Hefe. In pflanzlichen Trägern, besonders Weizenkleie und Haferflocken, wird die Aufnahme zum größten Teil von Phytin blockiert.

Oxyd verbundenes Zink wird schlechter aufgenommen als Zinkchelat oder Zinkorotat. Überdosis in Zinkmedikation kann Kupfer- oder Kalziummangel bewirken. Zinksulfat wird als Konservierungsstoff im Fertigfutter zugesetzt, aber zuweilen als ernährungs-physiologischer Zusatzstoff, was immer das heißen mag, ausgewiesen.

Ultraspurelemente

Hier handelt es sich meist um seltene Erden bzw. Lanthanoide, von denen Sie sicher selbst kaum mal etwas gehört haben wie beispielsweise Lanthan.

Man spricht diesen seltenen Mikrostoffen wie Yttrium, Vanadium, Zikonium, Lithium, Barium, Beryllium, Rubidium, Brom, Scandium, Zinn, Wolfram, Bismuth zwar eine Bedeutung zu, es ist aber nicht klar, welche genau. Sie werden in der Hauptsache durch Erde aufgenommen.Im Organismus machen sie weniger als ein Mikrogramm pro Kilo aus. Ein Präparat, das ich kenne, ist das Ultraspur-Pulver, welches aus alter Holzkohle gewonnen wurde und als gesundheitsunterstützend besonders für tragende Hündinnen beworben wurde.Es soll auch gegen Kotfressen helfen.

Es gibt noch ein anderes Ultraspurpräparat mit Mineralien und Spurenelementen, unter anderem Kobalt, Selen, Mangan und 14 verschiedenen seltenen Erdmetallen. Soll gemäß Werbung bei HD helfen.

Noch ein Grund mehr, weshalb unseren Hunden ab und zu das Buddeln erlaubt sein sollte, abgesehen von der Befriedigung ihrer natürlichen Instinkte. In Löß-, Lehm-, Torf-, Moor-, Mineral- und Heilerde und käuflichem Ultraspurpulver

Arsen: As ist ein Halbmetall und lebenswichtig, u.a. für Regeneration der Blutkörperchen. In homöopathischer Dosis als Roborans eingesetzt. Arsenik ist jedoch in relativ geringen Dosen ein starkes Gift, weil es die ATP-Synthese des Energiestoffwechsels blockiert und sich akkumuliert. Es kann dann krebsfördernd bzw. tödlich wirken. As kommt in Abgasen, Klärschlamm, Dünger und z.T. Medikamenten vor. Es wurde in Moringa, Naturreis und Garnelen als Ultraspurelement gefunden ohne Gefahr für die Gesundheit. Die Gefahr für die Gesundheit ist umstritten. Organisches Arsen gilt als unproblematisch.

Barium: Ba ist ein natürliches Erdalkalimetall und häufiges Element in der Erde. Pflanzen nehmen Barium als essentielles Element aus dem Boden auf. Tiere nehmen etwa 1mg/d in Blut und Knochen, Süßwasseralgen oder Moor- oder Vulkanerde und regionalem Trinkwasser als lösliches Salz auf. Bariumverbindungen können hochgiftig sein und werden als Rattengift eingesetzt.

Bor: B ist ein schwarzes Halbmetall, das in reiner Form ungiftig ist, nicht jedoch in diversen Verbindungen. Es kann Mangelstoff sein, besonders in borarmen oder überdüngten Gegenden, wo der Mangel schon im Boden beginnt und sich im Trinkwasser und in den Pflanzen fortsetzt.(⟹siehe Tabelle 19 „Allgemeiner Stoffwechsel"). Dort stellt man nachgewiesenermaßen bei Hunden vermehrt Gelenksentzündungen, Arthrosen und Knochenfrakturen fest. Bei Mangel, der zusätzlich auch bei Fehl- oder Unterernährung und Stress vorliegen kann, kommt es auch zu Haarausfall und Organverkalkungen. Bor wird bei industrieller Verarbeitung und im Kochwasser ausgeschwemmt, gleichzeitige Aufnahme von Phytin in Getreide oder Hülsenfrüchten vermindert zusätzlich die Resorption.

Bor unterstützt den Kalzium-, und Knorpelstoffwechsel und die Bildung der Gelenkschmiere. Es wirkt gegen Entzündung und Tumoren. Bor hilft bei der Umwandlung in aktives Vitamin D und bei der Alkalisierung des Stoffwechsels. Es heilt als Gegenspieler Fluorose und wirkt gegen virale und fungizide Erkrankungen.

Borax ist Natriumborat, ein Salz der Borsäure, und ein natürliches Erdmineral. Man kann es als Pulver kaufen. Es wird als E 285 als Anti-Schimmelmittel eingesetzt. Es wird in Minimalstmengen gegen Arthrose angewandt. Bei Überdosis kommt es zu Nierenschäden. Selbst für den Menschen sind die biologischen Funktionen und Bedarfsmengen jedoch noch nicht ausreichend erforscht. Wir finden Bor in Gelenkknochen und Schlundfleisch, in Austern (100mg/100g), in Soja (2,8mg/100g), je nach Boden wenig in roter Bete, Sellerie, Avocado, Möhre,verschiedenen Kohlsorten, Bio-Apfel und -trester, Birne, Zucchini, Moringa, Löwenzahn, Goji-Beeren, Brokkoli, Afa-Algen, Zuckerrüben, Lapacho-Tee.

In Präparaten, sowie durch zu viele Austern, kann Bor durch Überdosis toxisch sein.

Germanium: Ge ist ein seltenes Halbleiterelement, ein Halbmetall ohne metallische Eigenschaften. Natürlicherweise in fast allen Pflanzen, besonders in Goji-Beeren (=

Wolfsbeere = Bocksdorn), Kohl, Knoblauch, Chlorella-Algen, zum Teil in Heilwässern und chinesischen Heilkräutern enthalten, auch als therapeutische Flüssigkeit. Es kann anorganisch-synthetisch hergestellt werden und wird dann im Übermaß als krebsfördernd eingestuft.

Gold: Au dient der Regulierung des Zentralnervensystems. In Hirn, Bindegewebe, Haut. Homöopathisch bei Knochenproblemen, kolloidal antientzündlich.

***Lithium*:** Von Li ist kein Mangel nachgewiesen, biologische Funktion noch weitgehend ungeklärt.Es soll eine Schutzfunktion für das Nervensystem haben.

In Fleisch, Eiern, Milch,Algen, in regionalen Trinkwässern und bestimmten Mineralwässern als lösliches Salz. Wird in der Humanmedizin bei psychischen und neurodegenerativen Störungen verordnet.

Silizium*=Si in Kieselsäure, Kieselerde, Kieselgur:* Natürliches Halbleiter-Erdmineral, rein ein weißes Pulver. Kein Mangel von Si bekannt, da Silikate einen großen Teil aller irdischen Minerale in der Erdkruste, im Gestein und im Sand ausmachen. Wichtig für die Elastizität von Knochen, Haut und Haar. Wirkt innerlich antitoxisch durch die Bindung von Giftstoffen (besonders Aluminium ⟹siehe dort), äußerlich austrocknend auf Parasiten.

Vorhanden in allem Bindegewebe, Knorpel, Knochen, Horn, Muschelextrakt. In allen Pflanzenfasern, besonders Schachtelhalm (Equisetum), Brennnessel, Kleie, Petersilie, Banane, Bambussprossen, Kurkuma. Außerdem in Seealgen, rohem Braunhirsemehl, Hirsekeimlingen, weniger in gekochter Goldhirse, Hafer, Gerste, Roggen und Dinkel, Kartoffeln, Topinambur.

Natürliche Aufnahme durch hartes Wasser, lehmhaltige Erde, Bergquell- und Lehmwasser.

Silikondioxid = $SiO2$ = Bergkristall, Quarz, d.s. geschmacklose Salzkristalle. Sie werden als Pulver oder Gel in Zahnpasta, als Nanopartikel in Medikamente (bes. Antiblähmittel) und Eßwaren als Antiklebmittel, Entwässerer und Aromatransporteur eingerührt und firmieren unter „andere Zusatzstoffe".

Vanadium:V ist ein an Mineralien gebundenes Erdelement. Über essentiell oder nicht-essentiell dieses Weichmetalles widerspricht sich die Literatur, jedenfalls kein Mangel nachgewiesen. Es findet sich in Zellkernen, Mitochondrien und Enzymen und soll für den ATP-Glycogen- und den Fett-Stoffwechsel von Bedeutung sein. Als anorganische Verbindung ist es ein karzinogenes Gift. In Meeresfrüchten, Fleisch.Wenig in Spinat, Petersilie, Dill.

Zinn: Sn, essentiell, kein Mangel. Als metallorganische Verbindung hochgiftig in Dosenkonserven.

C) Sekundärstoffe

Sekundär klingt so zweitrangig, das ist aber ganz und gar nicht der Fall, da sie ebenfalls wichtige Vitalstoffe darstellen. Unter ihnen finden wir die wichtigsten Heilstoffe. Von diesen Sekundären Pflanzenstoffen (Phytamine) gibt es Zehntausende. Bei den Vitaminen hatte ich schon auf die Sekundären Pflanzenstoffe als Begleitstoffe hingewiesen, die Aroma, Farbgebung, Geruch, Heil- oder Giftwirkung ausmachen. Dazu gehören Flavonoide, Polyphenole, Sulfide, Lipochrome, also färbende Stoffe wie Carotinoide, Scharfstoffe wie Senföle, Schaumstoffe, Saponine genannt, Schleimstoffe, Gerb- und Bitterstoffe, Chlorophyll, aromatische Öle und Duftstoffe etc. Sie verstärken die Entgiftung, sie geben Farbe und Geschmack, bessere Verdaulichkeit und stellen oft die heilende Komponente dar, allerdings auch gegebenenfalls die giftige. Manche können hormonähnliche Wirkung haben, andere bestimmte Enzyme oder Vitamine blockieren, zum Beispiel die Eiweißverdauung bei rohem Getreide oder Eiklar. Andere können Vitamine regenerieren und verstärken. Die heilenden wirken antikarzerogen, antiviral, antioxydativ, abwehrstärkend und/oder antibakteriell. Von 10 Tausenden sekundären Pflanzenstoffen kennt man erst einige hundert in Aufbau und Funktion. Da die Pharmaindustrie natürliche Stoffe nicht patentieren kann, finden sich für deren Erforschung nur wenige Geldgeber. Möglicherweise sind ernährungsabhängige Krankheiten auch eine Folge unzureichender Zufuhr bioaktiver Substanzen durch zu starke Verarbeitung der Grundstoffe, sind also als semiessentiell anzusehen. Das soll heißen, sie sind zwar vorhanden, reichen aber bei besonderer Belastung nicht aus.

Zusätzlich entstehen viele Sekundärstoffe wie Aromen und Flavonoide (⟹ siehe Vitamin P) erst durch Sonne und Wärme, also nicht unbedingt in Treibhäusern.Treibhauspflanzen haben im Gegensatz zu Freilandpflanzen einen Nährstoffschwund von weniger Proteinen, weniger Fe, Zn, Mg und Ca, dagegen aber mehr Biomasse, Stärke und Zuckerstoffe. Viele bioaktive Wirkungen verschwinden oder verändern sich durch Züchtung, zu frühe Ernte, Transport, Lagerung, Verarbeitung, Erhitzung, auch durch Waschen und Schälen, da sie zu 85 % zum Beispiel bei Äpfeln und Möhren in den Schalen sitzen. Sie sind wie die meisten Vitamine ebenfalls meist hitzelabil und werden in ihrer Stoffwechselfunktion durch äußere Verarbeitung behindert, was bedeutet, dass sie in Dosen oder Tüte keine Wirkung mehr entfalten. Zudem arbeiten sie nur in ihrer Gesamtkomposition in einer Pflanze oder einem Organ in gegenseitiger sinnvoller Wirkungsverstärkung. Das heißt sie unterstützen sich gegenseitig und reagieren miteinander. Isolierte Sekundärstoffe können in höherer Dosierung als Medikament positive Heilwirkung haben. Doch Vorsicht: Auch pflanzliche Abwehrstoffe in Form von Giften sind Sekundärstoffe. Sie sind die therapeutisch wirksamen Stoffe in Arzneien und unterliegen genauer Dosierung, denn die Dosis macht das Gift.

Obwohl Sekundärstoffe definitionsgemäß nur in Pflanzen vorkommen, gibt es auch in tierischen Organen zahlreiche Nebenstoffe, die automatisch mit gefüttert werden und durchaus wichtige Funktionen haben. Jedem von uns ist klar, dass Leber anders schmeckt als Niere oder Muskelfleisch. Fleisch ist eben nicht Fleisch, denn Wildge-

Hagebutten frisch sammeln

flügel hat andere Geschmacksstoffe als Fabrikhühnchen. In jeder Tierart finden sich andere Gene und typische Geschmacksmuster als Gesamtkomposition, in jedem Organ andere Drüsen, Schleimstoffe, Hormone (150 allein im Blut), Enzyme, Farbpigmente (Melanin, Arotin) und Bindegewebssubstanzen, die die Verschiedenheit ausmachen, und die in ihrer Gesamtheit ein ganz verschiedenes Geruchs-, Geschmacks- und Wirkmuster und damit eine andere Bioverfügbarkeit ergeben. Deshalb sollte man bei der Fütterung alle paar Tage die Tierart und die Organe wechseln.

Träger von Sekundärstoffen:

Kräuter: Auf Grund ihrer speziellen Sekundärstoffe eignen sich Kräuter am besten zur Phytotherapie. Gleichzeitig transportiert Grünzeug auch Ballaststoffe (⟹ siehe dort). Die Heilkraft der Pflanzen wird in der konventionellen Therapie vernachlässigt, weil es an umfassenden Forschungen fehlt. Daran haben die Pharmakonzerne aber nur eingeschränkt Interesse, weil reine Pflanzen nicht patentierbar sind, sondern höchstens deren bearbeiteten Extakte. Das Angebot ist riesig und kann hier nicht erschöpfend behandelt werden. Es gibt an die tausend Heilkräuter allein im europäischen Raum, weltweit noch viel mehr. Ich beschränke mich hier auf solche, die vergleichsweise bekannt, leicht zu finden, anzubauen oder zu kaufen sind. Schon Paracelsus wies darauf hin, dass jede Region ihre eigenen Arzneipflanzen zur Verfügung stellt und exotische deshalb meist unnötig sind. Am besten werden ungespritzte Kräuter pflückfrisch gemahlen verabreicht, ansonsten getrocknet, selbst angebaut oder in Apothekerqualität, als fertiger Presssaft aus dem Reformhaus oder als Tee. Kaufen Sie keine gepressten Kräuter und keine Kapseln, deren Inhalt nicht kontrollierbar ist, denn auch Presshilfsmittel und Gelatine, die ggf. aus Schweineschwarten oder Geflügelresten hergestellt wurden, sind verzichtbar. Importwaren können mit Blei (Straßenränder, Erde) oder Arsen verunreinigt sein, käufliche getrocknete werden oft radioaktiv bestrahlt. Kräuter aus China sind zuweilen mit gefährlichen Mengen von Pestziden und Schwermetallen belastet. Durch Weiterverarbeitung wird dabei die Kennzeichnungspflicht umgangen.

Bei Krankheiten kann man Kuren anwenden. Gezielt angewendete Kräuter bei Unpässlichkeiten setzen durchdachtes Wissen voraus. Jedes Kraut sollte organaffin verabreicht werden. Nach drei Wochen verwende man ein anderes, um Allergien und Gewöhnung zu umgehen, da dadurch kein Reiz mehr für den therapeutischen Erfolg besteht. Das ist der Nachteil von Mischungen. Oft ist das vorherrschende Kraut das billigste, aber nicht gleichzeitig das effektivste. Manche Zusammensetzungen sind empfehlenswert, andere nicht. Auch Giftpflanzen wie Jakobskreuzkraut sind darin schon gefunden worden, auch ein Grund mehr auf Reinheit und Abwechslung zu achten. Man findet wirksame Kräuter-Fertig-Mischungen aber bei guten Firmen. Wildkräuter haben einen besonders hohen Omega 3 Gehalt und mehr und andere Wertstoffe als angebaute Kräuter, sowie weniger Spritz- und Düngerückstände. Beispielsweise weisen Blätter von Löwenzahn, Sauerampfer oder Brennessel ein Vielfaches an Eisen, Zink, Kupfer und Mangan als gespritztes Supermarktsgrün auf. Obwohl die Bioverfügbarkeit beim Hund ungewiss ist, sind diese Kräuter trotzdem gesünder. Mehr Enzyme und Biophotonen enthalten sie allemal.

Frisch ist immer die erste Wahl, ungespritzt direkt vom Garten, Balkon, Fensterbrett oder Kübel oder auf dem Spaziergang entdeckt. Bestimmungsbücher und Kräuterkurse helfen beim Selbstsammeln in Wald und Flur. Straßenränder und Spritzfelder sind zu meiden. Wildsammlungen können zum Aussterben seltener Arzneipflanzen beitragen, Bioanbau ist vorzuziehen. Auch auf dem regionalen Wochenmarkt läßt sich lose und unverpackt Grünzeug erstehen, das keine weiten Transportwege hinter sich hat. Als drittbeste Qualität dasselbe für den Menschen aus dem Supermarkt. Am einfachsten in der Verwendung sind die Reste der Verarbeitung in der eigenen Küche: Pimpernell, Ampfer, Giersch, Borretsch, Kresse, Petersilie, Basilikum, Portulak, Fenchelgrün, Radieschenblätter, Möhrengrün (in Maßen), Rucula, Kohlrabiblätter, grüne Blumenkohlblätter, Kürbisblätter, Selleriegrün, Liebstöckel, Melisse, Minze, Beinwell (wenig), Brombeerblätter und viele mehr.

Gefroren lassen sich auch die gehackten und gefrorenen Kräuter aus dem Gefrierregal im Supermarkt verwenden oder man friert selbst portionsweise während der Vegetationsperiode für den Winter ein.

Getrocknet sollte immer nur Ersatzwahl sein, wenn im Winter mal nichts Frisches zur Verfügung steht. Trockenware muss geringer dosiert werden. Man kauft sie in Zoo-, Kräuterläden, auf Märkten oder im Tierbedarfsversand als Einzelpflanze. Einzelkräuter sind in ihrer Qualität besser zu beurteilen als Mischungen. Je grüner, größer und aromatischer die Blätter bei Trockenware sind, desto besser die Qualität. Kräuter werden oft mit Stickstoff und Druck gegen Ungeziefer entwest. In Futtermärkten kann man Löwenzahn oder Brennnessel auch getrocknet lose kaufen oder Hagebutten gibt es auch als praktisches, fertiges Pulver. Kaufen Sie kein Pulver. Hier vermindern sich die Wertstoffe am schnellsten. Fertigfutterdosen werden beworben mit Kräutern in Apothekerqualität. Durch Trocknung und Kochen haben diese aber am Ende der Herstellung fast alle Vitamine und nützlichen Sekundärstoffe verloren. Sie werden bereits zerkleinert und gefroren oder getrocknet und pulverisiert dem Fertigfutter zugefügt. Ausgewiesene Apothekerqualität zu kaufen lohnt nach meiner Erfahrung nicht.

Bei einem willkürlich herausgegriffenen Pflanzenheilmittel (Dragee) finde ich: Fünf verschiedene pulverisierte Kräuter je 30 mg als Wirkstoffe, sowie an sonstigen ausgewiesenen Bestandteilen (es ist kaum zu glauben): 25 verschiedene Hilfsstoffe, darunter alleine 5 E-Nummern (Farbstoffe), 2 Aluminiumverbindungen sowie Titanoxid. Weitere Füllstoffe können sein: Zellulose, Guarkernmehl, Lezithin als Emulgator. Sie merken daran: Auch bei sogenannter Naturmedizin muss man die Augen offen halten, denn was die mechanisch oder als Extrakt behandelten Kräuter möglicherweise Gutes tun, macht die mehr oder weniger giftige Galenik wieder zunichte. Nehmen Sie deshalb keine Dragees, weil ihnen Presshilfen, zum Teil krebserregende Stoffe wie Talkum, Titandioxid oder Polyvinyl als Überzugsstoffe zugesetzt sind. Besser sind reine Presssäfte, die man auch im Reformhaus kaufen kann. Da sie oft bitter sind, sollte man diese eingeben, damit nicht das ganze Futter abgelehnt wird. Manche Kräuter entlassen ihre Wirkstoffe, zum Beispiel Rinden oder Wurzeln, erst durch längeres Kochen. Tees kann man eingeben, unters Futter rühren oder gesondert anbieten.

Sogenannte entgiftende Kräuter wirken über die Anregung der Verdauungs- oder Harnorgane.Angaben pro 100 Gramm in

Basilikum: Hoher Kaliumgehalt 3700mg, hoher Ca-Gehalt 2070mg, hoher Mg-Gehalt 410mg, Eisen 43mg.

Brennessel: frisch gesammelt (nicht an Straßenrändern) und gemahlen, wodurch sich das Brennen verliert. Gutes allgemeines Entgiftungsmittel, diuretisch wirksam für den Harnapparat, hat Vitamin C, Mg, viel Chlorophyll und wertvolle Mineralsalze.

Cayennepfeffer, Peperoni, Chili: wirkt positiv auf Kreislauf, Verdauung, Endoparasiten und Infektionsabwehr. Es kann frisch und bio, als Tinktur, Pulver oder Kapsel verabreicht werden.

Zuerst wirkt es hitzetreibend, später Körpertemperatur absenkend.

Kräuter tun gut (Basilikum)

Chilipfeffer=Peperoni

Giersch: Dieses unliebsame Unkraut hat mehr mehr Vit. A und C als Kopfsalat, ist außerdem reich an sekundären Pflanzenstoffen, an Ca und Mg.

Ingwer: Das Kraut (Kübelpflanze) ist neben der Wurzel auch verwendbar, hoher Kaliumgehalt 1400mg, Magnesium 180mg. Gegen Reisekrankheit, Magenprobleme und Gallekotzen anwendbar, auch als käufliches Wurzelpulver. Ingwer wirkt entgiftend, antibiotisch, appetitsteigernd und entzündungshemmend.

Katzenkralle = Uña *de gato = Uncaria tomentosa:* rötliche, faserige Wurzel. Die Wurzel verabreicht als Tee (5-15 Min. kochen) abgeseit, kalt oder warm, auch als Kur, nicht länger als 3 Wochen. Ich habe außerordentlich gute Erfahrungen damit gemacht. Wirkt gegen alle Formen von Entzündungen und tumorösen Entartungen, ferner analgetisch, diuretisch und leicht abführend. Nicht anwenden während der Trächtigkeit.

Es gibt noch eine andere Katzenkralle (Uncaria rhynchophylla), die als Blatt verwendet oder als Tinktur ebenfalls entzündungshemmend, krampflösend und nervenschützend wirkt.

Koriander: Frisches Korianderkraut soll auf Blei, Quecksilber, Aluminium und Cadmium ausschleusend wirken, insbesondere in Verbindung mit Chlorella. Sowohl Blätter wie Samen wirken antibiotisch, besonders gegen Salmonellen.

Kresse: alle Sorten wie Kapuzinerkresse, Brunnenkresse etc. haben ein pflanzliches Antibiotikum und Scharfstoffe (max. 10g/d). Man setzt sie besonders bei Harnwegsproblemen ein. Außerdem antikarzerogen

Petersilie: Chlorophyllreich, Vitamin C reich, nicht an trächtige Hündinnen. Grenzfuttermittel

Träger

von Anthocyanen: natürlicher roter, violetter und blauer Pflanzenfarbstoff im Zellsaft von Blüten und Früchten. Wirkt antikanzerogen, entzündungshemmend, präventiv gegen grauen Star. In Roter Bete, echten Waldheidelbeeren, Brombeeren, Preiselbeeren, Hagebutten, Aroniabeeren, Rotkohl. Als industrieller Lebensmittelfarbstoff E 163.

von natürlichen Antibiotika: natürliches Antibiotikum bildet im Gegensatz zu schulmedizinischen keine Resistenzen aus und schwächt Darmflora und Immunsystem nicht. Übliche Antibiotikapräparate sollten nur in schweren oder lebensbedrohlichen Fällen und wenn möglich nach Erstellen eines Antibiogramms eingesetzt werden.Sie können Durchfälle und Unwohlsein auslösen. Natürliche antibiotisch wirkende Mittel sind: unerhitzter Biojoghurt, Knoblauch, Kressen, Ingwer, Kohl, Chili, Kurkuma,

Basilikum, Koriandersamen und -kraut, Dill, Papaya, Portulak, Preiselbeere, Salbei (bei zu hoher Dosierung toxisch durch Thujon), Propolis.

von Betainen: Das sind organische Oxidationsprodukte des Cholins mit drei Methylgruppen, wodurch sie potente Methyldonatoren für die Regenerierung der Epigene für die Umweltanpassung sind. Sie wirken antikarzerogen und unterstützen die Bildung der Vitamine B4 und B15. Sie finden sich vor allem im Farbstoff der Wurzel der roten Bete oder der roten Kaktusfrucht (=Drachenfrucht), aber auch in der Zuckerrübe und ihrer Melasse, woraus sie isoliert als leistungssteigerndes Präparat gewonnen werden. Außerdem wenig in Brokkoli, Spinat und Süßkartoffel.

von Bitterstoffen: Diese finden sich oft in Giften und werden deshalb häufig abgelehnt. In angemessener Zufuhr alkalinisieren sie jedoch den Stoffwechsel positiv, regen Appetit und Gallenfluss an und fördern damit die Fettverdauung. Sie neutralisieren überschüssige Säuren.

In Rucula, Chicorée, Radiccio, Endivie, Friséesalat, reifen Wildkräutern, Kurkuma, Kümmel, Anis, Ingwer, Knoblauch, Senfsaat, Wermut. Löwenzahn, am besten die zahnlosen Blättchen selbst gesammelt, als fermentiertes Löwenzahnextrakt mit Milchsäurebakterien oder als käufliche Kulturpflanze. Curcubitacin in bitteren Teilen von Zucchini, Gurken oder Kürbissen ist unbekömmlich.

von Cystin: Schwefelverbindung aus der Aminosäure Cystein (⟹ siehe dort), von Natur aus vorhandener Geschmacksverstärker in Hühnerbrühe, Hühnerkrallen, Hühnerhaut, Federmehl, Geflügelmehl. Außerdem in Fell, Häuten, Haaren, allem Bindegewebe, Schweineschwarte mit Borsten, Horn und Hufen.

von Entzündungsförderern: Arachidonsäure, Omega 6-Fettsäuren.

von natürlichen Entzündungshemmern: Vitamin B5, Vitamin D3, Vitamine der E-Gruppe, weil sie Arachidonsäure (<<siehe dort) binden. Enzymreiches, DHA und EPA in Fischöl, Lachs, Sardinen, Makrelen, weil sie Zellabfallstoffe entsorgen, sowie Ingwer, Chili, Ananas, Papaya, Knoblauch, Salbei, Brennnessel. Curcuminoide in Kurkuma, weil sie das Entzündungshormon Prostaglandin (⟹siehe dort) hemmen. Grünlippmuschelpulver. Entzündungshemmend wirkt immer auch gleichzeitig schmerzhemmend.

von Enzymen: Nur Rohes, so frisch wie möglich oder auch mit Haut Gôut beim Fleisch. Alles Frische, Rohe, Unerhitzte (⟹Siehe Enzymträger)

von Oxalaten: Oxalsäure bindet Kalzium und macht es für den Organismus nicht mehr verfügbar. Durch zu viel Oxalsäure können sich Kalziumoxalatsteine in den

Kaktus- oder Drachenfrucht

Kurkuma -Wurzel und Blatt

Harnwegen bilden. In Petersilie, Mangold, Spinat, Roter Beete, Sauerampfer, Minze, Grünkohl, alles Grenzfuttermittel. Rhabarber, Tomaten und Bambus sind aus gleichem Grunde schädlich.

von Schleimstoffen: Körpereigene Mucine schützen die Schleimhäute von Maul, Speiseröhre und Darm vor Verletzungen und Bakterien. Ernährungsmäßig zugeführt sind sie vor allem bei Dysbiosen, chronischen Durchfällen, Verstopfung, bei Fremdkörpern und Unverdaulichem, sowie durch Parasiten geschädigter Mukosa angezeigt:

Gallerte von Fleisch-, Fisch- und Knochenbrühen, frischer Labmagen, frische Därme.

Rote Drachen- bzw. Kaktusfrucht (Schalen mahlen), gekochter Leinsamenschrot, gemahlener gequollener Chiasamen, Haferschleim, Reisschleim. Evtl. wenig Flohsamen = Wegerichsamen. Immer muss gute Flüssigkeitsaufnahme gesichert sein.

von Phytoöstrogenen: hormonaktive Isoflavone in Soja und -produkten, allen Kleesorten, Leinsamen, Buchweizen, Weizenkleie, Kurkuma, Sesam und –öle, Baldrian, Spirulina. Können bei Überdosis oder permanenter Zufuhr zu Fruchtbarkeitsproblemen bei männlichen und weiblichen Tieren führen und zu Zysten und Tumoren des Eierstocks. Wesentlich schlimmer sind aber mit östrogener Wirkung die Weichmacher (⟹siehe dort) in Verpackungen und alle hormonaktiven Umweltgifte.

von Vitaminoiden: Das sind vitaminähnliche Substanzen als Mikronährstoffe und Co- oder Proenzyme. Sie sind eingeschränkt essentiell bei Alter, Krankheit, Hochleistung oder Mangelernährung, da sie normalerweise zum Teil selbst hergestellt und gespeichert werden können und fast immer genügend mit der Nahrung aufgenommen werden. Vitaminoide sind so genau nicht von den eigentlichen Vitaminen abzugrenzen, da Vitamine keinesfalls alle den Aminen zuzurechnen sind und eine etwas willkürliche Einteilung darstellen. Amine sind stickstoffhaltige organische Moleküle, die in Organismen komplexe chemische Verbindungen eingehen können. Im Reformhaus verkauftes teures Pulver ist ziemlich nutzlos, frisch heißt auch hier die Devise. Zu den Vitaminoiden gehören Pangamsäure, Flavonoide (⟹siehe Sekundärstoffe) sowie:

a) *Carnitin* (⟹siehe dort)

b) *Coenzym Q 10 = Ubichinon*, nicht essentielles, fettlösliches, antioxydatives Koenzym. Arbeitet mit Carnitin synergetisch, um Nahrungsenergie in Bewegungsenergie umzuwandeln. Bei Mangel deshalb verminderte Muskelkraft. Es findet sich pro 100g in Mikrogramm in Herz 114, Niere 66,5, Leber 54,9, Hirn 13,4. Wenig in Sardinen, Muskelfleisch von Rind, Schwein und Geflügel, Darmanhangsdrüsen, Ei. Spinat, Brokkoli. Soja.

c) *Cholin* ⟹siehe Vitamin B 4

d) Inosit, Inositol: nicht essentiell,wasserlöslich. Es verbindet sich mit Cholin und reguliert den Fettstoffwechsel der Leber und regt den Haarwuchs an. Natürlicherweise in Rinder- und Schweine-Innereien, besonders Leber, Hirn und Herz, in Fisch, Eier,

Milch, Bierhefe. Kohl, Bananen, Möhren, Äpfel, Spinat. Weizenkeimen. Als Inosinate (E 663-633) werden sie als Geschmacksverstärker in Futter, Schinken und Wurst eingesetzt und fördern den Appetit. Es wird zu Harnsäure abgebaut und kann in größeren Mengen Symptome bei Purinempfindlichkeit hervorrufen.

e) *Lutein:* Ein Carotinoid (E 161b), das als oranger Lebensmittelfarbstoff auch Futtermitteln zugesetzt wird. (⟹siehe Vitamin A) In Eigelb und Augen. Als natürliches Pflanzenpigment in Spinat, Grünkohl, Feldsalat, Mangold. Als Tagetesblütenextrakt oft Fertigfutter zugesetzt.

d) Lykopin: Ebenfalls ein Carotinoid als rote Lebensmittelfarbe (⟹siehe Vitamin A) In Hagebutten, Wassermelone

Enzyme:

Enzyme sind makromolekulare, im Allgemeinen sehr hitzeempfindliche Eiweißstoffe, die bereits bei Fiebertemperatur in ihrer Funktion eingeschränkt werden. Enzyme sind äußerst spezialisierte und zielgenau arbeitende chemische Werkzeuge in lebendigen Zellen und nur in diesen. Gene steuern ihre Zusammensetzung. Enzyme beeinflussen oft nur eine einzige metabolische Reaktion im Körper. Enzymnamen enden oft auf die Silbe –ase. Sie spielen in den Abläufen des Stoffwechsels eine durch nichts zu ersetzende Rolle. Sie sind unentbehrlich für alle Regulationskreisläufe, auch in Pflanzen. Sie sind Katalysatoren, das heißt, sie stoßen chemische Prozesse an, ermöglichen, beschleunigen oder unterstützen sie, ohne selbst dabei verbraucht zu werden. Sie helfen für den Organismus wichtige Moleküle zusammenzusetzen oder zu zerlegen, sind sowohl für Aufbau wie für Abbau zuständig. Sie haben eine außerordentlich hohe Wechselwirkung mit anderen Stoffen, insbesondere mit Vitaminen und Mineralien, aber auch mit Giftstoffen, weshalb ihre Entgiftungsaktivität nicht hoch genug einzuschätzen ist. Fehlt nur ein einziges Enzym von zehn Tausenden, weil beispielsweise ein einziger Mikronährstoff fehlt, dann werden enzymatische Reaktionen unterbrochen, führen zu Fehlregulationen und können Infektionen und chronischen Krankheiten Vorschub leisten. Das kann lebensbedrohliche Auswirkungen haben. Von vermuteten 10 bis 30 Tausend Enzymen sind gerade einmal 10 % in ihren Aktivitäten erforscht. Meist werden ihre spezifischen Aufgaben durch angeborene Gendefekte erkannt. Für ihre Arbeit brauchen sie wiederum Coenzyme, meist in Form von Vitaminen und Mineralien. Vitamin C ist beispielsweise an 15 000 enzymatischen Reaktionen beteiligt. Es leuchtet ein, dass die Enzymwirkung nicht adäquat oder nur eingeschränkt von statten gehen kann, wenn Vitamin- oder Mineralstoffmängel bestehen. Durch Enzymmangel wiederum können Vitamine nicht in ihre bioaktive Form umgewandelt werden. Entscheidend für die biologische Wirkung der körpereigenen Enzyme ist nicht ihre Menge, sondern ihre Aktivität. Viele Umweltgifte blockieren Enzyme. Sekundär kann es deshalb zu Vitaminmängeln kommen.

Am bekanntesten im lebenden Organismus sind die Verdauungsenzyme, die in der Tat eine besondere Bedeutung für die Zerlegung der Futtermoleküle haben. Amylasen spalten Mehrfachzucker in Einfachzucker, Proteasen spalten Eiweiße in Aminosäuren, Lipasen spalten Fette in Fettsäuren und Glycerin. Die Zusammensetzung der Nahrung bestimmt das Gemisch der Verdauungsenzyme, die Enzyme bestimmen die Verdaulichkeit. Die Bauchspeicheldrüse des Hundes scheidet 1 bis 35 g Pankreassaft in der Stunde ab, und zwar nur nach Nahrungsaufnahme. Dann sollte aber auch mehr kommen als nur ein Leckerchen.

Enzyme sind unentbehrlich für die Entgiftung sowie für die Funktion des Immunsystems. Beides hängt eng zusammen. Sind nämlich die Futtermoleküle nicht ausreichend zerlegt, kann es zu der klassischen im Blut nachweisbaren Allergen-Antikörper-Reaktion kommen. Die Ursachen können sein: ein Enzymmangel durch Gendefekt, eine Drüsenstörung oder die Enzyme hatten nicht ausreichend Zeit zur Einwirkung. Das passiert, wenn nicht genügend zerlegte und zu große Moleküle durch nicht schleimgeschützte Darmlöcher bereits ins Blut schlüpfen. Enzyme können diese Antigen-Antikörper-Komplexe dann auflösen. Auf diese Weise wirken Enzyme entzündungshemmend. Sie zerlegen auch andere Entzündungsprodukte, sowie Zellmüll, Eiter und abgetötete Krankheitserreger. Enzyme können auch Bakterien lebensnotwendige Stoffe entziehen und ihre Zellwände zerstören, angefangen bereits im Maul. Die meisten Enzyme des lebenden Organismus arbeiten am effektivsten bei Körpertemperatur. Bei nicht angepasster Temperatur oder falschem pH Wert stellen sie ihre Aktivität ein. Das ist nicht nur für die Verdauung wichtig, sondern gilt für alle Enzyme des Organismus, abhängig vom Säure-Basen-Gleichgewicht im Binde- und Zwischenzellgewebe der Schleimhäute von Maul, Magen und Darm, der Bauchspeicheldrüse, des Harnapparates, der Geschlechtsorgane und der Haut. Enzyme sind elementar wichtig für die Entgiftung. Jedoch sind für im Labor neu synthetisierte chemische Stoffe, die sich tausendfach in unserer Umwelt befinden, oftmals keine Abbauenzyme im Organismus vorhanden. Das macht sie so gesundheitsschädigend.

Enzyme bleiben am Ende der chemischen Reaktionen erhalten und verbrauchen sich nicht. Sie werden allerdings mit dem Stuhl zum Teil ausgeschieden und müssen dann von der Leber neu nachgeliefert werden. Ab dem Erwachsenenalter stehen jedes Jahr weniger Enzyme zur Verfügung. Enzymmangel ist die Ursache sehr vieler Krankheiten. Die meisten Alterserscheinungen sind auf Enzymmangel zurückzuführen. Enzyme regenerieren sich im Körper durch Aminosäuren, Mineralstoffe und sekundäre Pflanzenstoffe und werden auch von Probiotika gebildet, also von lebendigen Mikroorganismen. Nicht umsonst wird Enzymtherapie bei Pankreasunterfunktion, schlecht heilenden Wunden, Krebs und Autoimmunerkrankungen eingesetzt, weil sie entgiftende, antioxydative und proteinauflösende (Antikörperkomplexe bei Allergien und Autoimmunerkrankungen) Eigenschaften hat. Sie hilft bei allen Entzündungen wie Nerven- und Arthroseschmerzen, Bronchitis, Virenerkrankungen etc. Hierbei entstehen im Gegensatz zu Antibiotika keine Resistenzen. Enzyme unterstützen das Immunsystem durch Enzymträger (⟹siehe 2b) oder spezielle Präparate.

Wie kann ich den Organismus bei dieser Arbeit unterstützen? Es ist wenig bekannt, dass jedes lebendige Kraut, jede frische Frucht, ja sogar rohes Fleisch auf Zellebene seine eigenen Verdauungsfermente von der Natur gleich mitgeliefert bekommt. Sonst würde ja auch unser eigener Körper nicht verwesen. Es ist eine Art Eigenverdauung. Diese beginnt sofort mit der Ernte bzw. dem Tod. Die Schnelligkeit der Zersetzung richtet sich nach der Umgebungstemperatur.

Beim Einfrieren von frischen Futterkomponenten kommt diese Tätigkeit der Enzyme zum Erliegen. Sie können aber zum Teil kurz nach dem Auftauen wieder aktiviert werden, weshalb man das Aufgetaute dann auch zügig verfüttern sollte. Beim Erhitzen über Körpertemperatur hinaus, also etwa ab 42 Grad aufwärts, verlieren die meisten Enzyme ihre Aktivität, weshalb in Trockenfutter, Dosen, gekochtem oder gebackenem Futter keinerlei Enzyme mehr vorhanden sind, auch nicht, wenn dafür extra Reklame gemacht wird. Die meisten Enzyme haben dann ihr chemisches Reaktionsvermögen verloren, weshalb erhitztes Fleisch sich länger hält als frisches und deshalb eine Konservierungsart darstellt. (⟹siehe Tabelle 21 Enzymverluste)

Wie können wir also den „Enzymspeicher" des Organismus entlasten? Durch enzymreiche Nahrung.Welches ist enzymreiche Nahrung? Alles Rohe. Hunde wissen das. Die armen Viecher, die ihr Leben lang ausschließlich harte, sterile Klicker fressen müssen, bekommen im Laufe der Zeit einen eklatanten Enzymmangel, vor allem auch die, deren Eltern schon seit Generationen nichts Frisches mehr gesehen, geschweige denn gefressen haben. Sie sind deshalb wild auf alles, was noch aktive Enzyme hat, erscheine es uns auch noch so eklig: Frische Pferdeäppel, Schafköttel, Kuhfladen, Menschenkot, Erbrochenes, angegammelte Fische, Aas, verwesende Vögel, Rohkäseschachteln, Joghurtbecher, verschwitzte Socken etc.. Eine Faustregel besagt: Je stinkiger, desto mehr Enzymaktivität, wie beim Käse oder beim Fisch. Unsere Regel sollte entsprechend heißen: Nicht frisch kochen, sondern frisch zubereiten.

Die Rede ist hier nicht von industriell eingesetzten Enzymen in Waschpulver, in der Lebensmitteltechnologie zum Beispiel bei Fruchtsaft, Brot und Käse, zur Herstellung von Aromen usw., wo es sich um „gezüchtete" Enzyme mit Hilfe genmanipulierter Hefen, Schimmelpilzen oder Bakterien handelt. Durch Zusatz von Corolase Fleischzartmacher, sozusagen als Vorverdauung schwer verwertbarer Reste, werden Schlachtabfälle ohne Deklaration zu Fleisch- und Wurstwaren für Mensch und Tier verarbeitet. Ihre Rückstände können allergen wirken. Fleischabfälle lassen sich mit Laborenzymen so aneinanderkleben, dass man einen Formschinken kaum von einem natürlich gewachsenen unterscheiden kann. Durch Zusatz von diversen Enzymen kann man den Getreideanteil im Tierfutter erhöhen, weil die Verdauung quasi gleich mitgeliefert wird.

Im Übrigen werden auch industriell hergestellte Vitamine wie Tocopherole, Betacarotin und Ascorbinsäure enzymatisch synthetisiert. Bakterien oder Pilze stellen diese Vitamine in riesigen Tanks, Fermentern, her. Dann wird alles in seine Bestandteile zerlegt und wegen der Mikroorganismen radioaktiv bestrahlt. So wundert es nicht, dass diese angeblichen Gesundmacher zuweilen Allergien auslösen können.

Technisch künstlich veränderte Eiweiße dürfen als Enzyme als Hilfsstoffe in Lebens- und Futtermitteln eingesetzt werden, zum Beispiel Proteasen als Fisch- oder Fleischklebstoff oder Fleischzartmacher. Früher wurde Fleisch abgehangen, das kostete Zeit und Raum. In der industriellen Fleischproduktion wird heute Zähes und Billiges durch zugesetzte Enzyme in Weiches und Zartes verwandelt. Gentechnisch erzeugte Enzyme, Aromen oder sonstige Zusätze sind -man staune- weder zulassungs- noch deklarationspflichtig. Sie haben niemals Zulassungsverfahren oder Gesundheitstests durchlaufen. Dabei bleibt das Risiko, dass das Genprodukt eine andere Information weitergibt als das ursprüngliche Original. Es wurde in einem fremden Organismus, meist Bakterien, hergestellt und kann deshalb Allergien auslösen. Größter Hersteller ist die Firma Novozymes, die alle Arten von großtechnischen Enzymen aus Pilzen und Bakterien herstellt und weltweit vertreibt. Durch Zerfallsprozesse während der Herstellung sind auf diese Weise künstlich hergestellte Enzyme nachher im Endprodukt größtenteils nicht mehr nachweisbar, nicht mal durch Prüflabore.200 Enzyme sind allein für Lebensmittel zugelassen. In den Herstellungsprozessen werden nur die vermieden, die angegeben werden müssen.

Enzymträger sind ein Mangelstoff, da Fütterung aus Tüte oder Dose immer enzymlos ist. Fast alle Enzyme sind nämlich hitzeempfindlich. Alles Rohe hat somit seine natürlichen Enzyme, die nach Ernte oder Schlachtung kontinuierlich weniger werden bzw. es werden Abbauenzyme aktiv. Sonnengereifte Früchte enthalten weit mehr Enzyme als unreifes Obst, Sprossen mehr als Wurzeln.

In allen Vormägen von Weide- und Wildwiederkäuern mit grünem Inhalt (Labmagen,Pansen, Blättermagen, Netzmagen), der frische Inhalt des Darmes von Pflanzenfressern, in oder außerhalb desselben, also Pferdeäpfel, Schafköttel, Kuhfladen, Kaninchenköttel, Lebern, angegangenes Fleisch, alle Drüsen wie Thymus, Bauchspeicheldrüsen (Schwein, Rind etc.), Euter, Anhangsdrüsen von Darm und Schlund, Milz, Blut, Fisch auch bereits riechend, Natur-Bio-Joghurt, Dickmilch, Rohmilch-Käse, Stinkkäse.

Papaya (Papain), ihr Fruchtfleisch, Samen, Schale und Blätter sind verwendbar und reich an Enzymen. Ananas (Bromelain), Mango (Mangiferin), frische Feige (Ficin), Kiwi (Actinidain), Guaven, Durian. Für den therapeutischen Einsatz gibt es Einzelpräparate (Bromelain) oder Mischungen aus Pepsin, Trypsin, Chymotrypsin, Papain, inzwischen auch speziell für Hunde als Therapie. Gesunde gebarfte Hunde brauchen das nicht. Leider werden die Wirkstoffmengen sehr verwirrend in völlig verschiedenen Einheiten wie Milligramm mg, GDU, F.I.P., I.E., I.U. oder U.R. angegeben, sodass die einzelnen Präparate schwer vergleichbar sind. Nicht mal mein Apotheker konnte mir die unterschiedlichen Maßangaben erklären und noch weniger die Aktivitätseinheiten in Gewichtseinheiten umrechnen.

Positive Mikroorganismen = Probiotika

Ebenso wie der Gehalt an aktiven Enzymen wird im Hundefutter auch der Gehalt an positiven Bakterien überhaupt nicht thematisiert. Natürliche Nahrung ist nicht steril wie der Inhalt einer Konserve, sondern hat eine Mikroflora verschiedenster harmloser und auch vor allem die Verdauung unterstützender Keime. Die finden wir aber nur in frischer, roher Nahrung. Besonders viele positive Mikroben finden sich noch in den Ausscheidungen und frischen Darminhalten von Mensch (es tut mir leid!), weil Omnivor, kleinen Beutetieren und Wiederkäuern. Diese bestehen nämlich neben einem Wassergehalt von mindestens 70 % im festeren Rest zum großen Teil aus unverdauten Bakterien. Diese dienen dem Beutegreifer zum Aufpeppen der eigenen Darmflora und zum Genaustausch derselben. Das ist für sie durchaus wichtig, denn bei Tier und Mensch findet ein massives Artensterben in der Unterwelt der Gedärme statt, und zwar durch einseitige Ernährung, Fehlen genügender Ballaststoffe, zu wenig guten Mikroorganismen, Einsatz von Antibiotika und anderer Chemie. Je vielfältiger das Mikrobiom, desto weniger sind Immunsystem und Psyche gestört.

Positive Mikroorganismen, man nennt sie auch Probiotika, verwandeln Nährstoffe in Energie und sind an der Synthese wichtiger Enzyme und Vitamine beteiligt, sodass bei gesunder Intestinalflora viele Vitamine selbst im Organismus hergestellt und ihm verfügbar gemacht werden können. Beim Hund beispielsweise fast alle B Vitamine, Vitamin C und K, die dementsprechend für den Hund nicht essentiell sind. Eine gute Darmflora beeinflusst auch das Gehirn und Verhalten positiv, denn Darm steuert Gehirn und Gehirn steuert Darm.

Aber: Die Einteilung in essentiell und nicht-essentielle Nahrungsstoffe ist eine mehr oder weniger hypothetische, an Normen und Statistiken angeglichene menschliche Einteilung. Zum Beispiel hat man bei schnell wachsenden Großrassen Vitamin K Mangel festgestellt, obwohl dieses Vitamin für Carnivoren nicht essentiell ist. Warum? Weil ihre Darmflora nicht gesund war. Deshalb wird dem Futter jetzt dieses Vitamin zugesetzt. Doch Vorsicht! Das beigefügte Vitamin K 3 nennt sich zwar so, hat aber nicht die gleiche Biofunktion im Organismus, schlimmer noch, es ist als giftig einzustufen. (⟹ siehe Vitamin K). Und warum können Welpen schon eine gestörte Darmflora haben? Es fängt an mit einer Kaiserschnittgeburt oder einer kranken Vaginalflora des Muttertieres (⟹siehe Grafik 5 Scheidenflora). Man beachte die Statistik des Labors. Da ergaben von 1756 ausgewerteten Proben gerade mal 7,2 % eine gesunde Scheidenflora. Durch den natürlichen Geburtsausgang werden die fast sterilen Jungen mit Bakterien beimpft, die ihnen helfen sollen, selbst eine gesunde Flora in Schleimhaut und Darm aufzubauen. Die Qualität der Muttermilch spielt eine Rolle und last not least natürlich die Fütterung in der Wachstumsperiode. Besonders zerstörerisch wirken Antibiotika, die alle nicht zwischen guten und schlechten Keimen unterscheiden können.

Zusammenhänge mit Mikroben erscheinen alle nicht sehr lecker und wurden deshalb in der Schulmedizin lange ignoriert, auch weil sie lange der Meinung war, alle

Keime seien grundsätzlich von Übel. Auch Viren sind nicht per se gefährlich, nein, sie haben sogar die Fähigkeit, Bakterien abzutöten. Der Nachweis einer Mikrobe ist auch nicht zwangsläufig der Nachweis einer Krankheit. Wir können mindestens ebenso viele Mikroben für unsere Gesundheit verantwortlich machen wie für unsere Krankheiten. Ohne seine Besiedlung ist der Darm nur ein lebloser Schlauch.

Ein interessanter Aspekt ist, dass man neuerdings bei Menschen, die unter Multipler Sklerose, Diabetes und anderen Autoimmunkrankheiten, chronischen Darmbeschwerden, Allergien und ADHS leiden, mit Stuhltransplantationen gute Erfolge hat. Möglicherweise erhalten sich unsere Hunde eben auch dadurch gesund, dass sie sich die Darmflora gesunder Menschen und Tiere einverleiben. Sie wussten das immer schon, auch ohne entsprechende Forschungen. Durch Fäkalaustausch hat man sogar ängstliche Mäuse in mutige verwandeln können.

Ein wichtiger Gesichtspunkt bei allen Kaiserschnitt-Geborenen ist die mangelnde Beimpfung durch die Keimflora eines gesunden Geburtsweges. Durch diese mangelnde Mikrobenübertragung und gleichzeitige Narkose sind sie in ihrer Entgiftung schon sehr belastet. Neuroleptika in der Muttermilch schädigen zusätzlich die spätere Lernfähigkeit, indem sie die Bildung von Dopamin, einem Neurotransmitter, im wachsenden Gehirn vermindern. Die so zur Welt Gekommenen haben zu viel Gift im Körper und zu wenig helfende Mikroben und von Anfang an ein höheres Allergierisiko. Man hat in Versuchen keimfrei gezogene Hunde zusätzlich mit abgekochtem Futter groß ziehen wollen. Sie hatten verkümmerte Lymphknoten, verkleinerte Milz, kaum Immunzellen im Darm und entwickelten schwere Infekte, wenn sie mit der Außenwelt in Kontakt kamen.

Positive Bakterien unterstützen nicht nur die Verdauung, sondern auch das Immunsystem. Durch sterile Industrienahrung, Antibiotika als Futterzusatz für fleischliefernde Tiere, desinfizierende Reinigungsmittel, Konservierungsstoffe in der Nahrung, Chlor im Trinkwasser geben wir ihnen kaum noch Chancen lebendig zu bleiben, geschweige denn aktiv zu werden. Damit wird Mängeln und Allergien Vorschub geleistet. In manchem Trockenfutter wird deshalb bereits Enterococcus faecium zugesetzt. Ob dabei auch dessen Resistenz gegen viele Antibiotika überprüft wird?

Lebende Mikroorganismen setzen Fermentationsprozesse in Gang wie zum Beispiel bei der Fäulnis des Fleisches, dem Sauerwerden der Milch, der Käsezubereitung. Bakterien lernen schnell, bestimmte Enzyme zu bilden, um sich gegen Wirkstoffe wie beispielsweise Antibiotika zu schützen.

Deshalb ist Wert auf nicht-steriles Rohfutter zu legen, am besten noch auf Naturboden, wo die Hunde gleichzeitig auch Bodenkeime durch die anhaftende Erde aufnehmen. Das von Hunden bevorzugte angegangene Fleisch, Aas und Eingebuddeltes sind auch nicht steril, sondern voll mit Keimen besetzt. Durch den Beginn enzymatischer Fäulnisprozesse ist hierbei zudem der pH-Wert durch die Bildung von Ammoniak mehr zum Alkalischen hin gestiegen und das Fleisch dadurch leichter

Welpe beimpft sich mit frischen Mikroorganismen

verdaulich. Hunde wissen das. Gutem Fleisch gibt man auch für den menschlichen Genuss wochenlang Zeit zu reifen. Es gewinnt dadurch an Geschmack und Zartheit. Welpen fühlen sich schon in der 5. Lebenswoche von Pferdeäpfeln angezogen und probieren sie.

Bei Verdauungsproblemen, Vergiftungen und nach Antibiotikabehandlung empfehlen sich Probiotika-Träger (⇒siehe dort) oder entsprechende Präparate. Bei der Eingabe von probiotischen Präparaten muss gleichzeitige Verabreichung von stark chlorhaltigem Leitungswasser oder von Antibiotika vermieden werden. Möglichst viele verschiedene Bakterienarten sollten in den Präparaten enthalten sein. Meist handelt es sich um Milchsäurebildner und Hefen. Probiotika sollen ihre Entwicklung zu einer physiologischen, gesunden Darmflora unterstützen. Jedoch ist die normale Keimflora beim Hund noch recht wenig erforscht. Zudem lassen sich viele anaerobe Darmkeime nicht auf Nährböden züchten und bleiben somit unerkannt.

Träger von Probiotika:

Besonders in frischem grünen Pansen- und Blättermageninhalt, frischer Darminhalt von Pflanzenfressern (Wild, Weidetiere), sowie der Darminhalt der Beutetiere, sei es innerhalb oder außerhalb desselben, frische Vormägen und Därme mit Inhalt oder ungeputzt von Wiederkäuern (Rind, Schaf, Ziege, Reh, Hirsch, Büffel, Ren, Lama, Kamel etc.), frische ganze Hasen oder Kaninchen samt Gedärm und Leber. Frische Pferdeäpfel, Schaf- und Kaninchenköttel, Kuhfladen.Frische Pferdeäpfel zeichnen sich durch bakteriell gebildetes Eiweiß und B-Vitamine aus, deshalb beimpfen sich unsere Hunde auf unseren Pferdekoppeln immer selbst.

Bodenkeime durch Erde und unchloriertes Naturwasser in Bächen, Seen, Quellen etc., angegangenes Fleisch, riechender Fisch, Aas und Eingebuddeltes.

Milchsauer vergorene Produkte wie nicht erhitzter Naturjoghurt, selbst gemachte Dickmilch, Joghurt oder Kefir, Buttermilch. Bei den meisten käuflichen Milchprodukten sind allerdings die guten Mikroorganismen durch Pasteurisieren abgetötet. Sie sind in dieser Hinsicht wirkungslos. Kaufen Sie auch für sich selbst welche mit dem Vermerk „Nicht homogenisiert". Sie sind frischer, lebendiger, gesünder, weniger allergen, wenn auch nicht so lange haltbar. Kanne-Hunde-Pellets oder andere spezifische fermentierte Präparate auf Kräuter- oder Getreidebasis gehören auch in diese Kategorie. Bitte kein Actimel, kein Yakult etc.: zu teuer, zu süß, mit einem besonderen, im Labor gezüchteten, gentechnisch veränderten Lactobazillus, zum Teil zu wässrig und mit künstlichen Aromen.

Therapeutisch: Präparate wie Symbiopet, Florafit, Sanofor cd, Intestinum Liquid oder Probiotic plus und andere. Für Katzen Cat Immusan. Am besten sind Präparate als Kapseln, Pulver oder Flüssigkeit, wo die Bakterien nicht durch einen zu starken Herstellungsprozeß vorzeitig devitalisiert wurden oder durch einen mit einem magensaftresistenten Überzug. EM (=Effektive Mikroorganismen) als EM 1 Konzentrat, verdünnt in Sauerstoff angereichertem, unchloriertem oder Filterwasser als Fermentationsgetränk zum Futter.

Hefepräparate sollten nicht überdosiert und nicht gleichzeitig mit Kohlenhydraten verfüttert werden, weil es zu Fehlgärungen und Blähungen kommen kann.

Präbiotika, die die guten Mikroorganismen füttern, sollte man gleichzeitig zu den Probiotika geben. Die Nahrung mit Ballaststoffen, soll helfen, dass die zugeführten guten Mikroorganismen auch „angehen", im Darm ernährt werden, sich wohlfühlen und vermehren.Ballaststoffe werden von Bakterien aufgeschlossen. Sie verwandeln dann Kohlenhydrate in CO2 und organische Säuren wie zum Beispiel Milchsäure und kurzkettige Fettsäuren, die den Darmepithelien als Nahrung dienen. Wenn aber pH-Wert und Biotop nicht stimmig sind, werden die guten Bakterien unverrichteter Dinge wieder ausgeschieden. Den Vermehrungsprozess kann man auch außerhalb des Organismus durchführen und so enzymreiche Fermentgetränke herstellen.

Zu den Präbiotika zählen natürliche Faserquellen wie entzuckerte Rübenfaser in Fertigfutter, Inulin in Topinambur und Chicoreewurzel, gelbildendes Pektin in Apfel oder Birnen oder deren Trester, Flohsamenschalen, Knoblauch, Weizenkleie etc., eigentlich alle Gemüse- und Fruchtfasern. Löwenzahn, roh natürlich, sowie faserreiche, ballaststoffreiche Pflanzenkomponenten und Pferdeäpfel dienen dem gleichen Zweck. (⟹siehe Ballaststoffträger 2a)

Auch die zu den sekundären Pflanzenstoffen zählenden Polyphenole werden von Darmmikroben verwertet. Aber auch schwer verdauliche tierische Ballaststoffe z.B. Chitin von Insekten, verbessern die intestinale Mikroflora.

Hefe ist ein natürlicher einzelliger Pilz, der in der Darmflora zahlreiche Enzyme und B-Vitamine produzieren kann. Genetisch verändert wird er zur industriellen Vitaminproduktion herangezogen.

Biophotonen:

Auch diese sekundäre „Komponente" wird im Allgemeinen als unwesentlich abgetan, wenn es um Ernährung geht und in Futterbüchern nicht thematisiert. Sie ist aber von besonderer informativer Bedeutung für den Organismus.

Biophotonen sind die Informationsträger des Nachrichtensystems der Zellen untereinander durch erinnernde und interaktiv austauschende Lichtmuster zwischen Makromolekülen (DNS, RNS, Enzyme) von Lebendigem, und nur von diesem. Ein Photon ist eine Erscheinungsform des Lichts. Licht ist einer der größten und umfassendsten biologisch bedeutsamsten Umweltfaktoren. Photonen nehmen wie kleine Solarzellen die Sonnenstrahlen auf, ohne die Leben nicht möglich ist. Sie transportieren Energie und Information. Es wird oft nicht genügend berücksichtigt, dass es bei all dem nicht auf das isolierte Vorhandensein einer Komponente, eines Vitamins, Minerals, Moleküls, Atoms ankommt, sondern auf ihr Zusammenwirken, ihr Verhältnis untereinander und ihre kommunikative Beziehung. Die Aktivität der Biophotonen bestimmt einen wichtigen Aspekt der Nahrung für den Säuren-Basen Ausgleich des Zellstoffwechsels und die Entgiftung.

Es war der russische Biologe A. Gawrilowitsch, der 1932 die Biophotonen entdeckte. Der Quanten- und Bio-Physiker Prof. Dr. Fritz-Albert Popp (⟹siehe Literatur) konnte dann 1984 nachweisen, dass alles Lebendige eine messbare Photonenabstrahlung hat. Je frischer ein Kraut oder Gemüse ist, desto mehr Abstrahlung hat es. Diese wird bei Lagerung zunehmend weniger, bis sie ganz zum Erliegen kommt. Je lebendiger und gesünder, desto gleichmässiger und geordneter ist das abgestrahlte Licht und desto höher ist die innewohnende Ordnung, die bei Krankheit, Verderb und Verwesung immer mehr in Entropie übergeht, also in ungeordnetes Chaos und am Ende in zusammenhanglose, unstrukturierte aufgelöste Form. Bei industrieller Verarbeitung geht die natürliche Ordnung größtenteils verloren, auch wenn chemisch die Zutaten gleich bleiben. Die Photonenabstrahlung transportiert einen wichtigen Informationsfluss an das körperweite Kommunikationssystem des aufnehmenden Organismus von Lebendigkeit, Frische, vervollkommneter Komposition und Unverfälschtheit, möglicherweise noch viel mehr, ist jedenfalls ein wichtiges Qualitätsmerkmal. Durch Aufnahme äußerer Ordnung stabilisieren sich die inneren Ordnungsstrukturen eines Lebewesens. Schulwissen glaubt nur an chemische Kommunikation der Zellen. Neben der eigentlichen Nahrung, die es ohne Licht auch nicht gäbe, ist Licht die wichtigste Energiequelle alles Lebendigen und mit ihr verbunden. Sonnengereiftes Obst hat ein Vielfaches an aktiven Enzymen, Sekundärstoffen wie Farb- und anregenden Geschmacksstoffen, natürlich auch an Biophotonen, weshalb die allenthalben in Supermärkten zu erstehenden, in Gewächshäusern oder Aquakultur gezogenen oder halbgrünen, weit gereisten, womöglich noch mit ionisierenden Strahlen beschossenen Kräuter oder begasten Früchte nur noch minimale Gesundungsfunktion haben. Besser verwendet man regionale, saisonale oder selbst gezogene oder gesammelte, die zudem noch eine viel bessere Ökobilanz vorweisen. Die Vitalmessung bei Wildkräutern zeigt eine doppelt so hohe Photonen-Abstrahlung wie bei angebauten Biokräutern, und sogar 10 Mal mehr als bei konventionell kultivierten Kräutern.

Popp erfand ein Gerät, den Photomultipleier als Meßvorichtung für die Lebensmittelanalyse, um die Frische eines Produktes zu bestimmen. Das Interesse daran war nicht überwältigend. Warum wohl? Die Industrie entscheidet nach vorwiegend ökonomischen Kriterien und hat gar kein Interesse an gesundheitlicher Aufklärung, weil Importe, mehrfache Transporte und Lagerung die Frischequalität von Tag zu Tag schmälern. Transparenz liegt da weder im Interesse der Lebensmittel-, noch der der Futtermittelindustrie.

In kranken, gestressten oder angegriffenen Organen und Körpergeweben ist die gespeicherte Photonenmenge gering oder fehlt ganz. Harmonie und Ausgeglichenheit erhöhen dagegen die Anzahl der Lichtmenge.Krebs entsteht nach Popps Meinung durch verfälschte Informationen, sozusagen ungesunde „Morse"-Signale in der Lichtinformation der Zellen untereinander. Nicht das einzelne Molekül, die einzelne Zelle sind von Bedeutung, auch nicht ihre Menge, sondern ihre Beziehungen untereinander. Wenn die Kommunikation aus dem Ruder läuft, kommt es zu Missbildung, Organversagen, Tumoren, Krebs und Vergiftung. Es findet immer Austausch von Zelle zu Zelle, von Organ zu Organ statt, sonst könnte sich ein ganzer Körper mit circa 200 verschiedenen Gewebestrukturen gar nicht bilden. Woher wissen die Moleküle und Zellen sonst, wie, wo und wann sie sich zusammenzutun und zu spezialisieren haben? Popp fand in Stoffen, wo sich keine chemischen Unterschiede fanden, optisch verschiedene Parameter im UV Licht. Eigenschaften wie karzinogen oder harmlos hängen von der Anordnung der Moleküle ab. Bei gefährlichen oder verfälschten Molekülen fand er trotz chemisch gleicher Eigenschaften optisch verschiedene Abstrahlung im UV Licht. Wir nehmen über die Nahrung die Information über Ordnungszustände auf. Die innewohnende ausgeglichene Ordnung des Tieres oder der Pflanze und der lebenden Zelle ist die gesündere für den aufnehmenden Organismus. Die Photonen sagen etwas über den Gesamtgesundheitszustand des jeweiligen Organismus aus.

Biofleisch unterscheidet sich so von Turbomastfleisch sowie Bauernhofeier von Batterieeiern in der Messung auf positive Weise, abgesehen von einer größeren Menge wichtiger Nährstoffe im Bioprodukt. Prof. Popp hat nachgewiesen, dass man mit Biophotonenmessung sehr wohl Fleisch von Bio-Weidetieren und konventionellen Schlachttieren an der Menge ihrer lebendigen Abstrahlung unterscheiden kann. Das meiste Fleisch, das wir heute kaufen, stammt von nicht artgerecht gehaltenen Tieren, die mit Kunstlicht, Kunstfutter und ohne Bewegungsmöglichkeit in Kurzzeit groß gezogen wurden. Haltung, die dem Gesetz entspricht, ist weit davon entfernt, artgerecht zu sein. Bodenhaltung bedeutet noch lange nicht, dass die Hühner Zugang auch nur zu einem einzigen Grashalm oder Sandbad hatten. Alle diese Informationen bleiben im Fleisch, auch Stress. Sogar Fleisch von „glücklichen" Biotieren lässt sich von solchem aus konventioneller Stallmast durch Popps Messgerät unterscheiden, ebenso wie Anbauweise, Alter und Qualität jedes Nahrungsmittels. Auch Tiefkühlen, Mikrowellenbehandlung, Genmanipulation oder Bestrahlung sind auf diese Weise nachweisbar. Dazu kommt noch: In Konserven, Gekochtem oder sonst wie Erhitztem ist die Biophotonenabstrahlung fast vollständig zum Erliegen gekommen. Ebenfalls in noch so liebevoll handgebackenen Hundekeksen.

Selbst zubereitetes Frisches wurde mit 20 000 Lichteinheiten gemessen, Konserven gleichen Inhalts wiesen jedoch nur noch 300 bis 600 Lichteinheiten auf. Schließlich wird da nur noch die Information Tod in das körperweite psychosomatische Netzwerk des aufnehmenden Organismus eingespeist. Somit wird klar, dass Nahrung mehr ist als der Nachweis seiner molekularen Inhaltsstoffe, mehr als die Summe seiner Teile und es sehr wohl eine Rolle spielt, ob Futterkomponenten in natürlicher oder verarbeiteter, mehrfach abgetöteter Form zugeführt werden. Auch ein Grund mehr zu Barfen.

Träger von Biophotonen

Sie befinden sich in allem Frischem, Rohem, seien es Beutetier, Fleisch, Fisch oder Pflanzen.

Besonders in Bio- und Neulandfleisch sowie Hausschlachtungen, sowie in Wildkräutern, Mikroalgen, ungespritztem Fallobst, selbst Geerntetem von Obstbäumen, Garten, Kräuterbeet oder Wiese. (Dieser Abschnitt wurde als Zusammenfassung den folgenden Büchern entnommen und die darin enthaltenen Aussagen auf Futtermittel übertragen: Popp, Fritz Albert, Die Botschaft der Nahrung; Bischof, Marco, Biophotonen, Das Licht in unseren Zellen. Siehe auch Literaturangaben)

Wasser ist kein Sekundärstoff, sondern primär lebenswichtig

Ohne Wasser gibt es kein Leben. Es ist absolut essentiell, mehr als Nahrung. Wasser ist das wichtigste Lebensmittel und kann eine weitreichende Heilwirkung haben, nicht nur als Lebens-Mittel, sondern als Mittel zum Leben, obwohl es weder Energie noch Vitamine liefert. Es ist außer Konkurrenz lebenswichtig als unersetzlicher Träger des Lebens und sollte dieses Lebendig-Sein auch vermitteln. Wasser ist der wichtigste

Bio-Informationsträger, denken wir nur an Zellwasser, Bachblüten, Pflanzensäfte, Suppen und Tees. Es dient der Aufrechterhaltung des Zelldruckes im Gewebe, der Fließfähigkeit des Blutes und dem Abtransport von Giftstoffen und unverwertbaren Reststoffen der Entgiftungsorgane, besonders des Harnapparates, aber auch des Darmes, des Blutes und der Lymphe. Es ist unersetzlich für Verdauung, Ausscheidung, Entgiftung und ein wichtiger Informationsträger. Letzteres wissen wir spätestens seit den Forschungen von Dr. Masaru Emoto, der Wasserkristalle fotografiert hat, in denen man gewissermaßen diese In-Formationen lesen kann. Kein anderes Element ist im Organismus mehr vertreten als Wasser. Er besteht zu zwei Dritteln aus dieser elementaren Flüssigkeit.

Wölfe trinken zu 90 % in Pausen während oder kurz nach dem Fressen. Das sollten wir auch unseren Haustieren ermöglichen. Damit Trockenfutter nicht durch Feuchtigkeit und Schimmel verunreinigt wird, sollte die Wasserschüssel entfernt vom Futternapf stehen und nicht direkt daneben.

Wenn wir an Wasser denken, haben wir automatisch unser chlorhaltiges Leitungswasser im Sinn, eventuell noch alkalinisiert und mit UV-Strahlen desinfiziert. Man hat bis zu 500 toxische Stoffe darin gefunden, darunter 300 verschiedene Pestizide und Fungizide. Leitungswasser hat immer weniger Entgiftungsfunktion durch die enthaltenen Giftstoffe, die sich auch mit Kläranlagen und Filtern nicht herauslösen lassen: radioaktive Stoffe wie Uran,Schwermetalle wie Blei, Düngemittel, chemische Industriecocktails, Süßstoffe, Nitrate durch Überdüngung, Parfümstoffe, Mikroplastik aus dem Abrieb von Fleece- und Mikrofaserstoffen (⟹siehe Plastik), Weichmacher (⟹siehe dort), Drogen- und Medikamentenrückstände und ihre Abbauprodukte im Stoffwechsel, wie nachweisbare und nicht nachweisbare Antibiotika, Hormone, wie Östrogene und deren Metabolite in Abwässern von Kliniken und Privathaushalten. Besonders problematisch, auch für die Umwelt, sind Diclofenac, das sich selbst in Eiern von Greifvögeln wiederfindet und diese absterben läßt, und Antibiotika, die Resistenzen auslösen können. Von den Herbiziden im Trinkwasser ist besonders das Unkrautvernichtungsmittel Glyphosat (⟹siehe dort) im Gespräch, was als krebserregend, embryotoxisch und nierenschädigend gilt. Es gelangt über die Nahrungsmittelkette in Getränke und Brot und von dort in den Urin von Mensch und Tier. So schließen sich die Giftkreisläufe wieder. Synthetische Stoffe und Medikamentenrückstände sind in Kläranlagen, die biologisch mit Bakterien arbeiten, größtenteils nicht abbaubar. Für viele gibt es nicht mal Grenzwerte. Man hat Studien mit Wasserorganismen und Pestiziden gemacht. Demnach müßten unsere legalen Grenzwerte im Trinkwasser 10mal niedriger angesetzt werden.

In einem Liter geklärtem Wasser wurden 6000 Plastikpartikel (Polyäthylen) gefunden, die dann ebenfalls im Blut nachweisbar sind. Die Entgiftungskapazitäten von Kläranlagen und Organen gelangen an ihre Grenzen. Es leuchtet ein, dass ich eine Entgiftungskur über und für die Harnwege nur mit unvergiftetem Wasser durchführen kann. Verkeimtes oder mit Giftstoffen beladenes Wasser kann nichts mehr aufneh-

Die Urahnin der Hunde (kanadische Wölfin)

Trinken ist wichtig

men und muss zusätzlich noch vom Organismus entgiftet werden. Bei nierenkranken Tieren oder einer Entgiftungskur sollte man minimal 3 Tage bis maximal 3 Wochen nur destilliertes Wasser verwenden, welches keine Nebenstoffe transportiert. Es ist ein bis zweimal destilliert, hat somit keinerlei Chemikalien oder Mikroorganismen. Allerdings enthält es auch keine Mineralien und keine Mikroflora. Deshalb ist es geschmacklos ist und wird nicht gerne genommen. Man kann es in der Apotheke kaufen oder durch Dampf-Destillierer selbst herstellen.

Regenwasser ist zwar auch destilliertes Wasser, aber durch Auto- und Industrieabgase sauer, in Pfützen möglicherweise mit Benzinfilm überzogen. Eigentlich sollte es neutral sein. In stadtfernen Gebieten kann man seinen Hund aber aus regenfrischen Pfützen trinken lassen, noch besser natürlich aus Quellen, klaren Bächen, sauberen Seen oder Wassergräben, jedenfalls ist das die gewählte Option meiner Hunde auf Spaziergängen. Dafür lassen sie jeden häuslichen Wassernapf mit chloriertem Leitungswasser stehen.Gelegentliches Schlabbern von Lehmwasser kann sogar nachweislich eine präventive Wirkung vor Allergien haben.Hunde lieben natürliches Wasser mit Schwebstoffen. Huminsäuren binden Giftstoffe und peppen die Darmflora auf. Sie stammen von verwitterten Pflanzenteilen, die die Schwebstoffe ausmachen und die individuelle Mikroflora jeder Wasserquelle beeinflussen, sowie unterschiedliche Mineralien je nach Gesteinsart des Untergrundes. Wasser hat deshalb je nach Herkunft einen anderen Geschmack, der unseren Haustieren sehr wohl bewusst ist.

Leitungswasser hingegen ist so gut wie totes Wasser. Es transportiert die Informationen des mehrmaligen Abfall-Durchlaufs von Mensch, Tier und Industrie. Das enthaltene Chlor ist ein Bakterienkiller und wird deswegen dazugegeben. Allerdings wirkt es nicht gegen chemische Giftstoffe, die sich vor allem in Großstädten im Leitungswasser befinden. Testmethoden erfassen nicht alle Schadstoffe und müßten für jeden einzeln durchgeführt werden. Leitungswasser ist gereinigt, aber nicht rein. Trotzdem sollten wir dankbar sein für die Technologie und unseren fast unbegrenzten Zugang zu diesem lebensspendenden Nass. Das ist keine Selbstverständlichkeit auf diesem Globus.

Mein Leitungswasser und mein gekauftes Wasser in Flaschen haben einen pH von etwa 5,5, in anderen Gegenden kann es bei Kalksteinuntergrund bis zu 7 haben. Gifte im Körper sind meistens Säuren, weshalb für den Geschmack das fast neutrale Wasser das gesündeste darstellt.

Gekauftes Mineralwasser ist ebenfalls nicht zu empfehlen. Es ist viel zu teuer und, was viele nicht wissen, weniger kontrolliert als unser gewöhnliches Trinkwasser. Wasser aus PET-flaschen enthält Weichmacher, (Bisphenole und Phthalate), die ins Blut gehen und Krebs, Diabetes, verminderte Gehirnentwicklung und durch östrogene Wirkung Eierstockszysten, Fruchtbarkeitsprobleme und Erbgutschäden auslösen können, das gilt auch für Sportnuckler. Es gibt aber auf Verkeimung gut kontrollierte Mineralwässer mit hohem Kalzium- und Magnesiumgehalt in Glasflaschen. Die sind teuer und kaum jemand verabreicht die seinem Tier, von mangelnder Nachhaltigkeit

Quellwasser wäre das beste

Sommerfreuden

durch Transport gar nicht zu reden. Es gibt aber eine gute Möglichkeit, dem Organismus giftarme Flüssigkeit zuzuführen, wovon in Fütterungsanleitungen auch leider nie die Rede ist: In Form von Zellwasser, was sich in allem Frischen befindet: In Pflanzen, Fleisch oder Organen zu 80 % in und um die Zellen herum im interstiziellem Gewebe. Dieses wurde bereits von der Pflanze oder dem Tier entgiftet und für rein genug befunden, um es in den eigenen Organismus einzubauen. Bei den Pflanzen ist es besonders in den äußeren Zellschichten der Zellwände eingelagert, in den sogenannten Vakuolen oder Zellsafträumen, wo auch die meisten Vitamine und Farbstoffe zu finden sind. Die wesentlichen Nährstoffe des Fleisches, befand bereits Professor Justus von Liebig vor mehr als 150 Jahren, befinden sich nicht in den Fasern, sondern in seinen Flüssigkeiten, im Blut, in Fleischsaft oder Brühe, weshalb diese nicht umsonst als Kraftnahrung gelten. Deshalb ist Zellwasser heute so wichtig. Wasser ist im Tierkörper an wertvolle Salze gebunden.

Der Normbedarf an Flüssigkeit beträgt 0,5 Liter pro 10 kg Körpergewicht oder 40 bis 70 ml/kg. Den größten Teil davon sollten unsere Felltiere über die Nahrung aufnehmen. Bei Trockenfütterung wären es 4-5 x so viel. Ein Schäferhund trinkt etwa 1,5 Liter Wasser bei Fütterung von Trockenfutter. Wir sehen, dass das Flüssigkeitsdefizit damit nicht vollständig ersetzt werden kann. Zusätzlicher Bedarf an Flüssigkeit entsteht durch heißes Wetter, trockene Luft (Wind, Heizung), forcierte Bewegung, Leistung, Fieber und bei Hündinnen, die werfen oder gerade geworfen haben. Man tut ihnen einen Gefallen, wenn man ihnen zwischen den Wehen liegend Wasser anbietet. Auch der laktierenden Hündin in der ersten Woche sollte man mal öfter die Wasserschüssel in der Wurfkiste unter die Nase halten. Das erhöht den Milchfluss. Übermäßige Flüssigkeitsaufnahme kann auf Probleme der Bauchspeicheldrüse, der Nieren oder der Gebärmutter hinweisen.

Zum Trinken animieren sollte man auch Hunde mit Harnwegsproblemen, Verstopfung, Durchfall und Erbrechen. Sollte das nicht gelingen, muss nötigenfalls der Tierarzt mit einer Infusion nachhelfen. Man kann aber in weniger bedrohlichen Zuständen den Hund zu höherer Flüssigkeitsaufnahme animieren (⟹siehe Anregung zum Trinken). Wölfe kommen ursprünglich aus kalten Gegenden, wo der Wasserbedarf nicht hoch ist. Noch mehr ist dies bei der Katze der Fall, die ihren Ursprung in Wüstengegenden hat, wo es kaum Wasser gibt. Deshalb kann man sagen, dass unsere Tiere bei Trockenfutter immer zu wenig trinken. Das kann vor allem in höherem Alter zu Harnwegsproblemen führen. Der größte Teil des Flüssigkeitsbedarfs wird bei Wildtieren über das genannte Zellwasser gedeckt, auch ein Grund, Barfen vorzuziehen.

Grundsätzlich sollten Tiere, insbesondere diejenigen, die mit Trockenfutter ernährt werden, immer Wasser zur freien Aufnahme zur Verfügung haben. Eine Ausnahme mache ich nur bei meinen (gebarften) Welpen während der Phase der Erziehung zur Stubenreinheit, in der ich ab Spätnachmittag (16 bis 17 Uhr) kein Wasser mehr hinstelle, damit sie leichter die Nacht durchhalten können. Wasser gibt's dann gleich morgens wieder frisch. Es sollte wegen Verschmutzungsgefahr täglich gewechselt werden. Bei sehr warmem Wetter können sich Mückenlarven und giftige Blaualgen bilden. Im Allgemeinen ist Leitungswassertemperatur o.k. Bei Zwingerhunden im Winter muss darauf geachtet werden, dass daß Wasser und Futter nicht einfrieren. Notfalls morgens warm hinstellen.

Da Wasser immer teurer wird, kamen neuerdings Firmen auf die Idee, das Abwasser ihrer Fisch- oder Milchverarbeitung wieder zurück ins Produkt einzubringen, wohlgemerkt, für den Menschen.Dieses sogenannte Milchpermeat hat noch Mineralien, aber kein Eiweiß oder Fett mehr.

In Futterkonserven hat man bis zu 90 % Wasser gemessen. Auch ein Grund, warum Hunde manchmal vom Doseninhalt nicht satt werden. Sozusagen schnittfestes Wasser wird bei 80 % der Fleisch verarbeitenden Betriebe in ihre Fertigware eingebracht. Fett, Blut, Schlachtabfälle und Knochen werden aufgekocht und enzymatisch aufgespalten, sodass hydrolysierte Proteine entstehen, die eine hohe Wasserbindung aufweisen. Dieses Proteinpulver wirkt als Kleber und als Wasserbinder und erhöht damit Optik, Gewicht, Kilopreis und tierisches Prozenteiweiß. Da nicht nachweisbar, wird es oft illegal angewandt.(⟹siehe Hydrolysate)

Bei Fleisch spielt Wasser auch für die Nachhaltigkeit eine Rolle: In Bezug auf den Verbrauch ist Wild das nachhaltigste. Mastgeflügel braucht 660 Liter für die Produktion von einem Kilo, Rind 1451-15000 Liter und Schwein 1769 Liter. Getreide, zum Vergleich, 1500 Liter für ein Kilogramm.

Träger für Zellwasser:

Alles Frische und Rohe: Fleisch, Innereien, Schlachtabfälle, Fisch, Gemüse, Obst, Kräuter mit ihrem natürlichen Wassergehalt. Fleischbrühe, Hühnerbrühe, Fischbrühe, Gemüsebrühe. Es spricht nichts dagegen, mit einen Rest ungesalzener Brühe aus Ihrer Küche das Komponentenfutter zu verlängern oder zu erwärmen. Junge Beutetiere bestehen bis zu 90 % aus Zellwasser, alte Tiere enthalten nur noch 50-60 %. Fisch enthält 65 bis 82 % Zellwasser, Fleisch 56 bis 70 %, Obst 84 bis 96 %, Gemüse 78 bis 95 %, Knochen 20 %.

Wie viel füttern?

Muss ich die einzelnen Futterkomponenten abwiegen? Gegenfrage: Wie oft wiegen Sie ab, was Sie sich auf ihren Teller tun? Bedienen Sie sich einer Präzisionswaage, um Ihre Kinder aufzuziehen? Na, bitte! Frage beantwortet. Früher fütterten die Tierbetreuer mit den Augen und nicht mit dem Taschenrechner. So sollte es auch heute noch sein.

Sie benötigen auch keine komplizierten Formeln oder Kalorientabellen, denn der Brennwert sagt nichts über die Bioverfügbarkeit aus. Es gibt sowieso keine verbindlichen Empfehlungen für alle, nicht mal beim Menschen. Dafür ist jedes Einzelwesen viel zu individuell, vom molligen Alles-Staubsauger bis zum mäkeligen Aussortierer. Naturstoffe unterliegen Schwankungen, abhängig von Sonnenlicht, Klima, Erntezeitpunkt, Bodenqualität etc. Das gilt auch für die fleischliefernden Tiere. Sämtliche

Empfehlungen für Futtermengen sind viel zu allgemein. Es sollte nicht nur artgerecht, der Spezies Carnivore entsprechend, sondern auch bedarfsgerecht, angepasst an den Status des Individuums zum gegenwärtigen Zeitpunkt, gefüttert werden. Auf Packungen wird häufig eher eine zu hohe Dosierungsempfehlung ausgesprochen, die den Absatz fördern soll. Es muss auch nicht jede Tagesportion alles enthalten. Es ist ausreichend, wenn der Wochenplan ausgeglichen ist.

Die Mengen, die von den Firmen bei Trockenfutter empfohlen werden, sind meiner Meinung nach oftmals zu hoch, bei Dosenfleisch aber regelmäßig zu niedrig angesetzt. Trockenfutter ist hochenergetisch, Barf und Fleischdosen enthalten jedoch bis zu 80 % kalorienleeres Wasser.

Als grobe Faustregel wird bei normalgewichtigen Katzen mit ausreichend Bewegung ein Äquivalent von 12 Mäusen täglich angegeben, das sind etwa 200 g Fleisch mit Knochen und Fell. Outdoorkatzen bekommen entsprechend 3-5 % ihres Körpergewichtes, auf 2-3 Mahlzeiten pro Tag verteilt. Daueraktive echte Wildkatzen nehmen 5 bis 8 % ihres Gewichtes auf, nicht unbedingt täglich. Bei Stubentigern reduziert sich der Bedarf auf 1,2 bis 2 %.

Für einen Wolf von 40 kg sind 2 kg Fleisch pro Tag der Erhaltungsbedarf, 4kg ist der Durchschnitt, das sind etwa 1/10 seines Körpergewichtes. Für Hunde, die sich bei Weitem nicht so viel bewegen und nicht täglich viele Kilometer zurücklegen gilt eine Tagesportion von 2% des Körpergewichtes für ein normalgewichtiges Tier, 3 % für Dünne oder Aktive, 1,2 % für Ältere oder Kastrierte. Das wäre bei einem 10kg Hund etwa 200g Fleisch plus einige Esslöffel püriertes Gemüse plus einen Knochen, also maximal 300g. Oder anders gesagt: 70-90 % tierische Fett- und Proteinträger samt Knochen und 10-30 % Obst, Gemüse *oder* Kräuter. Mittelgroße Hunde benötigen 400 bis 500g und große Hunde ein bis anderthalb Kilo insgesamt. Kleine Hunde brauchen relativ mehr Energie als große pro Kg Körpergewicht. Ihre Oberfläche ist größer und sie verlieren mehr Wärme, ebenso kurzhaarige mehr als langhaarige. Für besonders aktive, trächtige oder laktierende Tiere empfehlen sich 3 % Gesamtration des Körpergewichtes mit einem höheren Fettanteil. Mehr brauchen auch die Vierbeiner, denen per Zuchtauslese das schützende Haarkleid fehlt und die somit mehr Wärme verlieren. Bei Welpen muss die Endgröße und Wachstumsdauer, also spät- oder frühreif, berücksichtigt werden. Der Durchschnitt liegt bei 5 bis 7 % des aktuellen Körpergewichtes. Großrassen erreichen ihr Endgewicht später (-2. Lebensjahr) als Kleinrassen (mit 1 Jahr), obwohl ihre tägliche Zunahme höher liegt. Männliche Welpen haben zumeist eine höhere Energieaufnahme als weibliche. Hundebesitzer können sich auch ein wenig nach dem angegebenen Gewichtsstandard der Rasse richten.

Wenn mein erwachsener Vierbeiner bei einer Mahlzeit täglich etwas Futter in der Schüssel übrig lässt, dann war die Menge genau richtig. Nun gibt es aber auch Tiere, die nie genug bekommen können. Ich bestimme die Menge dann nach Figur. Das kann ruhig heute mehr und morgen weniger sein. Die Rippen sollen fühl-, aber nicht sichtbar sein: Etwa ein halber Zentimeter Fettschicht zwischen Haut und Rippen wäre optimal. Es gibt wie beim Menschen Exemplare, die schnell zunehmen und andere, die nur schwer in einen ansehnlichen Zustand zu bringen sind, ohne wie Hungerleider auszuschauen. Im Übrigen ist es viel schwerer, Dünne dick als Dicke dünn zu machen, sofern man Selbstversorgertrips vermeidet. Man kann ein Tier schwer zum Fressen zwingen, es sei denn durch Zwangsernährung, wie man das aber nur selten bei Kranken tun muss. Hat es das Idealgewicht erreicht, findet man schnell den Erhaltungsbedarf heraus, das heißt es nimmt weder zu noch ab.

Wem das Alles noch nicht genau genug erscheint, kann sich die Mühe machen und unter www.barf-calculator.de Rationsberechnungen anstellen. Es gibt auch Angaben mit Hilfe von Drehscheiben.

Was ist wo drin?

Die einzelnen Primärkomponenten wurden oben schon besprochen. Da sind alle sekundären Nähr- und Vitalstoffe bereits enthalten, vorausgesetzt ich füttere alles roh und frisch. Alle Nährstoffgruppen sind gleich wichtig. Nur die Kohlenhydrate haben für den Hund keine essentielle Bedeutung. Leider sucht man selbst in Barfbüchern von Veterinären Begriffe wie Enzyme, Biophotonen oder Zellwasser vergeblich. Dabei haben sie durch nichts zu ersetzende überaus wichtige Aufgaben im Organismus.

Sollte bei Ihrem Hund oder Katze durch Krankheit oder Fehlernährung ein Mangel vermutet oder festgestellt worden sein, so empfehle ich, bevorzugt Komponenten zu füttern, die diese Stoffe in vermehrtem Maße zur Verfügung stellen, anstatt zu Vitaminpulvern oder –spritzen zu greifen.

Bei Präparaten und Vitaminvormischungen handelt es sich meistens um Vitamine, die synthetisch oder mit Hilfe genmanipulierter Bakterien hergestellt wurden. In natürlichem Gewebe liegen Vitamine und Mineralien in organisch gebundener Form vor, die vom Organismus nach Bedarf herausgelöst werden, während er in Präparaten gewissermaßen zur Zwangsresorption genötigt wird. Sofern ich die einzelnen Komponenten abwechsle und keine Tierart, Körperteile, Organe oder Pflanzen exzessiv, das heißt zu oft, zu lange hintereinander oder in zu großer Menge verabreiche, kommt es bei natürlichen Komponenten so gut wie nie zu Überdosierung und ich habe alles abgedeckt. Die Inhaltsstoffe sind in meinen Aufstellungen, soweit bekannt, in abnehmender Menge aufgeführt. Vitalstoffe in Pflanzen wurden weniger und unter Vorbehalt an zweiter Stelle nach den Proteinträgern berücksichtigt, da ihre Bioverfügbarkeit, das heißt Resorption und Verwertung beim Fleischfresser im Einzelnen nicht gesichert ist.

Das einfache Grundprinzip scheint noch wenig bekannt: Gift raus, Vitalstoffe rein. Wenn der Verdacht auf Mängel oder Giftstoffe vorliegt, kann man Haaranalysen durchführen lassen. Gewöhnliche Blutanalysen sind oft wegen Tagesschwankungen und Speicher nicht genügend aussagekräftig. Bessere Ergebnisse bringt untersuchtes Vollblut.

Bei Mangelerscheinungen und nachgewiesenen Defiziten ziehen Sie die Listen der einzelnen Träger heran. Überdosierung natürlicher Träger ist selten, wenn man sie nicht in exzessiver Dosis oder als Dauerzusatz verabreicht. Aber da schützt sich der Organismus normalerweise selbst mit Überdruss, Ekelbremse, Ablehnung oder Appetitverlust vor einem Zuviel. Dieser Schutzmechanismus ist bei chemischen Präparaten aufgehoben. So kann sich ein lebenswichtiges Mineral oder Vitamin sogar in ein Tod bringendes Gift verwandeln, besonders schnell bei den fettlöslichen. Eine geringe Dosis über Wochen kann genauso schädlich sein wie eine zu große Dosis auf einmal.

Grundsätzlich soll es sich bei den genannten Trägern immer um rohe handeln, wenn ausnahmsweise nicht, ist es extra angegeben. Stärketräger müssen allerdings immer aufgeschlossen werden, was nicht jedes Mal extra vermerkt ist. Oft sind Meeresfische genannt. Sie beinhalten nun mal viele Stoffe, die es woanders kaum noch gibt. Aber ich habe Probleme mit der Empfehlung für Hunde: Die Meere sind so gut wie leergefischt. Außer Fischabfällen, wenn wir selber Fisch essen oder diese in Fertigfutter Verwendung finden, sollte man unsre Hunde nun wirklich nicht mit diesen raren und teuren Stoffen füttern, selbst wenn man es sich leisten kann. Sicher ist Ihnen auch bekannt, dass deshalb 50 bis 70 % unserer käuflichen Fische inzwischen aus Farmen stammen, welche in großem Maße der Umwelt schaden: Lachs, Thunfisch, Pangasius, Shrimps. Für ein Kilo Speisefisch müssen 2 Kilo teures Fischmehl aus 10 Mal so viel Frischfisch aus dem Meer herhalten. Deshalb wird das Futter unnatürlicherweise zusätzlich mit Soja gestreckt, wodurch sich das eigentlich wertvolle Fettsäureprofil negativ verschiebt. Für ein Kilo Lebendgewicht an Lachs braucht es 5 bis 6 Kilo anderen Fisch. Der Lachs wird dann auch noch zertifiziert, obwohl das nun wirklich nicht als nachhaltig zu bezeichnen ist.

Alle Angaben sind nur Näherungswerte der rohen Substanz. Die Qualität des pflanzlichen oder tierischen Produktes ist abhängig von Rasse (leider nicht mehr sehr variabel durch Einfluss von Marktbeherrschung), Haltungsbedingung, (Weide, Sonne, Stallart), Fütterung (kommerzielles Kraftfutter, Schnittgras, Art der Weide), Alter, Art der Schlachtung, danach von Lagerung, Transport, Temperatur, Verpackung, Zusätzen, Verarbeitung usw. Erstaunlicherweise sind die Analysemethoden der Labormessungen nicht standardisiert und können sich widersprechen, da sie unterschiedlich sensibel reagieren. Zusätzlich sind die Aussagen oft viel zu allgemein. Bei weltweit 4000 Sorten hilft die Angabe „Käse“ beispielsweise nicht viel weiter, zu unterschiedlich sind Herkunft, Verarbeitung, Geschmack und Inhaltsstoffe. Ähnlich bei Äpfeln, von denen es allein in Deutschland mindestens 2300 verschiedene Sorten gibt. Davon wird aber leider nur ein Bruchteil kommerziell vermarktet. Und ihre Inhaltsstoffe schwanken beträchtlich, sogar von Jahr zu Jahr. Kommerzielle Früchte sind bis zu 21 x gespritzt. Greenpeace fand bei 88 % der Ware einen Cocktail von bis zu 18 verschiedenen Pestiziden.

Die für Carnivoren vorrangig empfohlenen Nährstoffe mit dem höchsten Gehalt werden in den Tabellen in abnehmender Reihenfolge zuerst angegeben, soweit bekannt. Dann folgen die Träger in Pflanzen, wo stets unsicher ist, ob Carnivoren die entsprechenden Wertstoffe daraus überhaupt aufschließen können. Und als Drittes Kohlenhydrat-Träger-Stoffe, die für Fleischfresser unwichtigste Kategorie. Trotzdem sollte man wissen, welche Vital- oder Schadstoffe auch diese transportieren können.

Die Kenntnisse über die Absorption von Nährstoffen ist beim Hund, da er in der Humanmedizin häufig als Versuchstier dient, besser bekannt als bei der Katze. Zu berücksichtigen ist auch, dass die an vorrangiger Stelle genannten Träger u.U. den praktisch verwendeten Mengen nicht entsprechen. Niemand füttert zum Beispiel 100g Algen oder Eigelb. Da kann die Gesamtaufnahme dann trotz eines niedrigeren Wertes höher sein, da die gegebene Menge an Fleisch oder Gemüse größer ist. Zu beachten sind ebenfalls, dass hohe Werte, zum Beispiel an Folsäure in der Rohware vorliegen können, aber in Verarbeitetem oder Erhitztem nichts mehr davon vorhanden sein kann. (⟹ siehe Tabellen 10 Vitaminverluste und 21 Enzymverluste). Es wird auch bei den zur Verfügung stehenden Quellen nicht dezidiert zwischen getrockneten und rohen Ausgangsstoffen unterschieden.

Vegetarisches Futter

Aus allem bereits gesagten sowie aus oben angegebenen Aufstellungen ergibt sich, dass vegetarisches, noch mehr veganes Futter, egal ob trocken, nass-, bio oder selbst zubereitet, bei Carnivoren Mängel verursacht. Und das erst recht, wenn das Futter dann auch noch in Dose oder Trockenfutter vorliegt oder gekocht wird, wo ja sowieso schon Enzyme, lebendige Bakterien, hitzeempfindliche natürliche Vitamine und aktive sekundäre Inhaltsstoffe sowie Biophotonen vollständig fehlen. Spuren können trotzdem vorhanden sein, da Vegetarisches oder Veganes lebens- oder futtermittelrechtlich weder gesetzlich definiert ist, noch kontrolliert wird. Denn selbst bei vegetarisch und vegan ausgewiesenen Produkten für den Menschen sind Spuren von Fleisch gesetzlich erlaubt. Man staune! Vegetarisches, noch mehr Veganes zeichnet sich durch einen besonders hohen Gehalt an Laborchemie, also verschiedenen Zusatz- und Ersatzstoffen aus. Es sind hochverarbeitete Ersatzprodukte. Fleisch wird ersatzweise aus Soja, Schimmelpilzkulturen, Erdgas und Bakterien, auch schon mal versuchsweise aus Klärschlamm hergestellt. Durch künstliche Aromen fraßen es die Tiere sogar, reagierten aber früher oder später mit gesundheitlichen Problemen. Eine vegane Wurst ist eine Möhre und kein Als-Ob-Fleisch. Wenn schon vegan, dann ist es auf jeden Fall besser, alles frisch zu zubereiten, aber ohne Tierisches fehlen trotzdem bestimmte essenzielle Fettsäuren, besonders DHA, essentielle Aminosäuren, besonders die schwefligen, die Vitamine B 12 und D3, und unter Umständen Kalzium, Eisen, Zink, Kobalt, Selen. Man sehe sich in meinem Buch „Futterprobleme bei Hunden" Fotos von bedauernswerten Doggen an, die nur mit pflanzlicher Rohkost ernährt und sogar gezüchtet wurden. Hunde werden von Gutmensch-Haltern für die miese Massenhaltung von Nutztieren bestraft und so wird neues Leid geschaffen.

Selbst auf der Internetseite von ProVegan finden sich Forschungen der Vet Uni Wien zur veganen Ernährung von Hunden. Dort werden zusätzlich noch das Vitamin B2, sowie Kupfer, Jod und möglicherweise Natrium als Mangel angegeben. Bei Katzen auch Folsäure.Bei Hunden wird vegane Fütterung als schwierig, bei Katzen als unmöglich eingestuft, und für tragende, laktierende und wachsende Hunde komplett abgelehnt.

Aus der Aufstellung der Vitalstoffe geht hervor, dass der Hund viele davon nur aus tierischen Quellen verwerten kann. In fast allen Spalten ist Leber angegeben, eines der wertvollsten und vollwertigsten Teile eines Beutetieres. Gesunde Leber bietet ein umfassendes Spektrum an Vitaminen und Enzymen, sowie grüner Pansen oder Blättermagen.

Unter menschlichen Fleisch-los-Essern gibt es ja immer mehr Hundehalter, die ihre Küche unbefleckt halten und keinem Lebewesen was zuleide tun wollen. Aber wer das Schaf schützt, tötet den Wolf. Der Hund ist aber nun mal keine Kuh, und ihn vegetarisch zu ernähren ist einfach nicht artgerecht. Wer Probleme damit hat, dass es ein Lebewesen gibt, das anders ist und isst als der Mensch, der sollte sich auf solche Haustiere beschränken, die von Natur aus Pflanzenfresser sind. Ponys und Kaninchen sind auch nette Tiere.

Grenzfuttermittel, Ungeeignetes oder Gefährliches: Was schadet?

Grenzfuttermittel sind Futterkomponenten, die man füttern kann, jedoch nur in begrenzter Menge oder Zeitdauer. Grundsätzlich gilt das aber für alles: Immer in Maßen, also nicht zu viel auf einmal oder wochenlang das Gleiche, weil immer die Dosis das Gift macht. Alles Exzessive ist von Übel. Es sind schon Menschen an übermäßigem Trinkwasserkonsum gestorben, und das ist sogar lebensnotwendig.

Zu Grenzfuttermitteln gehören, wie schon erwähnt, zum Beispiel *Knochen,* bzw. Kalziumträger in jeder Form, da sie im Übermaß zu behandlungsbedürftiger Verstopfung führen können. Die Menge bestimme ich an der Kotkonsistenz meines Tieres. Ist der Stuhl zementartig, bröselig, trocken und hellgrau, und wird womöglich mit Anstrengung abgesetzt, dann sollte ich auf jeden Fall die Menge reduzieren oder sogar Abführkomponenten für den nächsten Tag einplanen.

In dieser Funktion haben wir andere Grenzfuttermittel: Gebe ich *zu viel Milz, Leber, schieres Fett oder Milch* (die man eigentlich überhaupt nicht geben sollte, außer vielleicht mal etwas aus therapeutischen Gründen zum Abführen), provoziere ich dünnen Stuhl. Dem kann ich vorbeugen, indem ich in meinem Menü wiederum mit stopfenden Komponenten wie Karotten, Banane, Quark oder Reis oder einem Knochen gegensteuere.

Auch ***Bärlauch*** oder ***Knoblauch*** sollte man wegen des Sulfids nicht jeden Tag und in übergroßen Mengen geben. Gelegentlich einige Zehen für einen großen Hund, am besten püriert oder gepresst, sind von hohem therapeutischem Wert gegen Parasitosen und Infekte, auch als Saft zu verabreichen als antibiotische Kur gegen Staphylokokken ohne Entwicklung von Resistenzen. Bei Ratten hat man einen positiven Einfluss auf die Vermeidung von Mammatumoren festgestellt. Aber nur die frische Zehe bringt's! Ab 5g/kg ist es beim Hund toxisch. Knoblauchpulver hat viele seiner therapeutischen Einflüsse verloren.

Brot ist für Carnivoren absolut nicht geeignet. (⟹siehe glutenhaltige Kohlenhydrate). Es gibt Ärzte, die Brot sogar für viele Menschen als Omnivor für ungeeignet halten, da es eine evolutionsgeschichtlich neuere Ernährungsform darstellt, an die sich unser Verdauungssystem noch nicht genügend anpassen konnte. Gegen erhitztes Getreide sprechen auch Krankheiten wie Zöliaki, Allergien und Gluten-Unverträglichkeiten, die als Cofaktoren noch für eine Reihe anderer Krankheiten zum Beispiel des Gehirns und des Verhaltens verantwortlich gemacht werden. Es gibt außerdem kaum Lebensmittel, welche mit mehr industriellen Zusatzstoffen hergestellt werden als Brot und Backwaren. Die meisten davon müssen nicht mal deklariert werden.

Bohnen: Grundsätzlich sind Bohnen jeder Art als Hülsenfrüchte für Carnivoren nicht geeignet. Ausnahme machen erhitztes Soja und überbrühte Keimlinge. Fünf rohe Bohnen können durch das Albumin Phasin einen Hund umbringen. Auch getrocknet sind sie noch giftig. Phasin verklebt die roten Blutkörperchen. Es kann zur akuten Vergiftung mit Blähungen, blutigem Durchfall und Krämpfen kommen. Chronische Vergiftung äußert sich in B-Avitaminose und krätzeartigen Hautirritationen. (⟹siehe auch Hülsenfrüchte) Phasin wird durch Kochen zerstört.

Cassia Gum: E 499, natürliches Polymer der Sennapflanze, das als technischer Zusatzstoff als Mehl zur Verdickung und Gelierung Nass-, Halbfeuchtfuttern und Würsten bis zu 17600mg/kg zugesetzt wird. Es kann Blähungen begünstigen.

Digest: wird als der wichtigste geschmacksverbessernde Faktor als Flüssigkeit oder Pulver zu 3-5 % auf Getreidebällchen aufgesprüht und enthält auch Fett zur Erhöhung der Palatabilität. Herstellung durch proteolytischen Abbau tierischer Gewebe (Geflügeleingeweide, Fischabfälle und Lunge unter Zusatz von Phosporsäure). Lediglich diese Digest-Umhüllungen bedingen oft die verschieden ausgewiesenen Geschmacksrichtungen bei Trockenfutter. (⟹siehe Tabellen 7 Trockenfutterherstellung und 22 Herstellung von Fleischaroma)

Kein Mensch mischt seinem Hund ***Giftpflanzen*** ins Futter. Bei Wildsuche sollte ich mich allerdings wie bei der Pilzsuche gut auskennen. Löwenzahn kennt jeder, und davon kann man gut schon mal eine Handvoll unters Futter rühren. Er hat wertvolle Bitterstoffe, alkalisiert also. Gartenkräuter oder vom Balkonkasten sind auch besonders wertvoll, da im Allgemeinen nicht gespritzt und ganz frisch.

Dieffenbachia

Heil- und Giftpflanze Ricinus

Tabakblätter und –blüten sind giftig

Oleander

Eibe = Taxus

Colchicum autumnale
= Herbstzeitlose

Philodendronblätter sind giftig, die Früchte nicht

In seltenen Fällen vergiften sich Hunde oder Katzen an Pflanzen, eher verspielte oder neugierige Welpen oder Katzen, die *Oleander, Eibe, Efeu, Hortensie, Osterglocken, Robinie, Hahnenfuß, Herbstzeitlose, Rosskastanien, Rhododendron, Eisenhut, Jasmin, Maiglöckchen, Fingerhut, Giftpilze oder Goldregenfrüchte* anknabbern oder gelangweilte Tiere an giftigen *Topfpflanzen* wie Yukkapalme, Dieffenbachie, Philodendron, Azaleen, Thuja, Lilien, Alpenveilchen, Weihnachtsstern, Gummibaum, Amaryllis, Aronstab, Calla, Engelstrompete, Rizinuspflanze, Tabak. Die Tiere suchen aber eigentlich immer einen Ersatz für Gras, das man besonders Indoorkatzen gesondert zur Verfügung stellen sollte.

Hülsenfrüchte (grüne und gelbe Erbsen, Kichererbsen, Soja, Erdnuss, Luzernesamen, Linsen, Lupine, jede Art von Bohnen (weiße, grüne,rote, dicke etc.) müssen zum Verzehr immer gekocht werden und sind deshalb für Fleischfresser abzulehnen, und führen außerdem zu Blähungen. Vegan ernährte Hunde können unter CVM (Caniner Kardiomyopathie) leiden, welche den Hülsenfrüchten und Kartoffeln in getreidefreiem Futter zugeschrieben wird. Besonders sind Dobermänner, aber auch Katzen betroffen. (⟹siehe Herzbeschwerden)

Zum Barfen sind sie deshalb alle auch gekocht nicht geeignet, da sie nur aufgeschlossen verdaulich sind, jedoch werden sie als Erbsenflocken oder Sojamehl den verschiedensten Trockenfuttern beigesetzt, um den Gesamteiweißgehalt zu erhöhen. Ein gewisser Anteil davon ist vertretbar. Sprossen sollten nur gelegentlich verwendet werden, dann roh gemahlen. Niemals sollte man rohe Bohnen geben, da sie giftiges Phasin enthalten und B-Avitaminose bewirken können.

Ausnahme ist Alfalfa = Luzerne als Blatt oder Grünmehl. Das sind wertvolle Pflanzenkomponenten mit hohen Anteilen an Eiweiß von 15 %, Mineralien, bes. Ca, und Spurenelementen. Ich habe es als Heu oder Pellets für meine Pferde und male die Blätter oder gepressten Pellets, wenn mir mal nichts anderes für meine Hunde gerade als Pflanzenkomponente zur Verfügung steht, und habe so das wertvolle Luzernegrünmehl, das man auch fertig kaufen kann.

Unsinnig sind auch ***Hundepizza, Hundeeis, Hundeplätzchen.*** Das ist wie Fressen aus dem Chemiebaukasten: Was man alles im Fertigfutter gefunden hat: Thiopental Narkosemittel durch Abdeckereifett, Perchloräthylen als Lösemittel aus Tierkörperbeseitigungsanlagen, um die Fettschmiere von den Maschinen zu entfernen, Muskelrelaxans von Schlachttieren, Kalium-Chlorid, Aluminium in Rindfleisch, Parasiten im Fisch, Maden im Fleisch, hochgiftiges Na-Selenit (⟹siehe Natrium). Kupfer wird als Spurenelement angegeben, dabei dient es als Antipilzmittel (⟹siehe Kupfer), ebenfalls Mangan-Sulfat ist giftig (⟹siehe Mangan), Genreis, Azofarbstoffe, Rubin, Sarkosporidien im Rindfleisch, Schimmel, Antibiotika in Kaninchenfleisch, Salmonellen in Hähnchen. (⟹ siehe Tabelle 12 Futtergifte)

Folgende ***Kalziumräuber*** sollten nur gelegentlich gegeben werden oder gar nicht oder in nicht zu großer Menge, da sie sehr phosphatlastig sind wie Schmelzkäse, Streichkäse, Kochkäse, Hüttenkäse, Frischkäse, Quark, gepökeltes Fleisch oder Wurst. In Tomaten, Mangold, Bambus, Spinat, Sauerampfer und Roter Beete wird durch Oxalsäure Kalzium gebunden und damit dem Körper entzogen. (⟹siehe Oxalate)

Milch:Milch ist nicht gleich Milch. Die einzige Milch, die elementar wichtig für Carnivoren ist, ist die hier oft genannte *Milch der Tiermutter.*Sie ist verantwortlich für die Menge und den Artenreichtum der positiven Darmbakterien und damit nicht nur für die Darmgesundheit, sondern damit auch für die Krankheitsabwehr. Falls die Katzen- oder Hundemutter stirbt oder keine Milch hat, ist eine Amme die beste Lösung, so wie es auch unter Wölfen vorkommt.

Die Milch aller anderen Tiere, besonders industriell verarbeitete Kuhmilch ist prinzipiell kein geeignetes Futtermittel. Sie ist ein Grenzfuttermittel und nicht essentiell.Mit ihr sind schon ganze Würfe umgebracht worden. Wegen ihres Laktose- und Milcheiweißgehaltes ist sie schwer verdaulich und führt zu Durchfall. Deshalb ist *konventionelle Kuhmilch* auf jeden Fall zu vermeiden. Es fängt schon damit an, daß die Milch von hunderten verschiedenen Kühen, Höfen und Regionen zusammengeschüttet wird. Milch ist heutzutage ein totes Kunstprodukt, inklusive natürlichen Östrogenen, natürlichen und womöglich künstlichen Wachstumshormonen (in USA erlaubt) und Chlorresten. Diese Wachstumsfaktoren können Krebszellen anregen. Die sogenannte Frischmilch ist keine mehr, weil wochenlang haltbar. Jeder der 20 bis 30 technisierten Schritte der Verarbeitung wie Zusammenschütten, Kühlen, Erhitzen, Zentrifugieren, Trennen, Homogenisieren, Pasteurisieren, Verpacken, Transportieren und Lagerung bewirken Nährstoffverluste und setzen Stoffe frei, die Unverträglichkeiten auslösen können. Durch Mikro-, Ultra- oder Nanofiltration wird heutzutage Milch in sämtliche ihrer molekularen Inhaltsstoffe zerlegt und je nach Bedarf von Fetten, Laktose oder Kalziumphosphat befreit. Proteine, Enzyme, Vitamine und natürliche Aromastoffe werden auf diese Weise zerstört und es bilden sich neue ungesunde Inhaltsstoffe. Konventionelle Milch schädigt außerdem das Nutztierwohl und das Klima.

In Europa darf Milch bis zu 11 Tagen als frisch verkauft werden.Schöne Namen sollen ein Bauernhofidyll vorgaukeln. Nur Städter fallen im Sommer auf Heumilch herein, denn dann sollten die Kühe auf der Weide stehen.Aber der Begriff Weidemilch ist gar nicht geschützt.Vor allem H-Milch und ESL-Milch sind weit über 100 Grad erhitzt worden und damit stärkste Auslöser für Allergien. Deshalb sollten bei Ekzemen, Atopie, Allergien, Durchfall, Hyperaktivität, Epilepsie, Krebs uvm. als erstes alle Milchprodukte in jeder Form weggelassen werden, auch als Milch- oder Käsepulver in Fertigpellets. Milch ist kein natürliches Nahrungsmittel für Hund und Katze, egal von welchem Tier, außer der wichtigen Muttermilch natürlich.Das ändern auch exotische Yak-Milch-Snacks, Kolostrum-oder Ziegenmilchzusätze nicht. Muss es sowas wirklich geben?

Säugen beugt Krankheiten vor

Normale Milch kann aber bei Verträglichkeit gelegentlich diätetisch als leichtes Abführmittel oder mit einem Schuss ins Trinkwasser zur Trinkanimation genutzt werden. Carnivoren haben keine Laktase, um den Milchzucker abzubauen.

Bio-Rohmilch von Weidekühen hat mehr Wertstoffe (bis 70 % mehr Omega3) und heutzutage fast keine pathogenen Mikroorganismen mehr. Begriffe wie Land- oder Alpenmilch sind aber nicht geschützt. Selbst die guten Mikroorganismen in der Milch reichen durch Antibiotikaeinsatz kaum noch zur Käseherstellung.Rohmilch ist verträglicher und gesünder, sogar allergiepräventiv bei Kindern, aber kaum noch zu haben. Man kann sie nur noch direkt vom Milchviehhof erstehen.Direkt vom Bauern hat sie zudem einen besseren Informationsgehalt. Sie schmeckt völlig anders als Tütenmilch. Rohmilch kann man selbst problemlos zu Sauermilchprodukten verarbeiten, die dann die wertvolle rechtsdrehende L+Milchsäure enthalten, die nur bei natürlich vergorenen Milchprodukten gebildet wird. Jegliche Erhitzung der Milch, als üblicher Verkaufsform aller Milchprodukte, führt zu starken Verlusten der normalen Struktur der Eiweiße, der Vitamine und des Milchzuckers, der dann in linksdrehender D-Milchsäure vorliegt. Diese ist schwer bekömmlich und wirkt bisweilen pathogen bis tödlich. Am besten sind zusatzfreie Rohkäse- und Sauermilchprodukte, die man auch gelegentlich verfüttern kann.

Milchprodukte sind allesamt nicht essentielle Grenzfuttermittel.

a) Bio-Sauermilchprodukte sind am besten als fermentierte, enzymreiche Mittel für Carnivoren nach Antibiotikabchandlung und zum Aufbau der Darmflora mit lebenden Bakterien geeignet. Sie sind leichter verdaulich und weniger allergen als reine Milch. Besonders gut sind Naturjoghurt ohne Zusätze, Rohmilchprodukte, Kefir, Schwedenmilch, Dickmilch, natur und bio oder selbstgemacht, und Molke, alle ohne Zucker, Zusätze oder Geschmacksrichtungen. Molke ist frei von Kaseinen, Fetten und Purinen, aber reich an Albuminen und Kalium und wirkt alkalisierend.

b) Käse: Konventionelle Käsesorten haben heute viele E-Nummern-Zusätze, Nitrate, industrielle Enzyme, Antibiotika, Konservierungsstoffe und Reifebeschleuniger. Zusätzlich Weichmacher, da sie fast alle in Plastik verpackt sind, auch bio. Gelegentlich schadet Käse nicht, aber in größeren Mengen ist er unter anderem zu salzig. Dass er den Geruchssinn bei Hunden vermindert, ist ein Märchen. Man unterscheidet Weich-, Hart-, Frisch- und Rohkäse. Rohkäse hat im Allgemeinen den höchsten Probiotika- und Enzym-, Hartkäse den höchsten Kalzium- und Fettgehalt. Letzterer lässt sich gelegentlich ersatzweise als Leckerchen einsetzen. Frischkäse kann gelegentlich als Diät oder bei Purinempfindlichkeit genommen werden. Es ist aber zu beachten, dass er wie Quark, Hüttenkäse und noch mehr Schmelzkäse phosphorlastig, also keine gute Kalziumquelle ist. Das muss unbedingt mit einem guten Kalziumträger (⟹siehe dort) ausgeglichen werden. Fertigfuttersorten wird zuweilen Käsepulver aus Käseresten zur Appetitsteigerung zugefügt.Es gibt Käsestangen für Hunde und Käsepaste für Katzen. Ich nehme an, dass diese Produkte aus Käseresten hergestellt sind und einen zu hohen Salzgehalt haben könnten.

Es gibt auch veganen Käse= Analogkäse, der nicht aus Milch hergestellt wurde. Das ist viel Chemie für viel Geld und weder für Mensch noch Tier empfehlenswert.

Mischfettsäuren: sollten vermieden werden. Dies sind Abfallfette aus Abscheidern von Großküchen, Dönerbuden, Zerlegebetrieben, Kläranlagen und der Biodieselproduktion. Sie gelangen als Recyclingprodukt zuweilen in die Nahrungskette, in Tiernahrung und in Cremes.

Pseudofette: sollten auf jeden Fall vermieden werden. Sie werden als Olestra oder Maltrin in Light-Produkten als kalorienfreier Fettersatzstoff verarbeitet. Sie führen zur Behinderung der Aufnahme von wichtigen Vitaminen und Nährstoffen und zu Allergie und Übergewicht. Es gibt Fettersatzstoffe auf Kohlenhydrat- und Eiweißbasis. Langzeitwirkungen sind kaum erforscht.

In ***Schokolade und Kakao*** ist das Theobromin für den Hund giftig. 63g können einen 10 kg Hund umbringen oder anders gesagt, die Giftdosis fängt bei 8g/kg Körpergewicht an. Es wirkt auch kumulativ giftig, das heißt jeden Tag ein Stückchen führt dann irgendwann zu Erbrechen, Durchfall, Kreislaufproblemen mit Taumeln und Keuchen, Krämpfen bis zum Atemstillstand. Eine Therapie ist nicht möglich. Hundeschokolade und Hundepralinen enthalten diesen Stoff zwar nicht, sind aber schlicht völlig unsinnig.

Senfsaat: steht als Allergen beim Menschen an vierter Stelle. Es wird in Form von Mehl als Emulgator und Ersatz für Fleischproteine in Wurstwaren eingesetzt, zum Würzen, Emulgieren und Konservieren von Fleisch und Fischgerichten. Senfkörner haben Scharfstoffe, sind eiweiß- und selenreich und wirken entzündungsmindernd. Mostrich ist jedoch für Tiere nicht geeignet.

Transfettsäuren sind falsch ungesättigte, chemisch-industriell gehärtete pflanzliche Öle, die dadurch weniger rasch oxidieren, d.h. nicht so schnell ranzig werden und hocherhitzbar sind. Sie entstehen, wenn ungesättigte Fette über 42 Grad (!) erhitzt oder chemisch gehärtet = hydrogeniert werden (⟹siehe Hydrolysate). Die Doppelbindungen werden dabei zerstört, Wasserstoffatome docken an die freien C-Atome an und die gefalteten C-Ketten werden geglättet, die natürlicherweise geknickt vorkommen. Die natürlich gebogene Molekülform wandelt sich dann in eine gerade gestreckte um. Diese Molekülart ist in der Natur unbekannt und deshalb zellschädigend, entzündungs- bzw. krebsfördernd. Sie bewirkt Diabetes, Fettsucht, schlechte Muttermilch, Störungen des Immun- und Sexualsystems und der Embryonalentwicklung, Schäden an Herz, Blutgefäßen und Darm. Sie geht ins Gehirn und bewirkt Senilität. Sie wird auch über die Haut aufgenommen. Man kann sie im Blut messen.Sie kann nirgends abgebaut werden, weil Enzyme für ihren Abbau im Organismus nicht vorhanden sind.

Gute Ölsaaten werden auf diese Weise durch industrielle Verarbeitung in toxische Nahrung verwandelt. Die chemische Härtung schadet wertvollen sekundären Pflanzenstoffen und Biophotonen. Industrielle Transfette sollten grundsätzlich gemieden werden. Sie sind hormonwirksam und fördern ungesundes Übergewicht. Immer mehr Produkte werden der Haltbarkeit wegen aber radioaktiv bestrahlt, wodurch sich ebenfalls Transfette im Fleisch bilden.

Es gibt allerdings auch einen gewissen natürlichen Anteil von Transfettsäuren in Milch, Käse, Butter und Fleisch, der nicht schädlich ist.

Unter „Naturreinem Öl“ versteht man die reine Ölsaat einer Pflanze. Der Begriff „Natürliches Öl“ bezeichnet ein Gemisch mehrerer verschiedener Ölsaaten und „Naturidentisches Öl“ ist ein rein chemisches.

Träger von Transfettsäuren: Sie werden als gehärtete Fette ausgewiesen. Alle unbedingt meiden, da sie wie Plastik im Organismus wirken und Zellmembranen inaktivieren.

Konventionelle Brat-, Frittier- und Backfette haben davon bis zu 30g/100g,
Margarine bis 17-30g/100g,
Backwaren bis 10g/100g.

Außerdem in allen teilgehärteten Fetten, in erhitztem Fett mit vielen ungesättigten Fettsäuren, Frittiergut wie Pommes, Hamburger, Donuts, Berliner, in Croissants, Chips, Fertigsuppen, Bratensoßen, Wurst, Müsliriegel, Backwaren, Keksen und Frühstücksflocken nachgewiesen. Wenig (4 % des Fettgehaltes) sogar in Olivenöl und Babykost. Da diese Fette eine verabeitungsfreundliche Konsistenz haben und länger haltbar sind, bedienen sich Imbisse, Restaurants und Hersteller von Fertiggerichten gerne dieser Fette, ungeachtet ihrer Schädlichkeit für die Gesundheit. Sie fördern Entzündungen, Diabetes, Krebs, Gehirnschäden, Unfruchtbarkeit und Übergewicht. In manchen Ländern sind Transfette bereits verboten oder gesetzlich eingeschränkt, in Deutschland bis 2014 nicht einmal kennzeichnungspflichtig.

Was weniger bekannt ist: Ein gewisser Anteil an Transfettsäuren findet sich natürlicherweise auch in Rinder- und Schaffett, in roher Sahne und Milch. Diese sind nicht gesundheitsschädlich.Ob sie aus natürlichem oder industriellem Ursprung kommen läßt sich aber leicht per chemischer Analyse unterscheiden.

Weintrauben und Rosinen: Giftige Dosis ca. 10g/kg Körpergewicht, also etwa 2 bis 6 Weintrauben pro kg Hund kann zu Durchfall, Erbrechen, Nierenproblemen (verminderter Harnabsatz), sogar Schwanken und epileptischen Anfällen führen.Die gefährliche Dosis ist individuell sehr unterschiedlich. Meine Vermutung ist, dass dabei nicht das Obst selbst eine Rolle spielt, sondern Spritzmittel und Sulfite zur Konservierung den Ausschlag geben, denn Trauben gehören zu den mit am stärksten gespritzten Fruchtsorten.Vermeiden Sie ebenfalls Traubenkernöl, Traubensaft und Trester direkt und in kommerziellem Futter oder- der neue Trend- Smoothies.

Von den Pflanzenkomponenten gibt es welche, die für Hunde schlichtweg ungeeignet sind: Vor allem zu scharf, zu sauer, zu unverdaulich, zu faserig. Dazu zählen alle *Lauch- und* ***Zwiebelgewächse*** (alle Zwiebelsorten, Porree, Bärlauch, grüner Knoblauch, Schnittlauch), alle ***Nachtschattengewächse,*** also Tomate, Aubergine, Paprika. Chili nur therapeutisch. Auch Kartoffeln, die nur gekocht gelegentlich als Kohlenhydratkomponente gegeben werden können, gehören dazu. Deren grüne Blätter und unreifen Früchte sind allesamt giftig.(⟹siehe Solanin) Ferner *Zitrus*früchte, saures Obst (Ananasschale malc ich gelegentlich wegen der sehr aktiven Enzyme) und Pilze. Sollte Ihr Hund aber mal einen Pilz im Essen finden, sofern es nicht gerade ein Giftpilz ist, keine Bange, selbst der Wolf frisst gelegentlich mal Pilze. Meine Hunde mögen auch keine Sternfrüchte. Und natürlich sind auch alle ***Steinfrüchte und Kernobst*** (also Pfirsich, Kirsche, Aprikose, Pflaume etc.) vor allem mit Stein, nicht zu empfehlen.

Entgegen anders lautender Informationen habe ich sehr gute Erfahrung mit allen ***Kohl***sorten, die meine Hunde fein püriert samt Fleisch und Reis lieben und alles vertilgen, während manches, was ich für gut halte, zum Beispiel Moringa, stehen gelassen oder nur sehr zögerlich vertilgt wird. Wer einen Garten hat, kann auch frisches, junges

Möhrengrün als Kräuterkomponente gelegentlich verwenden. In seltenen Fällen oder bei zu großen Mengen kann es dabei jedoch zu Unverträglichkeitserscheinungen durch den natürlichen Abwehrstoff Falcarinol kommen.

Auch Gewürze wie Petersilie, Dill und Kümmel in Maßen, also *Kräuter* ja, aber *nicht in rauen Mengen*, abwechselnd und jedes Kraut einzeln, sodass ich Unverträglichkeiten sofort feststellen kann. Immer frisch fein gemahlen: Brennnessel, Borretsch, Giersch, Melde, Rauke (= Rucula), Alfalfa (= Luzerne), Blätter von Beinwell, Brombeerpflanzen, Radieschenblätter, Salbei, Fenchelgrün, Kurkumawurzel und -blätter, Ingwerschale und –blätter, Möhrengrün (wenig), Moringablätter und -blüten, Löwenzahn, Basilikum, Minze, Pimpernell, Portulak uvm. (⟹siehe auch Kräuter als Träger von Sekundärstoffen)

Verarbeitetes Fleisch: wird durch Pökeln, Salzen, Räuchern, Braten, Grillen, Kochen, Beizen haltbar gemacht. Dabei entstehen krebserregende Stoffe: Polyzyklische aromatische Kohlenwasserstoffe (PAH), N-Nitrosoverbindungen (NOC, Nitrosamine) und heterozyklische aromatische Amide (HAA). Es gilt zu 18% als potentiell darmkrebserregend.

Es braucht, glaube ich, hier jetzt nicht mehr besonders betont zu werden, dass jede Art von ***Zucker*** und Zuckerstoffen wie Rohrzucker, Glucose-Fructose-Sirup, Industrie-Fruktose, Maissirup (= Corn Syrup), Maltodextrin, reiner Traubenzucker etc., alle schaden. Sie dämpfen die Sättigungshormone und führen zu Zahnfäule, Übergewicht, Leberverfettung und Diabetes.

Unter Zucker wird meist weißer, industriell verarbeiteter Rübenzucker verstanden. Er wird als technischer Hilfsstoff dem Fertigfutter als künstlicher Geschmacksverstärker und zur Wasserbindung zugesetzt, besonders bei Light-Produkten. Er verlängert die Haltbarkeit, verbessert Aroma, Färbung und Konsistenz bei fettreduzierten Produkten, ist billiger Füllstoff statt hochwertige Zutat, findet sich in fast allen industriellen Lebens- und Futtermitteln, zum Beispiel auch in Leberwurst.

Zucker wird als Billigstoff besonders gerne bei Halbfeuchtfutter, Snacks, Kauartikeln und Dosen beigesetzt. Zuckerstoffe sollen den Appetit anregen, vor allem, wenn es an wertvollen Proteinen fehlt. Sie haben aber in einem Hundefutter schlichtweg absolut nichts zu suchen. Auch wenige Zuckerstoffe sind noch zu viel. Neuerdings wird mit „Ohne Zuckerzusatz" geworben. Das muss jedoch nicht heißen, dass kein Zucker im Futter ist. Gesetzlich wird Zucker nur als Haushaltszucker, also Saccharose, gewertet. Darunter fallen also nicht die vielen anderen Zuckerstoffe wie zum Beispiel (Iso-)Glukose-, Fruktose-, Maissirup, Gerstenmalzextrakt oder Melasse. Sie kleben gut, sodass die Krockies nicht auseinanderfallen. Zucker verklebt auch Proteine im Körper. Alle Zuckerstoffe begünstigen Karies, Diabetes, Giardien, Darmfloraprobleme und Fettsucht. Alle Zuckerstoffe machen die Zähne krank, überlasten die Bauchspeichel-

Moringa mit Blättern, Blüten und Samen

drüse, führen zu Dysbiose und geben Anstoß für Sucht und Übergewicht. (⟹siehe Grafik 9 Blutzuckerspiegel) Als Geschmacksstoff, Weichmacher und Wasserbinder werden sie dennoch Fertigfuttern beigesetzt.

Auch Zuckerersatzstoffe sind nicht empfehlenswert. Birkenzucker und Fructose sind gefährlich und können Durchfall verursachen. Xylit kann bei 1g/kg Körpergewicht bei Hunden zu Unterzuckerung, Durchfall, inneren Blutungen, Bewusstlosigkeit, Leberversagen und Tod führen, Aspartam zu Appetitsteigerung und zu Neuropathien, Sorbit (E 420) zu Durchfall und Krämpfen. Weißes Steviapulver ist eine synthetisches Extrakt als Süßungsquelle, nicht zu verwechseln mit den grünen Pflanzenblättern oder ihrem reinen getrockneten und gemahlenen grünen Steviamehl, das für Tiere zwar nicht schädlich ist, aber überflüssig.

Nicht schädlich in eingeschränktem Masse sind die natürlichen Zuckersorten in Obst.

Toxische, immer zu vermeidende Stoffe:

Kein Tiermedizinstudent lernt, was welche Zusatzstoffe über lange Zeit im Organismus anrichten. Die Futtermittelindustrie ist da auch an Aufklärung nicht interessiert. Gleichzeitig wirken ja noch viele Umweltgifte gleichzeitig ein. Grenzwerte sind da nur Augenwischerei, weil kein Mensch weiß, wie sie alle mit- und untereinander

....da sollten sich die Hundehalter aber auf die Hinterpfoten stellen...

wirken, nicht mal beim Menschen. Gesetzliche Höchstmengen schützen lediglich die Industrie vor Forderungen und nicht die Gesundheit. Viele werden jährlich verändert und meist nach oben heraufgesetzt. Umweltgifte schädigen die Ausscheidungsorgane, fördern die Krebsneigung und sind fast alle Nervengifte, die Verhaltensstörungen, Hyperaktivität oder Antriebslosigkeit auslösen können. Chronische Giftwirkung wird aber meist als Charaktereigenschaft interpretiert anstatt als Umweltvergiftung. (⟹siehe Tabelle 12 Futtergifte).

Leider kenne ich keine auf Umweltmedizin spezialisierten Tiermediziner, selbst in der Humanmedizin sind sie äußerst rar und werden nicht eben besonders gefördert, im Gegenteil. Ich verweise auf spezielle Literatur im Anhang. Dabei wurde schon 1971 von klinischen Human-Ökologen gefordert, die Einführung jeder technischen Neuerung zu verbieten, solange nicht die Folgen für Umwelt und Gesundheit eindeutig festgestellt worden wären. Das wäre doch wohl eigentlich selbstverständlich. Dem ist aber nicht so. Schon damals sprach man von einer erschreckenden Ignoranz der klinischen Dimensionen, von skandalösem Ausmaß chemischer Nahrungs-Verfälschungen.

Es läge im Interesse von Wirtschaft und Industrie, die allgemeine Unwissenheit der Öffentlichkeit aufrechtzuerhalten. Das Thema wurde von Konzernen abgeblockt und bis heute kommen systematische Langzeitprüfungen nicht zur Anwendung. Bei Importen von Tierprodukten werden noch weniger Stichproben durchgeführt als für Lebensmittel, bei Dosen gar keine. Nicht der Hersteller ist für einen Schaden beweispflichtig, sondern der Patient bzw. in unserem Falle der Patientenbesitzer, der mangels Spezialwissen so gut wie nie zum Erfolg kommt. So gelangen ständig neue ungestestete Chemikalien in die Nahrungskette von Mensch und Tier. Wir werden mit weiter ansteigenden Fällen von Allergien, Autoimmunkrankheiten, Unverträglichkeiten, enteralen, dermatologischen und psychogenen Störungen zu rechnen haben. Fisch und Fleisch unterliegen als teure Rohware besonders vielen Fälschungen und Manipulationen.

Acrylate: allergenisierender Plastikstoff, auch in Arzneimitteln! Aufgepasst: dort aufgeführt unter „sonstige Bestandteile". In nachgewiesenen Fällen in Blut-, Urin-, Stuhl- und/oder Haaranalyse können sie nur durch Chelatbildner und andere spezielle Infusionen ausgeleitet werden.

Aluminium: Al ist ein silberfarbenes Leichtmetall, ein im Erdreich natürlich gebundenes Mineral als Salz, schwefelhaltiges Alaun (E 520) oder essigsaure Tonerde.Fast alle Lebensmittel enthalten eine gewisse Menge, die aber bei gesunder Darm-Blut-Schranke nur gering schädlich ist. Es gibt zusätzlich in Lebensmitteln neun verschiedene industrielle aluminiumhaltige Zusatzstoffe. Al ist nicht nur nicht essentiell, es ist sogar toxisch, und zwar besonders für das Nervensystem bereits in niedrigen Dosen. Es hat nirgendwo eine biologische Funktion.Wenn wir schon den Aluminium haltigen Feinstaub aus den Wolken und in Industrieabgasen nicht vermeiden können, wo sollten wir Aluminium vermeiden: In Kochtöpfen, Futterschüsseln, Konserven, Dosen, Einmal-Grill-Schalen, Futtertonnen, Alufolien und Aluschalen, Portionsbeuteln, auch Bio und Fair-Trade, Tuben, Verschluß-Abreiß-Folien, Nassfutter-Einmalschalen, Plastikbechern, Tetrapacks. In allen gehen Aluminiumionen auf Futter- und Nahrungsmittel über. Aber wir haben ja auch noch Aluminium in Wursthaut, Schmelzkäse, rieselfähigem Kochsalz, Pulvermilch, Sojaprodukten, Backpulver, Backwaren, zusätzlich in Impfungen (!) als sogenannter Wirkverstärker, in Magensäurehemmern, Hyposensibilisierungslösungen (!), medizinischen Dragees, Aluwundsprays, Cremes, Zahnpasta, Poolwasser, Seifen, Putzmitteln, Wasserenthärtern und Deos. Alu findet sich in fast allen künstlichen Lebensmittel-Zusätzen wie Trennmitteln, Stabilisatoren und Farbstoffen, beispielsweise in Zuckerculör E150, Methylimidazol, womit Soßen und Fleischkonserven dunklen Bratensaft vortäuschen. Zuweilen wurde Al auch in erhöhten Mengen in Sojamilch und im Regen- und Trinkwasser (0,2mg/l) gefunden, weil es auch in Kläranlagen verwendet wird.

Dieses fast allgegenwärtige Aluminium vergiftet im Dauergebrauch, besonders in Verbindung mit Hitze, Säuren oder Glutamat, vor allem das Gehirn, und ist für Hyperaktivität, Verblödung, Autoimmunkrankheiten, Knochen- und Fruchtbarkeitsprobleme und verstopfte Lymphbahnen verantwortlich. Das Leichtmetall findet sich außer im Gehirn dann auch in Blut, Knochen, Muskeln, Leber, Lunge und Milz, obwohl es in keinem einzigen Organ etwas zu suchen hat.Es kann Entzündungen verstärken, Krämpfe, Lähmungen, Verwirrung, Angstattacken, Epilepsie, Allergien, chronische Muskelschmerzen, chronische Müdigkeit oder Appetit auf Unverdauliches und Verstopfung verursachen. Es fördert Krebs und Metastasen. Man bedenke, dass derart ausgelöste Tumore dann mit noch mehr Zellgiften versucht werden zu heilen! Das Gehirn ist kein Entgiftungsorgan!! Was da einmal drin ist, kommt dort kaum noch heraus! Aluminium kann vom Organismus nur sehr schwer abgebaut und ausgeschieden werden. Es verbleibt in den Nerven- und Fresszellen. Es lagert sich an Eiweißmoleküle an, wo es die wichtigen Mineralien Eisen und Magnesium verdrängt. Aluminate bleiben als unverwertbar im Körper. Bei ausreichendem Magnesiumangebot (⟹siehe Mg-Träger) können die Negativauswirkungen von Aluminium aber wenigstens vermindert werden. Auch Kieselerde soll es binden.Eine homöopathische Ausleitung kann versucht werden.

Mit der Vermeidung von Aluminiumprodukten fördern wir nicht nur die Gesundheit, sondern auch den Umweltschutz, denn sie werden sehr energie- und rückstandslastig hergestellt. Als Bauxit wird Aluminium abgebaut und dafür der Regenwald nicht nur zerstört, sondern es verseuchen auch Abermillionen Tonnen Rotschlamm mit hochgiftigem Ätznatron die Urwälder in Drittweltländern. Auch unser Aluabfall muss energieaufwendig wieder recycelt werden.Die Herstellung von Aluminium ist eine der umweltschädlichsten und energieaufwendigsten.

Natrium-Aluminium-Sulfat (Na-Alaun, E 521) ist ein farbloses Salz und wird als Festigungs-, Stabilisierungs-, Säuerungs- und Konservierungsmittel für Lebensmittel und Backwaren verwendet. Es wirkt verändernd auf Eiweiße in lebendem Gewebe, wie auch in Gemüse, Obst und Bakterien. Es wirkt dadurch austrocknend, adstringierend und antibakteriell. Eine offizielle Gefahreneinstufung ist nicht verfügbar! Es wird aber von einem Verzehr abgeraten, weil es erfahrungsgemäß als hautreizend, allergenisierend und hirnvergiftend betrachtet wird.

Antibiotika: Fleisch von Schweinen und Geflügel, besonders Importe aus Südländern, ist besonders belastet. Deutschland liegt mit 150mg/kg erzeugtem Fleisch im Mittelfeld. Gefährlich sind die multiresistenten Bakterien, die sich in den Ställen und auf Feldern in der Gülle finden. Das Antibiotikum Natamycin E 235 ist in Wurst und Käse erlaubt.

Aromen: künstlich zugesetzt manipulieren tausende verschiedene Spezialaromen für Tierfutter die Akzeptanz. Sie ersetzen teurere Inhaltsstoffe oder überdecken unangenehmen Beigeschmack und setzen so das körpereigene Warnsystem für Unbekömmlichkeit außer Kraft. Sie können physikalisch, chemisch oder biotechnologisch gewonnen werden z.B. aus Erdöl, Schimmelpilzen, Hefen, Bakterien oder Abfällen der Papierindustrie. Sie haben niemals Gesundheitstests für Mensch oder Tier durchlaufen. Üblich für Fertigfutter sind Vanillin, Glutamat, Anis, Fleischaromen und –extrakte. (⟹siehe Hydrolysate).

Als *„natürlich"* benannt werden sie auf physikalischem, mikrobiologischem oder enzymatischem Wege aus tierischem oder pflanzlichem Material, zum Beispiel Holzspänen, nachgebaut. So kann man Hühnchenaroma ganz ohne ein einziges Molekül vom Tier erzeugen, Geflügelaroma aus Fischabfall oder Rindfleischaroma aus Weizen.

„Naturidentisch" ist immer chemisch synthetisiert, mit technischen Mitteln dem natürlichen Vorbild abgeschaut. Naturidentischer Geschmack nach Huhn lässt sich aus 12 verschiedenen Aromastoffen komponieren. Labor-Duftstoffe können dem Fertigfutter zugesetzt sein, die nur der Hund oder die Katze wahrnimmt. Auch Plastikspielzeug kann aromatisiert sein, ja man hat sogar schon Plakate für Hundefutter so beduftet, dass Fifi sein Frauchen dorthin zog!

In Fertigfutter werden besonders Spaltprodukte verschiedener Eiweißträger (⟹siehe Hydrolysate), meist minderwertiger Qualität, verwendet, die als Digest mit Oberflächenfetten auf Getreidebröckchen aufgesprüht werden oder dem Dosenfutter diesen typischen Maggigeruch verpassen, der sich penetrant bis in die Faeces fortsetzt. Durch Gewöhnung kann hierdurch Sucht und Koprophagie provoziert werden.

Antimon: Sb ist ein toxisches Spurenelement, Schwermetall, giftig und krebserregend. In Plastik, Bratschläuchen, Plastikflaschenwasser, Trinkwasser, Polyesterfasern, Industrieabwässern. Es schädigt Herz und Haut. Tests liegen aber meist unter Grenzwerten.

Benzoesäure: Konservierungsmittel E 210 - 213, toxisch für Hund und besonders für die Katze, 5 Promille sind für eine Katze tödlich.

Blei: Pb, ein weiches Schwermetall, ist eines der schlimmsten Umweltgifte. Es findet sich in Trinkwasser durch alte Leitungsrohre, in Auto- und Industrieabgasen, Reifenabrieb, Bleiglasuren für Keramik, Bleinähte in Konserven. Auch ein Plastiklack in der Dose schützt nicht vollständig vor diesem Schwermetall, nicht nach dem Öffnen, nicht im Kühlschrank. Innerhalb von Tagen kann sich der Bleigehalt verdoppeln bis verdreifachen. Blei kann für Krebs und Hyperaktivität verantwortlich sein, da es das Nervensystem schädigt, sowie die Blutbildung und den Embryo. Pb kann im Organismus nicht abgebaut werden und auch in kleinsten Spuren Schäden verursachen, weil es sich in den Knochen ablagert. Leber und Nieren von Schwein und Rind, auch Gojibeeren können belastet sein. Bei nachgewiesenen Ablagerungen kann homöopathisch mit PbD20 und Selen (⟹siehe dort) versucht werden auszuleiten, weil Selen Pb binden kann. Zu denken ist auch an eine Vergiftung mit Schrotkugeln in gefressenem Wildfleisch. Schon lange wird bleifreie Munition gefordert, da sich auch andere Tiere daran vergiften und verenden.

Cadmium: Cd ist ein weiches giftiges Schwermetall, wird in Leber, Niere und Gehirn gespeichert und kann nicht abgebaut werden.

In Muscheln, Krebsfleisch, in buntem Plastik, Verpackungsmaterialien, Kunststoffen, Glasuren, Töpfen, Importwaren; in Gemüsen, Weizen, Dinkel und Kleie von Cadmium verseuchter Erde durch Altlasten oder Kunstdünger, in Zigarettenrauch, Industrie- und Autoabgasen. Hunde atmen weiter unten davon viel mehr ein als Menschen. Ausreichender Ascorbin-, Eisen- und Zinkstatus hilft bei der Entgiftung, da Cadmium durch Zink gebunden wird. Cadmium greift vor allem die Nieren an und das Reizleitungssystem der Nerven. Fleisch, Leber und Nieren von Schwein und Rind, sowie Gojibeeren wurden als belastet gefunden. Kann zu Haarausfall und Verlust des Geruchsinns führen.

Dioxin: verbotenes Pestizid, gefunden in Fischölen, Fisch, Wild-, Geflügel-, Schweine- und Importfleisch.

Farbstoffe: Synthetische Farbstoffe, viele verschiedene E-Nummern. E steht nicht für essbar! In Käserinde, Wurstpellen, Schmelzkäse, Fischpasten, Krebspaste, Käserinde. In Futter Ausweisung „ Mit Farbstoff“ vorgeschrieben. Unschädlichkeit nicht nachgewiesen.

EU zugelassene Farbstoffe:

E 104 = Chinilingelb, synthetisch, Allergierisiko, z.B. für Räucherfisch

E 160 = Carotinoide, orange und rot, meist synthetisch, in Butter, Käse, Joghurt, in allen Lebens- und Futtermitteln zugelassen, gelten als unbedenklich.

E 102 = Tatrazin oder Tartrazin als gelboranger, wasserlöslicher synthetischer Azofarbstoff war in Deutschland in Lebensmitteln bereits verboten. Er wurde jedoch mit den EU Verordnungen wieder erlaubt, inzwischen mit dem gesetzlichen Zusatz, dass es Hyperaktivität bei Kindern (Hunden?) auslösen kann. Zu finden bis zu 300mg/kg in Schmelzkäse, Knabberartikeln, sogar in Arzneien, Nahrungsergänzungen, sowie in Fisch- und Fleischersatzprodukten. Das ist auch ein Grund, weshalb vegan in dieser Form nicht gesund sein kann. Neben Hyperaktivität kann es Unverträglichkeiten und (Kreuz-)Allergien auslösen.

Gegen natürliche Farbstoffe wie Rote Beete Saft, Tagetesblüten, Curcuma im Futter ist eigentlich nichts einzuwenden. Sie werden aber stark bearbeitet, um für die industrielle Produktion geeignet zu sein, weil Naturprodukte großen Schwankungen unterliegen. Synthetische Farbstoffe sind aber wesentlich billiger. Sie werden für die Optik des Käufers eingesetzt, der ein rötliches Produkt fälschlicherweise für fleischreicher halten soll. Unser Nasentier wählt aber nach olfaktorischen Kriterien.

Fipronil: Vielleicht erinnern Sie sich an den Eierskandal: Fipronil kann sowie Amitraz auch Bestandteil Ihres verwendeten Flohmittels sein, da beides für Tiere, die nicht der Lebensmittelgewinnung dienen, als Kontaktgift erlaubt ist. Bei Versuchen mit Hunden kam es zu Nervenschäden mit Desorientiertheit. Bei Menschen löste Fibronil vorübergehend Schwindel, Krämpfe und Übergeben aus. In die Eier und zum Teil ins Fleisch gelangte der Wirkstoff als unerlaubter Pestizid-Bestandteil für Hühner gegen Hühnermilben, neben dem ebenfalls nicht zugelassenen Milbengift Amitraz. Beide wurden in zahlreichen Eierchargen gefunden. Fipronil wird beim Erhitzen nicht abgebaut. Es ist zu erwarten, dass es auch ins Hundefutter gelangt oder gelangt ist, da alle Formen der Eiervermarktung betroffen waren. Ohne die entsprechenden Firmen von Gesetzesübertretung und Korruption freizusprechen, möchte ich hier doch aus eigener Erfahrung anmerken, dass Hühnermilben dermaßen resistent gegen übliche Gifte sind, dass es mich jedenfalls nicht wundert, dass man es mit schwereren Geschützen versucht hat. Ich kämpfe seit Jahren bei unseren freilaufenden Hühnern vergeblich gegen diese Plagegeister. Massentierhaltung, billige Erzeugung und niedrige Verkaufspreise und der Wunsch der Städter nach gleichzeitiger Giftfreiheit entspricht der Quadratur des Kreises.

Geliermittel: dienen zur Verdickung von Feuchtfutter, um mehr Wasser zu binden. Wasser ist der billigste Inhaltsstoff. Gegen natürliches „Gelee“ aus Knochen oder Schwarte ist aber nichts einzuwenden.

Geschmacksverstärker: sollen die Minderwertigkeit des Futters kaschieren, zu mehr Appetit und höherer Aufnahme verführen: künstliche Aromen, Glutamate (E620-625), Glycin (E 640), Digest, Salz, Zucker, Rübenmark. Manche davon können die Tiere süchtig machen.Alle Zusatzstoffe, die nicht im EU-Recht mit Höchstmengen festgelegt sind, müssen nicht deklariert werden.

Giftige Metalle: Arsen, Cadmium, Uran, Silber, Thallium, Zinn, Blei, Quecksilber, Aluminium haben nirgendwo etwas zu suchen. Für Trinkwasser gibt es Grenzwerte, aber nicht für Uran.Uran gelangt über Kunstdünger ins Trinkwasser.

Glutamat: Glutamat ist das Salz einer nicht-essentiellen Aminosäure. ($\Longrightarrow$ siehe Glutamin). Glutamat kommt natürlicherweise in Rindfleisch (20mg/100g), reifen Käsesorten (Parmesan 1200mg/100g), Knochen, Hirn, Därmen, Eiern, Knochenbrühe und Meeresalgen vor und ist in dieser Form gänzlich unbedenklich. Im Stoffwechsel dient es als Folsäuretransporteur.

Industriell wird es aus dem Gluten des Weizen-Eiweißes hergestellt oder von gentechnisch veränderten Coryne-Bakterien, welche unter Zugabe von Melasse oder Zucker, Harnstoff, Wasser und Aktivkohle im Übermaß Glutaminsäure produzieren. Das Bakterien-Eiweiß-Substrat wird dann mit Salzsäure verkocht und mit Natronlauge neutralisiert, sodass das Salz der Glutaminsäure, Na-Glutamat, und normales Salz entstehen. Nach Filtration wird so der künstliche Geschmacksverstärker E 621 bis 625 hergestellt, der Flüssigwürzen, Brühwürfeln, Fertigfonds, Schinken, Salami, Leberwurst, Fleischwurst, Fleischsalat und Fertigprodukten für Mensch und Tier zugesetzt wird. Es ist auch zu 5 % in sogenanntem Hefeextrakt und Hydrolysaten (⟹siehe dort) versteckt. Durch Zusatz dieses Geschmacksverstärkers in Fertigfutter kann seine Minderwertigkeit übertüncht werden, da Hunde besonders viel Geschmacksknospen für dieses fleischähnliche Gewürz vorweisen.

Industriell hergestelltes Glutamat ist ein weißes Pulver, kann in Fertignahrung als Aromastoff zugesetzt sein und ist nicht deklarationspflichtig und kann sogar mit „Ohne Geschmacksverstärker" beworben werden, wenn als Vorprodukt Hefeextrakt verwendet wird.

Glutamat bringt den Neuronenstoffwechsel durcheinander, weil es ein natürlicher erregender Botenstoff ist und Gehirnzellen Rezeptoren für Glutamat haben. Der hemmende Botenstoff GABA ist Antagonist. Wenn beide im Ungleichgewicht zu Gunsten von Glutamat sind, kann es die Nervenzellen schädigen und Epilepsie auslösen. 2 Esslöffel Monoglutamat töten einen Hund. Im Übermaß und künstlich zugeführt wirkt Glutamat auch auf das Hungerzentrum des Gehirns. Es stört die Appetitsteuerung, indem es zu Gefräßigkeit manipuliert, weil das Sättigungsgefühl verzögert wird. Es kann Nervenentzündung, Absterben von Neuronen, Übergewicht, Unverträglichkeit, Allergien auslösen. Die Schließmuskelfunktion der Speiseröhre kann behindert werden, was zu krankhaftem Aufstoßen führt. Glutamat öffnet die Blut-Hirn-Schranke für das Eindringen von Aluminium (⟹siehe dort) ins Gehirn.

Glycerin: E 422 ist ein in Wasser löslicher und hygroskopischer Zuckeralkohol von farblos schleimiger Konsistenz, ähnlich wie Glycol, das als Frostschutzmittel und illegale Weinsüße verwendet wird.

Glycerin bindet Vitamin E und Fette und ist ein normaler Bestandteil des normalen Stoffwechsels. Industriell aus Palmöl oder Rinderfett hergestellt, wird es u.a. als Waschzusatz für Schaffelle und Lederkleidung gegen Verhärtung beim Trocknen verwendet.

Als Nebenprodukt der Biodieselherstellung wird es in Sprengstoffen, Schuhcremes, Zahnpasten und Frostschutzmitteln eingesetzt. Da es süß schmeckt, kann es pur nach Aufnahme durch Hunde bei diesen zu Vergiftungen führen. Überschüsse der Verdieselung wandern aber in die verschiedensten Tierfuttersorten, wo sie als Feuchthaltemittel, besonders bei Halbfeuchtfutter, Wasser binden und Pellets am Bröckeln hindern sollen. Die Weichmacherqualität dieses Zusatzstoffes wirkt sich nicht nur auf das Produkt, sondern auch auf den aufnehmenden Organismus als leichtes Abführmittel aus, das dem Kot eine pastöse Form verleihen soll. Die Arznei gegen Verstopfung ist dann also quasi schon eingebaut. Glycerin wird für Schleimhautreizungen verantwortlich gemacht, in anderen Literaturstellen als unbedenklich eingestuft. Wahrscheinlich macht mal wieder die Dosis das Gift, wobei der Herstellungsweg als Information, die sich im Lebensmittel bzw. im Organismus niederschlägt, auch nicht unberücksichtigt bleiben sollte.

Als Zusatz für die Pharma- und Lebensmittelindustrie kann Glycerin auch mit Hilfe von Fermentation aus Hefe und Melasse hergestellt werden, wo es ebenfalls als Wasserbinder, Emulgator, Feuchthaltemittel und Weichmacher eingesetzt wird, besonders in Wurst und Wursthaut.

Glyphosat: Isopropylamin-Salz, wasserlöslich, als häufigstes Mais-, Raps-, Zuckerrüben- und Soja-Spritz- und Unkrautvernichtungsmittel. Mit anderen giftigen Molekülen als „Roundup“ im Gebrauch. Dieses ist krebserregend, embryotoxisch (Mißbildungen an Gliedmaßen) und nierenschädigend. Es wird in Lebens- (bes. in konventionellem Getreide, Mehl, Brot, Haferflocken, Kartoffeln, Gemüse, Linsen) und Futtermitteln, auch Bio, wenn auch wesentlich weniger, gefunden. Außerdem in Wasser (EU Trinkwassergrenzwert 0,1µg/l) und Milch, Organen von Haustieren, Bienen und Wild. Es wurde bei 99,6 % der deutschen Verbraucher, die Hälfte davon Biokonsumenten, im Urin nachgewiesen. Es stört das hormonelle und Lymph-Drüsen-System und die Darmflora, weil es in Mikroorganismen die Bildung mehrerer Aminosäuren blockiert. Eigene industrieinterne Zulassungsdokumente konnten bewirken, dass es häufig nicht deklariert werden muss. Halter berichten von heftigen Reaktionen mit Durchfall und Erbrechen bei ihren Hunden, wenn sie in landwirtschaftlich genutzten Regionen spazieren gingen, da die Spritzmittel über die Haut aufgenommen und eingeatmet werden. Zur Vermeidung müssen dann die Läufe nach jedem Ausgang abgewaschen werden.

Guarkernmehl: wird als Zusatzstoff E 412 in der Lebensmittel- und Futtermitteltechnologie eingesetzt als Füllstoff, Geliermittel, Verdickungsmittel und Wasserbinder, auch in Bioware. Es wird verantwortlich gemacht für Dysbiosen und Allergien, hier besonders Kreuzallergie mit Soja.

Hydrolysate:

A) Sind pflanzliche (aus Mais, Raps, Soja) (⇒siehe Tabelle 22 „Herstellung von Fleischaroma“) oder tierische *Eiweißstoffe* (zum Beispiel aus Bindegewebe, Tierhäuten oder Blut), die mit Salzsäure aufgespalten, dann mit Natronlauge wieder neutralisiert werden, und mit Temperaturen über 100 Grad und unter Druck in Peptide, also kleinere Eiweißeinheiten, und Aminosäuren gespalten werden. Sie lagern dann Wasser (=Hydro) an und werden als wasserhaltiges, gelatineartiges Bindemittel untergerührt und sind nur schwer von echtem Fleischeiweiß und Zellwasser zu unterscheiden. Auf diese Weise wird Fremdwasser und mehr Gewicht in das Produkt eingebracht. Es muss bei Lebens-, aber nicht bei Futtermitteln gekennzeichnet werden. Hydrolysierte Proteine finden wir in Lebensmitteln als Aromen in Formschinken, Geflügelfleisch, Hühnerfond, Maggi, Fertigwürzen, in Futter als Federmehl, hydrolysierten Lebersorten, Kollagenhydrolysat in Diätfutter für Gelenke, Welpenmilch etc. Die Hydrolysierung entspricht also der Auflösung von Eiweißstrukturen in Salzsäure, ähnlich wie im Magen und der Enzymverdauung der Bauchspeicheldrüse mit Proteasen bzw. Pankreatin, stellt also eine industrielle Vorverdauung dar. Durch diese Hilfe sollen Allergene vom Körper nicht mehr als körperfremd erkannt werden, das heißt, es soll weniger allergieauslösend sein, weil das Immunsystem hydrolysierte Aminosäuren, so wird behauptet, nicht mehr erkennen kann. Deshalb werden sie bei Allergien empfohlen.

B) Auch die Makromoleküle von *Stärke und Zellulose,* also Nicht-Eiweiße, können hydrolysiert und dadurch aufgeschlossen werden und nennen sich dann modifiziert. Durch Säuren kann so aus Sägemehl Traubenzucker gemacht werden. Modifizierte Stärke ist ein mit Hilfe von Säuren, Laugen oder Enzymen chemisch behandeltes Designerprodukt. Es wurde geschaffen, um die Vergewaltigungen einer Fabrik besser zu überstehen als ein Naturprodukt.

C) Mehrfach ungesättigte Fettsäuren, die für einen niedrigen Schmelzpunkt in konventionellen *Fetten* verantwortlich sind, werden durch Hydrogenisierung gehärtet, indem die Doppelbindungen zerstört werden. So wird Öl fest und es entstehen zellschädigende Transfette (⟹siehe dort) beispielsweise in Margarine oder Milchfettzusätzen.

Hormonaktive Substanzen: wirken bereits intrauterin auf den Foetus wie Parabene oder Triclosan in Pflegeprodukten, ferner ⟹siehe Phytoöstrogene, ⟹Aluminium, ⟹Weichmacher, ⟹Plastik. Alle erhöhen das Krebsrisiko, führen zu Allergien, Fettleibigkeit, Verminderung der Spermaqualität.

Ivermectin: Allroundmitel gegen Würmer, Zecken, Räudemilben und Maden in Wunden. Kann oral oder per Injektion verabreicht werden. Nicht an Hunde mit MDR1- Genveränderung! Auch Pferde und Wiederkäuer werden damit entwurmt. Ivermectin ist in deren Hinterlassenschaften 4 bis 8 Tage lang nachweisbar, wo es durch Aufnahme der besonders empfindlichen Collie-artigen Hunde und deren Mischrassen (Collie,Sheltie, austr. Shepherd, Bobtail, Border Collie, Engl. Shepherd, Longhaired Whippet) zu schweren Unverträglichkeitsreaktionen kommen kann. 1g Pferdeapfel enthält 5-7µg des Wirkstoffes. 20g davon können schon tödlich sein. Für Moxidectin gilt Entsprechendes.

Konservierungsmittel: Ethoxyquin (E 324), BHA (Butylhydroxyanisol E 320) und BHT (Butylhydroxytoluol E 321) sind die meist verwendeten. Es handelt sich um chemische Designerstoffe, die nirgendwo in der Natur vorkommen. Außer den synthetischen Selen-, Kupfer- und Ascorbinverbindungen, dient auch Tocopherol ebenfalls zur Haltbarmachung. Auch Salz und Zitronensäure (E 330) werden als billige Konservierungsmittel Würsten zugesetzt, sowie Zucker, immerhin noch am wenigsten toxisch.

Ethoxiquin ist ein von Monsanto vertriebenes Schädlingsbekämpfungsmittel, das Fette konserviert, sich mit ihnen verbindet und so in Milch und Körperfett gelangt. Durch Tierfutter, Kulturfisch und Schweinefleisch sind Krebs und Mißbildungen bei Hunden bestätigt. Hier kann das metabolische Abbauprodukt toxischer sein als das Ursprungsgift.

BHA und BHT sind in EU-Lebensmitteln eigentlich verboten, nicht jedoch in ausländischen Lebensmitteln und auch nicht generell in Tiernahrung, obwohl sie nachgewiesenermaßen Lebervergrößerungen und Schilddrüsenstörungen verursachen, Allergien hervorrufen und Krebs begünstigen können. Bei Futterpackungen unter 10 kg brauchen sie nur pauschal als „EU- Zusatzstoff" ausgewiesen werden.

Ca-Ascorbat wird zur Erhaltung der Fleischfarbe, andere Vitamin-C-Derivate und Tocopherole gegen das Ranzigwerden der Fette eingesetzt.

Zitronensäure, die großtechnisch aus dem GMO-Schimmel-Pilz Aspergillus niger hergestellt wird, wird u.a. gegen Fettoxydation bis über 7000mg/kg dem Futter zugegeben. Auch Essig-, Ameisen-, Milch-, Zitronen-, Salz-, Wein-, Schwefel- und Phosphorsäure dürfen in Futtermitteln als Säuren oder ihren Salzen als Nitrite oder Sulfite mit der Bezeichnung „konserviert mit..." oder eher „Mit Konservierungsstoff" eingesetzt werden, sowie Propionsäure (E 280) als Pilzhemmer. Sulfite, Sorbinsäure (E 200) und Benzoesäure können zu Pseudoallergien mit Haut- und Verdauungsproblemen führen, letztere besonders zu Erbrechen. Katzen reagieren darauf noch empfindlicher als Hunde.

Auch Propylenglycol (⟹siehe dort) hat unter anderem bakterien- und pilzhemmende Wirkung.

Alle genannten Stoffe sind karzinogen und allergienisierend, einige lebertoxisch. Manchmal werden alle diese Stoffe im Trockenfutter auch als Antioxydantien bezeichnet. Bitte nicht verwechseln mit den natürlichen Antioxydantien in Obst und im Stoffwechsel. Manche Bio-Marken lassen sich inzwischen dokumentieren, dass die Zulieferstoffe nicht vorbehandelt wurden.

Laurylsulfat: Wird als entfettendes Tensid zur Maschinensäuberung genutzt, außerdem Shampoos zugesetzt.

Lockstoffe: sind appetitanregende Zusätze, damit das Haustier manch unnatürliches Futter überhaupt annimmt und es möglichst viel davon frisst. Dazu gehören Zuckerstoffe, Glutamat, Aasaromen und Geschmackskorrigentien wie Zitronensäure, sowie synthetische appetitanregende Mittel. Sie müssen nicht deklariert werden. Auch die Hydrolysate (⟹siehe dort) als Eiweiß-Spaltprodukte gehören dazu. Anstatt dass wir hungrige Hunde satt machen, sollen satte Hunde heutzutage hungrig gemacht werden.

Melamin: ist ein großtechnisch hergestellter Stoff, der bei der Harnstoffherstellung anfällt. Er hat drei –NH2 Aminogruppen, weshalb er zum Strecken von Tierfutter verwendet wird, um einen höheren Proteingehalt durch die Weender-Analyse, welche alle stickstoffhaltigen Anteile mißt, vorzutäuschen. 2007 und 2014 gab es deshalb Rückrufaktionen. Melamin führt zu Steinen im Harnwegssystem und zu Nierenversagen. Es wurde auch in Milchpulver und Säuglingsnahrung gefunden. Eigentlich ist es ein Kunstharz für Holzleim.

Nanopartikel: sind kleinste Biomoleküle im Organismus wie Proteine, Enzyme, Viren etc.Nano bedeutet die Größenordnung von Atomen, die ungefähr einen Nanometer gross sind. Ein Nanometer sind 0,000 000 001 Meter, ein Millionstel Millimeter. Bakterienzellwände sind etwa 25 Nanometer dick, ein einzelnes Molekül etwa mehrere Nanometer.

Für medizinische (Impfungen!), kosmetische und andere zweckgebundene Einsätze werden ultrafeine Teilchen, Fasern oder Schichten im Größenbereich von Milliardstel Gramm hergestellt, die durch Nanofiltration durch ein bis zwei Milliardstel Millimeter große Poren gepresst werden.Künstliche Nanopartikel können Viren aktivieren und dringen in Zellwände von Haut, Lunge, Darm und Hirn ein und werden mit abnehmender Größe immer toxischer. Sie finden sich zum Beispiel in Mikroplastik, Feinstaub, Medikamenten, Sonnenschutzcremes, Nahrungsergänzungsmitteln oder der Beschichtung von Lebensmittelrohranlagen, in Keramik, in Kosmetika, in der Micellierung (Einbettung einer Substanz in eine Membran) von Fetttröpfchen, denen man eine höhere Resorptionsquote in Haut und Darm nachsagt. Sie sind kanzerogen- und allergieverdächtig, da Nanopartikel sich mit Proteinen verbinden können, damit Giftwirkung haben und auf Grund ihrer Kleinheit in der Lage sind, bis ins Innere der Zellen einzudringen. Sie sind nicht deklarationspflichtig! Die verwendende Industrie behauptet, dass Nanopartikel auf Grund ihrer Kleinheit gerade keine Toxidität und Allergie bewirken. Oft werden wissenschaftlich-technologische Entdeckungen und Erneuerungen aus ökonomischen Gesichtspunkten durch unkritischen Optimismus uneingeschränkt verbreitet, obwohl eine Unbedenklichkeit in Langzeitversuchen nicht erwiesen ist. Über Nanopartikel in Feinstaub weiß man aber, dass sie chronisch zu Lungenkrankheiten, Verblödung und sogar zum Tod führen können.

Nickel: Kein Mangel von Ni nachgewiesen. Als toxische Verbindung möglich in Pflanzen (besonders Soja und Nüsse), in Tiernahrung, Hühnereiern (bis 3 µg/100g) und Hühnerfleisch. In Halsbändern. Ist hoch allergen und kann zu Nervenentzündungen und Krebs führen.

Nitrosamine: Pökelsalz besteht aus Na-Nitrit (E 250) und Salz. Es entzieht den Zellen und Mikroorganismen Wasser und wird als Konservierungs- und künstliches Rötungsmittel für Fleisch, Käse, die meisten Wurstwaren, Pökelware, Brat- und Grillgut, Speck, Schinken, Salami, Leberkäse, Kassler und Anchovis und eingelegten Fisch verwendet, die dadurch monatelang haltbar werden. Schon lange ist bekannt, dass Na-

Nitrit mit Eiweiß oder Aminen reagiert, die im Lebensmittel oder im Stoffwechsel des Organismus zu Nitrosaminen werden, welche stark krebserregend sind. Grillwurst für Hunde ist deshalb keine gute Idee, auch wenn manche Firmen darin einen Kaufanreiz sehen. Nitrosamine können sich auch durch Zigarettenrauch, nitratbelasteten Salat oder Spinat bilden, bio oder frisch geerntet allerdings weit weniger. Pökelsalz wird allerdings heute immer mehr durch die weniger gesundheitsschädliche Ascorbinsäure ersetzt.

Phenyle: PCB = polychlorierte Biphenyle, (⟹ siehe auch Weichmacher) sind fettlösliche dioxinähnliche, sehr stabile Substanzen, die sich in der Umwelt und im Organismus anreichern. Sie finden sich fast allen Verpackungskunststoffen, die nicht nur selbst gesundheitsschädlich sind, sondern auch noch andere Gifte wie Kupfer und Cadmium verstärken. Sie reichern sich in der Gebärmutter, in der Milch und im Fett an und führen zu Schäden an Leber, Niere, Milz, Magen und Erbgut, sowie zu Verhaltensstörungen, Unfruchtbarkeit, Krebs und Allergien. In Pestiziden, Holzschutzmitteln, Kunststoffen (⟹ siehe Weichmacher), Isoliermaterialien, Plastikverpackungen, -tüten, Lebensmittelfolien. Verschlucken ist hochgradig gefährlich! Gefunden auch in Trinkwasser, Milch, Fischöl, Lebertran, Fischleber, Meeresfischen und -früchten, fettem Käse, Importfleisch. In der Nahrungskette: Muscheln weisen 5-11mg/kg, Fische bis zu 37mg/kg und Meeressäuger (Wal, Robben) 160mg/kg im Fett auf.

Phosphate: E 339 bis 343 sind Salze der Phosphorsäure. Künstlicher Zusatzstoff als Natriumphosphat, Kaliumphosphat, Diphosphat, Polyphosphat. Sie sind Säuerungsmittel und Stabilisatoren in Milch und Milchpulver, sowie für den Erhalt der erwünschten Zustandsform bei Fisch oder Würsten für Mensch und Tier. Sie erleichtern den Zusatz von Fremdwasser bis zu 25 %, erhöhen das Verkaufsgewicht und vermindern die Wasserbildung beim Auftauen. Phosphate bringen das Säure-Basen-Gleichgewicht des aufnehmenden Organismus durcheinander und können die Nieren schädigen. Sie verlängern die Lebensdauer des Produktes, nicht aber die des Verzehrenden.

Propylenglykol (PG, PPGoder **PEG)** ist ein wasserlöslicher, hygroskopischer hydrierter Alkohol und wird trotz EU Gefahrenkennzeichnung als gesundheitsschädlich vor allem halbfeuchten Alleinfuttern zugesetzt, auch Lebensmitteln mit Bezeichnung E 1520. Polypropylen- oder Äthylenglykol dienen in der Nahrungsindustrie als synthetischer Klebstoff für Formfleisch, als Weichmacher, Entschäumer, Schmier-, Lösungs-, Konservierungs- und Feuchthaltemittel und haben einen neutralen bis süßlichen Geschmack. Sie werden auch in Gefrierschutzflüssigkeiten, Kleb- und Reinigungsstoffen, in der Pharmazie und in Kosmetika eingesetzt, sowie in Verpackungsfolien. Im Tierversuch mit Hunden soll vierwöchige Zufütterung keine Schäden provoziert haben. Man bedenke aber, dass Alleinfutter lebenslang gegeben werden können. Beim Menschen liegen überhaupt keine Langzeitergebnisse vor! Es werden aber Schäden an Haut, Leber und Nieren vermutet.

Quecksilber: Hg ist einflüchtiges, fettlösliches, sehr giftiges Schwermetall und eins der schlimmsten Umweltgifte. Besonders in See-Raubfischen als am Ende der Nahrungskette stehend wie Thun, Hai, Heilbutt, Marlin, Schwertfisch, Aal, ansonsten in Hasennieren, Hasenleber, in Impfungen (!), gefunden auch in asiatischen und ayurvedischen Kräutern und blauen Lederartikeln. Es behindert die ATP-Synthese des Energiestoffwechsels und wird im Gehirn gespeichert. Da das Gehirn kein Entgiftungsorgan ist, kommt es da nur schwer wieder heraus und führt zu Nervenschäden, Kraftlosigkeit und Autoimmunkrankheiten. Zudem ist es auch noch schwer nachzuweisen, da Haare, Blut und Urin giftfrei sein können. Selen kann Hg binden und die gesundheitsschädliche Wirkung mindern. Versuch mit Chlorella empfohlen.

Säureblocker: werden gegen zu viel Magensäure verordnet. Es ist aber zu beachten, dass sie für die Eiweißverdauung und die Keimabtötung unbedingt vonnöten ist. Durch biologischen Regelkreis können die Magendrüsen danach noch mehr Säure produzieren, weil sie den pH-Wert wieder einpendeln wollen. Säureblocker haben viele Nebenwirkungen: Aluminium (⟹ siehe dort), Behinderung der Magnesium-, Kalzium- und Vitamin B1 Aufnahme, Nieren, Immunsystem- und Knochen schädigend, Darmflora verändernd.

Basenpulver sind weniger schädlich und neutralisieren einfach die Magensäure. Sie können aber bei Langzeit-Verabreichung Mängel an Eisen, Kalzium und Phosphor hervorrufen.

Säureregulatoren: Ammoniumchlorid und Schwefelsäure dürfen undeklariert ins Hundefutter, auch Salzsäure, quasi als künstliche Vorverdauung. Vielleicht kommt daher auch der Säureüberschuss im Magen vieler Hunde. Kalziumkarbonat ist ein Säureregulator, aber weit weniger schädlich. Alle beeinflussen den Harn pH.

Schutzgas: Eine nette Bezeichnung für konservierende Gasmischungen aus Stickstoff (E941), Argon (E 938), Helium (E939), Kohlendioxid (E 290), Sauerstoff (E 948), Wasserstoff (E 949), Kohlenmonoxid oder Smart Fresh® zur Schädlingsbekämpfung, zum Farberhalt und zur Verminderung der Keimvermehrung als Schutz vor Verderb. Der normale 20%ige Sauerstoff der Luft wird vor dem luftdichten Verschließen der Verpackung vollständig durch Stickstoff ersetzt. Stickstoff befindet sich zu 80 % in normaler Luft. Durch Eleminierung von Sauerstoff ist der Inhalt vor Oxidation und somit vor Verderbnis geschützt.

Diese Gase müssen teilweise nicht deklariert werden. Die Ware erscheint frisch, ist es aber nicht.Frische als legal vorgetäuschte, nicht nachweisbare Illusion!

Titan: Ti ist ein toxisches Leichtmetall, weißer Lebensmittelfarbstoff als E 171, in weiß dragierten Pillen, Sonnencremes, Wandfarbe, Kosmetik. Titandioxid (TiO2 = E171) wird im Ozean als Gift verklappt, aber als Umhüllung für Dragees verwendet und unter umweltschädlichen Methoden aus Sand hergestellt. Auch ein Grund, keine Vitamindragees zu verwenden. Titan hat keinerlei biologische Aufgabe im Organismus und macht das Positive, das Vitamin- oder Ergänzungsmittel enthalten sollen, wieder zunichte. Es soll darm-, erbgut- und zellschädigend wirken, besonders wenn als Nanopartikel eingesetzt und dann ein potenter Krebsauslöser sein. Es geht ins Gehirn und ist schwierig bis unmöglich auszuscheiden. Vorsicht auch mit Sonnenschutzcremes auf Nasen und andere Körperteile bei weißhaarigen Hunden, die das dann ablecken! Frankreich hat es schon verboten.

Wachstumsbeschleuniger: sind meist illegal verabreichte Hormone an Fleisch oder Milch gebende Tiere. In ausländischen Trockenfuttern und Milch gefunden. Im Fleisch in Deutschland hat man Östrogene und Testosterone gefunden. Beanstandete Hormontiere werden geschlachtet und als Futtermittel verkauft.

Wasserbindungsstoffe: in Futter eingesetzt als Verdickungs- und Geliermittel, um das Gewicht durch Wasserzusatz und auch die Maschinengängigkeit zu erhöhen: Propylenglykol, Glycin, Glycerin, Hydrolysate (⟹ siehe jeweils dort), Maissirup, Zucker und Guarkernmehl. (⟹ siehe jeweils dort). Vor allem in Dosen- und Halbfeuchtfuttersorten ohne gesetzmäßige Mengenbegrenzung erlaubt. Alle haben Einfluss auf eine weichere Kotkonsistenz.

Weichmacher:

Die meisten Weichmacher werden über Plastikfolien, Schraubdeckel, Konservendosen und Gefrierbehälter oder Pelle von Hundewurst auf Fleischerzeugnisse übertragen.80 % aller Waren kommen mit Plastik in Kontakt.Sogar Pflanzen nehmen sie aus dem Boden auf.Weichmacher werden für Leberschäden, Adipositas, Diabetes, Krebs, Allergien und sexuelle Frühreife verantwortlich gemacht.

1. Phtalate: sind fettlöslich und wandern besonders bei hoher Temperatur (Sonne, Spülmaschine etc.) und langer Lagerung in den Inhalt von allen PET-Flaschen, Wasserflaschen, PET-Schalen (Frischfleisch), Hartschalen mit Foliendeckel, Einwickelfolien und allem Weichplastik. Wird in Olivenöl, Bodenbelägen, Schuhen, Überzügen und Schaumstoff von Tierbetten, magenresistenten Arzneimitteln und sogar in Naturheilmitteln gefunden! Auch bei Bioware diffundieren die hormonwirksamen und karzerogenen Chemikalien in den folienumhüllten Inhalt, besonders bei fetthaltigem, und von dort in Leber, Niere, Geschlechtsorgane und Haut, wo sie entsprechende Schäden setzen. Man sollte deshalb die Kontaktfläche und die Kontaktdauer so gering wie möglich halten durch schnellen Verbrauch oder Umpacken in Pergamentpapier, biologisch abbaubares Zellophan, Zellulosebeutel, Butterbrotpapier, Glas-, Emaille-, Steingut-, Porzellan-, Bambus- oder Stahlbehälter und frisch am Stück kaufen. Es gibt neuerdings FSC zertifizierte Pappe, die klimaneutral,biologisch abbaubar und mineralölfrei sein soll, anstatt Barf in Plastiktüten.

Anfangsbarf

2.Bisphenol A = BPA (⟹ siehe auch Phenyle). In Hausstaub, Plastikspielzeug, Wabbeltieren, Tüten, PET-Wasserflaschen, Futternäpfen, Wasserschüsseln, Einwickelfolien, Einfrierdosen, Tetrapacks, Joghurtbechern, in Inhalten von fast allen Fischdosen, Plastiktuben, Zahnbürsten, Innenbeschichtung von Dosenfutter, generell in allen Kunststoffschichten in Konserven, Dichtungsringen von Glaskonservendeckeln, Plastikschläuchen bei der Industrieabfüllung, in Wasser von Plastikwasserkochern. Je weicher das Plastik, desto mehr polycyclische Bisphenole und Phtalate enthält es. Sie gehen auf das Lebens- oder Futtermittel über, zum Beispiel in Weich-PVC-Folie verpacktem Fleisch, Käse oder Hundewurst, auch in Bioprodukten. Sie sind im Blut nachweisbar und wirken bereits in kleinsten Dosen hormonell und damit begünstigend auf Eierstockszysten, Mammatumoren, alle Krebsarten der Geschlechtsorgane, männliche Unfruchtbarkeit und Reproduktionsschäden (zu hohes Geburtsgewicht, gestörte Gehirnentwicklung). Außerdem begünstigen sie Diabetes, Hyperaktivität, Allergien und krankhaftes Übergewicht durch erhöhte Fetteinlagerung.

Deshalb sollten Küchenbretter, Näpfe, Gefrierdosen und –tüten aus Plastik wenn möglich vermieden werden. Sie sind mit diesen hormonaktiven Weichmachern und Flammschutzmitteln ausgerüstet. Nebenbei haften schlechte Gerüche, Keime und chemische Schadstoffe auf ihren Flächen besonders gut.Holzbretter sind gemäß wissenschaftlicher Untersuchungen hygienischer, da sie schneller trocknen und der Holzabrieb nicht schadet. Glasbretter sind am hygienischsten, machen aber die Messer stumpf.

Je weicher das Plastik ist, wie bei Gefriertüten und verschweißter Kühlware, desto mehr Weichmacher enthält es, die auf die Nahrung übergehen.Hartplastik ist zwar besser, aber auch nicht nachhaltig. Es gast mit der Zeit aus und wird brüchig und spröde und hat somit eine zu kurze Verwendungszeit. Mein ach so nett dekorierter Hundenapf, auf den ich reingefallen war, hielt nur einige Wochen und zerbrach einfach so in meiner Hand. Insbesondere hohe Temperaturen, UV-Licht, lange Lagerzeit, Säuren und Fette begünstigen die Diffusion der Schadstoffe. Sogenanntes Bioplastik hat sich allgemein noch nicht bewährt. Es basiert auch auf 70 % Rohöl, enthält zuweilen Polyäthylen, ist schlecht recyclebar und baut sich viel zu langsam ab. Auch aus ökologischen Gründen sollte man jegliches Plastik weitestgehend vermeiden, denn Plastik braucht minimal hundert Jahre bis zu seiner vollständigen Zersetzung, schwimmt inzwischen in riesigen Inseln verteilt in 150 Millionen Tonnen (!) im Ozean und alle Meereslebewesen, Seevögel und wir selbst essen es in allen Meeresfrüchten bereits mit. Besonders viel BPA weisen Aale auf.

3. Propylenglykol. (⟹siehe dort) Weichmacher in Lebens- und Futtermitteln, besonders halbfeuchten.

4. Glycerin (⟹siehe dort)

5. Glycin (⟹siehe dort).

Was hilft bei welcher Krankheit?

Diätetische und phytotherapeutische Beeinflussung von Krankheiten bzw. Symptomen von A bis Z:

Es gibt weder in der Schulmedizin, noch in begleitenden oder alternativen Medizinrichtungen Wundermittel, noch wird es sie je geben. Eigenes Wissen und Geduld sind immer vonnöten. Bevor der Tierarzt eingeschaltet wird, kann man aber jede Menge selber tun: Änderung von Ernährung, Bewegungsmenge und –art, sozialen Beziehungen, Frischluft. Erst danach ist im Allgemeinen die Einschaltung eines Spezialisten notwendig. Einerseits kann nicht alles durch Selbstmedikation bewerkstelligt werden, andererseits ist auch den sogenannten oder wirklichen Experten gegenüber eine gesunde Fragebereitschaft nicht verkehrt. Heilungswege sollen nicht zu neuen Krankheitsursachen führen. Symptome sind immer Lösungsversuche des Organismus.

Grundsätzlich können alle Diäten und Phytotherapien zusätzlich mit Homöopathie, Schüssler Salzen, Bachblüten, Physiotherapie, Hydrotherapie und anderen alternativen Therapien kombiniert werden. Moderne naturheilkundliche Methoden sind inzwischen fast alle wissenschaftlich fundiert.(⟹siehe Tabelle 2 Schulmedizin) Sie sind die einzige Antwort auf die steigende Zahl chronischer Krankheiten. Homöopathie jedoch ist wirkungslos mit gleichzeitigen schulmedizinischen Medikamenten wie Cortison, Psychopharmaka, Antibiotika, Zytostatika. Einige organaffine Homöopathika sind angegeben, es müssen aber Typ- und Umstimmungsmittel berücksichtigt werden, auf die hier nicht eingegangen werden kann. Diätetik kann immer jede Therapie unterstützen, denn Ernährung ist ein obligatorischer täglicher Umwelteinfluss. Bedarfsgerechte Nahrung wirkt präventiv und unterstützt die individuelle Selbstheilung, welche den Normalzustand darstellt. Sie sollte auch die erste Wahl der Therapie sein, dann ist der Entgiftungsweg kürzer. Jedoch braucht es mehr Zeit und Geduld für die alternativen Einsätze, eine Tugend, die der moderne Hundehalter heute auch für sich selbst meist nicht mehr genügend schätzt. Die beste und gut zusammengestellte Diät nützt nichts, wenn Einsicht und Durchhaltewillen des Tierbesitzers fehlen. Manchmal machen einem auch besonders Katzen und alte Tiere einen Strich durch die Rechnung durch mangelnde Akzeptanz. Diäten sollten immer schriftlich übergeben werden, wenn möglich mit einigen Alternativvorschlägen.

Selbstverständlich gibt es auch hochakute Krankheiten, die sofortigen schulmedizinischen Einsatz erfordern wie allergischen Schock, Parvovirose, Frakturen etc. und Krankheiten, die durch Diät kaum beeinflussbar sind. Sie sollen hier nicht thematisiert werden. Oft kann jedoch auch hierbei durch bedarfsgerechte Nahrung der Medikamenteneinsatz verringert oder die Heilung beschleunigt werden.

Grundsätzlich gilt für alle genannten Komponenten die Roh-Fütterung, wenn nicht extra angegeben. Selbstverständlich ist auch immer das Pürieren von Pflanzen, da dadurch die Bioverfügbarkeit um ein Vielfaches erhöht wird. Die Diagnose der angegebenen Krankheiten wird vorausgesetzt, Symptome, mit S: gekennzeichnet, sind meist nicht aufgeführt und würden Umfang des Buches sprengen. Schulmedizinische oder Bewegungsanleitungen sind im Allgemeinen nicht aufgeführt. Diätetische Maßnahmen lassen sich aber fast immer mit allen weiteren Therapien problemlos kombinieren.

Die Angaben sind in der Reihenfolge der größten Wirksamkeit benannt, zuerst die dem Fleischfresser angemessenen tierischen Komponenten, dann die pflanzlichen und zum Schluss die Kohlenhydratträger. Sie können kurweise eingesetzt und dann mit anderen angegebenen gewechselt werden. Es ist nicht gemeint, dass beispielsweise alle wirksamen Kräuter auf einmal gegeben werden. Bei einigen Krankheiten ist nach der Vorgehensweise der Ursachenfindung zu verfahren: Ä: steht für Ätiologie, also mögliche Ursachen, D: steht für die Art der Diagnose, Th: für Therapie oder Diät, DD: für Differentialdiagnose, also mit welcher Krankheit es leicht zu einer Verwechslung kommen kann.

Allergien: Diesen Begriff gibt es erst seit 1906. Allergien sind eine Lebensstilkrankheit, den schädlichen Einflüssen der Zivilisation geschuldet. Sie sind auf eine Überlastung des Immunsystems durch Kaiserschnitt und künstliche Aufzucht, unnatürliches Futter, zu viel Entwurmungen, Impfungen oder übertriebene Hygiene zurückzuführen. Sie sind so gut wie immer mit einer Dysbiose der Darmflora verbunden, die vordringlich wieder eingestellt werden muss (⟹siehe Darmsanierung). Allergien wirken sich auf Magen, Darm, Haut, und als zerebrale Allergien auf Gehirn und Verhalten aus, meist in Form von Hyperaktivität. Martin (siehe ⟹Literatur) schreibt: „Die meisten Therapeuten sind mit dem Phänomen der zerebralen Allergien nicht vertraut. Falsche Diagnosen mit ebenso falschen Medikamenten sind an der Tagesordnung." Nicht aufbereitetes Wasser und Kontakt mit Erde können u.a. vor Allergien schützen.

Die hauptsächlichen Futtermittelallergien bestehen auf Gluten und Kasein, den Eiweißstoffen von glutenhaltigen Getreidesorten bzw. Milchprodukten. Beides sind keine natürlichen Nahrungsmittel für Carnivoren. Wenn keine allergische Neigung besteht, ist gegen ein paar Käsereste aber nichts einzuwenden oder Lebendjoghurt für die Darmflora. Alle Gluten haltigen Getreide sind bei Sensibilität zu meiden. (⟹ siehe Kohlenhydratträger 1C) Irish Setter reagieren hier besonders empfindlich auf Weizen, welches eine Zöliakie-ähnliche Darmzottenathrophie bei ihnen hervorrufen kann. Es bestehen aber auch Allergien auf Soja, Mais, Leinöl. Allergien bei Fleisch entstehen durch Antibiotika und andere Dopingmittel der Schlachttiere, außerdem durch die Denaturierung des Eiweißes durch Erhitzung. Dann sollte man auf Roh, das manches Mal durchaus vertragen wird, andere Fleischsorten und/oder Bio und auf jeden Fall Monoprotein-Rezepturen umsteigen.

Bei vermuteter Intoleranz oder nachgewiesener Allergie sollten die entsprechenden Futtermittel gänzlich weggelassen werden und zwar lebenslang. Vorsicht bei Sensifutter: Etikett genau lesen. Oft ist beispielsweise die ausgewiesene ausgefallene Fleischsorte wie Känguru, Springbock oder Kamel mit anderen preiswerteren Fleischsorten gemischt. Bei Allergien ist es nämlich besonders wichtig, dass wir in unserer Menümischung von allen Komponenten *nur einen Träger* geben. Aufgepasst auch bei sogenanntem fertigen Single-Protein-Angeboten: Da wird dann Geflügel oder Wild ausgepriesen, es ist dann aber eine Mischung aus Kaninchen, Hirsch und Wildschwein. Aus ökologischen Gründen ist es m.E. nicht zu verantworten, exotische ausgefallene Proteinträger quer über den ganzen Globus zu schaffen, um ausgefallene Fleischteile aus Afrika, Neuseeland, Nordamerika oder Elch und Rentier aus Schweden einzuführen, nur weil wir hier so überzüchtete, dekadente Hunde haben und (zu?) reiche Hundehalter. Wie wäre es mit Meerschweinchen oder Lamafleisch aus Peru? Kamelfleisch aus Arabien gibt's ja schon. Als ob es keine Lämmer auf friesischen Deichen gäbe! Unsere im eigenen Lande abgelehnten Fleischsorten werden nach China exportiert und als Trockenfleisch verarbeitet nach Europa reimportiert. Wir importieren dafür schwedische Hühnchen. Welch ein Irrsinn! Von Shanghai nach Hamburg sind es fast 21 Tausend km Schiffsweg in 4 Wochen! Es ist der Wahnsinn des globalen Geschäfts! Und Hundefutter einfliegen lassen ist nun wirklich nicht nachhaltig zu nennen. Muss unser Futter wirklich um den halben Globus fliegen, um hier unsere Katzen und Hunde satt zu machen? Reine Monoproteinmenüs sind völlig ausreichend. Ihr Verkauf wird allerdings gesetzlich nicht unterstützt, da sie mit 19 anstatt 7 % höher besteuert werden als Verarbeitetes mit Zusätzen. Der Preis- und Verkaufsvorteil zwingt deshalb Fremdartiges in viele Produkt rein, sei es Kalziumcarbonat anstatt Knochen vom gleichen Tier oder unnatürliche Praemixmischungen. Kriminelle Machenschaften und Fälschungen werden schon bei Lebensmitteln durch verschiedene Zuständigkeitsbereiche kaum geprüft und geahndet, viel weniger noch bei Futtermitteln.

Gemäß Beobachtung, Ernährungs- bzw. Allergietagebuch und/oder tiermedizinischen und (immer zwei) Untersuchungen in verschiedenen Laboratorien gehe man zur Austestung von Allergenen folgendermaßen vor: 1. Eliminationsdiät, 2. Provokationsdiät, 3. Rotationsdiät. Ich verweise auf mein Buch „Allergien beim Hund". (⟹ siehe Literatur)

Viele Allergieauslöser wirken erst allergen, wie zum Beispiel Nickel als Kontaktallergen, wenn es sich chemisch mit Protein verbunden hat. Kleinmolekulare Substanzen wie H2O, oder NaCl lösen normalerweise keine Allergien aus, die modernen Nanopartikel werden aber verdächtigt.

Gegen die Protein- und Kohlenhydratträger bestehen am häufigsten, gegen Vitaminträger wie Obst, Gemüse, Kräuter bestehen nur selten Allergien. Allergie ist am ehesten mit Defiziten an Zink, Selen und ungesättigten tierischen Fettsäuren verbunden.

Bei Katzen hat sich die Verfütterung ganzer Kleinnager am meisten bewährt, bei Hunden Insekten als Proteinquelle. (⟹siehe Tabelle 23 „Warum Wölfe keine Allergien haben")

Anämie: Wichtige Stoffe für den Blutaufbau sind Vitamin B 12, Kobalt und Eisen. (⟹siehe jeweils dort) Organisches gebundenes und deshalb leicht resorbierbares Fe

Passiflora = Marakujablüte und –blätter

finden wir am besten im Blut. Da durch den Schlachtvorgang die Ausblutung erfolgt, hat unser normales Fleisch fast keines mehr.

Empfohlen: Es gibt nicht geronnenes Blut von Rind, Hirsch oder Kaninchen gefroren im Portionsbeutel zu kaufen. Leber, Milz

Analdrüsen: Analdrüsenentzündungen können durch chronisch zu weichen Kot entstehen, da sie sich normalweise mit dem Stuhlabsatz entleeren. Bei schon vorhandenen Entzündungen wie Schlittenfahren, Leckekzem über der Schwanzwurzel, verhaltenem Kotabsatz durch Schmerz ist unbedingt der Besuch des Tierarztes anzuraten, der die Analdrüsen entleert, evtl. spült. Danach ist eine Kost mit mehr Unverdaulichem empfehlenswert, welche den Kot in die richtige, etwas geformtere Konsistenz bringt. Schmerzhafte Analfissuren können auch durch scharfe Knochensplitter entstehen.

Empfohlen: Mehr pflanzliche und tierische Ballaststoffe (⟹siehe dort) und (unbedingt rohe, knorpelige) Knochen.

Angstsymptom: Es gibt Kräutermischungen mit Baldrian, Hopfen, Melisse, Johanniskraut und Passionsblumenkraut, und neuerdings auch CannaPet Hanföl, welches man zum Beispiel vor Sylvester, Autofahrten oder Gewitter verabreichen kann. Angst kann aber auch genetisch durch Rassen bedingt sein, die nie auf Nervenfestigkeit selektiert wurden. Außerdem spielt auch der Einfluss einer gesunden Darmflora eine große Rolle. Defizite an Mg, Ca oder/und Vitamin B1 in der Fütterung wurden als Ursache für Stress- und Geräuschempfindlichkeit bewiesen.

Appetitmangel:

Normal: kein Eingreifen notwendig:

Freiwilliges Fasten bei heißem Wetter, Stress, Überforderung, Läufigkeit, Überdruss durch mangelnde Abwechslung des Futters. (TH: in diesem Falle wechseln)

Pathologisch:

Mit Durchfall, bei zehrenden Krankheiten, mangelnder Verdauungsleistung. Bei chronischem Appetitmangel und Gewichtsabnahme ist ein Behandler/in zu Rate zu ziehen.

Empfohlen: Man kann zuerst mit leicht gewärmtem Lieblingsfutter, Zugabe von Bierhefe, Fleisch- oder Lebermehl, frischen Leberstückchen oder etwas Fischöl versuchen, den Appetit anzuregen. Manche Tiere reagieren auch gut auf Handfütterung.

Zum Anregen des Appetits bei Magerkeit (⟹ siehe dort): Anregende Pflanzen sind solche mit Bitterstoffen: Luzernegrün, Löwenzahn, Chicoree, Kurkuma, Ingwer, frische Brennnessel, Mariendistel (als Tee). Vitamin B Komplex

Arthrose: Man koche gespaltene Schweine- oder Rinderfüße mit Mark, es gehen auch notfalls Suppenknochen mit Sehnen oder frische gesäuberte Schweineohren, mindestens 2 Stunden mit Anhangsfetten. Nach Abkühlung entsteht eine gallertige Brühe. Das Fett wird abgeschöpft und anderweitig unters Futter gemischt. Die Gallerte ersetzt teure Präparate und enthält leicht verdauliche Proteine, gebundenes Wasser mit wertvollen Schleimstoffen und Glycosaminglycan für die Gelenke, wovon man dem arthrosekranken oder bewegungssteifen Vierbeiner täglich eine Kelle in sein Komponentenfutter rühren sollte. Dieselben Inhaltsstoffe wie in teurem, umstrittenen neuseeländischem Muschelextrakt oder Muschelfleischpulver sind ebenfalls in Knorpel, Kehlkopf, Schlund und Pansenmix enthalten. Spezielle teure Ergänzungsmittel enthalten Chondroitinsulfat, Glucosaminsulfat, die Stoffe, aus denen der Knorpel ist, und hochkonzentrierte Glykosaminglykane (GAGs), eine Eiweiß-Zucker-Verbindung. In Studien wurde durch Glukosamin und Chondroitin in Grünlippmuscheln keine Heilung nachgewiesen. Wertgebende Diätzusätze sind selbst im Arthrose-Diätfuttern oft nur unter der 1 % Marge enthalten, zum Beispiel das genannte Glucosamin, das auch als Hydrolysat aus Krustentieren hergestellt wird, gerade mal 0,02-0,15 %, von Chondroitinsulfat sogar nur 0,009- 0,01%. Manchmal ist noch schmerzstillende Weidenrinde zugesetzt.

Bei allen Präparaten ist der Effekt erst nach Wochen spürbar, Wunder sind nicht zu erwarten, denn Arthrose ist nicht heilbar. Nur Schmerzen und das Fortschreiten des Abbauprozesses können unterbrochen werden.Selbst die Schulmedizin hat den Stein des Weisen hier noch nicht gefunden.

Empfohlen: Wärme, Massagen. Übergewicht abbauen, Bewegung ohne Überanstrengung (Schwimmen), ggf. Aquaphysiotherapie. Kraftbrühe, siehe oben, Basenfütterung (⟹siehe Tabelle 7 „Säuren-Basen“), fetten Fisch 2x/wo, entzündungshemmende Sekundärstoffe (⟹siehe dort) wie auch Fischöl, Krillöl, Lachsöl, Vitamin E Präparat

E-Mulsin. Enzympräparate (Bromelain) können sehr wirksam sein. Aminosäuren Prolin und Lysin (⟹siehe dort). MSM und Methionin (⟹siehe dort) sollen den Knorpel festigen. Außer Glucosamin wirken Silizium und Zink entzündungshemmend (⟹siehe dort). Es gibt fertige Spirulina-Präparate für Hund und Katze, die die Gelenke stabilisieren sollen.

Frische Brennnessel, auch getrocknet (100g ca. 1 €), als Pulver, Saft oder Tee. Frisch püriert oder aufgebrüht brennt sie nicht mehr. Frische Curcuma, wenig pürierte Beinwell- oder Korianderblätter, Kohl bes. Brokkoli, Senföle in Rucula oder Kresse, Hagebutte (am besten frisch, notfalls getrocknet bzw. als Pulver), Ananas, Papaya, Moringa, Ackerschachtelhalm, Teufelskralle, Gingko, Braunalgen. Shiitake, Maitake Pilz, Heilerde. Hirse

Akut: Arnica, Symphetum, Rhus toxicodendron, Bryonia, evtl. Lycopodium

Chronisch: Rhus tox.D12, Na-muriaticum D12. Schwimmen

Meiden: Übergewicht. Säurelastige Komponenten (⟹siehe Tabelle 7 „Säuren-Basen"), zu viele Kohlenhydrate.

Antiphlogistika und Cortisone sind Kaliumräuber und können zu Azidose und Gewebeaufschwemmung führen. Auch Schmerzmittel führen zu Nebenwirkungen (Hemmung des schützenden Magenschleims) und weiterer Übersäuerung.

Autoimmunerkrankungen: Es liegen Störungen des Immunsystems zugrunde. Auslöser können Umweltgifte, Medikamente oder Impfungen sein. Bei einer Autoimmunerkrankung greift das Abwehrsystem eigene gesunde Körperzellen an anstatt kranke Zellen oder eindringende Erreger.Bei bestimmten Rassen kann eine genetische Prädisposition vorliegen wie bei Collies und deren Mixe. Es sind hauptsächlich Knochen und Gelenke, sowie Haut von Entzündungen betroffen. Autoimmunkrankheiten sind chronisch, symptomtherapeutisch zu lindern, nicht heilbar und nicht ansteckend.

Bauchspeicheldrüsenprobleme:

Probleme des Pankreas, EPI = Exokrine Pankreasinsuffizienzen, sind immer häufiger geworden, seitdem wir seit einem guten halben Jahrhundert fast nur noch Generationen von Hunden mit industriell vorverdauter Fertignahrung bedient haben.

Der Pankreas ist die alkalischste Station des Verdauungsweges, die die starke Säure des Magens samt metabolisch saurem Futter durch Bicarbonate neutralisieren muss. Funktioniert die Sekretion hier nicht richtig, stimmt der Rest der Darmverdauung auch nicht, da der optimale pH Wert für die Aktivierung der Enzyme nicht erreicht wird. Es kommt zu Resorptionsstörungen. Mangelnde Verdauung ist der Vorbereiter für Allergien (⟹siehe mein Buch „Allergien bei Hunden") und Koprophagie.

Es fängt oft mit einer Entzündung an durch teils Unterforderung (industrielle Vorverdauung), teils Überforderung (zu viele Kohlenhydrate und Zusätze, Enzymmangel im toten Futter), die sich in Zunahme des Appetits und des Kotvolumens sowie gleichzeitiger Gewichtsabnahme äußern.

Empfohlen: Enzymreiche Kost (⟹siehe Enzymträger 2b). Rohkost hat per se mehr aktive Enzyme und ist schneller verdaulich als Kochkost. Die Hunde lehnen im akuten Fall Fett ab, weil ihre Lipasen nicht mehr ausreichend gebildet werden und haben voluminösen, gelben Stuhl, worin das unverdaute Fett nachweisbar ist. Antibiotisch wirksame Pflanzen sollte man als heilsame Sekundär-Träger-Komponenten geben (⟹siehe Antibiotika) Viele Hunde genesen durch Barfen, sofern der Pankreas noch nicht völlig erschöpft ist.

Man kann eine Unterfunktion des Pankreas durch enzymreiche Kost (⟹siehe Enzyme 2b) entlasten. Im fortgeschrittenen Stadium werden kurweise Pankreatin, Trypsin und Magen-Verdauungs-Enzyme zur Eiweißverdauung übers Futter gegeben, aber bitte mit Absprache des Therapeuten. Solange hinzufügen bis der Hund sich erholt hat oder zunimmt, dann unbedingt langsam ausschleichen, um die Drüse wieder zur Selbstsynthese anzuregen, denn sonst stellt sie ihre noch vorhandene Restfunktion vollends ein. Das hat dann lebenslange Medikation zur Folge. Man kann noch zusätzlich auf Wobenzym (Mugos), Bromelain (preiswerter) oder Papayaenzyme zur Entzündungsbekämpfung und als Ersatzpräparat übergehen, welche verdauen helfen, aber nicht in den direkten Rückkopplungskreislauf des Pankreas eingreifen. Alles Rohe ist enzymreich und erfordert vom Körper weniger Verdauungsarbeit, weil Fleisch und Pflanzen im Rohzustand ihre eigenen Enzyme zur „verdauenden" Zerlegung bereits in sich tragen, welches zum Beispiel angegangenes Fleisch zarter und alkalischer macht. Leider werden viele Hunde fälschlicherweise dauerhaft mit reinen Pankreasenzymen behandelt, so dass in vielen Fällen die letzten eigenen, noch vorhandenen Reserven nicht mehr aktiviert werden und der Organismus sich nun an Zuführung von außen gewöhnt, da ja kein Stimulus mehr für die eigene Aktivierung vorliegt und auf diese Weise viele Hunde zu Dauerpatienten gemacht werden.

Empfohlen: wertvolle Proteine (mageres Rind); enzymreiches bevorzugen (⟹siehe Enzyme 2b): Besonders frischer (notfalls gefrosteter) Pankreas vom Rind oder Darm mit Anhang und Drüsen, grüner Pansen oder Blättermagen, Labmagen, Herz, Hühnermägen, Quark, Hüttenkäse, rohes Eigelb oder gekochtes Ei. Nur wenig aber gutes Fett geben z.B. Fischöl, Lachsöl. Lebendige Bakterien, die ebenfalls verdauen helfen. (⟹siehe Probiotika 2b) Papaya. Vitamin B 12-Träger (⟹siehe dort) und Folsäureträger (⟹siehe dort) wegen Malabsorption. Auf genügend Kalziumzufuhr achten! Wenn Pulverenzyme nötig sind, dann mit Hilfe des Behandlers in mindestens drei Mahlzeiten täglich.

Meiden: nur wenig Ballaststoffe, vielleicht etwas Reis oder Kartoffelbrei, keine Milchprodukte, Trockenfleisch, fettes Fleisch, Wurst.

Beinbruch: Natürlich kann ich eine Fraktur nicht rein diätetisch dazu bringen, in der richtigen Position wieder anzuwachsen. Da muss schon der Tierarzt ran! Aber ich kann die Knochenbildung und somit die schnellere Heilung unterstützen, indem ich auf ausreichende Kalziumzufuhr (⟹ siehe dort) achte. Aber Vorsicht: Bewegungseingeschränkte Tiere neigen schneller zu Verstopfung.

Papaya

Blähungen: Übermäßige Darmgase entstehen immer durch Verschiebung der Darmflora, wobei Methan, Mercaptane und Schwefelwasserstoffe als unangenehme Gerüche entsteigen. Futter ist als Ursache kritisch zu hinterfragen.

Empfohlen: Samen von Anis, Fenchel oder Kümmel als Tee oder fein gemahlen und eingeweicht, auch vorsichtig dosiert als Öl, Minze oder Salbei frisch, notfalls als Tee, Kamillenblüten allein oder als Tee im Futter. Bei chronischen Blähungen Futter überprüfen und langfristig umstellen. Langsame Spaziergänge

Meiden: Zu viel Kollagenlastiges, Kohlenhydrate, Trockenfutter, Kohl, Milch, Hülsenfrüchte, Soja. Keine Bierhefe zusammen mit Kohlenhydraten!

Blutverlust: Vor allem rohe Leber und Milz zum Blutaufbau und zur Stärkung, außerdem alle eisenhaltigen Komponenten (⟹ siehe Eisen)

Diabetes: Diät unbedingt nötig, egal ob mit oder ohne Tabletten oder Insulininjektionen. Oft hilft sie auch allein.

Empfohlen: Abspeckkost bei Übergewicht, Aufbaukost bei Magerkeit. Fasten

(⟹siehe dort) kann bei Übergewicht heilen. Chrom-, zink- und ballaststoff- (⟹ siehe jeweils dort), energie- und eiweißreich, wertvolles fettreiches (Fischöl) (⟹siehe Fettträger) in mehreren kleinen Mahlzeiten, besonders vor Bewegung. Mageres Geflügel- und Lammfleisch, Fisch, Eier, Hüttenkäse, Quark, Sauermilchprodukte. Rohkost hat generell einen niedrigeren glykämischen Index, das heißt sie verbraucht weniger Insulin als Kochkost. Gemüse uneingeschränkt: Brokkoli, Luzerne, Kohl, Salat, Spinat, Topinambur, Kürbis, Avocado. Koriander, Cassia-Zimt, Kurkuma, Knoblauch.

Sehr wenig Kohlenhydrate wie Weizenkleie, Haferbrei oder -kleie, Hafer- oder Gerstenflocken oder ganz auf Kohlenhydratzusatz verzichten. Naturmoor für Haustiere.

Meiden: Ständige Verfügbarkeit, besonders von Trockenfutter. Leckerchengaben, da sie einen konstant hohen Insulinspiegel bewirken. Zu viel Fett bei Übergewicht, Milch. Kohlenhydrate wie Stärke, Flockenmischungen, Honig, Brot, Reis, Mais, Zucker, Nudeln, Pasta, Kartoffeln, Bataten, Soja, Süßes in jeder Form.

Durchfall: Normalerweise werden im Dickdarm 75 % der Flüssigkeiten resorbiert. Durch schnellere Passage und Floraverschiebungen unterbleibt dies bei wässrigem Kot zum größten Teil, um Giftstoffe oder Bakterien zu verdünnen. Durchfall kann viele verschiedene Ursachen haben, harmlose und lebensbedrohliche. Es gilt die Faustregel: Je schlimmer es stinkt, desto gefährlicher der innere Krankheitsprozess. Auch hellrotes Blut oder Wurmabgang machen ein therapeutisches Eingreifen nötig, nicht jedoch dunkelrotes verdautes Blut von Fleisch oder jedes bisschen dünnerer Stuhl, der morgen schon wieder behoben ist und vielleicht nur eine kurzfristige Reaktion auf eine abführende Komponente war.

Gelegentlicher leichter Durchfall ist kein Drama, bei uns ja auch nicht. Jedes Individuum reagiert gemäß seines eigenen Stoffwechsels. Bei meinen Hunden kann es sein, dass genau dasselbe Futter bei dem einen recht dünnen Stuhl, bei dem anderen eher festen hervorruft. Das hängt auch damit zusammen, wie Hunde ihre Knochen fressen: Manche Hunde fressen selbst härteste Exemplare mit Stumpf und Stiel und andere geben sich gerade mal die Mühe, ein paar Fleischreste abzupulen.

Ich rede auch nicht von hochakutem Durchfall, verbunden mit Hinfälligkeit, Blut oder Erbrechen. Dann muss sofort tierärztlicher Rat eingeholt werden, ebenso bei Parasiten (Kokzidien, Hakenwürmer etc.). Bei Welpen ist Durchfall besonders bedrohlich.

Empfohlen: Ein Fastentag mit viel Flüssigkeit ist nie verkehrt, (nicht bei Welpen).

1 Teelöffel Heilerde oder 1 Kohletablette nüchtern mit Spritze aufgelöst in Wasser eingeben, nicht zusammen mit Futter oder anderen Medikamenten. Kamillen-, Fenchel-, Salbei- oder Ingwertee ausnahmsweise mit einer Prise Salz untermischen oder eingeben, lauwarmes Wasser mit Natur-Joghurt, gleichzeitig zum Trinken anregen. (⟹ siehe Anregung zum Trinken), Kurkuma, Probiotika zum Aufbau der Darmflora (⟹ siehe 2b). Die Regeneration dauert mit Bakterienzufuhr (Symbionten, fermentierte, unerhitzte Sauermilchprodukte) mindestens 10 Tage oder bis die

Normaler Milchkot eines Saugwelpen

Symptome wie Durchfall verschwunden sind. Carbo vegetabilis, Carbo medizinalis. Evtl. Nux vomica

Stopfende Komponenten: Knochen oder besser Knochenmehl, Magerquark, ausnahmsweise gebratene oder gekochte Leber, hart gekochtes Ei plus Schale (gemahlen). Bitte nur jeweils ein oder zwei davon als Ersatzkomponente, nicht alles auf einmal. Wenig Joghurt oder Kefir im Genesungsstadium.

Bananen, geriebener Apfel, lange gekochte pürierte Karotten mit ein bißchen Salz, auch als Saft oder in Wasser aufgequollenes Granulat, pürierte Brombeerblätter, Papaya oder Guave roh püriert, Knoblauch, Ingwer, Fenchel, Blaubeeren.

Etwas Reisbrei, Kartoffelbrei ohne Milch.

Ausreichend Flüssigkeitsaufnahme ist sehr wichtig: Hühner- oder Fleischbrühe, ausnahmsweise leicht gesalzen, Kamillen- oder Fencheltee.

Meiden: Milch, Vollkorn, rohe Leber, Milz, Fett, Trockenfleisch. Zu Kaltes oder Gefrorenes (Schnee! Auch Hundeeis!), Backwaren, Süßes und alles, was abführt. Keine Mittel aus der Humanmedizin!

Durst, übermäßig: Dabei wäre zuerst zu fragen, ob die Flüssigkeitsaufnahme wirklich zu hoch ist, denn Trockenfutter, Salz, heißes Wetter, Erbrechen, Durchfall oder Laktation erhöhen den Bedarf. Ständiger Durst jedoch kann ein Hinweis auf Diabetes, Gebärmutterentzündung oder Harnwegsprobleme sein.Ein Besuch beim Behandler ist dann anzuraten.

Dysbiose: nennt man eine pathologische Verschiebung und Verminderung der Keimbesiedlung des Verdauungstraktes durch Fehlfütterung (zu viel Stärke führt zu Clostridienzuwachs), abrupte Futteränderung, Stress, Abführmittel, Viren, Einzeller (Giardien, Amöben, Kokzidien, Leishmanien) oder Antibiotika. Sie macht sich durch wiederkehrenden Durchfall, Bauchschmerzen, Blähungen, schlechtem Körper- und Maulgeruch bemerkbar. Chronische Dysbiosen können zu Vitaminmangel, Verhaltensänderungen, einem geschwächten Immunsystem, Krebs und Autoimmunerkrankungen führen.

Empfohlen: Flora-Substitution mit lebenden Mikroorganismen (⟹siehe Probiotika), Flavonoide (⟹siehe Vitamin P), Enzymreiches (⟹siehe dort), Präbiotika (⟹siehe dort) evtl. Reis-, Haferschleim

Ekzeme: sind manchmal rasse- (Shar Pei), oft allergisch bedingt (⟹ siehe Allergie), auch durch Milben im Trockenfutter oder Flöhe. Schmutzig ist nicht putzig! Oft helfen therapeutische Waschungen. Zusätzlich diätetisch

Empfohlen: Fette (⟹ siehe Träger von Fetten), besonders ungesättigte Fettsäuren (⟹ siehe Vitamin F, tierische Omega 3), Zink, Retinol (⟹siehe jeweils dort), Biotin (⟹siehe Vitamin B7). Einfache Zinksalbe hilft versuchsweise bei sehr vielen Hautproblemen und haftet gut.Versuch mit EM innerlich und äußerlich. Symptomatisch bei Parasiten.

Epilepsie: Ä: Fettmangel und Impfungen. S: Zwangsstörungen, Stereotypien, Tics mit permanentem Kopfschütteln, Kauen, Lecken können unerkannte Epilepsie sein. (⟹siehe Leck-Schmatz-Tic) D: Unbedingt Allergietest und ggf. entsprechende Such- und Eliminationsdiät.

Empfohlen: leberschonend (⟹ siehe dort). Fettreich. Taurin (⟹siehe dort). Versuch mit Cannabis-Präparaten bzw. CBD-Öl.

Meiden: Kohlenhydrate. Nachgewiesene oder verdächtige Allergene sowie suchtmäßig Angestrebtes können sein: Milchprodukte, Weizen, Eier, Gluten- (⟹ siehe Kohlenhydrate) und Kaseinhaltiges, alles versuchsweise weglassen. Kein Glutamat! Gleichmäßige Tagesstruktur mit Vermeidung von Stress und Unruhe sowie viel Ruhephasen können Anfälle vermindern helfen.

Erbrechen:

normal: Kein Eingreifen erforderlich bei:

- Erbrechen von Futter nach Überfressen aus Hast, Gier oder Konkurrenz. Wiederfressen in Ruhe nur bei Fleisch. Das kann auch nach Umstellung aufs Barfen passieren.

Katze mit Futter

- Hund und Katze erbrechen Knochensplitter, schwer Verdauliches wie Borsten oder Federkiele, Fremdkörper (Angelhaken, Nadeln, Schnuller, Steine, Plastik oder Gräten) meist mit Gras, wenn sie können, sodass die Halme die Speiseröhre beim Rücktransport schützen, indem sie die unverdaulichen Objekte einwickeln. Die Tiere geben sie dann samt grünlichem Magenschleim von sich, der das ganze gleitfähig macht, und haben sich somit im Allgemeinen selbst therapiert. Erbrechen kommt auch bei Aufnahme von Salz- bzw. Meerwasser vor. Der Magen ist in der Lage, selektiv das Geeignete passieren zu lassen und Unverträgliches in die andere Richtung hinaus zu befördern, sodass man bei Futter auch erkennen kann, was genau (zu viel Fett oder Knochen, grobe Pflanzenfasern z.B.) nicht vertragen wurde.
- Erbrechen von Haarballen bei der Katze, besonders bei Langhaarrassen. Deshalb sollte man Indoor-Katzen zur Erleichterung des Ausscheidens der verschluckten Haare genügend Fett im Futter und Katzengras anbieten, auch damit keine u.U. giftigen Topfblumen angefressen werden.Faserreiche Chicoreewurzel soll auch helfen.
- Erbrechen der Mutterhündin von Fleisch für die Welpen = Instinktstark nach Wolfsart, meist nur Barfhündinnen. So wird das Futter gleichzeitig angedaut, also leicht verdaulich für die Welpen und mit den richtigen Bakterien und aktiven Enzymen übertragen.

- Kurzes Erbrechen von Wasser kann nach hastigem Trinken oder Aufnahme von Schnee erfolgen.
- Einige Tiere erbrechen kurz vor Beginn der Geburtswehen, wenn sie vorher gefressen haben.

krank:

- Erbrechen von Blut, Kot, Würmern macht tierärztliches Eingreifen erforderlich.
- Sollte das Erbrechen mit Appetitverlust, Leidensmiene, Durchfall und Gewichtsabnahme verbunden sein, sollte der Behandler aufgesucht werden.
- Nach Überfressen mit Trockenfutter geben Hunde eine lange Wurst von sich, die auf den ersten Blick kaum von Kot zu unterscheiden ist, jedoch mangelhaft verdaut. Trockenfutter quillt im Magen mit Flüssigkeit stark auf und kann durch den Dehnungsreiz Schleimhautblutungen im Magen-Darm-Trakt auslösen. Futterumstellung empfohlen.
- Bei Erbrechen von Speichel kann eine Mandelentzündung oder ein Fremdkörper im Maul die Ursache sein.
- Reines chronisches Gallekotzen (⟹siehe dort)
- Reisekrankheit (⟹ siehe dort)

Allgemeine Therapie kann mit Kaliumreich (⟹siehe dort), Ingwersud und gesalzener Fleischbrühe versucht werden. Fasten für einen Tag. Häufiges Erbrechen ohne Wiederaufnahme ist kritisch zu sehen!

Felines urämisches Syndrom: Die mittleren pH-Werte des Urins liegen bei Trockenfutter im sauren Bereich, bei Nassfutter etwas höher und bei Frischfleisch am höchsten, am besten bis zu fast pH 7 bei Putenfrischfleisch.

Empfohlen: Flüssigkeitszufuhr und Zellwasser sind von großer Bedeutung, da Katzen bei Trockenfutter nachgewiesenermaßen nur unwesentlich mehr trinken als bei Feuchtfutter.

Fettleibigkeit, Übergewicht, Adipositas: Mollig ist nicht drollig! Nur der Mensch und seine Haustiere kennen Gewichtsprobleme. Die Norm ist, dass alle Lebewesen ihren Energieinput an die jeweiligen Umstände anpassen können und Fressen das Natürlichste der Welt sein sollte.

Ursachen bei unseren zivilisierten Felltieren sind hier schlicht und einfach zu viele Kalorien, vornehmlich in Form von Kohlenhydraten, seltener Fett, aber auch zu wenig Bewegung. Auch Kastration und eine gewisse genetische Rasseabhängigkeit spielen eine Rolle. Nach Kastration sinkt der Energiebedarf um 25 bis 30 %. Extragaben von Vitamin B Vitaminen, Hefen oder eine längere Cortisonbehandlung regen den Appetit an. Zu viele Snacks, Leckerchen, Füttern am Tisch, Selbstversorgertrips, der Mülleimer als Einladung zur Zwischenmahlzeit, zu große Portionen von energiereichem Trocken-Junk-Food im Daueranangebot können ebenfalls zu einem wahrhaft

Perfekte Figur!

wachsenden Problem werden. Gleichzeitig liegt meist ein Vitalstoffdefizit vor (⟹siehe mein Buch „Futterprobleme bei Hunden"). Verstopfung, Lethargie, Krebs, Diabetes, Schilddrüsen-, Haut-, Herz- und Gelenkprobleme sind die gewichtigen Folgen. Diese Hunde haben eine um 20 % geringere Lebenserwartung. Bis zu 40 % der Kleinhunde sind betroffen.

Bis zu 60 % aller Katzen haben auch ein dickes Problem. Sie bekommen durchschnittlich 200 Kalorien täglich zu viel, was etwa einem Drittel der Tagesration entspricht. Sie sollten 1 bis 2 % je Woche über etwa 6 Monate an Gewicht abnehmen.

Die Mitarbeit des (oft ebenfalls übergewichtigen und bewegungsarmen) Tierbesitzers ist hier besonders schwierig. Deshalb ist es empfehlenswert, dass Sie sich als Ernährungscoach Beratung und Diätzettel an Ort und Stelle bezahlen lassen, sowie häufigere Kontroll- und Wiegetermine im Voraus in schriftlicher Form im Abstand von 1 bis 2 Wochen vereinbaren. Die Gewichtsreduktion zieht sich 1 bis 3 Monate hin und sollte in einer vorgedruckten Tabelle als Ist- und Soll-Kurve zur Motivation festgehalten werden. Danach sind Kontrollen einmal im Vierteljahr anzuraten, um Rückfälle zu vermeiden.Gute Hilfen sind ein kleinerer Futternapf und ein Ernährungstagebuch, welches der Besitzer ausfüllt. Ihr Klient hat mehr Motivation, wenn Sie ihm sagen, dass alle Narkosen und Operationen bei schwergewichtigen Tieren ein erhöhtes Risiko darstellen.

Hunde gelten als übergewichtig bei 10 % Gewicht über dem Rassedurchschnitt, bei über 20 % spricht man von Fettsucht. Richten Sie sich nicht danach, was auf der Futterpackung steht, sondern nach Ihren eigenen Sinnen: Rippen sollten gut fühl-, aber nicht sichtbar sein. (⟹siehe Grafik 24 Figurkontrolle) Rassen, die besonders gute Futterverwerter sind: Labrador, Retriever, Cocker, Beagle, Basset, Dackel, zuweilen Rottweiler und Einzelexemplare aller Rassen. Bei Minirassen wird die Fressmenge einfach überschätzt, außerdem bei kastrierten und älteren Tieren durch geringeren Energiebedarf. Es ist ganz einfach: Wenn mein Tier abnimmt füttere ich mehr, wenn es zu sehr zunimmt, gebe ich weniger oder anderes.

Besonders bei Stubenkatzen liegt oft ein Mangel an Bewegung und gleichzeitigem Kalorienüberschuss durch Trockenfutter vor. Man sieht es am Hängebauch. Deshalb empfiehlt es sich, dass die Katze ihr Futter nur durch Spiel erarbeitet, mit ihrer Bezugsperson oder mit besonders mit Futter gefüllten Bällen oder Spielzeug wie ferngesteuerten Mäusen. Es gibt auch programmierbare Futterautomaten, die mit Chip funktionieren, wo nur eine bestimmte Menge abgerufen werden kann. Sie können auch mit Barf befüllt werden.

Zum Abnehmen kann ich natürlich FdH machen: Friss die Hälfte! Unsere Verfressenen sind damit aber recht unglücklich, gierig und tricksen uns mit Selbstversorgertrips oder Mülleimerinspektionen aus. Deshalb ist es empfehlenswert, sich auf energiearme, ballaststoffreiche Futtermittel zu verlegen, die in gewohnter Menge gegeben werden können, den Magen füllen, aber weniger Kalorien haben. Wer abnehmen soll, soll sich satt fühlen. Das ist ganz wichtig. Tiere mit vielen Fettzellen im Körper sind besonders gierig und bevorzugen in Versuchen ebenfalls fettiges Futter.(⟹siehe Hunger) Auch ihr Magenvolumen vergrößert sich. Haben sie erst einmal abgenommen, vermindert sich merkwürdiger Weise auch ihre Verfressenheit.

Empfohlen: Diätpläne vom Behandler mit erhöhtem Ballaststoff- (Bindegewebs- und Rohfaserhaltiges) (⟹siehe dort) und Gemüseanteil (bis zu einem Drittel, je nach Akzeptanz). Ballaststoffe verhindern Heißhungerattacken und regen die Darmtätigkeit an.Wenig sehr gutes Fett in Form von Meeresfisch oder tee- bis esslöffelweise, je nach Größe des Tieres, 2-3mal die Woche an Lachsöl oder Fischöl (⟹ siehe 2 tierische Omega-Fettsäuren) beigeben. Der Rest der Menüs besteht dann nur noch aus möglichst fettlosen Proteinkomponenten, also magerem Fleisch und Innereien, sowie püriertem Gemüse. In diesen Fällen ist besonders Lunge zu empfehlen, da ich viel davon geben kann und die Hunde das Sättigungsgefühl damit bekommen. Lunge hat wenige Kalorien. Man sollte sie allerdings auf Grund ihrer fehlenden Wertstoffe zum Beispiel mit Leber, Herz, Milz oder magerem Muskelfleisch mischen oder abwechseln.Geweihstangen, Klauen, Hufe, Kauohren oder sehr große Knochen zur langen Beschäftigung. Darmsanierung.Nullfasten ist eher ein Problem des Tierhalters als des Tieres. Aber ich empfehle, dies langsam anzugehen: Erst nur eine Mahlzeit pro Tag, dann ab und zu einen ganzen Fastentag etwa einmal pro Woche.

Da Adipositas oft mit Verstopfung (⟹siehe dort) einhergeht, ist zur Anregung der Darmtätigkeit und zum Kalorienverbrennen unbedingt auf regelmäßige Bewegung zu achten.

*Meiden:*Es ergibt sich die erste diätetische Maßnahme: Kohlenhydratkomponenten weglassen! Sie provozieren Hungerattaken (⟹siehe Grafik 9 Blutzuckerspiegel). Der Carnivororganismus braucht sie sowieso nicht. Fett stark reduzieren, auch süßes Obst. Keine Leckerchen, keine Ad-Libitum-Fütterung, nichts vom Tisch und Reste nebenbei. Keine Knochen, Würste, Teigwaren, Süßes. Kein Trockenfutter, da dieselbe Menge einer Barf-Ration viermal weniger Kalorien enthält. Keine Abspeckpillen! Keine Light-Produkte, denn diese haben keine gesetzliche Definition, jeder Hersteller hat da seine eigene Vorstellung. Keine Bierhefe, kein Glutamat, da sie den Appetit anregen.

Alle Empfehlungen gelten nicht für Jungtiere. Eine leichte Pummeligkeit ist bei ihnen akzeptabel. Starkes Übergewicht kann aber durch zu schnelles Wachstum zu Dysplasien führen.

Kalorien (durchschnittlich) von Futtermitteln im Vergleich pro 100 Gramm: Butter 750 kcal, Leberwurst 320 kcal, Brot ca. 300 kcal, Schlagsahne, vollfetter Frischkäse 280 kcal, Schmelzkäse 220 kcal, Lachs 188-200 kcal, Ei 150 kcal, Thunfisch 140 kcal, Hack oder Leber vom Rind, Fisch 120 kcal, Hühnerbrust 116 kcal. Banane 90-100 kcal, Salat 12 kcal.

Fieber: Menschen und Haustiere reagieren heute nicht mehr so stark mit Fieber wie zu früheren Zeiten. Dabei ist Fieber ein natürlicher Abwehrprozess und ein wichtiges Training des Immunsystems, das man nicht künstlich unterbinden sollte. Wir haben es heute weniger mit hochakuten Seuchen zu tun als vielmehr mit vielen auch neuen chronischen Erkrankungen, welche im Allgemeinen kein Fieber aktivieren. Bei sehr hohem Fieber sollte ein Behandler einschreiten. (z.B. mit Lachesis) Der Heilprozess kann aber mit ausreichender Flüssigkeit, besonders nährenden Hühnersüppchen oder Fleischbrühen, ausnahmsweise mal mit ein wenig Salz, unterstützt werden, da bei hoher Körpertemperatur, Erbrechen und Durchfall meist auch Elektrolyte fehlen. Man kann auch noch ein Eigelb in der Brühe verrühren. Forscher fanden heraus, dass Appetitlosigkeit die Virenabwehr als Heilungsweg begünstigt und dass Chili zu Absenkung der Körpertemperatur führt.

Flatulenz: siehe Blähungen

Frakturen: siehe Beinbruch

Fruchtbarkeitsprobleme: können an Weichmachern (⟹ siehe dort) in Plastikverpackungen, Wasser etc. liegen, an einem Vitamin B 2 Mangel auf Grund einer gestörten Darmflora oder an Östrogenlastigem wie Soja (⟹siehe Hormonell wirksame Substanzen).

Empfohlen: Leber, Brokkoli, Vitamin B 2 Träger (⟹ siehe dort). Pulsatilla oder Sepia, evtl. Sabina.

Meiden: 800 verschiedene Chemikalien stehen im Verdacht durch hormonellen Einfluss Krankheiten zu erzeugen, insbesondere Plastik in jeder Form, Glyphosat, Phytoöstrogene, Transfettsäuren (⟹siehe jeweils dort). Keine hormonhaltigen Futtermittel als Dauernahrung wie Hoden, Uterus, Placenta, Leinsamen, Soja, Kleesorten.

Gallekotzen: S: Erbrechen von Schleim (gelbgrün schaumig, schleimig), meist ohne weitere Beimengungen, selten mit Knochenresten und häufig nüchtern in den frühen Morgenstunden. Auftreten sporadisch und nur phasenweise und normalerweise nicht jede Nacht. Auch reflektorisch in Erwartung der Futterzeit. Es ist ein relativ neues Phänomen mit noch ungeklärter Ursache. Nur Sehen und Riechen eines Leckerchens kann bereits die Speichel- und Magensäureproduktion in Gang setzen. Wenn dann nichts oder zu wenig kommt, kann der Magen übersäuert sein, denn Raubtiere sind normalerweise auf größere Portionen eingestellt. Gallekotzen kann auch nach Spielen, Toben oder Grasfressen auftreten. Die betroffenen Hunde sind trotzdem munter, haben Lebensfreude, normalen Appetit und keine Schmerzen. Als eine Ursache werden zu viel Kohlenhydrate bzw. Stärke im Futter vermutet, zu viele Leckerlies und dadurch zu viel Magensäure. Auch magensaftresistente Bakterien im Magen oder spitze, schwer verdauliche Knochen sowie Schädigung der Magenschleimhaut werden verdächtigt. Im Ganzen kann man aber fast keinen Einfluss des Futters feststellen. Helicobacter pylori findet sich bei 50 % der Hunde ohne zu erkranken. D:Das Bakterium kann durch Kotanalyse festgestellt werden. (⟹siehe auch Erbrechen)

TH: Schulmedizinisch werden dann zwei verschiedene Antibiotika + Magensäurehemmer (Antacida ⟹siehe Säureblocker) gegeben, die aber Nebenwirkungen haben (⟹siehe auch Aluminium), Resistenzen bilden und die Darmflora durcheinander bringen. Es gibt auch weniger schädliches Basenpulver mit Natriumbicarbonat für Hunde. Es neutralisiert die Magensäure, die aber für die Eiweißverdauung und Abtötung von Keimen unentbehrlich ist. Ungenügende Magensäure kann Allergien und Infektionen Vorschub leisten. Eine Therapie kann schwierig sein, weil das Schleimerbrechen oft nur im Abstand von Tagen auftritt und man dann nicht weiß, ob oder was denn nun geholfen hat.

Meiden: Kurkuma, da es die Magensäure anregt. Säurehemmer

Empfohlen: Therapeutisch kann man versuchen: roh geriebene Kartoffel (basisch) oder käuflicher Kartoffelsaft, Ingwer, Knoblauch, Minze, Kümmel, Anis- oder Fenchelsamen fein gemahlen und überbrüht als Tee. Gemüse mit Bitterstoffen (⟹siehe Tabelle 7 „Säuren-Basen"), Knochen- oder Rotalgenmehl, Bifidobakterienpräparate oder EM, homöpathische Nux vomica. In vielen Fällen, erledigt sich das Problem nach einigen Wochen von selbst.

Unregelmäßige Fütterung soll helfen, weil viele Hunde schon in Erwartung ihrer gewohnten Futterzeit Magensäure im Voraus produzieren. Es erscheint logisch, da beim Wolf Völlerei mit Fasten abwechselt, weshalb regelmäßige Futterzeiten eigentlich nicht wolfsgerecht sind. So kann man mit oder ohne Not auch schon mal eine oder mehrere Fütterungen auslassen oder zu anderer Zeit füttern. Wölfe haben keine festen Futterzeiten, sie wissen nie, wann sie Beute machen. Nur jeder 10. Jagdversuch führt bei ihnen zum Erfolg.Wir sind die Gewohnheitstiere.

Gelenke: siehe Arthrose

Giardiose:

Ä: Giardien sind im Allgemeinen harmlose, symptomlose, einzellige anaerobe Dünndarmparasiten weltweit bei Mensch, Fleischfresser und anderen Säugetieren. Sie sind als opportunistische Keime nicht Ursache, sondern Folge einer Erkrankung und als Krankheitserreger ebenso wenig bestätigt wie z.B. Candida oder E. coli. Am meisten sind Welpen unter einem Jahr und über 8 Jahren betroffen. Im mittleren Alter bei jedem 6.-10. Tier anzutreffen. Bei bis zu 70 % der Hunde nachweisbar und symptomlos vorhanden.

Symptome bevorzugt bei feucht–kaltem Wetter. Übertragung durch kontaminiertes Futter und Näpfe, Wasser, Dünger, Fäkalien, Aas, Fliegen, über andere Tiere wie Katzen oder Ratten, von Hund zu Hund durch Belecken und Anusriechen und wenn viele Hunde auf engem Raum sind. Aber nur bei geschwächter Abwehr als Sekundärerkrankung oder vorgeschädigtem Dünndarm vermehren sie sich. Zysten leben Monate. Nach Wurmkuren und Impfungen ist oft ein starker Befall mit Giardien festzustellen.

P: Schulmedizinische Prophylaxe ist der Impfstoff Giardia VAX ® von der amerikanischen Fa. Fort Dodge Animal Health, Impfung ab 2. Monat.

S: Leitsymptom ist eine Darmentzündung, mit therapieresistentem, wiederkehrendem chronischem intermittierenden Durchfall, der kommt und geht, gelegentlich blutig, schleimig, schaumig, gelblich-hell, süßlich-faulig stinkend. Eventuell Meteorismus, Bauchweh, Erbrechen, Kotfressen, Appetitverlust, Abmagerung, Gewichtsverlust, stagnierendes Wachstum trotz gutem Appetit, selten Fieber. Mit Giardiose kann das Tier anfälliger für andere Krankheiten werden.

D: Diagnose wird durch Kotausstrich von Stuhl von 3 Tagen mit Elisa (=Antigennachweis, falsch pos. mögl.) gestellt. Eine übliche Nährboden-Stuhlanalyse erfasst nur ein Fünftel der Darmflora, eine genetische ist aussagekräftiger. Die Anwesenheit eines Erregers heißt auch aus schulmedizinischer Sicht noch lange nicht, dass er auch das Problem verursacht hat.

TH: Schulmedizinische Therapieversuche bestehen in Behandlung von mindestens einer Woche sowie Wiederholung mit Atabrin als veraltetem Medikament (Quinacrina), Entwurmungsmittel wie Metronidazol, Panacur oder besser Fenbendazol, Rikol mit PetPaste oder Clont. Auch Albendazol und in Verbindung mit Antibiotika helfen oft nicht, heilen fast nie, sondern führen zu Resistenzen und Pankreatitis.

Ich ziehe Diätetik vor:

Meiden: Alle Kohlenhydrate (Getreide, süßes Obst etc.⟹ siehe Kohlenhydratträger) und (stärkelastiges) Trockenfutter. Alle Kohlenhydrate im Futter wirken prädisponierend!!

*Empfohlen:*1 Tag Fasten, nur Wasser. Darmsanierung mit Joghurt, Buttermilch, Schafsfetakäse, Fellstücken, grünem Pansen ⟹> Barfen. Gebarfte Hunde haben nachweislich weniger Giardien oder die gehen von selbst.

Als Phytotherapie empfehlen sich als Komponenten: Wermut = Artemisia annua oder absinthum = bittere Beifußgewächse, frisch oder als Kaltwasseraufguss, weniger wirksam getrocknet als Tee, wirkt gegen alle Einzeller. Langzeitdosis, aber nicht zu hoch, da toxisch durch Thujon. Therapie mit Artemesinin nur mit erfahrenem Behandler.

Frischer Knoblauch 3 Tage lang, Kurkuma, Thymian, Mariendistel als Kraut oder Extrakt, Ingwer, Petersilie, Melisse, Minze. Karotte mit Kokosöl und Kokosflocken als Nachbehandlung.

Enzympräparate und Probiotika (⟹siehe dort) können Unterstützung geben, sowie ein Tropfen-Präparat mit Ringelblume und Bartflechte (Usnea barbata) für 3 Wochen. Es soll eine spezielle Säure enthalten, welche Einzeller tötet oder austreibt.

Tierheilpraktiker können auch Kolloidales Silber oder MSM (organische Schwefelverbindung) einsetzen.

Wichtig ist Grundhygiene wie tägliche Kotentfernung in Zwinger und Garten. Futter- und Wasserschüsseln immer sauber halten, aber niemals in Ihrer Spülmaschine, da erstens das Wasser darin nicht heiß genug wird und Sie sich zweitens dann selbst anstecken können.

Harnsteine: eine konsequente Diät kann oft eine Operation vermeiden. Nur in Zusammenarbeit mit dem Behandler, der den pH-Wert misst, nach dem sich auch die Diät richtet. Ursache oft zu wenig Flüssigkeit oder zu langes Einhalten des Urins.

Bei *Struvitsteinen* wird der pH-Wert abgesenkt bzw. saurer gemacht. (⟹siehe Harnwegsprobleme und Tabelle 7 „Säuren-Basen"), also Knochen, Kalziumträger, wie auch Phosphor und Magnesium (⟹siehe jeweils dort) reduzieren.

Bei *Oxalatsteinen* sollte der pH-Wert angehoben, also alkalischer gemacht werden, trotzdem müssen gewisse Gemüsen gemieden werden, nämlich alles Oxalsäurehaltige (Spinat, Rote Bete, Mangold, Rhabarber, Sauerampfer, Petersilie, Minze, Nüsse und Weizenkleie ⟹siehe Oxalate).Kartoffeln und Möhren eignen sich aber zum Beispiel gut. Salz, zu viel Fett und zu viel Getreide meiden, ebenso alles Glycinhaltige (⟹siehe Glycin). Bei Oxalatsteinen bevorzugt Magnesiumträger (⟹siehe dort) geben, da Magnesium dafür sorgt, dass Kalzium im Harn gelöst bleibt.Evtl. Basenpulver

Bei *Uratsteinen* sollte ebenfalls mehr Alkalisierendes zugeführt, Eiweißträger reduziert werden, besonders purinhaltige (⟹siehe Purinempfindlichkeit). Harnsäuresteine können durch alkalische Menüzubereitung (⟹siehe Tabelle 7 „Säuren-Basen"), Kalziumkarbonat, harntreibende Mittel und ggf. Spasmolytika ausgetrieben werden.

Cystinsteine: Empfohlen: Alkalinisieren, Low Protein Diät über 6 Monate.Meiden: Eier, Cystinhaltiges (⟹siehe dort)

Empfohlen: Bei allen Steinen immer viel Flüssigkeit geben (⟹siehe Anregung zum Trinken), hochwertige Proteine, sowie Ballaststoffe in Form von Gemüse.

Meiden: Soja, Fertigfutter mit hohem Rohaschegehalt

Harnwegserkrankungen: pH Wert Messung des Morgenurins (Mittelstrahl) mit Streifentest Uristix vor dem Fressen messen, dann pH-Wert-Änderung durch Ernährungsumstellung (mehr basisch oder mehr sauer) (⟹siehe Tabelle 7 „Säuren-Basen"), sodass sich entsprechende Bakterien nicht mehr wohlfühlen. Die meisten Bakterien leben nur in einem bestimmten, ihnen genehmen pH-Bereich, sodass sie bei Änderung desselben und gleichzeitiger Ausschwemmungstherapie sich stark vermindern und Steine sich eventuell sogar auflösen, zumindest nicht mehr wachsen. Normalurin je nach Futter von 6,2 bis maximal 7. In jedem Fall so viel wie möglich zu trinken geben, (⟹siehe Anregung zum Trinken) Auch diverse Blasen-Nieren-Tees (keine Beutel) oder entsprechende Pflanzenpresssäfte aus dem Reformhaus bei Akzeptanz.

Eventuell Unterstützung bei großer pH-Abweichung mit:

a) Zum Säuern: frischer Cranberrysaft bzw. Preiselbeeren, ggf. auch Wald-Heidelbeeren, notfalls auch Apfelessig (1-2 Teelöffel je nach Größe des Hundes und der Trinkmenge).Evtl. Vitamin C (Ascorbinsäure) hochdosiert.

b) Wenn Urin sauer, was meist der Fall ist, Alkanisieren: Viel Gemüse: Besonders Brennnesseln, am besten frisch, aber auch als Pulver, Saft oder Tee (püriert oder aufgebrüht brennen sie nicht mehr), Brunnen-, Garten-, Kapuziner-Kresse, 3 Wo Kur mit püriertem frischem Knoblauch (therapeutisch 1 Eßlöffel/d für mittelgroßen Hund); püriertes rohes oranges Kürbisfleisch samt Kernen, Brokkoli, Sellerieknolle, Hagebutte, Koriander. Sie haben eine leichte antibiotische Wirkung, die keine Resistenzen hervorruft. Weitere wirksame Kräuter: Bärentraubenblätter (nicht bei Trächtigkeit und Säugen), Birkenblätter, Schachtelhalm- (=Zinn-) oder Goldrutenkraut, nach einer Woche Pflanze wechseln! Auch als Pflanzensäfte aus dem Reformhaus. Notfalls (mittelgroßer Hund) 1-2 Natrontabletten oder –pulver.

D:Evtl. Ultraschall oder Urinkultur durch Tierarzt.

Empfohlen: Flüssigkeitsaufnahme erhöhen (⟹siehe Anregung zum Trinken), destilliertes Wasser kurweise für höchstens 3 Wochen, besonders bei gleichzeitiger homöopathischer Behandlung. Brennnessel, Löwenzahn, Möhren, rote Beete, Spinat, Sellerie, Liebstöckel, Petersilie, Kürbiskernöl. Lebender Joghurt und andere Sauermilchprodukte.Kaliumreiches bei Katzen. Wärme heilt.

Homöopathie: Pulsatilla D6, Cantharis D6 oder D12. Schüssler Salze: Kalium- oder Calciumsulfat, Silicea. Auch MMS kann zuweilen Erfolge vorweisen.

Meiden: Unterkühlung, hoher Mineraliengehalt, Getreideprodukte, besonders Weizen und Reis, Gewürztes, Salz bzw. Natrium!

Wenn Antibiotika nötig: unbedingt nur nach Kultur bzw. Antibiogramm, noch einige Zeit nach Verschwinden der Symptome.

Hautkrankheiten: sind heute fast zu 60 % das tägliche Brot der tierärztlichen Praxistätigkeit und dazu noch eine der schwierigsten. Bei Dauer-Fertig-Ernährung fangen die Schäden meist im 5. bis 6. Lebensjahr an. Neben Allergien (⟹siehe dort) sind verschiedene Milben ein größeres Problem geworden, die gezielt therapiert werden müssen. Bei allen Hautproblemen wirken Fischöle innerlich unterstützend. Kleinere Verletzungen lassen sich gut äußerlich mit Zinksalbe behandeln.

Hautpilz: durch Antibiotikabehandlung, durch unbelüftete, feuchte Hundeställe, zu viel Kohlenhydrate, Mangel an essenziellen Fettsäuren.

Empfohlen: Knoblauch, Papaya, Lapacho Tee, Kannetrunk. Geflügel, Gemüse mit Bitterstoffen. Lokal: Jodtinktur, verdünntes Teebaumöl, Kannetrunk, täglich Lapacho Tee oder Eichenrindensud, danach gut abtrocknen und trocken halten. Bestes Olivenöl äußerlich, wo nicht geleckt werden kann.

Meiden: Hefepräparate, schlechtes Fertigfutter, ranziges Fett, Schweinefleisch, Kohlenhydrate weglassen wie Getreide, Süßes, Zucker, Brot, Weißmehl, Hundekuchen etc.

Herzbeschwerden: Hierunter leiden besonders Riesenrassen und alte Tiere. Der Behandler muss es im Einzelnen abklären. Wichtig sind eine gute Figur und gute Verdauung, weil Übergewicht und Verstopfung das Herz überlasten können.

Empfohlen: Übergewicht abbauen, Weißdorntee oder –Tabletten. Crataegus auch homöopathisch. Je nach Herzbefund helfen auch verdünnter Kaffee oder Schwarztee. Mehrere kleine Mahlzeiten täglich, damit der Magen nicht aufs Herz drückt. Taurin (⟹siehe dort), Carnitin (⟹siehe dort) verbessern die Herzfunktion, Kalium (⟹Träger siehe dort), Fisch- und Krillöl normalisieren den Rhythmus. Knoblauch. Mäßige, aber regelmäßige Bewegung.

Meiden: Salz, Tischreste, stopfendes Futter, Hülsenfrüchte, auch in Fertigfuttern, Völlerei, Stress,Überanstrengung, besonders bei Hitze. Vegan ernährte Hunde können unter CVM (Caniner Kardiomyopathie) leiden, welche den Hülsenfrüchten und Kartoffeln in getreidefreiem Futter zugeschrieben wird. Besonders sind Dobermänner, aber auch Katzen betroffen.

Hüftgelenksdyplasie: HD entsteht durch Überernährung, besonders bei Großrassen in ad-libitum Fütterung mit Trockenfutter, bei Hypokalzämie durch Phosphorüberschuss in Zerealien und Fleisch, zuweilen auch trotz anorganischer Kalziumsalze, und bei sekundärer Schilddrüsenunterfunktion (nach juveniler Phase der Überfunktion).

Empfohlen: Großrassen in der Wachstumsphase nicht kalorienmäßig überfüttern, ausreichend Ca- und Vitamin D3-Träger (⟹siehe dort), Hokamix, Barfen

Hyperaktivität: Die Diagnose ist unter Umständen nicht leicht zu treffen, da verschiedene Rassen und Individuen auch unterschiedliche Temperamente und Reizschwellen haben. Kaiserschnittwelpen haben ein höheres Risiko, langes Gesäugt-Werden wirkt präventiv. Eine krankhafte Unruhe und Überaktivität hat als Ursache oft eine Unverträglichkeit, eine Allergie oder Unausgewogenheit der Mikronährstoffe im Gehirn. Mehr des aktivierenden Neurotransmitters Dopamin wird dann freigesetzt. Ein bisschen Fressen kann dann in wenigen Stunden einen Hund oder eine Katze in ein asoziales Monster verwandeln. Ich verweise auf meine Bücher: „Hilfe, mein Hund ist unerziehbar!" und „Allergien beim Hund". Krankhafte Hyperaktivität und mangelnde Konzentration sind fast immer mit einer gestörten Darmflora, fehlenden Enzymen und mit Allergien verbunden. Allergietests und Tagebuch sind angeraten.

Die Vet-Uni in Budapest fand eine Beziehung des Dopamin-D4-Rezeptor-Gens zur genetisch bedingten Erregungsbereitschaft bei Hunden (Association of polymorphismus in the dopamine D4 receptor gene and the activity-impulsivity endophenotype in dogs).Das gleiche Gen ist ebenfalls verantwortlich bei Kindern mit ADHS und tritt auch bei Hunden auf. Es wurden Zusammenhänge zwischen bestimmten Genen und Verhaltensmerkmalen bei Hunden nachgewiesen. Schäferhunde mit einer bestimmten Ausprägung des Dopamin-D4-Rezeptor Gens sollen zu erhöhter emotionaler Erregung neigen.

Meiden: Alle Zusatz-, Aroma-, Farb-, Konservierungsstoffe und sonstige Chemie. Die statistisch hauptsächlichen Auslöser sind Milchprodukte (⟹siehe Milch) und Weizen (⟹siehe Glutenhaltiges 1C), beides auch in Fertigfuttern. Oft ist gerade das der Auslöser, was suchtmäßig vom Tier angestrebt wird. Bei maislastigem Futter kann es zu Tryptophanmangel kommen. Vorsicht auch vor Glutamat, es löst im Tierversuch Hyperaktivität aus.

Empfohlen: Afa-Algen, Bierhefe, genügend Tryptophan (⟹siehe dort), ungesättigte tierische Fettsäuren (DHA) (⟹siehe 1B), genügend Magnesium und Zink (⟹siehe jeweils dort), Darmsanierung unbedingt angeraten, Entgiftung (⟹siehe dort), ⟹Barfen. Passionsfruchtkraut, Baldrian und Melisse als Beruhigungskräuter und Erziehung helfen hierbei nur sehr eingeschränkt bis gar nicht. Impatiens oder Chestnut Bud können versucht werden. Siehe Literatur „Hilfe, mein Hund ist unerziehbar!" Evtl. Unterstützung mit Ignatia Hochpotenz

Kennel Cough: Hier sollte man suppigere und leicht zu schluckende Nahrung vorziehen und bis zum Abklingen auf Knochen, Trockenes und Krümeliges verzichten.

Knochenprobleme: siehe Beinbruch und Arthrose

Kotfressen = Koprophagie:

Normal ist das Fressen von

- Frischem Kot von Pflanzenfressern = gesund durch viel aktive Enzyme und Bakterien, Biotin, B-Vitamine, Vitamin K und Ballaststoffe.
- Welpenkot von der Mutterhündin = normal und instinktstark

Hündin stimuliert Verdauung ihres Welpen

- Menschenkot = leider normal, da die omnivore Ernährung des Menschen der Fleischfresserflora nahe steht.
  Pathologisch
- ist das Fressen von eigenem Kot,
- Kot von von anderen Fleischfressern.
- Anreiz können hierbei künstliche Geschmacksstoffe im Futter des Koterzeugers sein. Übertragung von Parasiten und Krankheiten möglich. Auslöser durch chronischen Stress und Langeweile nachgewiesen, besonders bei Dauerzwingerhaltung und Innenzwingern wie bei Tierheimhunden. Auch bei Pankreasproblemen (Trypsinmangel) und bei Mangel an Enzymen, Kalorien, essentiellen Aminosäuren und/oder Vitaminen B und K.

Dauerfütterung von erhitztem Futter kann hervorrufen: Darmfloraprobleme, Giardiose, Defizite an B Vitaminen besonders B12, an seltenen Spurenelementen wie Kobalt, Bor, Germanium, Vanadium u.a., und Enzymen. Jeder einzelne dieser Mängel kann Koprophagie auslösen. Therapie besteht deshalb in deren Zuführung (⟹ siehe Träger von Vitamin B 12 und anderen B Vitaminen, Kobalt, Enzymen, Spurenelementen). KoProStop (B1, B6, B12, K1, Enzyme und Huminsäuren)

Empfohlen: Darmparasiten behandeln. Enzymreiches Rohfutter mit Ballaststoffen (⟹siehe Ballaststoffe B1) = Barfen, Darmsanierung, Ersatz der fehlenden Stoffe, siehe oben, Probiotika (⟹siehe dort), Bierhefe, Heilerde. Entstressen. Erziehung ist schwierig, es kann schon Gewohnheit geworden sein. Kot in Zwinger und Katzenklo so oft wie möglich entsorgen.

Meiden: Getreidelastiges, Erhitztes

Krebs: Untersuchungen des Deutschen Krebsforschungszentrums haben ergeben, dass 90% aller Krebserkrankungen ernährungs- und umweltbedingt sind. Es gibt eine eindeutige, wissenschaftlich nachgewiesene Verbindung zwischen Krebs, dem Immunsystem und Giftstoffen im Körper. Die meisten Krebsauslöser finden sich in Lebens- bzw. Futtermitteln, an erster Stelle Pestizide, dann in Luft.Das ist bei Hund und Katze als Zivilisationsfolger nicht anders. Zwei Drittel aller Krebserkrankungen werden durch Umweltgifte, besonders Schwermetalle, Zigarettenrauch und Schimmel ausgelöst, außerdem durch Autoabgase, Pestizide in Pflanzen und Trinkwasser, Quecksilber und PCB in Fisch, allgegenwärtigen Plastikmolekülen, Radioaktivität durch Bestrahlungen von Nahrungsmitteln und Körper und durch Atomkraftwerke in Normal- und Fehlbetrieb. Chronische Entzündungen (besonders Zähne), also Zellstress, seltener Viren werden auch zu den Ursachen gezählt. Bei Versuchstieren wird durch Verabreichung von Karzinogenen, radioaktiven Strahlen oder chronischem Stress absichtlich Krebs erzeugt. Bei Versuchen der US-Regierung mit Plutonium an Hunden der Rasse Beagle fand sich keine niedrigste Dosis, die nicht Lungenkrebs ausgelöst hätte.

Krebs wird niemals durch Medikamente allein geheilt, sondern die Entgiftungs- und diätetischen Maßnahmen sind mindestens ebenso wichtig, und zwar nicht mit Multivitaminprodukten, sondern natürlichen Vitalstoffträgern. Insbesondere in Ergänzungsmitteln werden viele Substanzen mit Hilfe von Gentechnik ohne Kennzeichnungspflicht hergestellt. Besonders wichtig ist enzymreiche, kaliumreiche, antioxydative Bio-Rohkost mit ungesättigten Fettsäuren und Biophotonen. Als gelegentlicher Gemüsezusatz wird rohe pürierte Rote Beete empfohlen. Bei den Menschen leben die kritischsten und unbequemsten Patienten am längsten. Seien Sie ein solcher Besitzer! Vertrauen in Selbstheilungsprozesse und Geduld ist gefragt. Immer sollte der Schwerpunkt auf entgiftenden Komponenten liegen, soll heißen, dass besonders Leber und Niere unterstützt werden mit beispielsweise Brennnessel, Katzenkralle, Knoblauch, Heilpilzen (Porling), kolloidalem Silber, um die tierärztlichen Maßnahmen wie eventuelle Operation, natürliche Chelatinfusionen (EDTA- oder Liponsäure) oder Enzymtherapie (z.B. Wobenzym, Wobe-Mugos, Bromelain, Papain) zu unterstützen. Andere, außer Schmerzmitteln, würde ich (auch für mich selbst) ablehnen. Chemotherapien sind auf Kampf und nicht auf Selbstheilung ausgerichtet. Sie basieren zum Teil auf chemischen Kampfstoffen des 1. Weltkrieges. Man kann eine Krankheit, die durch Umweltgifte entstanden ist, nicht durch noch mehr Gifte heilen.Vergiften, Verstrahlen oder Verletzen kann nicht das Prinzip für Gesundung sein. Man hat bei Krebskranken niedrige Vitaminlevel festgestellt, mit Präparaten erhöhte sich jedoch das Risiko. Die Formel heißt also: Giftstoffe raus, naturbelassene Vitalstoffe rein!

Diätetisch:

Empfohlen: Möglichst basisch (⟹siehe Tabelle 16 Basen – Säuren), enzymreich (⟹siehe Enzyme 2b) und Omega 3 reich! (⟹ siehe 1B), energie- und proteinreich, um späterer Auszehrung vorzubeugen (⟹siehe Magerkeit, Rekonvaleszenz), Methylreich (Bio-Soja, Betain ⟹siehe dort), Vitamin P-Träger (⟹siehe dort), Vitamin B 15 (⟹siehe dort). Vitamin C und E und Xanthinreich, Selen (⟹siehe jeweils dort). Fisch, Knorpel (Hai), Wildfleisch, Bioleber, Bionaturjoghurt und andere Sauermilchprodukte in Maßen, Blut, Fleischknochenmehl, Bio-Sahnequark, Hüttenkäse, Molke, alle Anhangsdrüsen wie Pankreas, Thymus, Milz etc., Fischöl, Biohühnerfett, Hirn (falls möglich), Bierhefe bei Appetitmangel. Ganze Mäuse oder Küken für Katzen.

Ballaststoffe und Antioxydantien in Roter Bete, Kohl bes. Brokkoli (mehr krebshemmende Substanzen im Strunk!), Weiß-, Blumen- und Rosenkohl. Kürbis, Apfelschalen und Kerngehäuse (die viel vitaminhaltiger sind als das Fruchtfleisch), Ananas, Papaya, Beeren, Sprossen, Knoblauch, Kresse, Ingwer, Kurkuma, Minze, Oregano, Thymian, Bio-Weizengras.

Schwedenkräuter, Echinacin, Symbionten. Katzenkralle= Uncaria tomentosa als 10 min gekochter Tee (sehr effektiv als 3 wöchige Kur). Beim Menschen hatte man damit Erfolge sowie mit Vitamin B 17 (⟹ siehe dort). Mistel soll die DNS stabilisieren (Nicht bei Hirn- oder Nierentumoren)

In Hundehospizen wird mit Ketodiät gearbeitet: Fast keine Kohlenhydrate, viel Fett, dazu Fleisch, Gemüse oder Früchte. Keine Hülsenfrüchte, Nachtschattengewächse, Getreidesorten. Fasten hat nur bei übergewichtigen Tieren einen positiven Einfluß auf Krebszellen, da sie durch Hungern in ihrem Glukosestoffwechsel behindert werden.

Meiden: Fasten bei Auszehrung und Untergewicht. Stress. Übergewicht. Alle Nachtschattengewächse, alles Stärkelastige wie Trockenfutter, Kartoffeln und Getreide, Backwaren, konventionelle Öle bzw. Omega-6-Lastiges, besonders auch Fritierfett, süßes Obst. Kurkuma zu lange oder in zu hoher Dosierung. Alles Unverträgliche (⟹siehe dort) wie Konservierungsmittel, Zusatzstoffe, Plastik etc..Jeglicher Zucker schwächt das Immunsystem. Es gibt keinerlei Beweis für die Wirkung oder Vorbeuge massiver synthetischer Vitamindosen gegen Krebs.

Lebererkrankungen:

Ä: Stress, Giftpflanzen, Nebenwirkungen von allopathischen Medikamenten, Infektionen.

Empfohlen: Eiweißarm, aber mehrmals täglich in kleinen Mengen hochwertige

Proteinträger wie Geflügel- oder Lammfleisch, Fisch, Joghurt, Frischkäse, Quark, Hüttenkäse, rohes Eigelb. Fettarm, aber (1Eßlöffel/d für mittelgroßen Hund) gutes Fett als Fischöl, auch gutes Hühnerfett.Knochen- oder Eierschalenmehl. Energie- und Ballaststoffreich, Löwenzahn und anderes Gemüse mit Bitterstoffen wie Chicoree, Radiccio, Rukula, Rosmarin, Kurkuma. Vitamin C-haltiges, Zinkhaltiges (<<siehe dort), Retinol-haltiges (⟹siehe Vitamin A), Chlorellapulver 1Teel./d., Schwedenbitter oder Flor de Piedra vor dem Fressen, Mariendistelsamen als Öl oder Flocken. Bierhefe. Chelidonium. Nicht alle Therapeutika auf einmal und kein Dauereinsatz!

Meiden: alle Gift–, Konservierungs- und Zusatzstoffe, (⟹siehe zu vermeidende toxische Stoffe), ranziges Fett, Fertigfutter, Kollagenlastiges, Weißmehl, Backwaren, Süßes, Zucker, Gelatine, Käse. Phosphor- und Kupferlastiges (⟹siehe dort). Fasten

Leck-Schmatz-Tic ist auch eine neue Erscheinung, nicht dem Willen unterworfen und schwer therapierbar. Oft findet man weder eine Gastritis, noch Zahnprobleme oder verkeilte Knochen im Maul. Es kann sich um eine leichte Form der Epilepsie handeln, also einen angeborenen oder erworbenen Hirnschaden durch neurotoxische Impfungen, hier besonders der Anteil an Thiomersal als Quecksilbervergiftung oder zu viele oder überdosierte Medikamente, Borreliose oder Hirntrauma z.B. nach Autounfall. Bei einem kleinen fokalen Anfall können Kau- und Schmatzbewegungen auftreten. (Oliver Sacks 2013) Vermutet werden auch zu viel Büffelhautknochen, die man sowieso lieber meiden sollte, Sodbrennen und verselbständigter Stressabbau bis Zwanghaftigkeit, besonders bei Tierheimhunden. Therapie durch Ablenken mit Spielzeug (Teddys, Kongs etc.) oder Spiel zeitweise möglich. Versuch mit Antiepileptika D: Allergietest und ggf. Such- und Eliminationsdiät.

Empfohlen: Nachgewiesene oder verdächtige Allergene meiden: Milchprodukte, Weizen, Eier, Gluten- (⟹ siehe Kohlenhydrate) und Kaseinhaltiges ⟹ Eliminationsdiät

Meiden: Büffelhautknochen, harte Knochen, Allergene gemäß (2 verschiedener) Tests mit Beobachtung und Allergietagebuch. Glutamat!

Leishmaniose:

S: Leitsymptome sind Appetitverlust mit chronischer Abmagerung und Augenentzündung mit Haarverlust um die Augen, Hautveränderungen an den Ohrrändern, lange Krallen.

Nicht heilbar, Erreger wird mit keiner Therapie eliminiert. Importhunde können erst nach 7 Jahren erkranken. Schützende zelluläre Immunantwort ist aber möglich.

D: Diagnose ist nicht absolut sicher mit Elisatest, auch nicht mit Erregernachweis von Lymphknoten-Punktat oder von veränderten Hautstellen (20 % falsch negativ), sicherer ist eine gentechnische Untersuchung.

Schulmedizinische Therapie empfiehlt Allopurinol, Miltefosin oder Amphotericin. Ich kenne „gesundete" Hunde, die mit MMS = ClO2= Chlordioxid (gelöstes Gas)

als Tropfen innerlich behandelt wurden. Auch Infusion i.v. möglich als eingetragenes Arzneimittel in USA (Fa. BioCide (gegen schlecht heilende Hauterkrankungen) und EU sowie der Fa. Bioxy Inc. als Futterergänzungsmittel. Hautirritationen können äußerlich damit behandelt werden.

Empfohlen: Versuch auch mit Artemisia annua oder absinthum, das frisch, als Tee, Kapsel oder Pulver gegen alle Einzeller (Leishmanien, Babesien, Giardien, Kokkzidien) helfen soll. Bei zu hoher Dosierung des Wermuts, eines Beifußgewächses, toxisch durch Thujon.Neuerdings soll es ein spezielles Trockenfutter geben. Purinarmes veganes Futter wird empfohlen, zeitweise vegetarisches (Ei, Frischkäse, Joghurt, Gemüse). Im Tierversuch wurde mit Kurkuma, gemischt mit Chili und Pfeffer, ein therapeutischer Schutzeffekt nachgewiesen.

Keine Prophylaxe wirkt 100%ig: 1x die Woche mit speziellem Repellent-Shampoo waschen, wenig ausspülen, Scalibor, noch besser das neue Seresto Halsband umlegen, ausgewiesene Sprays. Sandmücken bekämpfen, die bodennah z.B. in feuchten porösen Steinen leben.

Magendrehung: Zivilisationskrankheit vor allem bei Großrassen durch Überfressen und Aufgasen des Magens bei Trockenfutter oder hoher Kohlenhydratzufuhr und starker Bewegung wie Toben, am Fahrrad Laufen oder Gewaltmärschen nach der Nahrungsaufnahme. Obwohl die meisten Magendrehungen nachts im Schlaf auftreten, werden sie auf diese Risikofaktoren zurückgeführt. Es ist sofortiges medizinisches Eingreifen, oft Notoperation nötig. Falls der Hund sie überlebt, sollte auf Kohlenhydrate und kommerzielles, quellendes Futter verzichtet und auf 1-2 Stunden Ruhezeiten nach mehrmaligen täglichen Mahlzeiten geachtet werden.

Magensäureprobleme, Hyperazidität: (⟹ siehe auch Gallekotzen und Leck-Schmatz-Tic): *Empfohlen:* Versuche mit unregelmäßigen Futterzeiten. Erhöhung der Ballaststoffe(⟹ siehe dort), Knoblauch, Banane, Kohl. Nur in akutem Fall sollte man in Wasser aufgelöstes Natron = Bicarbonatpulver eingeben, nicht aber für Dauergebrauch, da der Magen durch Rückkopplung danach besonders viel Magensäure produziert.Tierheilpraktiker versuchen auch Behandlung mit MSM.

Kartoffel-, Reis-, Leinsamen- oder Chiabrei. Heilerde (⟹siehe dort). Beachtung der Basentabelle! (⟹siehe Tabelle 7 „Säuren-Basen"). Durchpassierte roh geriebene Bio-Kartoffel mit Schale als Saft eingeben.

Meiden: Ad Libitum Fütterung, zu häufige kleine Mahlzeiten (Leckerchen), zu viel Fett. Es ist zu bedenken, dass Leckerchen, Zwischendurch-Belohnungen und Trainingshäppchen jedes Mal die Magensäure anregen. Allopathische Säureblocker (⟹siehe dort)

Magerkeit, Untergewicht, Mäkeligkeit: Rippen, Rückenwirbel und Hüfthöcker sollten keinesfalls sichtbar sein. Untergewicht kann durch zu wenig Kalorien, individuelle Stoffwechsellage, rassebedingt, besonders bei Großrassen, oder durch Hitze, Läufigkeit, Fieber und Appetitmangel (⟹siehe dort), Krebs, Zahn- oder Maulprobleme, Leishmaniose und andere zehrende Krankheiten entstanden sein. Oft spielt eine Unterfunktion der Bauchspeicheldrüse eine Rolle, ohne deren Sanierung auch noch so viel energiereiches Futter nicht anschlagen wird, welches ansonsten wäre: Alle Tierfette, Pansen, leicht verdauliche Kohlenhydrate wie beispielsweise überbrühte feine Haferflocken. Diese dienen alle zur Gewichtszunahme, sofern eine EPI ausgeschlossen ist. Bei Unterfunktion des Pankreas (⟹siehe dort) werden Fette verschmäht, weil sie nicht genügend verdaut werden können.

Empfohlen: Enzymreiches Gemüse mit Leber pürieren, Fleisch und Gemüse wolfen und mischen. Fett- und Kohlenhydratanteil je nach Akzeptanz erhöhen, Ballaststoffe vermindern (⟹siehe auch Appetitmangel). Appetitsteigerer: körperwarmes Futter, da geruchsintensiver und natürlicher wie frische Beute. Lebermehl, Bierhefe, Kurkuma, gewolftes Fleisch, grüner Pansen. 3 bis 5 x täglich anbieten, jedes Mal geräuschvoll umrühren, kein Dauerangebot. Etwas Fleisch-, Fischbrühe oder Fischöle übers Futter geträufelt helfen oft, da fast alle Tiere einen DHA-Mangel haben und den Geruch und Geschmack attraktiv finden. Hanföl kann versucht werden.

Mandelentzündung =Tonsillitis:
Empfohlen: Suppiges weiches püriertes Futter, Salbei
Meiden: Schneefressen, Knochen, Trockenfutter

Maulgeruch: lässt sich allein diätetisch nicht beseitigen, auch nicht mit besonderem käuflichem Kaumaterial ohne Tierarztkontrolle des Mauls auf Fremdkörper, Zahnverfall, Zahnfleischentzündungen und ggf. entsprechende Sanierung. Barfen und Knochenfütterung empfohlen, falls noch genügend Zähne verbleiben, sowie Stoffwechselentgiftung mit Kräutern und Schwefel. Chlorophyll absorbiert Gerüche.

Milchmangel: Wenn eine Mutterhündin zu wenig Milch hat, sollte man sie unbedingt zu vermehrtem Trinken animieren. (⟹siehe Anregen zum Trinken) und ihr auch in der Wurfkiste etwas anbieten.Man kann keinen Hund zum Saufen zwingen. Ratsam sind Fenchel in jeder Form (Grün, Knolle, Samen, Tee), Himbeerblätter und Homöopathie (Sabina). Je mehr die Welpen saugen, desto mehr wird der Milchfluss wiederum stimuliert, deshalb sollte man nicht zu früh mit Fläschchen anfangen.

Mutterlose Welpen: werden alle 4 Stunden, möglichst auch nachts, je nach Alter, mit einem Milchfläschchen mit Milchaustauscher gefüttert.Die Milch sollte Körpertemperatur oder wenigstens Zimmertemperatur, keinesfalls Kühlschranktemperatur haben. Nach dem Füttern ist unbedingt zu beachten, dass, am besten mit einem umwickelten Handtuch, das Bäuchlein jedes Welpen in Richtung Darmausgang massiert werden muss, und zwar solange bis sie etwa mit 3 Wochen allein Kot absetzen können.

Hundemilch hat 2-3 x mehr Fett und Protein als Kuh- oder Trockenmilch, weshalb man ihr etwas Sahne oder gutes Öl im Verhältnis 1:10 zusetzen sollte.

Hundemilch hat 3,5% Milchzucker, 8 % Protein, und 9-10 % Fett, davon 60 % ungesättigt.

Katzenmilch hat 4,9% Milchzucker, 7,2 % Protein und 5 % Fett.

Es gibt fertige Hunde- und Katzenaufzuchtsmilch. Mit Kunstmilch aufgezogene Welpen haben allerdings ein höheres Risiko für Allergien, Hyperaktivität, Verdauungsprobleme und Diabetes, Methionin- und Argininmangel, der Blindheit durch Katarakt bewirken kann. Käufliche Aufzuchtmilch besteht u.a. aus Kuhmilch, Zucker, Laktose, Salz, Verdickungsmitteln, Laborvitaminen und Konservierungsstoff. Kuhmilch hat weniger Fett, weniger ungesättigte Fettsäuren, weniger Kalzium und Phosphor und nur halb so viel Kalorien als die dickere Hundemuttermilch.Schafmilch kommt ihr am nächsten.

Nierenprobleme:

Empfohlen: Bei Eiweißverlusten über den Urin muss die Proteinzufuhr erhöht werden. Mindestens ein Drittel des Menüs sollte wertvoller, tierischer Eiweißträger (z.B. weißes Fleisch (⟹ siehe dort) sein. Vermehrt Fette mit Omega 3 und rohes Gemüse. Energiereiche Kohlenhydrate ohne Einschränkung bei Verträglichkeit (Nicht bei Katzen). Frische Brennnessel sowie alle Sorten von Kresse (3 x täglich) sind sehr effektiv. Brennnessel verliert das Brennen durch Pürieren. Frische Löwenzahnblätter und –wurzel. Kalziumreich (⟹siehe Kalzium, außer bei Ca-Oxalatsteinen), kaliumreich bei Katzen, die haben eher einen K-Mangel.

Unbedingt Trinkanregung (⟹siehe dort), deshalb Futter suppig anbieten. Nierentees (mit Goldrute, Birke, Zinnkraut, Bohnenschalen). Bei Borreliose, Leptospirose, Diabetes, Krebs, Urämie oder Steinen selbstverständlich Behandlung mit dem Tierarzt, abhängig vom pH-Wert (⟹siehe Harnwegserkankungen) mit Diätunterstützung. Cantharis

Meiden: Trockenfutter, auch nicht als Nierendiät. Keine Wurst, glutenhaltige Getreidesorten (⟹ siehe 1C), Ballaststoffe, Knochen und Kollagenreiches sowie Mineralstoffreiches. Phosphor (künstliche Phosphate), Natrium und Kalium sollten vermindert werden. Kein Salz! Keine Kühlmäntel! Zu viel pflanzliches Protein kann bei der Katze zu Nierenstörungen führen.

Operationsnachsorge: Hier kann man keine allgemeingültige Diät angeben, weil diese ja ganz von den betroffenen Organen abhängen, welche in Mitleidenschaft gezogen waren. (⟹ siehe Rekonvaleszenz)

Parasiten: im Darm. Natürliches Entwurmen mit Papayakernen funktioniert sehr gut, aber nur nach Fasten oder wenigstens nüchtern. Die Enzyme der Samen greifen die Würmer an. Deshalb nicht gleichzeitig mit eiweißhaltigem Futter geben.

Ansonsten wirken gemahlene Chili nüchtern in Kapsel, Beifuss, Wermut (⟹siehe auch Würmer), Oreganum, Thymian, Kokosöl, Kokosraspeln, auch Fellstücke und Pflanzenhaare austreibend. Behandler geben auch MMS.

Pilzinfektion: Knoblauch

Purinempfindlichkeit: Reinrassige Dalmatiner haben eine genetische Besonderheit ihres Proteinstoffwechsels, vergleichbar mit der Gicht des Menschen. Sie können die Purine im Fleisch nicht genügend abbauen. Das kann auch bei Nierenerkrankungen anderer Rassen vorkommen. Durch Einkreuzung von Pointern hat man versucht, sogenannte LUA-Dalmatiner ohne das SCL2A9-Gen zu züchten. Sie werden aber vom Zuchtverband nicht anerkannt.

Purine fallen als organische Verbindung bei der Verdauung hauptsächlich tierischer Kost und deren Nukleinsäuren an, sowie durch Muskeltätigkeit. Harnstoff, Harnsäure und Kreatinin sind Abbauprodukte des Purin- bzw. Proteinstoffwechsels. Normalerweise besteht ein Gleichgewicht zwischen Harnsäureaufbau und –ausscheidung. Dieses kann durch zu viel Purin bei genetisch veranlagten Rassen gestört sein. Gleichzeitig ist auch der Basen-Säure-Haushalt zum Sauren hin verschoben. Die vermehrte Harnsäure kann sich bei ungenügender Trinkzufuhr zu Harnwegssteinen verfestigen. Harnsäuresteine können durch alkalische Menüzubereitung (⟹siehe Tabelle 7 „Säuren-Basen"), Kalziumkarbonat, harntreibende Mittel und ggf. Spasmolytika ausgetrieben werden.

Empfohlen: Es empfiehlt sich eine proteinarme Diät, schwierig bei einem Carnivoren, denn eine purinarme Fütterung sollte Eiweiß stark einschränken und trotzdem Abwechslung gewährleisten. Purinärmere Komponenten sind Huhn, Pute, Wildmuskelfleisch, Kaninchen, ganzes Ei samt Schale, abwechselnd roh und weich gekocht, Milchprodukte bes. Molke und Sauermilchprodukte ohne Zusätze und Aromen, Käse, Frischkäse. Obst, Gemüse, Kräuter, Kartoffeln und andere Kohlenhydratträger. Lebertran. Basenreiche Kost in Form von viel Obst, Gemüse (Möhren) und Kräuter (bes. Brennnessel und Girsch) gegen Übersäuerung. Kartoffeln, Kartoffelbrei, Maisbrei, ausnahmsweise Süßlupinenmehl (hat 35-42 % basisches Protein). Molybdän (⟹siehe dort), da es das Enzym Xanthinoxydase unterstützt, welches über die Nieren einer erhöhten Harnsäurekonzentration vorbeugt. Grüner Hafertee und reichlich Flüssigkeit. Auch 1 bis 2 Tage pro Woche veganes Fertigfutter erleichtert als purinarme Diät die etwas komplizierte Fütterung. Kartoffel-Ei-Diät mit Gemüse und maximal einem Ei täglich wäre ein Menü. Bewegung

Meiden oder stark einschränken: rotes Fleisch (⟹siehe dort), Fisch (bes. Hering, Sardellen, Sprotten), Schweinefleisch, Wurst, Häute, besonders Hühnerhaut, Innereien, besonders Wildinnereien, Nieren, Lunge, Leber, Pansen, Fleisch- und Fischbrühen, Fleischextrakte, Gelatine, tierische Fette. Nicht zu viele Calciumträger (⟹siehe dort). Xanthin (⟹siehe Vitamin A) in rotem Lachs, Meeresfrüchten, Krillöl, Braunalgen, Federn, Schnäbeln, Blut, Augen. Kollagenlastiges. Glycin (E640) (⟹siehe dort) und

Inosinat (E 633) (⟹siehe Inosit) sowie Hülsenfrüchte und Soja, auch in Fertigfutter. Hefe. Algen, Mango, Spinat, Löwenzahn. Glutenhaltige Getreidesorten (⟹siehe glutenhaltige Kohlenhydrate 1C), Salz, Zucker, Oxalathaltiges (⟹siehe Oxalate). Auch süßes Obst mit viel Fruktose. Trockenobst hat zum Beispiel besonders viel davon. Fasten verschlimmert.

Rachitis: kommt heutzutage nur noch selten vor, am ehesten bei schlecht ernährten Tieren in Massenzuchten.

Empfohlen: Fleischknochen, Knochenmehl, Leber, Lebertran, also Ca-Haltiges und Vitamin D3-Träger (⟹siehe jeweils dort). Grüngemüse und Bewegung im Freien.

Reisekrankheit: Vor längeren Fahrten nicht füttern, Wasser kann gegeben werden. Zur Vorbeuge von Erbrechen in Verkehrsmitteln gewöhnt man den nüchternen Welpen bereits an kurze Fahrten, die ersten Male am besten auf dem Schoß des Beifahrers, mit Blick nach draußen in Fahrtrichtung, sodass keine Angstgefühle, sondern Geborgenheit aufkommen. Bei langen Fahrten sollte man alle zwei Stunden pausieren und Bewegung und wenig Wasser anbieten. Versuchen Sie, 1 Teelöffel fein gemahlenen frischen Ingwer, notfalls auch käufliches Pulver, mit etwas Wasser einzugeben, etwa eine halbe Stunde vor der Fahrt. Sein Wirkstoff blockiert das Brechzentrum. Auch Nux vomica kann man versuchen. Falls das nicht hilft oder bei Flugreisen kann der Tierarzt mit Azepromazinpulver (Vetranquil) aushelfen, das man beim Einchecken in etwas Hack verabreicht. Es wirkt sowohl antiemetisch wie beruhigend und angstlösend.

Rekonvaleszenz: Aufbau während oder nach Krankheiten kann nicht allgemein beschrieben werden, weil abhängig von vorangegangenen oder akuten Symptomen. Energiereiches und leicht Verdauliches ist im Allgemeinen richtig, wie: pürierte Leber, Milz oder Seefisch, gewolftes Muskelfleisch, also Hack, Dickmilch mit etwas Quark, kräftige Fleisch-, Knochen- oder Hühnerbrühe mit verschlagenem Eigelb, Haferschleim. Bierhefe gibt B-Vitamine und erhöht den Appetit, ebenso wie Leber- oder Fleischknochenmehl über das Futter gestreut. Alles notfalls mit Spritze eingeben. Ich habe immer wieder erfahren, dass Zwangseingabe auch mit der Hand nicht viel nützt, wenn der Körper sich dagegen wehrt, da er seine verbliebene Energie in die Abwehr der Krankheit und nicht in die Verdauungsleistung investieren will. Manchmal wirkt auch gutes Zureden. Bei starker Gewichtsabnahme (⟹siehe Magerkeit, Untergewicht)

Schilddrüsenüberfunktion: Bei Hunden selten (bei Tumoren oder Dauerfütterung von Schlund mit Anhängen), bei Katzen die häufigste endokrine Störung, die sich in Hyperaktivität von Verhalten, Herzschlag und Darmmotilität äußert, sowie Leber und Nieren in Mitleidenschaft zieht. Die Diät sollte symptomatisch danach zusammengestellt werden. Kurkuma, Beruhigungskräuter und Kohl können ausgleichend wirken. Na-chloratum C 200

Schilddrüsenunterfunktion: Neuerdings häufig bei Hunden mit Leitsymptomen des schütteren Haarkleides, des stellenweisen Haarausfalls und lethargischer Verhaltensänderung. Hormonelle Pathogenese durch Fehlernährung: Zu viel Soja, synthetische Vitamine, anorganisches Selen, anorganisches Kalzium, besonders in Fertigfutter. Schnell verdauliche Kohlenhydrate führen zu Unterzuckerung und Glutenunverträglichkeit, besonders wenn ad Libitum großwüchsigen Rassen im Wachstum Trockenfutter angeboten wird. Es kommt zu Ausschüttung vermehrter Schildrüsen- wie Wachstumshormone, welche größeren Hunger und noch mehr Aufnahme bewirken. Mangel an Tyroxin führt dann zu Fettleibigkeit. Hirse, Glutamat und Bisphenol A (Weichmacher) sollen auch ursächlich an Hypothyreose beteiligt sein, sowie Perchlorate in Überdüngungen und Wasser, weil sie die Jodaufnahme der Schilddrüse hemmen.

Selten Ursache Mangel an Jod, evtl. aber an Selen, Vitamin B 3 (wird für Thyroxin-Synthese benötigt, die hochwertiges Eiweiß voraussetzt), sowie Mangel an Vitamin D3 und Omega 3 Fettsäuren. Betroffen sind besonders vegan ernährte, ältere und kastrierte Hunde.

Versuch mit diätetischer Beeinflussung:

Empfohlen: Drüsenextrakte, Kehlkopffleisch, Blasentang, Meeresalgen, Moringa, Kurkuma, Jodhaltiges (⟹siehe Jod), Selenhaltiges (⟹ siehe dort) nur nach Test, Omega-3-Haltiges (⟹siehe Vitamin F), Vitamin-D-Haltiges (⟹siehe dort), Vitamin B3-Haltiges (⟹siehe dort), Vitamin-A-Haltiges (⟹siehe dort). Schilddrüsenkranke Hunde genasen vollständig durch Umstellung auf Barf-Frischfutter.

Meiden: zu viel Seealgenmehl, Getreide, Trockenfutter, Kohl, Jodsalz, anorganischen Kalk, Soja, Hirse, Glutamat, Weichmacher in Plastik, Chlor in Pools und Leitungswasser

Stumpfes Fell: Ursache kann eine von vielen Stoffwechselstörungen sein. Neben der Stuhlkontrolle und dem Verhalten ist die Fell- und Hautbeschaffenheit das wichtigste Kriterium für Gesundheit und Wohlbefinden, welches jeder Tierbesitzer selbst in Augenschein und Betastung nehmen kann. Gesundes Fell ist weich und glänzend. Bei einem Überangebot an gesättigten Fettsäuren (⟹siehe dort) in Wiederkäuerfett kann es stumpf werden und sich talgig anfühlen, weil ungesättigte Fettsäuren fehlen, welche ich durch Füttern von Hirn, Fisch- und deren Ölen oder gutem Hühner- oder Schweinefett ersetzen oder beifüttern kann. (⟹siehe tierische Omega-3-Fette)

Talgiges Fell: kommt von einem Überangebot von ungesättigten Fetten in billigem Trockenfutter, zu viel Rinder- oder Schaffett und gleichzeitigem Mangel an ungesättigten tierischen Fettsäuren(⟹siehe dort), die zu empfehlen sind.

Tumoren: Wie beim Menschen ist es ein Irrtum anzunehmen, dass wenn der Tumor beseitigt wurde, der Patient wieder gesund ist und überlebt. Oft kann er ganz gut mit ihm leben und die Geschwulst wächst nicht weiter. Oder sie wurde chirurgisch entfernt und das Tier stirbt trotzdem, weil die Ursachen wie Stress, Umweltnoxen, falsche Ernährung nicht beseitigt wurden. Die meisten Hunde werden heutzutage über ihren Futternapf umgebracht. (⟹siehe auch Krebs).

Übergeben: siehe Erbrechen und Reisekrankheit

Verhaltensstörungen: Eine Futterumstellung auf Barfen lohnt immer. Über die Darmflora nimmt Futter Einfluss auf das Gehirn. Ich verweise auf mein Buch „Hilfe, mein Hund ist unerziehbar!"

Beim Tierverhaltenstherapeuten besteht die Gefahr, dass er den ernährungsmäßigen Anteil als wichtigsten Umweltfaktor bei einer Störung nicht berücksichtigt, wie andererseits der Fachmann für Futter die Möglichkeit nicht in Betracht zieht, dass er biografisch wichtigen Einflüssen (Erziehung, Besitzerwechsel, Umzug, Traumata etc.) keine Beachtung schenkt. Bei Tierverhaltensstudien wird die Futterung nicht berücksichtigt, bei Fütterungsversuchen das Verhalten nicht. Es gibt aber keine Trennung zwischen Psychologie und Physiologie.

Manche Halter glauben, dass ihre Hunde aggressiv werden, wenn sie rohes Fleisch bekommen. Wachhunde werden deshalb oft mit Schlachtabfällen gefüttert. Bei Jagdhunden wird fälschlicherweise ein Anschneiden des Wildbrets befürchtet. Rasse und Erziehung haben hier einen größeren Einfluss. Barfen führt jedoch keinesfalls zu erhöhter Aggressivität, eher zu mehr seelischer und körperlicher Ausgeglichenheit.

Verstopfung: Dicke, alte und kastrierte Tiere, sowie Tiere mit Schilddrüsenunterfunktion neigen dazu, und Hündinnen, die gerade geworfen haben in den ersten 2 Wochen, weil sie sich kaum aus der Wurfkiste bewegen. Hunde und Katzen sind Gewohnheitstiere, was ihre Ausscheidungen betrifft. Deshalb kann bei Stress, Umzug, ungewohnter Umgebung auf Reisen auch ein Zurückhalten aus psychischen Gründen eine Rolle spielen, weil bekannte Löseplätze fehlen. Ebenfalls kann sie sich bei zu wenig Flüssigkeitsangebot oder zu viel Knochenfütterung einstellen, besonders, wenn es sich um erhitzte, also gegrille, gebratene oder gekochte Knochen handelt. Das muss ja nicht immer Absicht gewesen sein, sondern Hunde treiben diese auch unvernünftigerweise bei ihren Selbstversorgertrips auf, bei Mülleimerinspektionen oder Bettelei bei unbedarften Menschen. Obstipationen können so schlimm sein, dass überhaupt kein Kot mehr abgesetzt wird und es zu vollkommenem Transportstillstand oder sogar Koterbrechen, besonders auch durch Fremdkörper, kommen kann. Sollte am dritten Tag trotz Diät immer noch überhaupt kein Kot abgesetzt werden, verbunden mit Unwohlsein, Appetitverlust und versuchsweisem Pressen ohne Erfolg, dann sollte man schleunigst einen Tierarzt/Tierärztin aufsuchen. Durch Abhören, Abtasten sowie Röntgen des Bauches können oftmals zementharte Blockierungen des Darmes festgestellt werden. Nur in seltenen Fällen muss operiert werden. Die Sache kann mit einem lauwarmen Einlauf mit einem Wasser-Paraffinölgemisch mit ein wenig Kernseife wieder in Schwung gebracht werden.

Schon bei weißem hartem Kot mit Anstrengung abgesetzt sollte der Tierhalter/in diätetisch eingreifen. Man kann erst einmal mit einer Gegendiät beginnen, indem man abführende Komponenten füttert und Bewegung fördert.

Empfohlen: Fasten, dann Obst- oder Gemüse-, Ballaststoff- und Fettanteil erhöhen. Suppiges Futter, Fleischbrühe. Anregung zum Trinken (⟹siehe dort)

Abführende Komponenten: Milz, Bio-Joghurt, rohe Leber, fettes Fleisch, Dickmilch, Sauermilch, Öle (Katzen 2 Teelöffel/4kg). Die Eingabe einiger Teelöffel Paraffinöl kann hilfreich sein. Es wird nicht resorbiert, macht aber den Darminhalt gleitfähig. In milderer Form besorgen das auch schleimbildende Pflanzen wie gekochter gemahlener Leinsamen, eingeweichter Chia, Reis- oder Haferschleim. Weizenkleie verbessert die Kotkonsistenz durch Volumenreiz mit ausreichender Flüssigkeit. Auch eingeweichte, gemahlene, pürierte Pflaumen ohne Kern. Evtl. Laktosepulver. In manchem Fertigfutter sind die Flohsamen gegen Verstopfung gleich eingebaut. Sie helfen aber nur bei ausreichender Flüssigkeitszufuhr.

Außerdem für ausreichend Bewegung und Trinken sorgen.

Meiden: Alle stopfenden Komponenten (⟹siehe Durchfall) wie Knochen, Knochenmehl und andere Kalziumkomponenten, Banane, Quark, hart gekochtes Ei, gebratene oder gekochte Leber.Keine Abführmittel für Menschen, kein Glaubersalz.

Vomitus: siehe Erbrechen

Würmer: Knoblauch oder schwarze Papayakerne, beides zerstoßen. Artemisia abrotanum = Eberraute =Wermut = Beifußgewächs, letzteres auch homöopathisch. Manche Behandler schwören auf MMS.Alles einzeln kurweise und ggf. abwechselnd. Es gibt auch fertige Pulver oder Snacks auf allopathischer oder Kräuterbasis, die gegen Würmer und Zecken hilfreich sein sollen.

Zahnkrankheiten: Zahnerkrankungen beugt man am besten mit Kauen und Nagenlassen von Knochen und Sehnigem vor, die eine Selbstreinigung bewirken. Sind schon größere Schäden am Kauapparat eingetreten, geht kein Weg an einem tierärztlich-therapeutischem Eingriff vorbei, sei es durch Ultraschallreinigung oder Zahnziehen. Danach und bei blutiger, entzündeter Schleimhaut sollte man eine Zeitlang auf Knochen verzichten und suppiges, weiches Futter mit Knochenmehl oder Eierschalenpulver anbieten bis zur Abheilung. Antibiotisch wirksame Komponenten empfohlen (⟹ siehe dort). Zahnfleischentzündungen und Zahnstein werden durch Kohlenhydrate und Mangel an Basen, Zink, Selen und B Vitaminen gefördert. Durch Dauerfütterung von weichem Dosen- oder eingeweichtem Trockenfutter ohne gelegentliche Knochen hypotrophiert der Kauapparat und die Zähne können sich schon in jungem Alter lockern, vor allem bei Kleinrassen und Perserkatzen.

Zahnpflege: Das Beste für gesunde Zähne und die Vermeidung von Belägen, Plaques und Folgeerkrankungen ist das Benagen von rohen Knochen, die auch gleichzeitig genügend Kalzium bereitstellen. Aber auch Geweihstangen, Klauen, Hufe liefern Beschäftigung und Mineralien. Auch die vegane Wurst als ganze Möhre ist nicht schädlich, wohl aber Brotkrusten, weil sie Plaques bewirken. Das Nagen stellt eine besonders artgerechte Form der Beschäftigung dar, weniger das Kauen.

Bewertung bestimmter Komponenten:

A) von Proteinträgern:

Viele Fleischteile meint der moderne Mensch in den reichen Industrieländern heute nicht mehr essen zu können. Deshalb sind sie auch kaum noch in Metzgereien oder Supermärkten zu finden, nicht mal für unsere Vierbeiner. In anderen Regionen der Welt legt man aber gerade Wert auf solche essbaren Teile, weshalb sie oftmals exportiert werden. Welch ein Wahnsinn! Aber angeblich Ungenießbares wird dem deutschen Verbraucher ohne sein Wissen trotzdem in Würsten, Fertiggerichten etc. untergejubelt. Schauen Sie selbst:

Wofür sind bestimmte Komponenten gut? Was nutzt wofür?

A: Proteinträger

Teile vom Rind: In Deutschland gelten bis 60 % eines Schlachtrindes als für den Menschen nicht eßbar oder haben Überproduktion, weil sie vom Verbraucher weitestgehend verschmäht werden.Anstatt diese Anteile wegzuwerfen sollten sie unbedingt für Tiere genutzt werden.In Barfshops gibt es die billigsten Fleischsorten zum Preis von durchschnittlich 2 bis 4 €/kg.Versand ist teurer.

Beine: zerhacken lassen, sodass das Mark verwendbar ist. Hunde geben sich sehr viel Mühe das Innere der Röhrenknochen raus zu lecken. Man sollte ihnen dieses wertvolle Fett nicht vorenthalten. Meine Vermutung, die ich aber nicht beweisen kann, ist, dass auch das Mark von rohen Knochen eine Quelle von DHA und EPA sein könnte, denn schon in der Steinzeit war dieser fettreiche Inhaltsstoff von Menschen sehr begehrt, was Paläoanthropologen an der Bearbeitung von millionenalten Knochenfunden herausfanden. Auch als Knochenbrühe oder Gallerte gegen Arthrose (⟹ siehe dort).

Beinscheibe: Wird als Kochfleisch mit Knochen und Muskelfleisch verkauft. Quer geschnittene Röhrenknochen können sich in seltenen Fällen den Hunden über die Zunge stülpen, weil sie das leckere Mark auslecken wollen.

Blättermagen: Vor allem so frisch wie möglich und nicht gebrüht ist er mit anhaftendem Pflanzeninhalt ein fast vollkommenes Menü wie Pansen. Auch gebrüht verfütterbar, da leider oft nicht anders zu bekommen. Gutes Ca:P Verhältnis.

Blut: Mit besonderer Verwertungserlaubnis bieten Barf-Shops gefrorenes in Würfeln an. Schlachttierfleisch ist ausgeblutet und dieser wichtige Eisenträger und der für Fleischfresser stimulierende Häm-Geruch ist stark herabgesetzt. Gefroren ist nicht frisch, aber auf jeden Fall besser als gar keines. Es kann umgehend nach Schlachtung dem Einfrierprozess ausgesetzt sein, unterliegt dabei aber sofort durch Lagerung dem

Rinderdarm ist lecker

Welpe an Rinderhüfte

Verlust von Wertstoffen durch Platzen von Blutkörperchen. Frisch würde heißen lebenswarm.Ein Beutetier hat 3-5 % Blut. Aber es ist der beste Ersatz. Blut enthält 90 % Wasser, worin Fette, Salze bzw. Mineralien (Fe,Ph, Ca, Mg, Zn), Glukose, Vitamine (Bs, A), weiße und rote Blutkörperchen und rund 100 unterschiedliche Proteine, zum Beispiel Antikörper, Hormone und Enzyme in optimaler bioverfügbarer Form gelöst sind. Es gibt auch Blutpulver oder getrocknetes Hämoglobin.

Brustbein: Knochen und Knorpel mit gut ausgeglichenem Fleischanhang

Darm: In Deutschland dürfen von keinem Tier die Därme und ihre Inhalte verarbeitet oder verkauft werden. Für die Verarbeitung von Darm braucht es eine besondere Lizenz des Verarbeiters. Möglichkeit des Ersatzes der Ausscheidungen von Pflanzenfressern ist durch grünen Pansen oder Blättermagen oder püriertes Grünzeug möglich.

In anderen Ländern gilt gegrillter Rinderdarm für Menschen als Delikatesse, gesäubert natürlich und ohne Inhalt oder für Wurstpelle. Frisch hat er Fettanhang und Drüsen und so auch ungesäubert lassen. Möglichkeit über Hausschlachtung, Bauernhöfe. Halbgefroren schneidet er sich besser, sonst rollt er unter dem Messer.

Fellstücke: Reich an natürlichem Kupfer und Zink, beschäftigungsintensiver, natürlicher Reiniger von Zähnen und Darm. Wirksam gegen Darmparasiten und Übergewicht, da kalorienarm. In Wolflosung finden sich viele Haare.

Fleischknochen: Alle Knochen mit Anhangsfleisch wie Brustbein, Ochsenschwanz, Kalbsknochen, Suppenknochen, Beinscheibe, Markknochen,Rippen etc.

Geschlechtsorgane:

a) vom weiblichen Rind

Nachgeburten und Gebärmutter können gelegentlich gegeben werden, nicht jedoch als Dauernahrung, da sie durch Hormonwirkung negative Auswirkung auf Fruchtbarkeit und Welpensterblichkeit haben können.

Euter: roh enzymreich, bindegewebsreich, basisch.Für Mensch nur in regionalen Gerichten noch gegessen, sonst in Hundefutter oder als Abfall in Abdeckereien entsorgt. Wird auch getrocknet und gefroren angeboten.

b) vom männlichen Rind

Hoden: werden gefroren angeboten für ca. 2 €/kg. Die meisten Überschüsse werden in der EU in Tierkörperbeseitigungsanstalten entsorgt, jedoch von anderen Völkern richtig zubereitet (gegrillt mit Salz und Zitronensaft z.B. in Südamerika) als Delikatesse gepriesen. Stier-, Kalbs-, Schaf- und Schweinehoden werden in der Schweiz und Spanien als spanische Nieren gegessen und gelten als Aphrodisiakum. Pferdehoden werden in der Mongolei roh verspeist.

Ochsenziemer: ist getrockneter Bullenpenis. Sehr zäh, ballaststoffreich, kein besonderer Nährwert, aber hoher Beschäftigungswert, besonders für große Hunde. Im Allgemeinen nur getrocknet ganz oder in Stücken zu kaufen.

Hackfleisch: ist gewolftes Muskelfleisch, gekauft oder selbst durchgedreht, mit mehr oder weniger Fett, gut für ganz junge Welpen, kleine Rassen, Tiere in Rekonvaleszenz oder mit Schluck- oder Zahnproblemen. In einer einzigen Packung von Bio- wie auch von gewöhnlichem Hack können Tiere aus verschiedenen Ländern verarbeitet sein.

*Haut:*Nur getrocknet käuflich, mit guten Ballaststoffen und langer Beschäftigung für Hunde. Schwer verdaulich. Mit Fell ein guter Darmputzer. Zu Gelatine verarbeitet für Menschen z.B. in Sülzen, Weingummi, Lakritz, Frischkäse, Säften, Schokoküssen, Marshmallows und Light-Milchprodukten! Guten Appetit! Getrocknet erhältlich als Rinderkopfhaut. Sogenannte Kauknochen werden auch aus Rinderhaut, aber umweltschädlich und gebleicht, meist in China hergestellt.Man sollte sie nicht kaufen.

Hirn, Bries: auf Nachfrage erhältlich vom Kalb, sehr gute Fettzusammensetzung

Kalbfleisch ist krankes Fleisch durch bewusst verlängerte Mangelernährung der Kälber mit Milchaustauscher und ohne lebensnotwendiges Rauhfutter, sodass ein helles Muskelfleisch durch Eisenarmut entsteht. Weder für Mensch noch Tier empfehlenswert.Es sollte aus Tierschutzgründen weder gegessen noch verfüttert werden. Außerdem werden bei Mastkälbern zu 100% Antibiotika eingesetzt.Die Bruderkälbchen in der Milchkuhhaltung werden in qualvollen Transporten ohne Wasser bis Algerien verschifft.

Kalbsfüße, Rinderfüße: auf Nachfrage erhältlich, am besten gleich beim Metzger zersägen lassen. Sehr gut, um davon Brühe zu machen.

Kalbsknochen: roh oder getrocknet zu haben, ca. 44 % Protein, 12 % Fett, Rohasche 5 %.

Kehlfleisch, Schlundfleisch: Grenzfuttermittel, nicht als Dauer-Alleinfutter. Therapeutisch bei Hypothyriose, da hoher Jodgehalt.

*Knochen:*Alle Sorten sind gutes Beifutter für Zähne, Kalziumversorgung, Beschäftigung, Alkalinisierung.Knochen bieten außerdem noch Magnesium und Zink. Viele Hundehalter haben leider eine ausgesprochene Knochenphobie, oft aus Angst, ihre Lieblinge könnten keine Knochen abnagen und fressen. Wenn dann auch noch auf Kalziumträger im Barf-Mischfutter verzichtet wird, kann es tatsächlich zu Imbalancen kommen, da Kalzium besonders in der Wachstumsphase zum Aufbau von Skelett und Zähnen unbedingt benötigt wird. Gemahlen werden sie zu Gelatine verarbeitet.

Knochenmehl: kann erhitzt oder roh sein, das ist dann das, was bei dem Metzger unter die Knochensäge fällt.Das rohe ist rosa und kann eingefroren werden. Erhitztes Knochenmehl ist weiß und fast geruchlos, wenn es nur reine Knochen sind, und bräunlich, aromatisch riechend, wenn auch Anhangsfleisch mit getrocknet und vermahlen wurde. Alle besonders geeignet zum Mischen für Welpen, laktierende Muttertiere oder Tiere mit Schluck- oder Zahnproblemen.

Kopffleisch: gefroren 1 kg etwa 4€. Es hat eine Menge Muskelfleisch, das in anderen Ländern Delikatesse ist.

Kutteln: siehe Pansen

Labmagen: Frisch enzymreich und schleimbildend. Auch als Frostfleisch. In halb gefrorenem Zustand lässt er sich besser schneiden, sonst „rollt" er unter dem Messer. Natürliche Verdauungshilfe für pankreaskranke Hunde.

Leber: Nachfrage ist in Deutschland für Wurst und Direktverkauf nicht ausreichend, deshalb wird ein kleiner Teil im Tierfutter verarbeitet, das Meiste wird exportiert. Dabei ist eine gesunde Leber neben Hirn der vitalstoffreichste Teil eines Schlacht- oder Beutetieres.

Lebern von Massentieren, die nie einen Sonnenstrahl sehen, haben einen geringen Vitamin D Gehalt, abhängig von der Qualität des Heus, denn nur sonnengetrocknetes Gras enthält genügend pflanzliches Vitamin D = Ergocalciferol, welches erst in der Leber der Weidetiere in Cholecalciferol umgewandelt wird. Nur in dieser Form kann es vom Fleischfresser verwertet werden. Leber ist außerdem der größte Vitamin B–Komplex-Lieferant einschließlich B 12. Sie enthält 10 bis 30mal so viel B-Vitaminc wie Muskelfleisch, 20 % hochwertiges Protein, hohe Mengen an Fe, Cu, Zn, A-Vitaminen und Enzymen. Grenzfuttermittel.

In meinen Seminaren werde ich immer wieder gefragt, ob Leber als Entgiftungsorgan nicht zu viele Rückstände habe. Ja, das haben alle Lebern von Masttieren leider heutzutage, weniger bei Weidetieren und noch weniger bei Wildtieren. Giftfrei geht schon nicht mehr, aber wenigstens giftarm. Denn auch der gutwilligste Hersteller kann nichts mehr tun gegen Schadstoffe in Wasser und Luft. Es gibt inzwischen 12 Millionen chemische Substanzen auf unserem Globus, deren Auswirkungen auf Biotope und lebendige Organismen so gut wie unbekannt sind. Bis zu 30 000 davon sind wir täglich ausgesetzt. (⟹siehe Was schadet)

Der besonders besorgte Verbraucher kann Bio kaufen, aber auch konventionelle Lebern wurden gesunden Tieren mit tierärztlicher Kontrolle entnommen und sind schließlich für Menschen bestimmt. Sie sollten gleichmäßig dunkelrot und fest sein. Die Leber ist das Organ mit dem allergrößten Wertstoffgehalt, weshalb der Vorteil bei weitem überwiegt. Raubtiere bevorzugen als Erstes die Leber am Riß. Für Nieren gilt Ähnliches. Bei allem Verständnis gegenüber kritischen Tierfreunden, konventionelle Lebensmittel werden für Menschen vertrieben und viele wären froh, wenn sie sich einmal im Jahr Leber leisten könnten. Die meisten Menschen auf dieser Welt können kein Bio kaufen. Unsere Haustiere können sie somit erst recht zu sich nehmen.

Luftröhre = Stross = Trachea: Frisch gelegentlich als Knochenersatz, auch getrocknet zu kaufen. Sollte immer längs aufgeschnitten sein, da sich Hunde die Knorpelringe schon über die Zunge gestülpt haben, die dann gefährlich anschwillt. Bei käuflichen Trockenprodukten oft nicht gegeben! Schwer und nicht vollständig verdaulich. Reste im Kot können mit Plattwürmern verwechselt werden.

Lunge: als Trockenprodukt in Würfeln, ideal als Belohnung oder auf Reisen. Wird bis zu 96 % verdaut und liefert alle essentiellen Aminosäuren. Kein Daueralleinfutter, besonders nicht an Welpen, da sie die Darmflora mit der Zeit negativ beeinflusst und zu dünnem Stuhl führen kann, da ballaststoffreich und relativ wertarm. Gemischt mit anderen Komponenten, besonders fettreichem Fleisch, oder zum Abnehmen eine preiswerte Mischkomponente.

Markknochen: als Beinknochen, Suppenknochen oder als Knochenmehl im Tierfutter. Das frische Mark ist sehr wertvoll. Manche Hunde stülpen sich zuweilen den Knochenring über die Zunge, um an das wertvolle Mark zu kommen. Man sollte es seinem Hund vorher oder nachher rauspulen.

Maulfleisch: Menschen essen es im Ochsenmaulsalat. Alles Fleisch vom Kopf ist recht fest. Käuflich in Barf-Shops.

Muskelfleisch: Zwerchfell, Stichfleisch, Stempelfleisch wird für Tiere verkauft.

Milz: gutes, fettloses Hundefutter als Blutersatz, gut vermischbar. Halbgefroren besser schneidbar. Evtl. beim Metzger bestellen.

Netzmagen: selten genannt oder verkauft, trotzdem gute Proteinkomponente

Nieren: verarbeitet in Blut- und Leberwurst, sowie Hundefutter. Neben Hirn und Leber das wertstoffreichste Organ.

Ochsenschwanz sind nicht nur die fleischigen Wirbel von Kastraten, sondern generell von Rindern. Gut zur Verminderung von Zahnsteinbildung. Ist reich an Ca, Mg, Cu, Zn.

Ohren: als getrockneter Kauartikel für 1-2 €/Stck. mit nur 2 % Fettanteil, mit oder ohne Fell. Gebleichte Ohren meiden, sie werden nicht umweltfreundlich hergestellt.

Pansen: Für Hunde am besten mit anhaftendem grünen Pflanzeninhalt als fast vollwertiges Komplettmenü und gutem Ca:P Verhältnis, hohem Proteingehalt, hohem Enzym- und Mikroorganismen-, sowie Vitamingehalt. Verdaulichkeit 92 bis zu 95 %. Wenn frisch und geschlossen zu erhalten, nur aufschneiden und ausschütteln, grünen Inhalt zur freien Aufnahme gesondert 1-2 Tage anbieten oder als Komponente vermischen. Der grüne frische Inhalt lässt sich auch gut portionsweise einfrieren und als „Gemüsekomponente" unter anderes Fleisch geben. Gut für die Darmflora wegen Enzymen und guten Bakterien. Auch getrocknet noch wertvoll. Panseninhalt von Silage oder Kraftfutter gefütterten Rindern eignet sich nicht, nur der von Weidetieren.Oft nur gebrüht als weißer Pansen zu bekommen, da er in dieser Form als Lebensmittel für Kuttelgerichte verkauft werden darf. Auch gebrüht noch ein wertvoller Proteinträger mit gutem Fettgehalt. Pansenstücke gibt es auch getrocknet. Sie haben einen sehr hohen Proteinanteil (-80%) und eignen sich sehr gut als Belohnung oder Kost auf Reisen.

Für Katzen nicht so geeignet, manche reagieren mit Haarausfall.

Panseninhalt: Den frischen Inhalt von Weidetieren oder Wildtieren, und nur von diesen, gibt man in eine Schüssel zur Selbstbedienung oder vermischt einen Teil als Gemüsekomponente mit dem Menü. Man kann ihn auch portionsweise einfrieren. Es gibt ihn auch als Darmpulver von Reh und Hirsch zu kaufen.

Rinderbacke: Zartes Schmorfleisch für den Menschen. Auf Vorbestellung erhältlich oder ganzer Kopf. Sonst meist weggeworfen!! Reste werden als getrocknete Kopfhaut als Stangen oder Platten und als Nasenknorpel verkauft.

Rinderherz: Nicht genügend Nachfrage für Mensch, deshalb Verarbeitung in Tierfutter. Als Fleisch deklariert. Festes Vollfleisch, mit wenig Fett und einem kleinen Knochen darin, dem Herzknochen.

Rinderhufe: Als Rinderhufe beworben, aber es sind nun mal Klauen. Pferde haben Hufe. Ansonsten guter Natursnack für Zahnreinigung und Beschäftigung.Bitte ungefüllt!

Rindertalg: Sehr preiswerter Energieträger. In Maßen als Fettanhang von Schlachtresten oder pur gemischt mit Magerem wie Lunge, Milz, Herz, Leber etc. als Grenzfuttermittel. Als alleinige Dauer-Fettkomponente macht es stumpfes, fettiges, schuppiges Fell, nicht aber, wenn auch ungesättigte Fettsäuren gegeben werden. Rinderfettpulver ist nicht empfehlenswert, da es durch Kochen und Trocknen markttauglich gemacht wurde!

Rindfleisch, dehydriert: angeboten mit einem reduzierten Proteingehalt von 20 %, was das Futter angeblich leichter verdaulich mache. Getrocknetes normales Rindermuskelfleisch hat aber einen Proteingehalt von mindestens 45 % bis zu 80 %!

Sandknochen vom Rind

Rindfleischextrakt: hat meist Glutamin, auch als Hefeextrakt deklariert, verspricht richtiges Fleisch und wirkt appetitsteigernd.

Röhrenknochen: Man bekommt sie im Allgemeinen bereits in einzelne Ringe zersägt, wie sie ja in der Natur niemals vorliegen. Deshalb kann es vorkommen, dass sich ein Hund, der das begehrte Mark herauspulen möchte, sich diesen Ring über die Zunge stülpt. Er kann sich an den Zähnen verhaken. Die Hunde versuchen dann durch Spucken und mit der Pfote sich davon zu befreien, was manchmal nicht gelingt. Der Tierarzt kann ihn mit einer Zange entfernen. Soweit muss es aber nicht kommen. Ich suche deshalb immer die Reste dieser Knochen, pule eventuell das Restmark noch heraus und entsorge sie.

Sandknochen: runde große Gelenkknochen mit Knorpelüberzug, mehr für Beschäftigung als zum Sattwerden, zahnreinigend, nicht so viel Nährwert

Schlund: Speiseröhre meist mit Luftröhre und evtl. mit anhängenden Lungenteilen angeboten. Speiseröhre ist schwer schneidbar, da „rollend“, besser halbgefroren bearbeiten.Auch als Trockenprodukt.

Sehnen: Achillessehnen, Nackensehnen werden als Trockenkauartikel angeboten. Auch roh gute Beschäftigung.Frische oder getrocknete Sehnen sind eine natürliche Kaubeschäftigung ohne künstliche Zusatzstoffe.

Trockenfleisch: Muss das wirklich geräuchert sein? Streifen vom Simmentaler Rind aus CH! Ist sowieso ein legaler Fake, da kein geschützter Name. Aber es gibt auch einfaches Dörrfleisch, Trockenpansenstücke, Ohren, Kopfhaut, Schlund, Haut, Gurgeln, Ohren, Lunge etc. etc.. Reines Muskelfleisch kann je nach Tierart von 45 % bis um die 80 % Protein enthalten. Man vergleiche mit Trockenfutter! Sowie je nach Tierart bis zu 40 % Fett. Der Rohaschegehalt liegt immer so um die natürlichen 5 %. Import-Trockenartikel aus Indien können gammabestrahlt sein. Neuerdings gibt es lagerfähiges Easy-Barf aus Gefriergetrocknung, das in 10 Minuten mit Wasser servierfähig ist. Es ist naturbelassen, aber teurer und durch höheren Stromverbrauch weniger nachhaltig als Frisches.

Zunge: für den Menschen in Leberwurst und Sülze, als Pökelzunge für Aufschnitt und Zungenwurst, gekocht oder gegrillt. In Deutschland nicht genügend Nachfrage, deshalb Export. Hunde lieben sie.

Zwerchfell ist Muskelfleisch, nennt sich auch Saum- oder Kronfleisch. Für Gulasch, Suppe oder Carpaccio.

Teile von anderen Wiederkäuern

entsprechen im Wesentlichen dem Rind, sind aber wertvoller, weil meist nicht in Massenstallhaltung.

Büffel, Bison und *Rentier* erhältlich in Hundewurst, Dose oder Trockenprodukten, in Gemischen mit Bisonpansen. Gebleichte Büffelhautknochen meiden, da sie Allergien provozieren können und sehr umweltschädigend hergestellt werden.

Elch: pur in Dosen oder gewolft, getrocknete Teile wie Leber in Futterläden oder spezielle Leckerlis.

Guanako: ist das Wildlama aus Südamerika. Durch Bejagung wegen kommerzieller Schafhaltung gibt es nur noch 1 % des ursprünglichen Bestandes in freier Natur, hauptsächlich in Argentinien, kleinere Bestände in Peru, Bolivien und Chile. In Patagonien hält man Guanacos inzwischen auf Estanzias zur Fleischverwertung, neuerdings auch in Deutschland, wo Barfshops zuweilen Guanacofleisch anbieten.

Hirsch: Teile von Abwurfstangen mit und ohne Hirschfleisch gefüllt von Rot- oder Damwild. Naturprodukt für lange Beschäftigung und Zahnhygiene. Auch Lunge, Leber, Knochen, getrocknet oder gefroren (7€/kg).

Kamel: getrocknete Lunge oder Herz

Lamm = Schaf= Hammel werden synonym benutzt. Natürlich werden auch alte Schafe und Böcke geschlachtet, die dann auch unter Lamm firmieren, das hört sich für den Verbraucher besser an, obwohl Lamm eigentlich nur bis zum Alter von einem Jahr so benannt werden darf. Hammel sind kastrierte männliche, meist junge Schafe unter einem Jahr. Verkauft wird fast alles, besonders Lammkutteln, Lammgurgeln etc., frisch oder getrocknet. Schafleber kann u.U. mit Dioxin belastet sein. Es wird auch Schaffett in Flaschen verkauft.1 kg Lamm aus Neuseeland verursacht 18 kg CO2 Ausstoß.

Reh: Getrocknete Rehfleischstreifen erhältlich, sowie Beine mit Klauen

Wildfleisch: Kaufen Sie keine Wildabfälle aus neuseeländischer Gatterhaltung, sondern nur regionale Wildabfälle, wo Gefangenschaft, Ställe, Tier- und Flugtransport, Medikamente und Kraftfutter keine Rolle spielen. Beim Ausweiden des Wildprets ist der Jäger verpflichtet, dabei die inneren Organe auf Gesundheit und eventuelle Besonderheiten zu kontrollieren, um Mensch und Hund vor übertragbaren Krankheiten zu bewahren. Leider kann auch Wildfleisch heutzutage mit Cadmium, Hg, Schwermetallen, Dioxin oder radioaktiv belastet sein. Man kann frische gewolfte Wildmischung von Schalenwild kaufen oder Trockensnacks. Prof. Fritz Albert Popp beurteilt Wildfleisch folgendermaßen: „Fakt ist, dass Wildtiere mit erstaunlicher Präzision die für sie qualitativ beste Nahrung aus dem reichhaltigen Angebot der Natur auszuwählen verstehen.“ Wildfleisch ist sowas von bio!

Ziege: Es gibt Produkte, die mit Ziegenmilch werben (??). Wissen Sie, wie viel Arbeit es ist, eine Ziege zu melken? Noch exotischer wäre Milch vom Kamel, Esel, Ren oder Schwein, die ebenfalls von Menschen genossen werden. Aber nur die Milch des Muttertieres ist empfehlenswert bis lebensnotwendig. Andere Milchsorten höchstens als Pulver-Ersatz für mutterlose Welpen. Ziegenfleisch wird Allergiefutter beigesetzt oder getrocknet verkauft. Getrocknete Ziegenohren gibt's auch.

Teile vom Pferd:

Stressfleisch. Die für die Tiernahrungsindustrie geschlachteten Equiden wurden meist regelmäßig entwurmt und bekamen bis zu 40 Impfungen in ihrem Leben, auch Entzündungshemmer oder Drogen. Pferdefleisch gibt es als Dosenfleisch, Gefrierfleisch, auch gewolft oder in portionierbare Taler gepresst (ca. 7€/kg), als Wurst und als Kauartikel wie getrocknete Lunge, Magen,Ohren oder Knochen. Alles für Katzen nicht gut geeignet, manche bekommen davon Haarausfall.

Weil der Pferdefleischverzehr weltweit zurückgeht, werden wildlebende nordamerikanische Mustangs oder südafrikanische Brumbies im Hundefutter verarbeitet. Oder Schlachtpferde aus Polen werden erst nach Italien gekarrt, dort geschlachtet und zerlegt und dann nach Deutschland importiert. Pferdequalfleisch aus Südamerika wird von EU-Importeuren aus Argentinien und Uruguay eingeführt. Müssen wir wirklich die Gesundung unserer krank gefütterten Haustiere mit dieser Tierquälerei erkaufen, von schlechter Ökobilanz ganz zu schweigen? Es soll aber nicht verschwiegen werden, dass Pferdefleisch in anderen Ländern keinen exotischen Status hat. Jährlich werden ca. 5 Millionen Pferde weltweit gegessen. In Asien werden die Penisse als Aphrodisiakum verkauft.

Teile vom Schwein:

*Schweinefleisch:*In 77 % der deutschen Mastbetriebe werden Antibiotika eingsetzt.50-70 % der konventionellen Schweine sollen mit MRSA besiedelt sein. Bioschweinen geht es nur minimal besser. Sie haben nur ½ qm mehr Platz. Demeter und Naturland sind hier am empfehlenswertesten.

Es geistert immer noch die Angst vor rohem Schweinefleisch durch die Foren, Hunderatgeber und Barfbücher. Es gibt in Deutschland seit mindestens 2003 kein Aujezsky Herpesvirus der Scheintollwut beim Hausschwein mehr, das vom Schwein auf Carnivoren übertragen werden könnte. Andere Quellen sprechen sogar von 25 Jahren ohne Krankheitsfälle. Von 1995 bis 2001 gab es ganze 12 Fälle, in den letzten 18 Jahren nur vier Einzelfälle, allesamt bei aktiven Jagdhunden, die Kontakt mit Schwarzwild hatten. Andere Hunde, die auch dabei waren, erkrankten aber nicht. Auch Ratten können Überträger sein. Ansteckung geschieht über Schleimhäute, Speichel, Sekrete und Innereien.

Schweinefleisch ist nicht nur eine wertvolle Ressource für gesundes Protein, sondern auch für Fett. An verschiedenen Frischfleischsorten bietet sich uns nur noch ein sehr begrenztes Sortiment, wenn man nicht auf exotische Proteinquellen zurückgreifen will. Eine hochwertige Proteinquelle für Allergiker wird so unterschlagen und viele natürliche Vitalstoffe werden vorenthalten, da Schweinefleisch mit fast 40 % das weltweit am meisten verzehrte Fleisch darstellt. Entsprechend wertvolle Teile fallen für Katze und Hund an. An Schweineohren, -füßen, -nasen und Blutwurst mit Schweineblut stört sich doch auch niemand. Aus kontrollierter Haltung werden inzwischen Muskeln und Leber wieder in Nassfutter und Frischprodukten eingesetzt. Ich möchte auf diese wertvolle Alternative hinweisen, da es neben Huhn und Rind ja fast keine Alternativen mehr gibt, wenn man aus Umweltschutz- und Geldgründen nicht auf ausgefallene Importware zurückgreifen will. Ich füttere seit 15 Jahren ohne Probleme und den besten Resultaten jede Art roh vom Schwein, sogar borstige Schwarten mit Unterhautfett in Stücken, alles einschließlich Knochen, Innereien, Füßchen, Schwänzchen, zerteilten Kopf samt Hirn, Zunge, Nase, Backen, Ohren. Allerdings sind Hausschlachtungen rar geworden. Manche Metzger können diese Teile bestellen. Schweinefett ist reicher an ungesättigten Fettsäuren als Talg und gibt den Hunden ein schönes Fell. Schmalz kann man auch gelegentlich geben, aber es ist leider meist nur erhitzt und gesalzen erhältlich.

Backe: gutes Schmorfleisch, in Fonds, Pasteten, Wurst oder für Export

Bauchfett: Schwein hat mehr ungesättigte Fettsäuren als Rindertalg und durchwachsen ist es vor allem mit Schwarte am besten ungeräuchert und ungesalzen ein guter Energiespender und Darmputzer.

Blut: Außer für Blutwurst mit besonderer Verwertungserlaubnis geht alles in die Tierkörperverwertung. Milz ist eine gute Quelle.

Brühwurst, Wiener: Mit Emulgatoren aus Fettsäuren, Glutamat, Cellulose als Verdickungsmittel, Zucker als Wasserbinder, Phosphorsäure als Stabilisator, Nitritpökelsalz, Knorpel und Fett. Deshalb am besten für Mensch und Tier meiden.

Darm: Schweinedärme werden nach China zum Reinigen verschickt und dann wieder zurück nach Deutschland, um hier für Wurstpelle und Saitlinge, sowie mit spezieller Verwertungserlaubnis als getrocknete Hundespaghetti verwendet zu werden. Überschuss kommt in die Abdeckerei.

Füße: Für Gelatine und Sülze verwertet, größter Rest geht als Export nach China. Können im Ganzen oder zerteilt gegeben werden.

Herz: in Tierfutter oder Export nach Asien

Hirn: auch Bries genannt, auf Bestellung erhältlich für regionale Gerichte

Knochen: ein 100 kg Schwein liefert 20 kg Knochen. Sie werden gemahlen zu Gelatine für den Menschen verarbeitet. Alle können Hunden ganz und roh gegeben werden.

Kopf: In Sülze, Leberwurst oder Schweinepreßsack für den Menschen samt Rüssel, Ohren und Zunge oder als Presskopf mit Schwarten im Darm serviert. Im Ganzen auf Vorbestellung samt Hirn und Knochen. Auseinanderhacken und weiche Teile (Zunge, Hirn, Backen) zuerst füttern. Da lässt der Hund nur die Zähne übrig!

Kottlett: als Supermarktfleisch relativ preiswert, enthält mehr ungesättigte Fettsäuren als Olivenöl. Nicht gebraten!

Leber: fast alle Leber wird exportiert. Essbar für Mensch und Tier

Leberwurst: In der Regel ohne Kalbfleisch, aber mit viel Schweinefett, Kunstdarm, Emulgatoren, Zucker, Stabilisatoren, Umröter, Geschmacksverstärkern, Aromen. Am besten für Tier und Mensch meiden.

Hibiskus

*Lunge:*Für Menschen zusammen mit Herz als regionales Gericht „saure Lunge" angerichtet. Roh für Hunde in Mischmenüs.

Magen: Gereinigt auf Vorbestellung oder regional verwertet für Mensch für gefüllten Pfälzer Saumagen oder Schwartemagen mit Schweineschwarten und –blut hergestellt. Schweinemägen werden gern von Hunden gefressen, müssen ausgespült werden.

Nieren: als Ragout für Menschen. Roh für Hunde in Mischmenüs

Ohren: Getrocknet als Hundesnack zur Beschäftigung, ballaststoffreich. Kaufen Sie nur ungebleichte, da die gebleichten mit giftigen Chemikalien behandelt und stark umweltschädigend verarbeitet werden. Rohe Schweineohren werden von Deutschland nach China exportiert, dort verarbeitet und dann reimportiert. Welch ein Irrsinn! Ca. 1€/Stck. Es gibt sie auch vom Wildschwein.

Schinkenknochen: werden plastikverschweißt oder getrocknet angeboten

Schnauzen, Rüsselscheiben: Bindegewebsreich. Getrocknet als Hundesnack. Meist Export nach China und Reimport.

Schwanz: Export nach China. Roh als Hundesnack

Schwarte: Kauspaß für Hunde. Vereinigt roh gutes Fett mit schwerer verdaulichem Bindegewebe mit oder ohne Borsten. Am besten frisch, ungeräuchert, ungesalzen. Wird für Menschen in Presskopf, Presssack, Schwartemagen und Gelatine und zu 10 % in Wurst verarbeitet oder getrocknet als Schweinekrusten.

*Wurst oder Aufschnitt:*Hier geht es um die Wurst: Mit Na-Ascorbat als Konservans, Na-Nitrit, Zucker, Dextrose, Farbstabilisator, Glutamat, Zitronensäure als Säureregulator, Phosphate als Stabilisatoren, zuweilen auch mit Bakterien, auch bei Bioware. Anstatt Rotfärbung mit pflanzlichem Hibiskus-oderRote-Bete-Extrakt hat man zuweilen rote Azo-Farbstoff-Textilfarbe gefunden. Viel Fett und Salz, geringer Vitamin- und Mineralgehalt. Vorsicht vor Kunststoffwursthüllen und metallischen Endklammern. Für Mensch und Tier meiden. Von der WHO wird Wurst als gesichert krebserregend eingestuft. Also alles, was verarbeitet und nicht reines Fleisch ist, kann schädlich sein. Hundewurst hat eine bessere ökologische Bilanz als Dose, gilt aber ebenfalls als processed food. Abgelaufene Wurstabschnitte, -enden und Aufschnitt werden zuweilen im Haustierfutter verwertet.

Zunge: nur in Wurst. Ganzer Kopf auf Anfrage

Teile vom Huhn:

Das meiste „Hühnerfleisch“ stammt von Masthähnchen. In bis zu 83 % deutscher Betriebe werden Antibiotika eingesetzt. Leider werden bei uns nicht alle Teile vom Huhn gegessen. EU-Überschüsse werden als Geflügelreste für 1,50/kg nach Westafrika verschifft. Andererseits werden bevorzugte Teile auch aus Nicht-EU-Drittländern importiert, als Frostgut aus Thailand, Brasilien oder Holland. Die Herkunft bleibt dann legal unklar, wenn die Teile schon irgendwie verarbeitet wurden. Regelmäßig werden bei 50-75 % der amtlichen Untersuchungen, für den Menschen wohlgemerkt, Salmonellen oder Campylobacter gefunden. 90 % allen konventionellen lebensmitteltauglichen Geflügels sollen mit MRSA besiedelt sein. Für Hunde auch roh im Allgemeinen kein Problem, aber die Trennung von Nahrung für Mensch und Tier sollte grundsätzlich immer streng beachtet werden.

Beine ohne Krallen: werden frisch oder gefroren in Metzgereien oder Supermärkten angeboten. Überkapazitäten aus europäischen Schlachtbetrieben werden subventioniert und als Gefriergut nach Westafrika exportiert, wo die billigen Preise bäuerliche Existenzen bedrohen.

Federmehl, auch Geflügelmehl: steriles Mehl aus Hühnerfedern für die Haustierfutterindustrie, minderwertiges Eiweiß. Es wird aus dem unverdaulichen Protein Keratin mit Hitze und Druck (⟹siehe Hydrolysierung) aus Gefieder hergestellt. Besonders die darin reichlich vorhandene Aminosäure Cystin ist sonst schwer angreifbar. Der Rest ist zu 80 % verdaulich, allerdings mit minderwertigem Proteingehalt, deshalb nur Grenzfuttermittel. Es wird mit industrieller Vorverdauung und seinen freien Aminosäuren in Allergiefutter verwendet, aber auch als Trägerstoff für Humantabletten. So können proteinreiche Rohstoffe einen Teil humaner Nahrungsresourcen schonen.

Fett: als Anhangsfett des Fleisches, als Unterhaut- und Bauchfett. Freilaufende Hühner haben mehr ungesättigte Fette und Retinol, das von Katzen und Hunden bevorzugte gelbe Fett. Da mutet Reklame „fettarmes Hühnchen" für ein Trockenfutter schon seltsam an. Ausgewiesenes Geflügelfett ist meist Huhn oder Gemisch und wird dem Fertigfutter zugesetzt.

Filet: Es gibt kein Hühnerfilet!!! Das ist eine Irreführung des Verbrauchers, die das Brustfleisch als edelsten Teil ausweisen soll.

Flügel: Knochen mit Anhangsfleisch, werden in der Hauptsache exportiert. Gutes Knochen-Fleisch-Verhältnis. Auch gut mit Federn zu geben.

Füße: Krallen werden meist komplett nach China exportiert und dort frittiert als Snack oder gekocht gegessen, auch Verwendung in Pulverbrühen für Menschen. Wertvoll, da mit Vitamin A, E, allen Bs, Ca, Mg, K, Zn, Fe, Cu, Jod. In Asiashops gefroren für 3,20 bis 4,00 €/kg, in Futterläden gefroren oder getrocknet.

Geflügelfleischmehl ist ein sterilisiertes Mischprodukt, das Heimtierfutter zugesetzt wird. Darin ist alles Fleisch, was der Mensch vom Huhn nicht essen will, auch ggf. gemischt mit anderem Geflügel.

Haut: Vor allem das darunter liegende Fett ist wertvoll, da Hühnerfett mehr ungesättigte Fettsäuren hat als Wiederkäuerfett. Allerdings haben Haushühner wesentlich mehr wertvolle Fettsäuren als Turbo-Tiere. Ihr Fett ist eher gelblich, das von Masthähnchen fast weiß. Reich an Purin, Cystin und Cystein. Welcher Hundeguru empfiehlt da, man soll Hühnchen ohne Haut geben? Das Problem ist doch wie meist eher eine einseitige oder exzessive Fütterung dieser Komponenten. Selbst die Menschen essen sie.

Hähnchenfleisch: Hähnchen werden meist mit gentechnisch verändertem Futter (Soja, Mais) gemästet. Gibt's auch getrocknet mit 50 % Protein und 25 % Fett.

Hälse: gutes Fleisch-Knochen-Verhältnis, aber bitte nicht nur diese geben!

Herzen: reich an Mineralien, Vitaminen und Taurin

Hühnerbrühe: Sie sollte mit etwas Gemüse lange gekocht werden und hat traditionell und wissenschaftlich erwiesen eine äußerst positive Wirkung auf das Immunsystem und gegen Entzündungen. Sie wird kranken oder appetitlosen Tieren zur Kräftigung warm eingeflößt. Man kann auch noch ein Eigelb darin verschlagen.

Hühnerkarkassen: ist der entbeinte Rücken als gern gefressene Fleisch-Knochen-Komponente. Der Export bringt allerdings mehr Geld ein als bei uns für Suppe oder Tierfutter. Hunde, auch besonders Welpen, lieben diesen preiswerten Nachtisch! Karkassen haben weiche Knochen, da die Hähnchen heute sehr jung geschlachtet werden, mit viel anhängendem Fleisch.

Köpfe: von allem Geflügel eine der wenigen noch vorhandenen Quellen von einem kleinen bisschen wertvollem Hirn. Hunde zerkauen die Köpfe mit allem Drum und Dran samt Federn, Schnabel, Zunge und Augen oder schlucken sie ganz. Die Wolfsforscherin Elli R. Radinger glaubt, dass Füchse, Marder und andere Karnivoren dabei besonders an DHA interessiert sind, wenn sie in Geflügelställen nur die Köpfe abfressen. In der Natur können sie so nicht selektieren, weil die anderen Exemplare fliehen.

Küken: Männliche Küken, sogenannte Bruderhähne, werden bei der Legehennenaufzucht, weibliche bei der Masthähnchenproduktion durch Gas betäubt und dann geschreddert oder als Ganzes gefroren an Falknereien, Zoos und Katzenfutterhersteller verkauft. Katzen lieben sie.

Lebern: reich anVitamin A, B12 und Folsäure wie alle anderen Lebern auch

Mägen: Festes fettloses Fleisch, Inhalt muss entsorgt werden. Gefroren käuflich, getrocknet gut geeignet als Belohnung.

Nuggets: Als Fertigprodukt für Menschen aus Import-Restfleisch geformt und paniert

Suppenhühner: Kann man ganz oder in Teilen verfüttern, sind sehr preiswert und auch im Supermarkt zu erstehen. Es sind einjährige Legehühner, die bei deutschem Überschuss auch in Dritte-Welt-Länder exportiert werden.

Anderes Geflügel:

Alles Geflügel ist komplett verfütterbar, ganz oder in Teilen, für große Hunde braucht man es auch nicht entfedern, das machen die selbst. Da unsere Hunde im Allgemeinen jedoch diese Verabreichung nicht gewöhnt sind, lehnen sie dieses oft ab. Wenn in Fertigfuttern mit 5 Sorten Geflügel geworben wird, so versteht der Verbraucher darunter eigentlich Huhn, Ente, Gans....... ?? Wie viele fallen Ihnen noch ein? Nein, es ist Hühnerleber, Hühnerherz...etc. Alle Geflügelsorten sind frisch in Kleinteilen mit Knochen oder gewolft für Katzen besonders geeignet.

Ganze Hühner, Enten, Gänse, Tauben, Wachteln, Fasanen samt Federn rühren nicht alle Hunde an, da sie Lebendfang bevorzugen und Entfederung nicht gewohnt sind. Man kann auch die Muskelteile mit Knochen und Federn geben, manche Hunde reissen die Federn ab, andere fressen sie mit. Die Federn werden komplett verdaut und sind ein guter Darmputzer. Manchmal erbrechen die Hunde die Federkiele wie Mikadostäbe alle fein parallel.

Wildgeflügel: Eine Firma wirbt: Mit echtem Wildgeflügel! Das kriegt man ja kaum für den Menschen oder nur sehr teuer. Wo kriegen die das her? Oder gehen die Jäger jetzt schon fürs Hundefutter auf die Jagd, weil durch die Heilslehre des Veganismus die Nachfrage gesunken ist? Dabei ist Wildfleisch sowas von Bio! Ich selbst würde es gerne mal ab und zu essen, ist aber fast nirgendwo zu kriegen.Unsere Haustiere kriegen mehr Abwechslung als wir Menschen!

Pute= Truthahn: frische Innereien, Hälse, Köpfe, Füße gefroren oder getrocknet erhältlich, auch im Discounter. Für den Menschen werden zuweilen auf über 50 % frischem Putenfleisch Bakterien nachgewiesen.In 92% der deutschen Betriebe werden Antibiotika eingesetzt. Auf Dosen wird mit feinem Putenfilet geworben, weil diese Fleischstücke als die teuersten gelten. Geflügel hat aber überhaupt kein Filet! Derselbe Muskel, der bei Landsäugern im oberen inneren hinteren Wirbelsäulenbereich sitzt, ist bei Vögeln nur winzig klein und wird auch keinesfalls offiziell Filet genannt. Es gibt auch keine gesetzlichen Vorgaben für die Benennung von Fleischstücken, deshalb kann der Hersteller den Verbraucher an der Nase herumführen. Als Trockenfleisch ist Pute erhältlich mit 54 % Protein und 25 % Fett.

Strauß: in Dosen und als Trockenfleisch als Sehnen und Fleisch (84 % Protein, 6 % Fett) oder gefroren (13€/kg). 1 kg Straußenfleisch aus Südafrika verursacht 9 kg Co2 Ausstoß.

Wachtel, Ente, Fasan, Taube, Gans, Rebhuhn sind gelegentlich, in der Hauptsache als Trockenproduktteile, neuerdings auch als Frost-Single-Protein mit Knochen fast wie Beute pur, erhältlich oder in sehr geringen Mengen in Fertigfutter verarbeitet.

Gänseschmalz wäre ein sehr gutes Fett, leider meist nur erhitzt und gesalzen zu erwerben.Gefrorenes Gänseblut gibt es in Talerform. Gänseleberpastete wird aus kranken Lebern auf tierquälerische Methode durch Zwangsfütterung hergestellt.

Gefrorene Entenfüße kann man auch in Asiashops für 3,50 €/kg bekommen.

Andere Tierarten:

Ganzes Beutetier: alle Komponenten in natürlicher organischer Verbindung samt Eingeweiden, Fell oder Federn. In der Natur sind unter anderem Elche, Rotwild, Biber, Lachse, gelegentlich Kaninchen, Kleinnager und Vögel Beutetiere der Wölfe. Katzen erlegen Mäuse, gelegentlich Ratten, Vögel oder Reptilien. Beutetiere sind wie gewachsen und brauchen keine Geschmacksverstärker.

Mäuse, Ratten, Eintagsküken, junge Kaninchen und Wachteln können im Ganzen gekauft werden. Durchschnittliche Zusammensetzung eines Beutetiers: 60 - 70 % Zell- und Gewebewasser, 15 - 20 % Eiweiß, 10 -15 % Fett, 5% Mineralien. Oder anders: 30-35 % Muskeln, 10-15 % Knochen,10 – 15 % Fett, 5-10 % Haut, 3-5% Blut und Lymphe, 8-10 % Innereien, davon ca. 3,5 % Leber, 4 % Lunge, 2% Darm, 1 % Herz und 0,5 % Nieren.

Mäuse bestehen zu 60 % aus Zellwasser, 18-22% Protein, 6-12 % Fett, 2-5% Rohasche (= Mineralstoffe), 3-4% Kohlenhydraten.

Unser nachgebauter Organmix sollte diesen Naturvorgaben so nah wie möglich kommen.

Ganze Mäuse werden selbst nach Zerkleinerung und Auftauen von Katzen kommerziellem Fertigfutter vorgezogen und bewirken weniger Aufzuchtverluste. Auf Bauernhöfen kann man verendete Tiere geben, deren Krankheit man kennt, auch *Foeten* und *Totgeborene.*

Hasen: sollten, im Gegensatz zu Kaninchen, weder bejagt, noch (außer überfahren) als Futter dienen, da Feldhasen im Aussterben begriffen sind, weil ihnen Kulturlandschaften mit Hybrid- und Genpflanzen, Monokulturen und verkehrsreiche Straßen kein artgerechtes Leben mehr ermöglichen. Kaninchen werden fälschlicherweise oft als Hasen ausgewiesen. Ich frage mich: Wo kommt das Hasenfleisch im Tierfutter her?

Kaninchen: Ihr Fleisch eignet sich besonders für Katzen. Was die meisten Halter nicht wissen: Teile von Kaninchen kommen meist aus chinesischen Massenzuchtanlagen bzw. Pelzfarmen für das Fell. Diese liebenswerten Mümmler leben dort unter den grausamsten Haltungsbedingungen unter Antibiotikamedikation und haben zuweilen Rückstände von Quecksilber im Fleisch. Es wird in der Dose, als Kaninchenmehl oder gefroren und gewolft als Ragout für ca. 7€/kg angeboten, als getrocknete Streifen oder Rippen, Ohren oder Läufe mit Fell. Ganz: 71,1 % Wasser, 20,8 % Protein, 6,6 % Fett (das wären 22,8 % i. Tr.).

Fisch:

Meeresfisch, das heißt Wildfisch, kann man eigentlich selbst für den Menschen mit gutem Gewissen nicht mehr kaufen, vom Preis abgesehen, da inzwischen fast alle Fischgründe bis zu 90 % ausgebeutet sind. Aber immerhin ist er weitgehend giftarm. Es gibt zwar 10 verschiedene Ökosiegel, aber der Verbraucher hat den Überblick verloren und der Schutz ist bei keinem ausreichend. Sie sind nicht vertrauenswürdig, weil sie gegen Geld ausgestellt werden und ihre Einhaltung kaum kontrolliert wird. Im Tierfutter befinden sich normalerweise die Reststoffe der Fischverarbeitung für den Menschen, das ist absolut o.k. Manche Hersteller werben damit, dass ihr Fisch aus MSC zertifizierter nachhaltiger Fischerei sei. Das ist besser als nichts, aber längst nicht genug. Fisch und Meeresfrüchte aus nicht überfischten Beständen sind nicht nur gut für die Gesundheit, sondern wären eigentlich viel ökologischer im Vergleich zur Landwirtschaft. Sie haben keine Antibiotikaresistenzen, produzieren fast keine Treibhausgase, verbrauchen keine Fläche und kein Trinkwasser und werden daher wie Wild nachhaltig entnommen. Im Gegensatz dazu ist Aquakultur in Fischfarmen Massentierhaltung unter Wasser. Sie ist nicht nachhaltig: Für 1kg Zuchtlachs werden bis zu 5 kg Wildfisch verfüttert, für 1kg Thun 20 kg Futterfisch in Form von Sardinen! Und Kulturfische enthalten noch höhere Giftstoffkonzentrationen als wilde Fische und zerstören an ihren Standorten das Ökosystem durch Entkommen und Wasserverschmutzung durch Antibiotika und Überdüngung. Ein Drittel der weltweiten Fangmenge wird an Tiere als Fischmehl verfüttert. Hier wird wertvolles Protein genutz, um vergiftetes Protein zu erzeugen! Der meiste Fisch ist heute aus Zuchten und mehr oder weniger mit Antibiotika, Ethoxiquin und Wurmmitteln belastet. Ökologisch besser sind Pflanzen fressende Fische wie Karpfen, Tilapia oder Wels, an die kein wertvolles Fischeiweiß verfüttert werden muss und wo Bioabfälle verwertet werden können.

Zwei Drittel der weltweiten Fischmästereien liegen in China. Dorsch bzw. Seelachs von dort sind zu 60 % doble frozen, das heißt er wird gefroren von Russland nach China transportiert, dort aufgetaut filetiert, mit Additiven wie roter Farbe, Phosphaten, Zitronensäure, Kohlenmonoxid und evtl. Zucker und Glutamat chemisch behandelt, mit Fremdwasser aufgepumpt und so unter vorsätzlicher legaler Irreführung, oft ohne die vorgeschriebenen Deklarationen tiefgekühlt exportiert.

Meeresfische enthalten fast unersetzliche Wertstoffe: Viel Omega-3-Fette in Makrele, Sardelle, Hering, Lachs, Seeforelle, Stör, Thun. Wenig davon in Süßwasserfischen wie Forelle, Zander, Felchen oder Hecht, noch weniger in Schalentieren wie Krabben, Muscheln, Shrimps, Tintenfisch. Wenn ich in meinen Aufstellungen Fisch angebe, dann tue ich das lediglich der Vollständigkeit halber und weil es in manchen Luxus-Barf-Rezepten angegeben wird. Mir ist klar, dass frischer Wildfisch aus dem Meer für Hunde im Allgemeinen viel zu teuer und eh bald ausgerottet ist. Schon jetzt werden sich 30 % der Meeresarten durch Überfischung nicht mehr in ihren Beständen erholen. Aber Katze und Hund können ohne weiteres die rohen Gräten mit Restfleisch, Schwänzen, Köpfen und Haut bekommen, als Fischbrühe (keine Fertigbrühe!), häusliche Fischabfälle samt Gräten fein püriert oder als verarbeitete Resteverwertung im kommerziellen Tierfutter. Auch nicht mehr ganz frischer Fisch kann komplett verfüttert werden. Keine Angst vor Gräten, die werden gut mit verdaut und sind ein guter Kalziumträger.

Alle Fische können roh und ganz gefüttert werden. Sie haben wertvolles Kalzium in Skelett und Gräten, unersetzliche essentielle Fett- und Aminosäuren und Vitamin D3, Meeresfisch auch Jod. Beste Ressource für ungesättigte essentielle Fettsäuren, besonders DHA und EPA. Fettfisch gilt als Darmkrebsprävention.Trotz der unersetzlichen Wertstoffe ist Fisch wegen seiner Schwermetall- und Giftbelastungen als Grenzfuttermittel anzusehen und sollte nur einmal pro Woche gegeben werden. Außerdem besitzen einige Fischsorten ein Enzym, das Vitamin B1 zerstört, aber auch wegen der vielen Gifte bei Meeresfisch wie Cadmium, radioaktives Cäsium und Quecksilber, das sich im Gehirn ansammelt und damit die Wirkung der positiven Fettsäuren zunichte macht. Angler dürfen ganze Fische geben, auch mit Gerüchle, nur roh mit allem, aber ohne Haken! Für Katzen in kleinen Stücken oder gewolft, auch als portionierte Taler käuflich. Gekochte ganze Fische können püriert verabreicht werden.

Dorschleber, -tran: eine gute für Hunde sehr schmackhafte Ressource für die Vitamine Retinol und D3, sowie DHA und EPA. Preiswert im Supermarkt in der Dose.

Fischbrühe: Wenn man eine Fischsuppe mit Gemüse gekocht hat, kann man die Reste, die die Menschen übrig lassen, samt Gräten, Köpfen etc. in den Mixer werfen. Nach Erkalten erhält man eine dicke puddingartige Masse, die reich an Aminosäuren, Glucosaminen und Kalzium ist.

*Fischhaut:*wertvolles Trockenprodukt oder roh, besonders Vitamin D3reich bei Meeresfischen. Aus der eigenen Küche oder als Trockentaler zu kaufen.

Fischköpfe: werden in asiatischen Ländern für den Menschen für Suppe verwertet. Zuweilen auf Märkten zu erstehen oder gefroren.

Fischmehl: wird aus Resten der Speisefischverarbeitung gewonnen und meist aus Drittweltländern importiert, weil es direkt auf dem Schiff verarbeitet wird, zum Beispiel Heringsmehl.Vom Hering fallen gerade mal 10 % für den menschlichen Verbrauch an, nämlich Rogen und Filets. Der Rest ist ein wertvoller Anteil im Tierfutter. Auch Sardinen und Anchovis werden zu Fischmehl verarbeitet.

Lachsmehl wird aus Resten der Zuchtfischverarbeitung gewonnen. Sie werden besserem Trockenfutter beigemengt. Fischpulver übers Futter gestreut oder untergemischt ist ein gutes Appetitstimulans. Ein Löffelchen davon ins Wasser regt zum Trinken an.

Fischnebenerzeugnisse: Gräten, Haut, Innereien, Flossen etc. werden für Tierfutter zu Fischmehl verarbeitet. Das ist o.k. Sie werden auch zu Gelatine für Menschen oder als Trägerstoffe für Farbstoffe eingesetzt. Roh sind ganze Fische, Fischhaut, Kopf etc. auch im eigenen Haushalt für unsere Vierbeiner verwendbar oder ausgekocht püriert als Brühe, jedoch nicht gesalzen oder eingelegt. Man kann im Fischgeschäft nach Fischköpfen fragen und selbst durchdrehen. Auch im Versand und im Tiefkühler gibt es gewolften Fisch.

Fischöle und –kapseln haben bei Dauergebrauch schon zu Hirnblutungen geführt. Deshalb sollte man auf Schadstoffe geprüfte vorziehen. Das lohnt sich, denn sie haben den höchsten Gehalt an Omega 3 Fettsäuren, bzw. DHA und EPA, außerdem Vitamin E. Reine Öle den Kapseln vorziehen! Mit dem Futter vermischt oder darübergeträufelt verbessern sie Appetit und Haarkleid.

Lachs: Die Hälfte des von Norwegen bzw. Chile dominierten globalen Konsums stammt aus Zuchtfarmen mit genmanipulierten Riesenlachsen, die Fischfarmen entkommen und so Wildlachse und das Unterwasser-Ökosystem bedrohen, auch mit Krankheiten. Hoher Antibiotika- und Antiparasitaria-Einsatz. Es wurde das Pestizid und Konservierungsmittel Ethoxiquin gefunden. Um Sardinen zu schützen, die als Fischfutter Zuchtfische mästen, wird mehr Soja verfüttert, wofür wiederum der Regenwald abgeholzt wird. Damit Lachs verbraucherfreundlich rotes Fleisch vorweist, wird Astaxanthin (⟹siehe Vitamin A) eingesetzt. Lachs wird in Dosen oder als gefrorene Köpfe angeboten.

Lebertran: hat ungesättigte, wertvolle Fettsäuren, auch DHA und EPA. Grenzfuttermittel wegen Überdosierung an Vitamin A und D (1 Eßl./d für großen Hund, keinesfalls täglich), Katze ½ Teelöffel/Woche

Meeresfrüchte: Muscheln, Garnelen, Shrimps, Krebse, Krill, oft werden auch alle Fische dazu gezählt. Aus Umweltschutzgründen sollte man auf das MSC Zeichen nachhaltiger Fischwirtschaft achten, das aber leider auch bei weitem nicht ausreichend ist. Für Katzen gibt es Krebs in Gelee. In Deutschland werden Amerikanische Sumpfkrebse als Fremdeinwanderer gefangen und zu Tierfutter verarbeitet.

Thunfisch: Wild-Thun ist ein großer fetter Meeresfisch mit mindestens 7 Sorten. Es gibt Roten, Blauen, Weißen, Gelbflossen-, Großaugen- und den Kleinen Thun. Fast alle Arten sind bereits so gut wie ausgestorben bzw. überfischt. Da wundert es einen schon sehr, wenn eine bekannte amerikanische Futterfirma mit wildem Thunfisch wirbt.Greenpeace blockierte 2016 eine Whiskas Fabrik in Neuseeland, weil der Thailändische Zulieferer sich weder an Arbeitsgesetze noch an die des kontrollierten Fischfangs hielt. Der Bonito ist meist der, der in Dosen steckt, und eigentlich nicht zur gleichen Familie zählt. Er kann ungesalzen gelegentlich in Ermangelung an Frischfisch verfüttert werden. Leider kann Thunfisch mit Quecksilber belastet sein, weshalb er als Grenzfuttermittel anzusehen ist.

Trockenfisch: eiweißreicher, wertvoller Snack. Meist Blue Wittling oder Sprotte. Minibarsche oder kleine Heringe sollte man lieber vermehrungsfähig wachsen lassen als sie an Haustiere zu verfüttern. Darf für Tiere nicht gesalzen sein. Trockenfisch eignet sich gut als Belohnung in Stückchen und ggf. auf Reisen. Es gibt inzwischen mehr als 12 getrocknete Fischsorten auf dem Markt. Durchschnittliche Zusammensetzung von Trockenfisch mit Restfeuchte von ca. 10 %: Rohprotein 23 -33 %, Rohfett mindestens 10 %, Rohasche 2,5 %, Rohfaser 2,2 %.

Ausgefallene andere Proteinträger:

Aas: Für viele Hunde scheint Kadavergeruch ungeheuer anziehend zu sein, zum Leidwesen ihrer Besitzer. Normalerweise schadet ihnen aber eine „Verkostung" keineswegs. Dabei machen Cadaverin (1,5-Diaminopentan) und Putrescin (1,4-Diaminobutan) und andere chemische Verbindungen den für uns widerlichen Geruch aus. Beide sind ungiftig und nicht gesundheitsgefährdend. Nur die Leichengifte von Darmbakterien, die bei Fäulnis von innen durch den Körper wandern, können toxisch sein. Verwesung von aussen geschieht gleichzeitig durch Bakterien in Luft und Erde. Dabei entstehen grünliche Verdoglobine, die wir auch auf angegangenen Fleisch entdecken können.

Eier: werden gerne falsch ausgewiesen, da es nicht genügend Bio- oder Freilandeier gibt. (⟹siehe auch Fibronil)

a) *Ganze hart gekochte Eier* samt Schale sind ein gutes Stopfmittel.

b) *Eiweiß, Eiklar* in rohem Zustand ist ein Grenzfuttermittel, weil es Biotin, das Vitamin H, durch Avidin und das Enzym Trypsin die Eiweißverdauung inaktiviert. Gelegentlich kann man aber ganze rohe Knickeier samt Schale geben, nur zerdrückt, oder unser Hund darf ein runtergefallenes auflecken. Der Geschmack des Eis hängt von der Fütterung der Hühner ab.

c) *Eigelb, Eidotter* ist eine wertvolle Aufbaukomponente bei Rekonvaleszenz, weil es sehr viele leicht verwertbare Vitalstoffe hat: 17 % Protein, 33 % Fett, alle fettlöslichen Vitamine (A, D, E, K), Mineralien, u.a. Fe. Verschlagen in etwas Fleisch- oder Hühnerbrühe, eignet es sich sehr gut als Krankenkost bei Tieren, die alles Futter ablehnen, ggf. mit einer Spritze eingeben. Auch als Anfangsnahrung nach Bauchoperationen. Bei Erkrankungen, die mit Durchfall oder Erbrechen einhergehen, kann man ausnahmsweise etwas Salz zufügen. Je gelber die Farbe des Dotters, desto wertvoller, allerdings werden bei Industriehühnern auch synthetische Farbstoffe anstatt Mais, Gras oder Pflanzencarotine dafür ins Futter gerührt. Ein Eigelb wiegt durchschnittlich 20g.

d) *Eierschalen* sind roh und fein gemahlen als 98 %iges organisches Kalziumcarbonat ein konzentrierter hervorragender Ersatz für Knochen als Kalziumträger (⟹siehe dort).5g entsprechen 1 Teelöffel. Zum Kaufen oder selber Mahlen für kleine Welpen, kranke Tiere oder solche mit Kau- oder Schluckproblemen. Eierschalen sind außerdem noch eine gute Quelle für Magnesium, Eisen, Kupfer, Zink und Mangan.

e) *Knickeier* sind Eier, deren Schale verletzt wurde. *Bruteier* sind angebrütet. Nach drei Tagen kann man bereits die Eier mit männlichen Küken aussortieren. Alle sind eine gute Proteinquelle in der Tierernährung.

f) *Eipulver* bzw. *Trockenei, haltbares Volleipulver* wird aus China mit nicht deklarierten Zusätzen importiert und vor allem in Trockennahrung verwertet.

g) *Flüssig-Ei* im Tetrapak ist sterilisiert und wird uns in Restaurants in Rührei und Soßen untergejubelt.

h)*Stangenei* im Plastikrohr mit Zusatzstoffen wird oft in Hotels genutzt, braucht nicht gepellt werden, hat keine Endstücke als Reste, schmeckt immer gleich.

Esel: Ja, es gibt Leckerlis mit Eselfleisch. Es muss aber nicht alles sinnvoll sein, was so alles verkauft wird.

Fleischmehl ist gemahlenes Trockenfleisch. Sehr gut als Appetitsteigerer einige Esslöffel unters Futter. Wird zu 90 % verdaut.Gibt es vom Rind, vom Pferd und von Geflügel.

Insekten: Der neueste Schrei sind Snacks und hypoallergenes Hunde-Trockenfutter mit Insekten als einziger Proteinquelle, meist Mehlwürmer.Sie decken den Bedarf von 10 Aminosäuren, Magnesium und Biotin. Es gibt auch bereits ein Barf-Alleinfutter mit Insekten.Es ist nicht nur antiallergen und ballaststoffreich, sondern auch Magen-Darm schonend mit recht hoher Verdaulichkeit von 85 %. Wenn aber vorher Leckerli oder Mischfutter mit Insekten verfüttert wurden, wirkt dieses Antiallergiefutter unter Umständen nicht mehr. In seltenen Fällen kann es auch selbst eine Allergie gegen Chitin, ein Zuckermolekül, auslösen, meist bei Tieren, die schon empfindlich auf Flöhe reagieren.

Andere verwendete Insekten sind Grillen, Heuschrecken und die mehlwurmähnlichen Larven des Schwarzen Getreidekäfers Alphitobius diaperinus, meist als Buffalolarven bezeichnet.Das hieraus produzierte bräunliche Mehl enthält wichtige Aminosäuren, mindestens 35 % mehr Protein als Hühner- oder Rindfleisch, auch Vitamine wie B12 und Mineralien wie Mg, P, Fe, Zn, Mn,Se. Es wird auch als Futter für Terrarientiere und als Speiseinsekt für Insektburger eingesetzt. Die 1,3 cm langen Würmchen sind Allesfresser und entwickeln sich in >40 Tagen bei 30°. Sie können Krankheitserreger auf Geflügel und Menschen übertragen.

Es werden auch die sogenannten Waffenfliegen (Diptera) verwendet, die ursprünglich aus Südamerika kommen, aber inzwischen auch frei in Deutschland zu finden sind. Sie werden auch als Schwarze Soldatenfliege bezeichnet, weil sie das Leben verletzter Soldaten schwer machen, indem sie aggressiv von Blut, auch dem von Tieren, angezogen werden und in jede kleine Wunde ihre Eier legen, die dann nicht heilen können.Da ihr Ruf deshalb nicht so gut ist, findet man auf den Packungen oder Mischdosen, wo ihre Larven als Mehl eingesetzt werden, lieber den lateinischen Namen Hermetia illucens. Zwei Wochen brauchen sie, um sich vom Ei zur Larve zu entwickeln.Das daraus hergestellte Mehl enthält 20 verschiedene Aminosäuren, alle B Vitamine und mehr Eisen und Kalzium als Fleisch, wenig Fett, allerdings mit vielen gesättigten Fettsäuren. Das Mehl riecht eher unangenehm, was aber Hunde nicht stört, die sich ja bekanntermaßen auch über Gammelfleisch hermachen. Larven der Schwarzen Soldatenfliege werden zu Maden gemästet, sie fressen nur Biomüll, ja sogar Fäkalien, werden aber aus hygienischen Bedenken deshalb nicht für Menschen genutzt, sondern bisher nur für Fisch-, Reptilien- und Hundefutter. Alle diese Tierchen ernähren sich von Gemüseabfällen und brauchen wenig Platz. Sie benötigen auch keine Medikamente, Antibiotika, Hormone, Genmanipulationen, Parasiten- oder Pflanzenschutzmittel.Sie verursachen fast keine Treibhausgase und kaum Abfälle, da sie zu 100% nutzbar sind. Der geringe Entsorgungsrest kann als Dünger verwendet werden. Sie benötigen nur ein Fünftel der Wassermenge und nur ein 20igstel der Futtermenge wie für die Produktion der gleichen Menge Rindfleisch nötig ist. Sie verursachen weit weniger Tierleid als Stallmast auf Spaltenböden. Alles in Allem haben sie eine sehr positive ökologische Bilanz. Sie brauchen allerdings Wärmezufuhr zu ihrer Entwicklung. Die Insekten werden in nach EU-Hygiene-Vorschriften zertifizierten Farmen in Holland gezüchtet.

Andere immer schon in indigenen Kulturen von Menschen verspeiste Fleischalternativen ähnlicher Art sind Taranteln, Wanzen, Käfer, Ameisen und -eier, Würmer sowie Skorpione. Kakerlaken mit 75% Proteinen, 18% Fetten und 16% Kohlenhydraten werden bis heute in Thailand zubereitet. Es gab also schon Öko-Food, bevor das Wort erfunden wurde. 2000 Insektenarten gelten weltweit als essbar allein für den Menschen. Insekten sind kürzlich von der Behörde als neuartiges Lebensmittel auch für Mehlkäfer bzw. gelben Mehlwurm (Tenebrio molitor) zugelassen worden.

Känguru: Einige nicht gefährdete Arten können ökologisch vorteilhaft gezüchtet werden. 5 von 48 Arten dürfen mit Quotenregelung bejagt werden. Allerdings werden in Australien Kängurus immernoch im Scheinwerferlicht für Tierfutter erschossen. Export von Herz, Leber, Lunge. Mageres, gesundes Fleisch für Allergiker und Übergewichtige als Frostware oder Dosenmix. In Australien werden Känguruschwänze roh verfüttert. Das Fleisch ist mit 2% Fett sehr mager und reich an Protein, Eisen und Zink.

Lebermehl: sehr gehaltvoll, zur Aufwertung oder als Appetitsteigerer ein bis einige Esslöffel ins Futter

Rotes Fleisch: Rohes oder gekochtes Muskelfleisch von Rind, Pferd, Schaf, Ziege, Hausschwein, Wildschwein, Wildkaninchen, Wild im Allgemeinen. Es hat hochwertige Proteine, B-Vitamine und Spurenelemente (Fe, Zn).

Separatorenfleisch: im Endprodukt kaum nachweisbares Restfleisch an zuvor zerkleinerten Knochen. Fleischreste und Mark werden mit Maschinen abgepresst. Heißt auch MEF = maschinell entbeintes Fleisch. Es ist so fein, dass es keine Faserstruktur mehr hat. Zerkleinerte Knochenreste werden durch ein Sieb gepresst und so der letzte Rest Fleisch vom Knochen getrennt. Je feiner das Sieb, desto mehr letzte Ausbeute ergibt sich in den Endprodukten von Fleisch und feinem Knochenmehl. Im Prinzip ökologisch gut, weil wirklich jeder Rest noch verwertet wird. Wegen BSE seit dem Jahr 2000 für Wurst, Salami und Fast-Food von Rind, Ziege und Schaf für Menschen verboten, da Kontakt mit dem infektiösem Knochenmark nicht auszuschließen ist, nicht jedoch von Geflügel, das dann kennzeichnungspflichtig ist. Das Fehlen dieser Kennzeichnung ist jedoch eine der häufigsten Beanstandungen bei Kontrollen. Das durch das Rückgewinnungsgerät gewonnene Restfleisch wird aufgepeppt mit Senfpulver, Zellulose, Phosphaten und weiteren netten Zusätzen noch in Geflügelwürstchen und fertigen Frikadellen verwertet und ist so kaum nachweisbar. Dann ist es doch wenigstens besser, es wird im Tierfutter verwertet. Auch bei Fischprodukten angewandt.

*Soja w*ird hier genannt, weil es eine sehr nutritive Bohne ist, eine Hülsenfrucht, die bis zu 48 % Proteine aufzuweisen hat, und deshalb als hochwertige Komponente, oft als Haupteiweißlieferant, dem Hundefutter beigesetzt wird. Als aufbereitetes, umstrukturiertes (⟹siehe Hydrolysat) Sojaprotein kann es zu 70 - 90 %, je nach Verarbeitung auch als strukturierte Ersatz-Fleischfaser, vom Carnivor verwertet werden und nennt sich dann pflanzliches Eiweißextrakt. In begrenzten Mengen ist dagegen nichts einzuwenden, sofern auch noch tierische Aminosäuren im Menü vorhanden sind, da sonst essentielle Aminosäuren fehlen, vor allem Taurin. Außerdem sollte es sich um nicht gen-manipuliertes und nicht Glyphosat verseuchtes Soja handeln, also um Bio. Leider ist konventionelles Soja meist genmanipuliert, hoch pestizidverseucht und zuweilen mit dem Nervengift Hexan versetzt.

Soja weist an wertvollen Bestandteilen außer seinem Eiweißreichtum noch bis zu 24 % Fett, 24% Stärke, 12 % Ballaststoffe, 5 % Mineralstoffe (u.a. Fe, Zn) auf. Soja steckt in den meisten Futtersorten als texturiertes Fleisch (⟹siehe Foto 9) und pur in vegetarischen und veganen Angeboten als Ersatz für tierisches Eiweiß. Gensoja müsste eigentlich bei Heimtierfutter deklariert werden. Für Hunde eignen sich ansonsten höchstens gelegentlich Biosojasprossen, eventuell Sojamehl. Tofu ist geronnenes Sojaeiweiß mit Chlorid-, Sulfat- und Säurezusätzen, für Fleischfresser in kleineren Mengen zwar nicht schädlich, aber auch nicht von besonderem Vorteil. Sojamilch, –sauce und -öl sind für sie ganz abzulehnen.Durch seine zwar eigentlich gesunden

Omega-6-Fettsäure, die in Soja im Überhang vorhanden ist, verschlechtert sich das Verhältnis zu den Omega-3-Fettsäuren.

Konventionelles Soja wird für Tierfutter geschrotet, dann mit einem Lösungsmittel aus Petroleum das Öl entzogen, der Rest zu Flocken oder Mehl geröstet. Durch Hitze wird der Trypsininhibitor inaktiv. Zoofeliden wurden von Soja unfruchtbar, da es eine östrogene Wirkung hat. (⟹ siehe Hormonell wirksame Substanzen) Ratten bekamen geschädigte Lebern und Bauchspeicheldrüsen. Bei Hunden wurden Zuchtprobleme durch pathologische Einflüsse auf Schilddrüse und Nebenschilddrüse, das Skelett und die Fruchtbarkeit nachgewiesen.

Rohe Sojabohnen sind bitter und enthalten Pflanzengifte (Trypsin-Inhibitor). Nur stark verarbeitet durch Kochen, Fermentieren oder Raffinieren ist Soja überhaupt genießbar.

Tiermehle: Tierkörper, die wegen Krankheit getötet wurden, verendete Tiere aus Heimtierhaltung, Zoos, Zirkussen, überfahrene Wildtiere sind die Basis für Tiermehle. Die Körper werden über große Trichter in geschlossene Bottiche gefüllt, gemahlen, gekocht und entfettet und sollen unter Druck mindestens 20 Minuten sterilisiert werden. Dann wird der Rest getrocknet. Das hoch eiweißhaltige Tiermehl steigert Muskelaufbau und Laktation und hat ein sehr gutes Ca:P Verhältnis. In Deutschland ist die Verwendung der so gewonnenen Tierfette verboten, nicht aber in unseren Nachbarländern. Foodwatch hat nachgewiesen, dass es für mehr als hunderttausend Tonnen Tiermehle der EU keinen Nachweis für deren Verbleib gab. Die Futtermittelindustrie agiert international. In Drittweltländern sind sogar ungefärbte Lederabfälle, samt ihrer Gifte zum Gerben, gemahlen dem Tiermehl zugesetzt worden.

Trockenfleisch: Früher gab es das säckeweise in Stücken zu kaufen. Ich habe das eingeweicht mit den anderen Komponenten vermischt oder (in Maßen, da es Durchfall machen kann) trocken gegeben. Es ist eine gute Alternative, wenn man vergessen hat aufzutauen. Es kann einen sehr hohen Proteinwert bis zu 80 % aufweisen.

Weißes Fleisch: Kalb nach (tierquälerischer) Weißmast, Ferkel, Hauskaninchen, Kutteln= Pansen, Blättermagen, Fisch

Organe allgemein aller Tiere:

Blättermagen: am besten grob gereinigt mit grünem Inhalt, gutes Ca:P Verhältnis, enzymreich, gute verdauungsfördernde Bakterien, je frischer desto besser

Därme: mit anhängendem Fett, Verdauungsdrüsen und Lymphknoten: Je frischer desto besser. Dünn- und Dickdärme mit Inhalt verfüttern. Wenn ich an Schlachtungen komme, stelle ich einfach einen Eimer in den Zwinger oder Hof, sodass die Hunde sich aussuchen können, was sie mögen und was nicht. Die Reste werden auf dem Kompost entsorgt. Die grüne Gallenblase muss bei allen Tieren immer vorsichtig entfernt werden, da sie bei Auslaufen den gesamten Rest durch starke Bitterkeit unbrauchbar macht.

Eingeweide: siehe Därme

Gelenkknochen: siehe Sandknochen

Gurgeln: Am besten schneidet man sie längs in kleinere Stücke und mischt sie dem Futter bei. In größeren Stücken als Knochenersatz sind sie schwer verdaulich und werden als einzelne Knorpelringe manchmal nach oben oder unten ausgeschieden, welche mit Plattwürmern verwechselt werden können. Aufschneiden in Längsrichtung ist wichtig, da es schon Hunde gegeben hat, die sich die Ringe über die Zunge gestülpt und abgeklemmt haben.

Herz: Herzen aller Tierarten (Rind, Schwein, Schaf, Ziege, Huhn, Kanin, Reh, Hirsch uvm.) eignen sich und werden sehr gerne genommen. Eine der wenigen Quellen für Taurin, eine wichtige Aminosäure (⟹ siehe dort)

Hirn: einer der wenigen Quellen außer Fisch für EPA und DHA. Leider nur noch schwer zu bekommen, in allen ganzen Köpfen von Geflügel, Schwein, Wild oder ganzen kleinen Beutetieren. In D ist der Verkauf von Hirn seit 2000 wegen BSE verboten, obwohl es früher von Menschen und heute noch bei anderen Völkern gegessen wird. Ansteckung von Fleischfressern wurde noch nie nachgewiesen.

Horn: In Form von Geweihabwurfstangen, Klauen, Hufen (natur, ungefüllt!) und deren vom Schmied abgeschnittenen Teilen, Hühnerkrallen, Hühnerköpfe samt Schnäbeln. Schwer verdaulich, aber beschäftigungsintensiv und zahnpflegend. Wenn bei uns der Schmied die Hufe unserer Pferde ausgeschnitten hat, gehen unsere Hunde nachher wie die Weidetiere über das Gras, um die Hornspäne aufzulecken; größere Stücke zerkauen sie mit Genuß.

Hufe, Klauen siehe Horn

Knochen: Alle sind alkalinisierende Kalziumträger und gut für Beschäftigung und Gesundheit von Zähnen und Kaumuskulatur: Rippen, Röhrenknochen, Hälse, Wirbel (Vorsicht gebratene Kotelettknochen), Geflügelköpfe, Hühnerkarkassen, Hühnerflügel, Markknochen = Suppenknochen, Gelenkknochen = Sandknochen, Ochsen- und Schweineschwänze, Schweinepfötchen, zerteilte Schweineköpfe, Rinderfüße, Brustbein, Schinkenknochen, Geflügelfüße u.v.m..

Knorpel: Besonders für Welpen und Alte: Gurgeln, Jungtierknochen, Rippenenden, Brustbein

Kopffleisch: hat eine Menge Muskelfleisch, das in anderen Ländern von Rind und Schwein als Delikatesse gilt.

Leber: Auch gefriergetrocknet empfehlenswert als Belohnung. Sehr wertvolle Komponente, da sie fast alle Wertstoffe hat, die benötigt werden, auch seltenere. Gesunde, möglichst dunkelrote Leber von allen Tieren ist die beste Komponente für die meisten Vitamine und Enzyme, reich an selteneren Elementen wie Folsäure, Kupfer und Vitamin D3. Gelbe, weiche Lebern, mit Knoten, gelben Flecken oder Parasiten sollten nur mit Vorbehalt, gekocht oder gar nicht verfüttert werden. Leber ist ein Grenzfuttermittel, wirkt abführend und sollte niemals ausschließlich als Fleischkomponente gegeben werden, weil es in sehr seltenen Fällen zu A-Hypervitaminosen kommen kann, besonders bei Katzen.

Lunge: von Rind, Schwein oder Schaf wird sie in Blut-, Leber- und Lungenwurst und regionalen Gerichten verarbeitet, der größte Teil im Hundefertigfutter. Roh, ganz oder in Stücken gemischt geben. Sehr bindegewebsreich, wenig Kalorien, deshalb besonders geeignet zum Mischen mit fettreichem Fleisch oder zum Abnehmen ohne Fettzusatz. Wird zu 95 % verdaut. Auch als Trockenprodukte. Sehr preiswert. Früher aßen die Menschen Lungenhaschee, heute wollen es die Reichen nicht mal mehr ihrem Hund geben!

Magen: Alle Mägen sind gutes Futter, bei Wiederkäuern am besten mit Teil-Inhalt oder nicht gereinigt. Je frischer, desto besser. Es versteht sich von selbst, dass nur grüner Inhalt aus Pflanzen wertvoll ist, nicht jedoch der Mageninhalt von Kraftfutter-Tieren. Wenn ich an ganze Pansen kommen kann, schütte ich den grünen Inhalt in eine Schüssel, an der meine Hunde etwa 2 Tage lang immer wieder lecken. Danach sind Enzyme und Mikroben inaktiv und die Hunde interessieren sich nicht mehr dafür. Man kann den Inhalt auch portioniert einfrieren und als „Gemüsekomponente“ anderem zufügen. Der Mageninhalt von Schwein und Geflügel muss ausgewaschen werden, wegen der Säure bzw. wegen der Steinchen.

Hühnermägen kann man gereinigt oder getrocknet kaufen und sind ein gutes unbedenkliches Leckerchen, das fast unbegrenzt gegeben werden kann.

Milz: eisenreich, blutreich, abführend, energiearm, besonders gut mischbar mit Kohlenhydratträgern oder fettreichem Fleisch.

Muskelfleisch: ist die teuerste Komponente. Billiger in Form von Knochenanhangsfleisch, Schlachtabfällen, Stich- oder Stempelfleisch oder Fleischabfällen, die sowieso in die Dosen kommen. Meist mit Fettanhang oder Sehnen- und Bindegewebsresten, was

Menschen nicht lieben, für den Hund aber kein Problem ist. Jegliches Muskelfleisch ist bis zu 99 % verdaulich.

Netzmagen: am besten grob gereinigt mit grünem Inhalt, enzymreich, gute Bakterien, je frischer desto besser

Nieren: haben viele wertvolle Stoffe, willkommene Abwechslung, eher basisch.

Ohren: Frisch oder getrocknet, mit oder ohne Haare, von Schwein, Rind, Kanin, Schaf, Pferd. Haben Bindegewebsstoffe, nicht so großen Nährwert, aber hohen Beschäftigungswert.

Pansen: Frisch und grün, richtig grün! Am besten nur ausgeschüttelt mit grünem Inhalt, enzymreich, gute Bakterien, je frischer desto besser. Von Rind, Schaf, Ziege, Reh, Hirsch, Rentier, Lama, Kamel ist eines der besten da komplettesten Menüs, die man längere Zeit ohne Mängel geben kann, zum Beispiel auf Reisen, oder wenn man der betreuenden Person des Hundes keine Menüzusammenstellung zumuten möchte. Allerdings sehr geruchsintensiv. Leider häufig nur gebrüht zu bekommen, trotzdem wertvoll, relativ fett. Den fehlenden Inhalt ersetzen wir dann durch fein pürierte grüne Kräuter.

Schlund: Grenzfuttermittel, Luftröhre mit anhängender Speiseröhre, in Teilstücken oder kleingeschnitten, Gurgeln immer längs aufschneiden, was bei Trockenprodukt meist nicht gegeben ist.

Speiseröhre: Anhängend an Lunge oder Gurgel problemlos mit zu füttern. Rollt beim schneiden.

Stichfleisch: Ist das Muskelfleisch, wo die Schlachttiere unter der Kehle abgestochen werden, oder was unansehnlich geworden ist oder den optischen Anforderungen nicht entspricht. Als Kategorie 3 genusstauglich, aber für den menschlichen Verzehr nicht mehr vorgesehen.

Wiederkäuermägen: Labmagen, Blättermagen, Netzmagen, Pansen, am besten nur grob ausgeschüttelt. Alle sind gut zu verfüttern, siehe oben. Rind, Schaf, Ziege, Reh, Hirsch etc. Sie sind ein fast komplettes Menü, das für längere Zeit ohne Mangel gegeben werden kann.

Wirbelknochen, Hälse: Splittern leicht, Geflügelhälse können im Ganzen und roh gegeben werden. Manche Hunde verschlucken sich an den kleinen Knöchelchen.

Zunge: Weiches begehrtes Fleisch aller Tiere, auch in ganzen Köpfen

B) Pflanzen

Alle roh und püriert als Träger von Vitaminen, Mineralien, Enzymen, Zellwasser, Biophotonen und Sekundärstoffen. Als Faustregel gilt: Obere Pflanzenteile sind vitaminreicher, Knollen und Wurzeln mineralreicher. Diese Liste zählt bei Weitem nicht alle für Carnivoren mögliche Pflanzen auf und erhebt keinen Anspruch auf Vollständigkeit.

Algen: Sie sind ein natürliches Multivitamin und Mineralpräparat (Ca, Mg, Zn, J, Se, Fe, K, Cr) mit essentiellen Amino- und Fettsäuren und Enzymen und haben bis zu 60 verschiedene Wertstoffe: Omega-Fette, Chlorophyll, alles in gut verfügbarer Form. Als Seealgenkalk, –öl, –mehl oder Presssaft, getrocknet, als Pulver, Presslinge oder Kapseln. Man unterscheidet

a) Süßwasseralgen mit Antikrebs-Phytocyaninen: Spirulina (= Blaualge), Afa-Alge (Blaualge, entgiftend, wird Süßwasserseen entnommen, heißen auch Cyanobakterien, da sie eine Symbiose zwischen Alge und Bakterium sind), Chlorella, (Grünalge, entgiftend, wird in geschlossenen Glasröhrensystemen gezüchtet), alle sind

b) Mikroalgen, mikroskopisch klein, zu Plankton gehörende Einzeller.

c) Makroalgen: Grün-, Rot- und Braunalgen = Knotentang, Seetang, Blasentang, Wakame, Kelp, Meeres"nudeln", die sehr groß werden können und Blätter, Stiele und Wurzeln vorweisen, sind alles

d) Meeresalgen, (besonders Meeres-Spaghetti, Wakame, Arame, Sargassum) und haben einen hohen Jod- und Na-Gehalt und sind deshalb ein Grenzfuttermittel. Überdosen können zu Schilddrüsenschäden führen!

Alle Algen haben einen hohen Anteil an Mineralsalzen (Selen, Zink, Cu, Mg, Fe, K und anderen), außerdem an Fettsäuren (zuweilen auch einen winzigen Teil DHA und EPA), Enzyme, Vitamine (C, E), essentiellen und nicht-essentiellen Aminosäuren. Sie wirken Fell und Haut pigmentierend, immunvorbeugend, heilend bei Nährstoffmangel, einige antitumorös oder entgiftend gegen Schwermetalle und Mycotoxine. Sie sollten keinesfalls selbst mit Schadstoffen belastet sein, was leider nicht selten ist: Pb, Al,Cd,As und radioaktives Jod wurden gefunden. Es gibt keine gesetzlichen Höchstmengenbegrenzungen.

Algen werden als Pulver oder gefroren in Würfeln für Hunde angeboten oder in Spuren Mischungen zugesetzt. Seetang kann man im Chinaladen getrocknet kaufen. Man schneidet mit der Schere etwas ab und weicht es etwa 10 Minuten in Wasser ein.

Rotalgen werden als Verdickungs- und Geliermittel als E 400 bis 407 eingesetzt. Die meisten Produkte kommen aus Farmen in Asien.

Ananas: Vitamin C-reich, auch die Schale kann gemahlen gegeben werden, sie ist weniger sauer und wird einigen Fertigfuttern als Faser zugesetzt, besser ist natürlich frisch. Enzymreich: Die Protease Bromelain unterstützt die Eiweißverdauung und die Verflüssigung von Eiter, Schleim und Blutergüssen, wirkt gegen Entzündung und Schmerzen und wird als nicht rezeptpflichtiges Dragee als Medikament eingesetzt, mit dem ich sehr positive Erfahrungen habe. Es sollte nur gleichzeitig mit oder vor der Fütterung gegeben werden.

Apfel: gerieben mit Schale stopfend wirksam. Kerngehäuse und Schalen sollten püriert mit verfüttert werden. Beides hat mehr Vitamin C als Fruchtfleisch und in den Kernen findet sich das Vitamin B 17.Besonders wertvoll ist ihre Folsäure. Normale Äpfel werden bis zu 32mal im Jahr gespritzt. In Trockenfutter als Trester (Fester Rest der Saftverarbeitung) eingebracht. Äpfel haben ca.10g Kohlenhydrate/100g.

Avocado: Das reife Fruchtfleisch hat wertvolle ungesättigte Fette, Tryptophan und die seltenen Vitamine E und K, sowie die Vitamine (A, B1, B6) und Mineralien (Zn, Fe, Mn, Cu).

In südlichen Ländern sieht man viele Straßenhunde, die sich mit Genuss über Avocados hermachen. Meine Hunde haben schon zig Mal Avocadomus in ihr Futter bekommen. Nach dem, was ich über Avocados las, müssten meine Hunde alle schon tot sein. Selbst 5 Wochen alten Welpen habe ich Avocadofruchtfleisch ins Futter gemengt, mit bestem Erfolg. Ich nehme an, dass es verschiedene Sorten von Avocados mit anderen Sekundärstoffen gibt. Darunter ggf. solche, die für Hunde unverträglich sein können. Es gibt allein vierhundert Sorten an Avocados, nur 20 davon werden kommerziell vertrieben. Die kleinsten schwarzen Kultur-Hass-Avocados sind möglicherweise die einzigen, die den giftigen Wirkstoff Persin, welches für Herzschäden verantwortlich gemacht wird, in sich tragen. Oder hatte da jemand die Schale mit gefüttert? Diese Sorte wird in Deutschland am meisten verkauft. Sie wird in speziellen Reifekammern mit Äthylen begast und künstlich wärmebehandelt. Avocados sind ökologisch in Europa durch den Import abzulehnen. Durch den neuen vegetarischen Trend werden Naturwälder in den Tropen, vornehmlich Peru, abgeholzt und brauchen zu uns noch 3 Wochen im Kühlschiff. Und in Spanien wird der Wassermangel verschärft. Avocadobäume brauchen 1000 Liter Wasser, um 1kg Frucht zu produzieren.

Banane: Kaliumreich, kohlenhydratreich (20g/100g), stopfend, basenreich, überreif gut mischbar.In herkömmlichen Bananen hat man krebserregende Stoffe gefunden. Importfrüchte werden grün geerntet und mit Reifegas behandelt.

Brokkoli: Reich an Ca, Mg, Zn, Fe,Vit.C, B1, B6, E, Folsäure, Betacarotin, ebenso an Ballaststoffen, sekundären Pflanzenstoffen wie Quercetin, Glucosinolat, Thiocyanate und Senfölen. Wirkt antimikrobiell, entzündungshemmend, anticarcerogen und antioxydativ.

Chicoree: sind die oberen Blätter der Zichorienwurzel, galle- und leberstärkend, kaliumreich. Wurzel gilt als präbiotisch.

Fenchel: Als milde Gemüsekomponente als Fenchelgrün oder –knolle verwendbar, auch gemahlener Samen oder als Tee. Bei Magen-Darmstörungen, Milchmangel.

Gemüsebrühe: Wenn Sie mal etwas davon übrig haben, am besten ungesalzen, lässt es sich ohne Probleme dem Hundefutter als mineralreiche Komponente beimengen. Kochen ist eine Art Vorverdauung, weil die Zellwände dabei geknackt werden. Deshalb kann manches Wurzelgemüse gekocht besser verdaut werden.

Gras: 90 % aller Hunde und Katzen fressen gelegentlich Gras, vornehmlich die oberen Spitzen. Es wird bei Magen-Unwohlsein als Verdauungshelfer geschluckt oder um spitze Knochensplitter zu umwickeln, damit sie beim Erbrechen die Speiseröhre oder bei Durchfall den Darm nicht verletzen. Es kann als Halm nicht verdaut werden. Bei verschluckten Angelhaken oder auf dem Röntgenbild sichtbaren Fremdkörpern kann der Tierarzt deshalb aus gleichem Grund Zwangsfütterung mit Sauerkraut anordnen, um eine Operation zu vermeiden. Bio-Weizen- oder Gerstengraspulver kann gelegentlich als Gemüseersatz in geringer Dosierung dem Futter beigefügt werden.

Grüngemüse: Salate, Spinat, alle Kräuter sind besonders wertvoll. Chlorophyll ist der beste Magnesiumlieferant. Alles Grüngemüse hat auch Folsäure.Roh, fein püriert und gut vermischt wird es gut vom Körper aufgenommen, was man daran erkennt, daß die Würstchen keineswegs grün herauskommen.

Knoblauch: blutverdünnend, antikarzerogen durch Sulfide und Cystein, entzündungshemmend, antiviral, antibiotisch, antiparasitär, nur wirksam roh püriert mit 70 nutritiven Wirkstoffen. 1 mg Allicin entspricht der Aktivität von 15I.E. oder 10 Mikrogramm Penicillin.

Knoblauchpulver, Tabletten, Öle oder sonstige Extrakte sind wirkungslos.Verarbeiteter Knoblauch kommt meist aus China oder Spanien und kann belastet sein. Lediglich gefriergetrockneter Preßsaft war sonst noch klinisch effektiv. Gelegentlich als Pflanzenkomponente ins Futter: 2 große rohe Zehen für einen 35 kg Hund. Kurmässig bei Krankheit nicht länger als 1x täglich 1 Woche lang. Grenzfuttermittel, da gefährlich ab 5g/kg an 7 Tagen hintereinander. Eine Knoblauchzehe wiegt 2-3g. Wer bitte hat je einem 20kg Hund zwei ganze Knollen verabreicht, der die dann auch noch gefressen hat und Schäden davontrug? Extrakt kann noch leichter überdosiert werden.

Der dem Knoblauch ähnliche Bärlauch ist für Hunde giftig. Auch andere Lauchgewächse wie Zwiebeln, grüner Knoblauch, Schnittlauch oder Porree sind nicht geeignet.

Kohl: fast alle Sorten haben hohe Antikrebswirkung durch den Sekundärstoff Glucosinolat. In Tierversuchen konnten Tumore durch Verfütterung von Kohl verhindert werden. Besonders wirksam in dieser Hinsicht sind Brokkoli, Blumen- und Rosenkohl. Ballaststoffreich.

Kürbis: Wird bei Harnwegserkrankungen samt Samen empfohlen. Auch die gemahlene Schale kann als Gemüsekomponente gegeben werden.

Kurkuma: = Gelbwurz. (Siehe Fotos 29 und 33) Wie der Name sagt, ist es eine gelbe Wurzel mit gelborangen Farbstoffen, den Curcuminoiden, von denen die Wurzel 90 verschiedene als Sekundärstoffe bereithält. Es transportiert die Aminosäuren Phenylalanin, Tyrosin und Cholin, die Vitamine E und Folsäure und die Mineralien K, S, Mn, Se, Si, Zn, Cu, Cr und Co. Die Pflanze gehört wie Ingwer zu den Ingwergewächsen. Sehr potente antioxydative, entgiftende, antikanzerogene, antibiotische, antivirale, pilz- und stark entzündungshemmende Wirkung: 1200mg entsprechen 300mg Phenylbutazon. Gut für Magen, Darm, Leber und Haut. Füchse und andere Tiere wissen das und graben die Wurzeln zur Eigenbehandlung bei Verwundungen aus. Auch die großen grünen Blätter (Kübel) kann man frisch gemahlen verwenden. Zusammen mit Fett wird der Wirkstoff am besten aufgenommen. Kurkuma ist gut wirksam bei Appetitmangel, Diabetes, Diarrhoe, Giardien, Leber- und Schilddrüsenerkrankungen. Es sollte aber nie zu lange oder in zu hoher Dosierung gegeben werden, auch wegen Phytooestrogenen und Bitterstoffen.

Reines gekauftes Kurkumapulver ist allerdings eines der am meisten verfälschten Lebensmittel, indem es mit gefärbtem Stärkepulver verlängert wird. Deshalb am besten roh gemahlen, auch mit der feinen Schale. Die Curcumoide finden sich auch in Currymischungen, diese aber bitte nicht für die Tiere. In keiner Darreichungsform sollte überdosiert werden, da Kurkumin in höherer Dosis toxisch wirkt.

Kurkumin ist als E-Nummer 100 als gelber industrieller Farbstoff ausgewiesen. Daraus geht nicht hervor, ob es das Extrakt oder das nachgebaute Chemie-Produkt ist, das sich auch in Pillen oder Kapseln finden kann. Dieses hat zwar dieselbe Summenformel, jedoch ist die Molekülfaltung nicht identisch, weshalb es kaum gesundheitlich wirkungsvoll ist und sogar giftig und krebsfördernd sein kann. Außerdem verhindert es den Leptinausstoß und verhindert so die natürliche Essbremse.

Löwenzahn: verdauungsanregend wegen der Bitterstoffe, reich an Carotin, Ca, K, Mg und Bor. Am besten frisch, die zahnlosen Blättchen selbst gesammelt, sonst auch getrocknet für ca. 100g/1€. Zuchtlöwenzahn als käufliche Kulturpflanze hat weniger Bitterstoffe, aber trotzdem noch viel Vitamin C, B1 und B2, Carotine und Mineralstoffe. Auch als fermentiertes Löwenzahnextrakt mit Milchsäurebakterien zu kaufen.

Mangos: Als importierte Flug-Ware ökologisch unsinnig und zudem ziemlich wertlos, da Sonne und Reife, entsprechend Sekundärstoffe, Aroma und Vitamine fehlen.

Möhren: ersetzen keine Leber, sind aber einsetzbar als normale rohe Gemüsekomponente, als Entwurmungsnachbehandlung und zur Intensivierung der Fellfarbe. Als gekochte Möhrensuppe mit ein bis einigen Teelöffeln Fischöl (kalt zusetzen) und ein bißchen Salz als Durchfalldiät. Für den schnellen Barfer, im Winter oder wenn gerade nicht Frisches zur Hand ist, können gelegentlich Karottenflocken, -granulat oder –pellets genommen werden. Möhrentrester als Rest der Saftproduktion wird in Trockenfutter eingesetzt.

Moringa: (Foto S. 213) Die Blätter haben so viel Wertstoffe wie kaum eine andere Pflanze: Mg, Ca, Se, Vitamine B und K unter anderem. Empfohlen bei besonderen Belastungen, Nährstoffmängeln, Arthrose, Schilddrüsenunterfunktion. Auch hierbei sollte man die frischen Blätter (Blumenkübel) mahlen und dem gekauften Pulver vorziehen. Die ganze Pflanze ist verwertbar, auch Blüten, Samen etc.. Tee, kalter Aufguss und Tinktureinreibungen werden verwendet.

Obst: Außer Steinobst alles geeignet, unbedingt abwechseln mit Grüngemüse. Unreif geerntetes Obst wie bei Importbananen oder -avocados hat aber nur einen halb so hohen Anteil an bioaktiven Wirkstoffen. Tropenfrüchte unter Sonneneinfluss haben deshalb viel mehr Enzyme als heimische, aber nicht mehr, wenn sie lange transportiert und begast wurden. Am vitaminreichsten sind Wildfrüchte, die etwa zehnmal mehr Vitalstoffe enthalten als Plantagenobst. Empfehlenswert ist Fallobst, da im Allgemeinen nicht gespritzt, gratis oder sehr preiswert und sonnengereift. Die kleine Mühe, es aufzusammeln und ggf. etwas auszuschneiden, lohnt allemal.

Papaya: alle Sorten, männliche und weibliche Frucht des Melonenbaumes, grün als unreif oder orangegelb als reif, Fruchtfleisch, Schale, Samenkörner, Blätter, Milchsaft, alles ist verwertbar und hat hohe enzymatische Aktivität. Schwarze Samen sind nüchtern ein gutes Entwurmungsmittel. Bei Verdauungsproblemen und Krebs innerlich, auf Wunden Blätter und Fruchtfleisch äußerlich anzuwenden. Auch als potentes Medikament in der Enzymtherapie.

Rote Bete: antioxidativ, antikarzerogen, mineralreich, oxalreich. Auch Schalen und Blätter verwertbar

Sellerie: Knolle, Schale und Grün verwertbar, Stängel nur eingeschränkt, da sehr faserhaltig

C) Spezialitäten:

Bierhefe: ist ein getrocknetes Naturprodukt nach der Bierherstellung als Pulver. Sie hat essentielle Aminosäuren und B-Vitamine und wirkt sich positiv auf Appetit und Darmflora aus. Es gibt sie auch als braune Flüssigkeit, die man mit einer Spritze notfalls eingeben kann.Freiwillig nehmen die Tiere es so meist nicht, da die B-Vitamine bitter schmecken. (⟹siehe auch Hefe)

Hefe: purinhaltig, hat den gesamten Vitamin-B-Komplex von B1, B2, B3, B4, B5, B6, B7, B 10, B9 bzw. 11, B 13 bis B 15, (selten B12), die Aminosäuren Lysin, Glutamin und Carnitin, sowie Inosit, Enzyme und die Mineralstoffe Ca, K, Zn, Cu und Cr. Appetitanregend, leberstärkend, verbessert die Futterverwertung. Empfohlen bei Koprophagie und Rekonvaleszenz. Nicht mit Kohlenhydraten gleichzeitig geben, da es zu Blähungen kommen kann. Meiden bei Blähungen, Hautpilz, Purinempfindlichkeit und Harnsäuresteinen.

Öle: Von Carnivoren können tierische Öle am besten verwertet werden wie die Anhangsfette der verfütterten Fleischsorten. Lebertran, Fischöl, Krillöl, Tran, Dorschleberöl, Lachsöl haben mehr und wertvollere essentielle Fettsäuren und Vitamin D3. Es kann bei stumpfem Fell zusätzlich, bei Adipositas anstatt anderer Fette tee- bis esslöffelweise als Fettkomponente beigegeben werden.Wildlachse, Wale und Pinguine ernähren sich von Krill, den sollten wir nicht für teures Krillöl abfischen. Konventionelle Öle eignen sich nicht für Carnivoren, da sie zu viele Zusatzstoffe haben und sie in der Natur in dieser Form nie vorliegen.

Ölherstellung: Industrielle Herstellung= Raffination von billigem Sojaöl: Die Saaten werden gereinigt, heiß bedampft, unter hohen Presstemperaturen ausgepresst. Das Fett wird mit Lösungsmitteln, Leichtbenzin bzw. Hexan, extrahiert, dann in mehreren Verdampfungsschritten behandelt, da Wasserdampf schlechte Gerüche entfernt. Durch Wasserzugabe werden unerwünschte Begleitstoffe wie Lecithine abgetrennt, d.h. raffiniert. Dadurch werden auch Aromen entfernt, die manchmal später in künstlicher Form wieder zugefügt werden. Es können sich Schadstoffe wie gesundheitsschädliche karzinogene Fettsäureester bilden. Danach wird mit Phosphorsäure entschleimt, durch Zugabe von Natronlauge entsäuert, danach gereinigt und gebleicht. D.h. mit Bleicherden werden Pflanzenfarbstoffe, Chlorophyll und Carotine entfernt. Dann wird destilliert, um das auf Petroleumbasis hergestellte Lösungsmittel zu entziehen. Zum Schluß werden dem Öl mit bis zu 250 Grad heißem Dampf Geschmacks- und Begleitstoffe entzogen, es wird desodoriert.

Es bleiben weder Vitamine noch Aromen, kaum essentielle Fettsäuren. Dafür bilden sich krebsverdächtige Fettschadstoffe wie Acrylamid, Trans-Fettsäuren, Ketone, Polymere, Aldehyde, die nicht deklariert werden und zum Teil giftig sind. So erhält man ein haltbares, geschmackloses gesundheitsschädliches Fett mit giftigen Fettsäureestern, hergestellt aus eigentlich hochgesunden, vitalstoffreichen Samen. Lediglich kalt Pressen war einmal. Die Gefahr geht nicht von den Grundstoffen, sondern von ihrer Verarbeitung aus.

Als Beigabe zu Futter wird meist nur allgemein Pflanzenöl ausgewiesen: Palmöl oder Sojaöl, manchmal mit billigstem Baumwollsamenöl gemischt. Fast alles Soja ist genmanipuliert, da im Öl nicht nachweisbar.

Extra virgin bzw. natives Öl sollte durch Zentrifugieren ohne Lösungsmittel hergestellt sein. Kaltgepresst heißt: Eine Verarbeitung nur bis 37 Grad ohne zusätzliche Wärmezufuhr. Im Prozeß erhitzt es sich aber durch Druck und Reibung bis zu 60 Grad. Es darf aber als „Kaltgepresst" deklariert werden, wenn es nur 52 % davon enthält. Also 48 % ist undeklarierter oder erhitzter Rest! Kein anderes Lebensmittel wird so viel gepanscht wie Olivenöl, gestreckt mit Billigölen, aus verdorbenen Oliven, mit zugesetzten Aromen oder grünem Farbstoff oder Ernte aus verschiedenen Ländern zusammengeschüttet.

Palmöl:

a) Rotes Palmöl der Afrikanischen Ölpalme: Rote Palmfrüchte enthalten wertvolle Carotinoide und Tocotrienole (Vitamin E) sowie Q 10 in der äußeren weichen Umhüllung, sind außerdem sehr stärkereich und werden von vielen Wildtieren, einschließlich Carnivoren mit Appetit verspeist. Sie ergeben ein wertvolles Öl, das bei Zimmertemperatur fest und leicht süßlich ist und hocherhitzt werden darf. Die Palmen können nichts dafür, dass sie inzwischen in riesigen Plantagen angebaut werden und für 20 % der Urwaldzerstörung verantwortlich sind, da man die Früchte auch für viele technische Produkte vermarktet. Das tut seiner wertvollen physiologischen Wirkung jedoch keinen Abbruch. Zertifizierungen sind umstritten, da es kaum Strafen für die Konzerne gibt.

b) Weißes Palmkernöl der inneren Nuss ist gelblich, haltbar und das meistimportierte Öl. Es wird weltweit industriell verwendet u.a. in Milchpulver, Milchaustauscher, Käse, Analogkäse, Margarine, Hundeschokolade, Hundefutter und in jedem 2. Supermarktsprodukt, Kosmetikartikel oder Lebensmittel, auch in Biosprit etc. Überall wo „pflanzliches Fett" draufsteht, ist zu über 80 % Palmöl drin. Als Emulgator Natrium-Cetearyl-Sulfat verwendet.

c) Palmkernschrot, Palmkernmehl: kommt als Pressrückstand ins Tierfutter, in Suppen, Fertiggerichte und Backwaren.

d) Palmherzen, auch Palmmark oder Palmito genannt, sind der obere Blätterteil und der innere Stamm verschiedener Palmen in Argentinien, Paraguay und Brasilien als Abfall der Urwaldrodung, ca. 500g pro Palme. Sie können allerdings auch ohne umweltschädliche Abholzung, aber dafür arbeitsintensiver geerntet werden. Frisch selten, da schnell verderblich, nussig schmeckend. Als Luxusgemüse bei uns in Dosen angeboten und für Carnivoren nicht geeignet.

Tee: kann therapeutisch zum Trinken angeboten, mit einer Spritze ohne Nadel eingegeben oder mit Futter vermengt verabreicht werden. Besser ist meistens die rohe, pürierte Pflanze zum Beispiel von Moringa, Papaya, Brombeerblättern. Ausnahme ist Uña de Gato, Katzenkralle, die sehr faserreich ist und wo die Heilstoffe nur durch 10 Minuten Kochen extrahiert werden können.

Glossar:

Ad libitum: Fütterung zur ständigen Verfügbarkeit, meist von Trockenfutter, ist für Carnivoren, die in der Natur nur in unregelmäßigen Abständen Beute machen, in jedem Lebensalter als unphysiologisch anzusehen. Sie fördert Übergewicht und Probleme des Bewegungsapparates, kann sich sogar appetitmindernd auswirken. Besonders Welpen von Großrassen können sich dadurch Skeletterkrankungen durch zu schnelles Wachstum und später Schilddrüsenprobleme anfressen. Empfehlenswert ist ein Futterangebot von jeweils ca. 15 Minuten, Knochen ausgenommen, die brauchen länger.

Alpha-Liponsäure: nicht essentielle schwefelhaltige Fettsäure (Valeriansäure), die in jeder Körperzelle vorhanden ist, besonders in Herz und Leber, und die Mitochondrien unterstützt. In der Umweltmedizin wird sie zur Infusionsentgiftung besonders bei Schwermetall induzierten Neuropathien genutzt, da sie besonders im Gehirn stark antioxidativ wirkt und Vitamin C und E reaktivieren kann.Auch als Nahrungsergänzungsmittel per os käuflich.

Analogfleisch = Formfleisch: Aus Soja oder hydrolysierten Proteinen werden mit Bindemitteln oder Mehl fleischähnliche Stückchen hergestellt, die aber keine Fleischfasern mehr aufweisen.

Analog-Käse = Käseimitat: Fake Food, wo Milchfett durch Palmöl ersetzt wird, Milcheiweiß zum Teil durch Soja oder Bakterieneiweiße. Dazu kommen Emulgatoren, Aroma, Farbstoffe, Geschmacksverstärker und Salz. Oft rechtswidrig als Käse deklariert, weil er nicht der Käseverordnung entspricht. In Mischkäsen, Fertigprodukten, besonders veganen.

Antioxydantien: als Zellschutzstoffe sollen sie angeblich zerstörerische freie Radikale vermindern, das sind unvollständige sehr reaktionsfähige Sauerstoffatome, die Erb- und Zellsubstanz durch toxische Abfallprodukte angreifen und Krebs fördern können.Diese giftigen Oxidantien sind Umweltgifte in Nahrung, Luft und Arzeimitteln. In Futter werden Vitamine oder Selen künstlich zugesetzt, die erwiesenermaßen die Lebensdauer nicht verlängern. *Natürliche* Antioxydantien sind die Vitamin C- und E-Träger, Träger von Xanthin (⟹siehe Vitamin A), Coenzym Q10 und Alpha-Liponsäure, Glutathion sowie pflanzlicher Sekundärstoffe u.a. in Knoblauch, Kurkuma, Waldheidelbeeren, sowie Selen- und Zink. (⟹siehe jeweils dort) Sie vermindern Entzündungen und beugen dadurch vielen Krankheiten vor.
Bei Fertigfutterangaben unter technologischen Zusatzstoffen genannten *synthetischen* Antioxidantien kann es sich um BHA und BHT als allergie- und krebsfördernden Konservierungsstoff handeln.

Appetitsteigernd: Fischöl, Käse, Lebermehl, Fleischknochenmehl, Fischmehl, Blutwürfel, Bierhefe, Brühen, Enzymreiches, Probiotika sollten hier therapeutisch-diätetisch eingesetzt werden.
Zu meiden sind: Glutamat, andere Geschmacksverstärker und künstliche Aromen, Zucker, Käsepulver, Digest, isoliertes Cystin oder Inosit, die aus gleichem Grund Fertigfuttern zugesetzt werden.

Anregung zum Trinken: Nötig bei Harnwegserkrankungen, Trockenfutter, Durchfall, Erbrechen, gebärende oder laktierende Hündinnen, alte Tiere: suppiges Futter anbieten, das übliche Futter mit Hühner-, Fleisch- oder Fischbrühe verlängern. Durch einen Schuss Milch, Sahne, Thunfischsaft oder Fischpulver im Trinkwasser zur vermehrten Aufnahme anregen. Nach jedem Spaziergang noch an der Leine zum Wassernapf führen.

Autoimmunkrankheiten: Dazu gehören unter anderem Diabetes, bestimmte Schilddrüsen-, Haut- und rheumatische Erkrankungen. Sie sind oft Spätschäden durch Impfungen.

Belohnung: Gut gemeint ist nicht immer gut gemacht. Ich persönlich benutze niemals Leckerchen, sondern ich belohne durch Streicheln, liebe Worte, gemeinsames Ruhen mit Körperkontakt, Zuwendung, Freilauf, Spiel, Toben lassen, Nachlassen der Forderung, Ausgang oder mit der Tagesmahlzeit. Die meisten Belohnungssnacks sind überteuert, haben billige Füllstoffe und zerstören die Balance wohlausgewogenen Futters und machen die Hunde dick und gierig. Ich sehe aber ein, dass besonders schwierige Lektionen zum Beispiel bei der Ausbindung von Rettungs-, Assistenz- oder Blindenhunden schneller und lustbetonter mit der Hilfe von Leckerlies gelernt werden können. Dagegen spricht, dass Polizeihunde niemals mit Leckerchen trainiert werden, das wäre viel zu gefährlich, wenn sie gefundene Drogenpäckchen als Belohnung auffassen würden. Außerdem sollte auch die ungesunde, dauernde Anregung von Magensäure und Bauchspeicheldrüse dabei berücksichtigt werden. Wenn schon Leckerlies, dann am besten in natürlicher Form von Trockenprodukten wie Hühnermagen, Pansenstreifen, Leberstückchen etc.. Käsestückchen sind wegen Salz und der mehr als 50 zugelassenen Zusatzstoffe gelegentlich, aber nicht auf Dauer empfehlenswert.

Brühen sind sehr nährstoffreich, weil Mineralien und leicht verdauliche Aminosäuren beim Kochen von Knochen, Fleisch oder Gemüse ausgewaschen werden und sich somit in der Brühe befinden. Sie wirken entgiftend und kräftigend und eignen sich besonders bei auszehrenden Krankheiten wie Krebs oder nach Operationen im Hals-Maulbereich, können aber natürlich auch gesunden Tieren untergemengt werden. Gemeint sind lange gekochte Suppenknochen, Ochsenschwänze, Suppenhühner, Mischgemüse, das können auch Abfallknochen (Grill, Kotelett etc. oder bei Gemüse Schalen, Blätter etc.) sein. Ausgekochte Knochen werden aber niemals mit gefüttert, sondern entsorgt, das weichgekochte Gemüse kann danach püriert darin gelassen werden. Für ganz ausgezehrte Tiere kann man der Brühe noch ein verschlagenes Eigelb zufügen.

BSE: Bovine spongioforme Enzephalitis ist eine Zoonose, eine tödliche Gehirnerkrankung von Rindern, ähnlich bei Schaf, Ziege, Hirsch und Mensch, übertragbar auf Katze und andere Wiederkäuer, nicht auf den Hund. Soll durch nicht-artgerechte Verfütterung von Tiermehl ausgelöst worden sein, wodurch unnormal gefaltetes Eiweiß im Nervensystem entsteht. Entsprechende Teile des Tieres wie Hirn, Augen, Nervenstränge, Rückenmark, sowie Separatorenfleisch (⟹siehe dort) dürfen nicht mehr in den Handel und sollten als Dünger entsorgt werden. Danach wurde Tierkörpermehl in großem Maßstab durch Soja ersetzt. Inzwischen wird das Tiermehlverbot EU-weit schrittweise wieder aufgehoben.

Cholesterin: Auf Cholesterin brauchen Sie bei Ihrem Vierbeiner nicht zu achten. Nicht mal beim Menschen ist der Zusammenhang zwischen Essen, Cholesterin und Herzinfarkt bewiesen. Ältere Menschen mit einem höheren Blutspiegel leben sogar länger. Also keine Angst vor Cholesterin. Das angeblich schädliche Cholesterin und seine Beeinflussung durch Nahrung ist sehr umstritten, denn die Leber stellt es bei Mensch und Fleischfresser bis zu 95 % selber her, weil es wichtig ist als Schutzfaktor des Gehirns, für den Transport von Eiweiß und den fettlöslichen Vitaminen im Blut, sowie für den Zusammenbau von Zellmembranen, Hormonen, Gallensäuren und Vitamin D3. Zu wenig Cholesterin bewirkt früheres Altern und Agression. Cholesterin ist nämlich ein Schutzstoff mit entgiftender Wirkung. Lassen Sie sich nicht verwirren mit so unsinnigen Aussagen wie allergiebelastete Hunde müssten auf cholesterinarm achten?!

Colostrum wird auch Vormilch oder Biestmilch genannt. Colostrum ist die allererste Milch für die Neugeborenen. Sie enthält Antikörper, bzw. spezielle Globulin-Eiweißstoffe gegen die Krankheiten, mit denen das Muttertier Kontakt hatte. Eine Zeitlang sind die Tierkinder dadurch geschützt, Welpen etwa 6 Wochen. Die Werbung verspricht Hilfe gegen Allergien und diverse Darmbakterien. Dieser Immunschutz ist artspezifisch, schützt also das Kalb vor Kälberkrankheiten und das Kätzchen vor Katzenkrankheiten, weshalb es keinen Sinn macht, Colostrum von der Kuh dem Futter anderer Tiere beizusetzen, zumal in Mengen von weit unter einem Prozent. Außerdem wird diese besondere Milch der Kuh industriell entfettet, entcaseiniert, sterilisiert, mikrofiltriert und getrocknet. Es ist anzunehmen, dass nach solchen Produktionsprozessen nicht mehr viel Vitalstoffe übrig bleiben und Eiweiße bereits im Magen zerlegt werden.

Darmsanierung: Fasten, enzymreich, Pro- und Praebiotika (⟹siehe dort), ggf. abführen, entgiften

Emulgatoren sollen die Entmischung von Fett- und Wasseranteilen verhindern und die Futtermasse homogen machen. Sie verlängern auch die Haltbarkeit. Manche sind natürlichen Ursprungs wie Lecithin (E322) aus Sojaöl, andere sind rein künstliche Stoffe. Es gibt Dutzende verschiedene. Sie finden sich in Formfleisch und Konserven mit Fleisch oder Fisch. Sie verändern die Flora des Darmes und können dort chronische Entzündungen verursachen und wie Carageen (E407) Krebs begünstigen.

Entgiftung: Carnivoren nehmen am Ende der Nahrungskette besonders viele Schadstoffe auf, weil diese sich auf jeder Stufe stärker anreichern. Sie lagern sich besonders in der Leber, in den Lymphknoten, im Fett (Hirn!) und in den Haaren ab. Dort kann man sie bestimmen. Im Gehirn können sich besonders fettlösliche Gifte anreichern: Solanin, Pestizide, DDT, Lindan, Dioxine, Furane, Blei und andere. Sie sind dort schwer zu entfernen, da das Gehirn kein Entgiftungsorgan ist. Andere Gifte lagern sich, wie zum Beispiel Tetracycline, vornehmlich in den Knochen und Zähnen ab.

So gut wie kein Futtermittel, auch kein Lebensmittel, sind heute noch giftfrei, aber wir können uns wenigstens um giftarm bemühen. Allein im Trinkwasser (⟹siehe Wasser) haben wir bereits Hunderte von Rückständen.

Eine Entgiftungskur, auch bei Impfschäden, soll die Konstitution verbessern und dauert 3-4 Wochen. Schließlich haben sich ja in Jahren die „Abfallstoffe“ angesammelt. Sie ist eigentlich immer eine Entsäuerung (⟹ siehe Tabelle 7 „Säuren-Basen“). Basensalzpulver gehören trotzdem nicht in dieses Kapitel, da sie die Proteinverdauung im Magen stören und so sekundär zu Allergien führen können Deshalb bitte kein unhinterfragtes Zuführen von einfachem Natriumbicarbonat, da es die wichtige Wirkung der Magensäure in ihrer Funktion als Keimtöter, Proteinverdauer und Vitamin B 12 Hersteller herabsetzt! Aber ausreichend natürliche Mineralträger sind wichtig, um Säuren in neutralen Salzen zu binden und ausleiten zu können.

a) *Unterstützung aller Entgiftungsorgane*, als da sind: Leber, Nieren, Darm, Blut, Lymphsystem, Lunge und beim Hund nur im Krankheitsfalle, wenn die anderen genannten Ausleitungsorgane bereits überlastet sind, die Haut. Zellmüll und Abfallstoffe sowie Überproduktionen werden entsorgt in Form von Schleim, Eiter, Fremdkörper, Toxin, Gewebewasser, Gallenstoff, Ohrensekret, Krankheitskeimen, Tumorzellen etc.. Entgiftung wird bewerkstelligt durch milde Unterstützung der Darmausscheidungen, evtl. mit Symbiontenkur und Umstimmungshomöopathie. Ferner durch Ausschwemmung über das Harnwegssystem mit Flüssigkeit (Kur mit destilliertem Wasser, Brühen, Tees). Mit homöopathischer (Nosoden, Umstellungstherapie) und diätetischer bzw. phytotherapeutischer Unterstützung. Bitterstoffe, basische Kräuter wie z.B. Brennnessel, Löwenzahn, Luzerne, Koriander und Kräutertees leisten hier gute Dienste. Auch Massage kann hilfreich sein. Für die Heilwirkung dieser Kräuter sollte man sie nicht schon dauernd geben. Auch fermentierte Kräuter in geringer Dosierung, Chlorella, Kurkuma, Liponsäure. Fast alle Aminosäuren haben giftbindende Wirkung. Ohne gute Enzymversorgung ist Entgiftung nicht möglich. Also Gift raus und

b) gleichzeitige oder anschließende *Zuführung von vermehrten Vitalstoffen* wie Oxydationshemmern = Antioxidantien: (⟹siehe dort) Vitamine A, E, C, Se, Zink, Enzyme (⟹siehe 2b), Vitaminoiden wie Flavonoide, Polyphenole in Form von sekundären Pflanzenstoffen, Ballaststoffen. (⟹ siehe jeweils dort). Sie reaktivieren gute Stoffe, bauen Gifte um, damit sie schadlos ausgeleitet werden können. Allerdings besagt eine im Labor nachgewiesene antioxydative Reaktionsfähigkeit eines isolierten Stoffes noch nicht, dass dieser automatisch auch im Organismus ähnlich wirkt.
Alle frischen Pflanzen haben Antioxydantien, und zwar in Bioqualität bis zu 70 % mehr als getrocknete, gefrorene oder gelagerte Pflanzen. Je dunkler und kräftiger die Farbe des Obstes oder Gemüses, desto mehr Oxydationshemmer hat es. Besonders wirken Kurkuma, Brokkoli, roher Kohl, alles dunkelgrüne Blattgemüse, auch frischer Knoblauch und Aroniabeeren. Chlorella (Mikroalge) bindet Schadstoffe. Spirulina hat Phytocyanine, welche Giftstoffe binden und so bei der Ausscheidung helfen sollen. Sie ist aber keine Alge, auch Blue-Green-Alga genannt, sondern es sind Cyanobakterien. Auch Makroalgen (Meeresalgen wie Blasentang) binden Schwermetalle im Darm, müssen aber selbst frei davon sein. Auch Heilerde, welche nüchtern oder als Lehmwasser verwendet werden sollte, ähnlich wie Zeolith, ein natürliches vulkanisches Tuffgestein, binden viele Schadstoffe, Alkaloide, Keime und sogar Radionuklide. Ghee (geklärte Butter) soll eine besondere Entgiftungsfunktion für fettlösliche Stoffe haben.
Besondere Bedeutung als starkem Antioxidans, Immunstimulans und antikarzinogenem Entgifter wird dem schwefelhaltigem und wasserlöslichem Glutathion = GSH zugesprochen, einem Tripeptid aus den drei Aminosäuren Cystein-Glycin-Glutamin, welches in der Lage ist, Vitamine E und C zu aktivieren und Taurin (⟹siehe dort) zu synthetisieren. Glutathion findet sich in rotem Fleisch, besonders von Schaf und Rind.
c) *Null-Fasten*, nur Trinken, Kräutertee, bes. grüner Hafertee, Brennnessel, Trinkanregung (⟹siehe Anregung zum Trinken), destilliertes Wasser (⟹siehe Wasser) anbieten. Bei Neigung zu Verstopfung können auch Ghee oder Paraffinöl helfen, mindestens 2, maximal 3 Tage lang. Letzteres macht den Darminhalt gleitfähig ohne resorbiert zu werden und soll die Entgiftung, vor allem der fettlöslichen Gifte, unterstützen, allerdings transportiert es auch die guten fettlöslichen Vitamine ab, weshalb es nicht als Dauerlösung angesehen werden sollte.
d) Dann *Nahrungsumstellung*, Barfen, Rohkost, Basenkost, Biokost.
e)Bei schwerwiegenden Krankheitserregern, Einzeller-Erkrankungen und Schwermetallbelastungen wird auch der Einsatz von MMS empfohlen, welchen man aber mit einem Behandler durchführen sollte.
f) ggf. Antiparasitaria (⟹siehe Würmer)
g) Last not least sollte an eine Zahnsanierung gedacht werden, da schlechte Zähne und Paradontitis den Körper chronisch vergiften.
h) ***Ungleichgewichte*** sollten beachtet und wenn möglich beseitigt werden: Wir haben fast durchgehend bei Mensch und Tier heutzutage folgende:
Östogenüberschuss als Gegenspieler zu Progesteron und Testosteron (⟹siehe Hormonell wirksame Substanzen),

Säureüberschuss, dadurch Basenmangel, (⟹siehe Tabelle 7 „Säuren-Basen"),
Überschuss von Omega 6 Fettsäuren gegenüber Omega 3,
Phosphorüberschuß gegenüber organischem Kalzium,
Toxische Mineralien wie Aluminium, Quecksilber, Blei, Uran etc., (⟹siehe Toxische zu vermeidende Stoffe), dafür Mangel an gesunden Mineralien wie Zink, Selen, Chrom, Bor etc.
Zu viel Schadfaktoren, weniger Schutzfaktoren als Baustoffe zur Heilung,
Zu viel Künstliches, zu wenig Natürliches,
Künstliche elektromagnetische Felder (z.B. WLAN, Mikrowellen) gegenüber natürlichen (z.B. UV, Infrarot).
Zu viel exotische Importwaren gegenüber Regionalem und Saisonalem.

Entzündungsfördernd: Omega 6 Fettsäuren, Arachidonsäure, Transfettsäuren (⟹siehe jeweils dort), viele Fettzellen bei Übergewicht, zu viele Kohlenhydrate, ATIs (Amylase-Trypsin-Inhibitoren) in Weizen, alle Zuckerstoffe, Milch, Nachtschattengewächse, Mikroplastik. Stoffwechsel-Übersäuerung. Chronischer Stress fördert die Ausschüttung entzündungsfördernder Botenstoffe.Chronische Entzündungsprozesse werden wiederum für Krebs- und Autoimmunerkrankungen verantwortlich gemacht.

Entzündungshemmend: Fasten bei Übergewicht. Omega 3 Fettsäuren, besonders DHA und EPA in Seefischöl, Fettfisch etc.(⟹siehe 1B), Vitamin D3, Vitamin E, Vitamin B6 (⟹siehe jeweils dort), Probiotika in fettreichem Milieu, aktive Enzyme in Präparaten und basenreichem frischem Gemüse (bes. Wirsing), Obst und Kräutern, Sekundärstoffe wie Flavonoide, Anthocyane in Ananas, Papaya, Kurkuma, Ingwer, Knoblauch, frischer Hagebutte. 100mg Aroniabeerenextrakt sollen 10mg Prednisolon ersetzen. Senfsaatpulver. Methionin (⟹siehe dort), Zistrose als Tee. Lehmwasser, Heilerde.
Neuerdings auch CBD, Cannabis-Öle oder –pulver, welche aus Extrakten der Hanfpflanze gewonnen werden und auch gegen Schmerzen, Epilepsie und Unruhe helfen sollen. (Cannapet)

Fallobst: ist besonders gesund, da enzymreich, sonnengereift, im Allgemeinen ungespritzt. Diese Früchte enthalten besonders viele Sekundärstoffe, die unter anderem der Pflanze dazu dienen, sich gegen Ungeziefer und Krankheiten zu wehren. Wenn diese Früchte trotz Wurmbefall zu normaler Reife kommen, haben sie besonders viele Sekundär- und Vitalstoffe, weil sie überlebt haben. Garten- oder Fallobst muss nicht geschält, nicht mal gewaschen, nur evtl. ausgeschnitten werden. Bei gekauften Früchten können bei Apfel, Papaya, Ingwer, Ananas (nicht Mango, Banane) etc., die wegen Pestiziden aber gewaschenen Schalen, gemahlen werden. Sie enthalten die meisten Vitalstoffe.

Fasten: *Freiwilliges Fasten* bei heißem Wetter, Stress, Überforderung, Läufigkeit, Überdruss durch mangelnde Abwechslung des Futters, ist nicht pathologisch, sondern Selbstheilung, wie auch bei anfänglichem Fieber oder Krankheit, wenn Tiere Nahrung verweigern.
Therapeutisches Fasten, nur Flüssigkeit, (⟹siehe auch Entgiftung) meist einen Tag, maximal drei, empfiehlt sich bei Darmstörungen jeder Art, Dysbiosen, Übergewicht, Futterumstellung und ist als Teil einer Entgiftung anzusehen. Keine Angst! In Laborversuchen hat man Hunde 116 Tage lang hungern lassen und sie überstanden es ohne größeren Schaden.
Der früher übliche Fastentag in der Woche ist heute unüblich geworden. Man kann ihn ohne Schaden aber gelegentlich oder regelmäßig einlegen, nicht aber bei Welpen. Wölfe fasten immer, wenn sie nichts erbeuten, zum Teil über Wochen.Amerikanische Forscher haben Versuche mit Hunden gemacht, die ihre Gesamttagesration auf einmal bekamen. Innerhalb von 6 Stunden fraßen alle Tiere ihre Ration auf, wohl wissend, dass sie dann 18 Stunden fasten mussten. Dadurch vergrößerte sich ihr Hirnwachstum und verlängerte sich ihre Lebenszeit. Das Gegenteil passierte bei Hunden die ständigen Nahrungszugang hatten.Sie litten unter Hirnverkleinerung und Lebensverkürzung.

Fütterung auf Reisen für Barfer: Es gibt Hundehalter, die mit Kühltaschen los ziehen. In der Steroporbox mit Eispacks hält sich Frischfleisch mindestens 48 Stunden. Es gibt u.U. auch Metzgereien, Supermärkte oder Barfshops in der Nähe des Hotels. Es gibt auch inzwischen hundefreundliche Pensionen, die mit Fleisch vom regionalen Metzger dienen können.Zur Mitnahme haben sich auch verschiedene Sorten Trockenfleisch bewährt, die leicht zu verstauen sind. Auch geben Besitzer Tagesportionen von gefrorenen Barfmenüs in Hundehotels ab.

Gelatine: ist das natürliche Gerüsteiweiß von Bindegewebe in Knochen, Knorpel, Gelenken, Faszien, Sehnen, das nach dem Kochen eine gallertige Form annimmt. Als Brühe gesundheitsfördernd. Jedoch kann übermäßige Aufnahme von Industriegelatine im Futter zu Allergien führen.

Genveränderung: *Genveränderte Organismen:* GVOs, auch GMOs, genetically modified organisms, genannt, werden in Form von Bakterien oder Hefezellen zur industriellen Produktion von bestimmten Vitaminen oder Enzymen verwendet.Das muss nicht extra ausgewiesen werden.
Genveränderte Pflanzen: GVPs betreffen vor allem Soja, Mais, Raps, Reis, Zuckerrüben und Kartoffeln. 55 verschiedene Gentech-Pflanzen dürfen zur Zeit in die EU importiert und als Lebens- oder Futtermittel verwendet werden. Die meisten kommen aus USA und Brasilien. Mit Hilfe von gezielten Einschnitten ins Erbgut oder eingebauten Viren, Bakterien und Antibiotika wird die DNA, die Erbsubstanz, dieser Pflanzen verändert. Sie sind in der Natur so nicht vorgesehen und können beim aufnehmenden Organismus

zu lebensbedrohlichen Resistenzen gegen Antibiotika oder Allergien auf neu entstandene Eiweißstoffe führen. Es gibt keine Industrie unabhängige Risikoforschung, kein Prüfungsverfahren. Da die Eingriffe außerhalb von Labors nicht nachweisbar sind, ist die Wahrscheinlichkeit gegeben, dass auch GVPs ohne unser Wissen auf den Markt gelangen können. Mit GV-Pflanzen gefütterte Ratten zeigten Immunschwächen, Allergien und Organdegenerationen, am Ende Krebs und Tod. In Würsten und in fast jedem Fertigfutter lassen sich viele gentechnisch veränderte Bestandteile finden. In letzterem als Neben- oder Abfallprodukte aus der Herstellung von Nahrungsmitteln. In den Folgeprodukten müssen sie, zum Beispiel Aromen, nicht ausgewiesen werden. In Öl oder Lecithin ist Genveränderung nicht mehr nachweisbar, weil die DNA aufgelöst ist. Gentechnisch manipuliertes Futter muss weder für fleisch- noch milchliefernde Tiere ausgewiesen werden. Lediglich als Zusatz zum Endprodukt bei Futter besteht Kennzeichnungspflicht. Bis zu 90 % aller weltweit genveränderten Pflanzen werden zu Tierfutter verarbeitet und müssen gekennzeichnet sein, sind aber nicht immer korrekt ausgewiesen. In so gut wie allen Marken steckt Gentechnik, Soja ist oft auch nicht als genmanipuliert deklariert. Wenn dies seltenerweise beanstandet wird, entschuldigen sich die Hersteller mit unbeabsichtigter Kreuzkontamination. Selbst Landliebe, Hofgüter und Bauernwiesen schützen nicht davor.

Genveränderte Tiere: Die Erbsubstanz der fleischliefernden Tiere ist normalerweise noch nicht manipuliert. Ausnahme sind kanadische Lachse, deren Fleisch nicht deklariert werden muss. Schweine, Kühe, Hühner und Hähnchen bekommen gentechnisch hergestellte Wachstumshormone und Insulin und fressen Genmais und Gensoja, das entspricht dem Standard konventioneller Haltung. Milch und Fleisch von Rindern, denen (in der EU verbotene) rBST Hormone im Futter verabreicht wurden, hatten eine andere Fett- und Vitaminzusammensetzung und verursachten eine erhöhte Mehrlingsgeburtenrate bei milchtrinkenden Frauen.

Eier, Fleisch und Milchprodukte dieser Tiere, sowie gentechnisch hergestellte Zusatzstoffe wie Vitamine, Aromen etc. müssen nicht gekennzeichnet sein. Es gibt keine Untersuchungen über Langzeiteffekte und Mehrfachbelastungen. Allergieneigung ist wahrscheinlich.

Gentechnikfrei: Belastung nicht immer korrekt ausgewiesen, 1 % Belastung sind gesetzlich erlaubt! Die Vorteile von Genveränderungen liegen nur auf Seiten des Produzenten bzw. Patentinhabers. Genfood ist weder geschmacklich besser, gesünder noch preiswerter. Eher ist das Gegenteil der Fall.

Es ist die Rede davon, daß die EUKommision Gentechnik von Zulassungspflicht (Risikoprüfung, Kennzeichnung) für Pflanzen und Tiere ausnehmen will. Somit wäre sie nicht mehr rückverfolgbar. Unkontrollierte Freisetzung und Ausbreitung wird als Gefahr für Landwirtschaft, Ökosysteme, Lebensmittelherstellung, Mensch und Umwelt gesehen. Es sollte aber das Vorsorgeprinzip gelten. Grosskonzerne versuchen ihre Interessen gegen Gesundheit und Umweltschutz durchzusetzen.

Geruchstilger: Sie werden manchen Futtersorten zugesetzt, um unangenehmen Kotgeruch zu vermindern. Dafür wird beispielsweise die Yukkapflanze verwendet, welche Hydrogensulfitgas bindet. Unangenehme Gerüche spielen besonders bei Indoor-Katzen eine Rolle.

Grünmehl: wird als Mehl aus getrockneter Luzerne (⟹siehe dort) oder verschiedenen Gräsern (Weizen, Gerste, Wiesengras) (Reformhaus) hergestellt und läßt sich sehr gut bei Ermangelung von Frischkraut als teelöffelweiser Ersatz unterrühren. Hat Vitamine, Mineralstoffe und Spurenelemente.

Heilerde: Lehm, Löß, Tonerde, Naturmoor dienen der Entgiftung, helfen bei Durchfall, binden Säuren, liefern Mineralien (Si, Fe, Mg, K, Na, Zk, F, Cu). Heilmoor hat antiviral und antibakteriell wirkende hochmolekulare Huminsäuren, die Fäulnisprozesse hemmen. Nüchtern mit mindestens 3 Stunden Abstand zum Futter geben, da auch Heilstoffe und Medikamente gebunden werden. In Fertigfutter eingebaut nützt es deshalb nichts.

Hormonell wirksame Substanzen: Xenoöstrogene, also hormonähnliche Fremdstoffe, stellen heute eines der größten Umwelt- und Ernährungsprobleme dar. Sie stören in geringsten Konzentrationen bereits im Mutterleib das endokrine System, indem sie Botenstoffe blockieren oder verstärken. Im harmlosesten Falle führen sie zu Gewebeaufschwemmung, Übergewicht und subklinischen Entzündungen. Sie können zu Totgeburten, verminderter Fruchtbarkeit,Tumoren der Fortpflanzungsorgane und des Gesäuges führen, Zysten an den Eierstöcken hervorrufen, beim männlichen Tier zu Missbildungen der Sexualorgane oder mangelnder Zeugungsfähigkeit. Zu den östrogenlastigen Stoffen gehören alle Organochlorverbindungen als Pseudoöstrogene, Plastik (⟹siehe Weichmacher) mit Bisphenolen, Phtalaten und Phenylen, Parabenen, BHA und Borsäure als Konservierungsmittel, allgegenwärtiges Aluminium (⟹siehe dort), Pestizide, Glyphosat, künstliche Farbstoffe und Aromen, Zusatzstoffe aus genmanipuliertem Soja, Medikamente und Hormone, illegal in deutschem oder legal in Import-Fleisch oder Milch.
Metallöstrogene wie Aluminium (⟹siehe dort) aus Verpackungen, Schüsseln und künstlichen Farbstoffen stören ebenfalls die Sexualsysteme. Insbesondere werden sie durch Säuren gelöst.
Es gibt Pestizide, die die Fortpflanzung bei Versuchstieren bis in die vierte Generation störten.
Auch Natürliches wie Bockshornklee und andere Kleesorten, Buchweizen, Leinsamen, Spinat, Hopfen oder Soja in jeder Form sind ebenfalls hormonwirksam, auch ein Grund, eigentlich gesunde Komponenten nie über lange Dauer zu verabreichen.
Bei schon bestehenden Problemen kann versucht werden mit wilder progesteronhaltiger Yamswurzel und Bromelain als Präparat, sowie tierischen Omega 3 Fetten gegenzusteuern.

Hyaluronsäure ist ein physiologischer Wirkstoff, der in der Haut, besonders aber im Auge und den Gelenkflüssigkeiten vorkommt. Ob er durch äußerliches Auftragen und perorale Aufnahme seinen Zweck gegen Arthrose erfüllt ist umstritten.

Immunsystem: Zum Abwehrsystem gehören das Knochenmark, das Lymphsystem mit den Lymphknoten, Mandeln, der Thymusdrüse, der Milz und dem Darm mit seinem Mikrobiom, die Leber mit ihren Enzymen und das Blut mit den unspezifischen und spezifischen Abwehrzellen. Die unspezifischen Fresszellen erledigen etwa 90 % der Abwehr. Die spezifische Abwehr in Form von Antikörpern wird gegen bestimmte Erreger produziert. Das Immunsystem ist ein hochintelligentes Sytem des Organismus, welches nicht durch Eingriffe gestört, sondern unterstützt werden sollte.

Irrtümer:

Giardien, E. Coli und Candida sind Krankheitsursachen.

Hunde sind reine Gewohnheitstiere. (Nein, sie lieben Abwechslung bei Futter und Spazierwegen.)

Hunde brauchen unbedingt regelmäßige Fütterung.

Im Alleinfutter ist alles drin.

Kalt gepresst bedeutet wirklich nur kalt.

Rohes Fleisch macht Hunde aggressiv.

Schweinefleisch ist gefährlich.

Trockenfutter reinigt die Zähne.

Kollagen ist Hauptbestandteil und Strukturprotein des Bindegewebes, in Lunge, Euter, Sehnen, Bändern, Knorpeln, Knochen, Faszien, Ohren, Ochsenziemern, Rüsselscheiben, Klauen, Hufen, Häuten sowie essbaren Wursthüllen, zu einem geringeren Teil auch in Pansen, Leber und Milz. Sie werden vom Trypsin der Bauchspeicheldrüse nur langsam bis gar nicht angedaut. Darmproteasen erledigen die weitere Aufschließung auch nur zum Teil. Eine gewisse Menge von Kollagen dient als positiv wirkender Ballaststoff. Ein Überangebot dieser billigen schwerverdaulichen Eiweißstoffe kann jedoch zu proteolytischer Dysbakterie, genannt Fäulnisdyspepsie, führen. In Knochen- und Fischbrühen liegt Kollagen aber in besonders verdaulicher und gesundheitsfördernder gelatinierter Form vor. In Pulverform wird es teuer vermarktet.

Lecithin: kommt natürlicherweise in allen Zellen vor. Großtechnisch (E 322) wird es aus Gensoja gewonnen und zehntausenden von Lebens- und Futtermitten zugesetzt, um Mischungen maschinengängiger zumachen, die Entmischung zu verhindern und Fleischaromen herzustellen. Es muss nicht deklariert werden.

Mineralöl = Erdöl: In Mikroplastik fast weltweit, in Plastikverpackungen und recycelten unbeschichteten Verpackungen, in Packpapier, Pappe und Kartons, in allen Recyclingmaterialien, wo sie direkten Kontakt mit dem Lebens- oder Futtermittel haben, auch Bio. Kann auch durch Schmieröle bei der Maschinenverarbeitung in Lebens- und Futtermittel gelangen. Rückstände von Paraffin und -ölen, die aus gereinigtem Erdöl bestehen, gefunden in Medikamenten, Salben und Cremes, in Grillwürsten, Fleischersatz, Haferflocken, Cornflakes, Reis, Mehl, Schokolade,Veggie-Fleischprodukten, Kunstpellen. Je kleiner die Einzelstruktur des Inhaltes, desto mehr wird durch größere Angriffsflächen aufgenommen. Entsprechend in Lymphknoten und Lebern von Tier und Mensch nachgewiesen, da es sich im Körper anreichert und von Zellen nicht verarbeitet werden kann. Schon geringste Rückstände hiervon sind erbgutschädigend und Krebs begünstigend ohne unteren Grenzwert, den es weder als medizinische Wirkungsschwelle noch gesetzlich gibt.

MRSA: Die multiresistente Bakterie Staphylokokkus aureus, gegen die viele Antibiotika nicht mehr wirken. Multiresistente Keime sind in Deutschland zu 72,5 % im Fleisch gefunen worden, inzwischen auch in Boden und Wasser. (Studie des Schweizer Bundesamtes für Gesundheit in ZZA 1/2020)

Nahrungsergänzungsmittel: Selbst bei solchen für den Menschen steht fast immer dabei: Für Mangelzustände, sofern sie nicht durch Ernährung behoben werden können. Das ist aber durch gezielte Nahrung fast immer der Fall. Vitaminpräparate können BHA und BHT enthalten und führen so neben den angeblich guten industriellen Vitaminen gleichzeitig schädliche und krebsfördernde Stoffe zu. Bei Nahrungsergänzungen gelten erstaunlicherweise weniger Reinheitsvorschriften als bei Lebensmitteln. Sie können überdosiert sein und so gesundheitlich nicht unbedenklich.

Nebenwirkungen von Medikamenten und Zusatzstoffen:
Allergien, Schock, Leberschäden bei Konservierungsstoffen,
Allergien, Störung des Zellstoffwechsels durch künstliche Antioxydantien BHA und BHT,
Darmprobleme durch Antibiotika,
Erbrechen, Krebs durch Nitrosamine (⟹siehe dort),
Hyperaktivität und Allergien bei synthetischen Farbstoffen,
Knochenweiche durch Säureregulatoren,
Knochenweiche, Hyperaktivität durch Phosphorsäure,
Ödeme und Gewichtszunahme bei Cortisonbehandlung,
Unfurchtbarkeit, Eierstockszysten, Tumoren durch Bisphenyle (⟹siehe Weichmacher und hormonwirksame Stoffe),
Zahnverfärbungen bei Tetrazyklinen.

Ökologie: Die Wissenschaft der Lebensräume und ihrer Beziehungen untereinander in gegenseitigen Abhängigkeiten.

Palatabilität = Schmackhaftigkeit wird natürlicherweise durch Häm und Fett erhöht, in Fertigfutter durch Geschmacksverstärker (⟹ siehe dort). Die Palatabilität bestimmt das Verteidigungsverhalten bei Fleischfressern. Streunerhunde verteidigen Trockenfutter nicht, wohl aber Geflügelabfälle (Bloch).

Pilze: Fest steht, dass Wölfe gelegentlich Pilze knabbern. Sie sind schwer verdaulich, selbst wenn sie nicht giftig sind. Ich würde sie also keinesfalls in der regelmäßigen Tierfütterung empfehlen. Die traditionelle Chinesische Medizin nutzt allerdings seit Jahrtausenden bestimmte Pilze nicht nur in der Onkologie. Der neue Trend auch für Tiere sind sogenannte Heil- oder Vitalpilze als Mykotherapie mit Rheishi, Shiitake, Raupenpilz und anderen, die man als Pulver übers Futter streuen soll. Sie können aber ihrerseits Allergien und starke Wechselwirkungen mit Medikamenten auslösen und sollten schadstoffgeprüft sein.

Plastik: ist gefährlicher Kunststoff in Form von Polyäthylen (PE), Polyäthylenterephtalat (PET), Polyäthylenglykol (PEG), PVC, Melamin, Polycarbonat oder Polystyrol, meist als Polymer-Gemische. Alle sollten überall soweit als irgend möglich vermieden werden, was nicht einfach ist. Aber wenn schon Plastik, dann: Refuse, reduce, reuse and recicle! Inzwischen hat auch der Handel angefangen, sich der Vermeidung von Plasik zu widmen, da der meiste Plastikabfall von Verpackungen stammt. Gesundes Plastik gibt es nicht, auch nicht im Bioladen! Trotzdem wird es als feines Kunststoffgerüst in Retard-Tabletten bzw. Depotarzneien eingesetzt, obwohl es als im Organismus als nicht abbaubar und gesundheitlich bedenklich eingestuft wird. Die in Plastik verarbeiteten 10 000 verschiedenen Giftsubstanzen sind so gut wie unbekannt, da die Hersteller sich auf Geheimrezepturen berufen.

Barfen und Kaufen an der Frischetheke vermindern umweltschädliche Verpackungen. Plastik ist ein petrochemisches Produkt und braucht 100 bis 450 Jahre, um sich komplett zu zersetzen, verschandelt unsere Umwelt und gefährdet Wildtiere zu Lande und zu Wasser. Plastik nimmt durch zunehmende Porosität Farbstoffe und schlechte Gerüche auf, zum Beispiel in Einfriertüten und -dosen, Küchengeräten, Schneidbrettern oder Styroporverpackungen, die oft nicht mal durch Abspülen zu beseitigen sind. Auch Giftstoffe werden geradezu angezogen und so ist Plastik der reinste Sondermülltransporteur für organische und anorganische Abfallstoffe, weshalb es auch in Kläranlagen eingesetzt wird. In der Umwelt zerreibt es sich zu Mikroplastik kleiner als 5 mm und entlässt dabei hormonell wirkende Weichmacher, die sich auf verminderte Fertilität und Krebs von Tier und Mensch auswirken.Erst kürzlich wurde entdeckt, dass sie auch zu Übergewicht, Diabetes, Veränderung der DNS und eingeatmet zu Atemwegserkrankungen beitragen.

Plastik findet sich in Einkaufstüten, Futternäpfen, Einfrierdosen und -tüten, Tupperware, Deckeldichtungen,Wurstpellen, Kunstleder, Tierspielsachen, Gummiquietschtieren, Shampoos, fertigen Teebeuteln, Reinigungstüchern, Mikrofaserprodukten, Zahnbürs-

ten, Wasserrohren, Schläuchen der Futterabfüllung, Flaschenwasser, Meerwasser, Trinkwasser, Küchengeräten, Dosen- und Kartonbeschichtungen, Tetrapacks, allen Meerestieren, in Honig, Kosmetika, Fleecestoffen von Hundemäntelchen und Outdoorkleidung, Reifenabrieb, Haus- und Feinstaub. Inzwischen wurde nachgewiesen, dass Mikroplastik von Pflanzen auch aus der Erde aufgenommen werden kann. Diese Zersetzungsteilchen reichern sich so in der gesamten Nahrungskette auch oberhalb von Grenzwerten an. Mikroplastik sind nicht nur kleine Kügelchen, sondern auch schwerer nachweisbare wasserlösliche synthetische Flüssigpolymere. Besonders viele Schadstoffe diffundieren mit Heißem, Saurem oder Fettigem in den Inhalt. Deshalb sollte direkter Kontakt von Lebens- und Futtermitteln wo immer es geht vermieden werden.
Mikroplastik wandert über das Blut in Organe und kann nicht mehr ausgeschieden werden. Auch dort zieht es Schadstoffe wie Chemikalien, Parasiten und Mikroorganismen an und erhöht das Infektionsrisiko. Es kann die Blut-Hirn-Schranke passieren und das Verhalten beeinflussen.

Prostaglandine: Gewebshormone, welche durch Fieber, Entzündung und Schmerz den Organismus zu Reaktion und Schonung aufrufen und dadurch schützen. Sie wirken regenerierend auf lädierte Muskeln, heilend auf Gewebe, blutverdünnend und gefäßschützend und regeln das Bicarbonat im Magen. Sie werden aus der Vorstufe Arachidonsäure und Linolsäure synthetisiert. EPA ist Gegenspieler. Chronische Entzündungen sollten mit Enzymen eingeschränkt werden. (⟹siehe Entzündungshemmer)

Reste: Sie haben Ressourcen an Arbeitskraft, Wasser, CO2 Emission, Energie, Treibstoff, Flächenverbrauch, Dünger, Saatgut und Geld gekostet. Sie mussten gesät, gewässert, getränkt, gedüngt, gefüttert, geerntet, geschlachtet, transportiert, gesäubert, zerlegt und verpackt werden. Sie erzeugen Berge von Müll und sollten deshalb auch optimal genutzt werden. Großzügige Wegwerfmentalität und Verschwendung auf der einen Seite und teure Luxus-Verwöhnung auf der anderen Seite stehen meiner Meinung nach in keinem ausgewogenen Verhältnis mehr. Es geht auch um die ethische Wertschätzung von Nahrung, gerade auch für Tiere. In Deutschland werden 49% von Obst und Gemüse, 11% Fleisch und Fisch sowie 11% Milchprodukte weggeworfen. Berühmte Köche praktizieren inzwischen aus Protest gegen Verschwendung das Wastecooking. Warum nicht schon längst auch für Hund und Katz?
Essensreste in Privathaushalten: Wer sich selbst gesund ernährt, hat jede Menge Komponenten für seine Tiere übrig, aus denen sich leckere Barfmenüs zusammenstellen lassen: Reste der Obst- und Salatzubereitung, Reste verlesener Kräuter, Brühen, Reis, Polenta, nicht mehr ganz frisches Restfleisch, Reste von Ei oder Fisch. Selbst von Grillgutresten, Kottlett- oder Hühnerknochen lässt sich noch eine leckere Brühe für unsere Tiere kochen. (Knochen danach in die Komposttonne.) Da sich aber heute die Menschen selbst nicht mehr gesund ernähren, weil zu fett, zu salzig, zu süß, zu kalorienreich, zu einseitig, zu verarbeitet, zu kohlenhydratlastig, sind solche Reste, wie zum Beispiel Hamburger,

Bratensoßen, Pizza, etc. auch für unsere Vierbeiner absolut nicht geeignet. In deutschen Haushalten werden mindestens einmal pro Woche Lebensmittel in die Mülltonne geworfen, weil zu viel eingekauft wurde oder sie überlagert waren. Davon sind fast 30 % Obst und Gemüse, 16 % Fleisch, Wurst, Eier und Fisch, sowie 11 % Milchprodukte und 15% an Selbstzubereitetem. In ausgewogener Zusammensetzung freuen sich unsere felligen Hausgenossen darüber noch, auch weil sie Abwechslung lieben und weniger empfindlich sind als wir. Auf das Füttern von Resten unter dem Tisch sollte man aus pädagogischen Gründen verzichten. Auch Kinder, Fremde oder Ausbilder sollten dies nicht tun.

Reste der Lebensmittelindustrie: Deutschland hat eine Überproduktion an Fleisch von mindestens 20 %, weshalb immer mehr exportiert wird. 10% sind Einbußen bei der Produktion. Ansonsten ist die Industrie durchaus sehr erfinderisch im Unterjubeln von Resten. Im Dosenfutter für Hunde und Katzen landen Mägen, Milz, Herz, Euter, Hühnerfüße, Schnäbel, Klauen, Schlacht-, Wurst- und Käsereste, das ist o.k., aber das können wir auch selbst tun. Außerdem werden überschüssiges Maismehl, Erbsenkleie, Backwaren und Mühlennebenprodukte in Tierfutter kommerziell verwertet.

Reste aus Supermärkten machen 13% aus. Es werden tonnenweise verpackte Würste, Schinken, Hühnerteile, Wurstreste und Eier weggeworfen. Inzwischen gibt es Menschengruppen, die gegen diese Lebensmittelverschwendung protestieren und sich mehr oder weniger legal selbst von Weggeworfenem ernähren. (sog. Mülltaucher). Andere Länder sind da fortschrittlicher und gestatten kostenlose Mitnahme abgelaufener Ware oder kurz vor diesem Datum. In Dänemark und Berlin (Sirplus) gibt es die ersten Supermärkte, die zu geringerem Preis ausschließlich Abgelaufenes verkaufen. In Frankreich wurde ein Gesetz verabschiedet, dass übrig gebliebene Lebensmittel wenigstens als Tierfutter zur Verfügung gestellt werden müssen. Also verwenden, statt verschwenden!

Reste aus Großküchen und Restaurants: Bis zu 45 % wird dort weggeworfen und zum Teil für Heimtierfutter verwertet, auch recycelte Altfette. Zum Beispiel fallen auf Kreuzfahrtschiffen tonnenweise Fette aus Fettabscheidern an, die aufbereitet wiederverwendet werden können. Ich weiß allerdings nicht wofür, vielleicht sollen wir es auch nicht wissen. In Frankreich sind inzwischen die Doggy Bags wieder en vogue. Reste aus Kantinen können über foodsharing.de noch verwendet werden.

Reste in der Landwirtschaft: 60 % der Lebensmittel davon gehen verloren, ehe sie den Konsumenten erreichen: Ernteverluste, Verluste auf dem Acker (1/3 der Ernte wird auf dem Feld vergessen oder aussortiert ohne Nachlese), saisonale Überproduktion, Normen nicht erfüllt (nicht maßgetreues Gemüse mit Schönheitsfehlern), begrenzte Lagerkapazität, Haltbarkeitsprobleme , Schädlingsbefall (32%), Verderbnis durch falsche Lagerung, zu wenig oder schlechten Lagerplatz, Unterbrechung der Kühlkette oder Transportschäden (23%). Da sollte doch wenigstens für unsere Haustiere noch einiges dabei sein! Fallobst kann man ausschneiden und auch krumme Möhren kann man verbrauchen. Bauern geben Nicht-EU- Taugliches ab oder erlauben eigene Nachlese. Über Mundraub.org kann man Früchte von freistehenden Obstbäumen ernten.

Reste in Schlachtereien: Sogenannte Schlachtabfälle sind keineswegs grundsätzlich schädlich, (⟹siehe Kategorien in 1A). Sehr billiges Feuchtfutter kann aber fast ausschließlich aus Hufen, Häuten, Fellen, Krallen und Federn bestehen, das mit Dickungs- und Geliermitteln gestreckt wird. 350 Millionen kg Fleisch pro Jahr werden in Deutschland verschwendet. Millionen Tiere sind dafür gestorben.
Reste von Krankenhäusern, Altenheimen, Schulessen etc. sind dabei noch nicht gesondert erfaßt.

Rübenmark: klingt so lecker, ist auch lecker, nämlich noch ein wenig süß und ein Abfallprodukt der Zuckerindustrie, nachdem fast aller Zucker aus den Rüben extrahiert wurde und die Zellulosefasern übrig bleiben. Also ein rohfaserhaltiger Geschmacksverstärker. Rübenmark klingt natürlich besser als Rübenfaser.

Sulfate werden als Eisen-, Kupfer-, Mangan- und Zinksulfate als Konservierungsmittel zugefügt, auch Dosen.

Verderbnis: durch Bakterien, Oxydation durch Sauerstoffzutritt, eigene Enzyme, Futtermilben, Getreidemotten, Schimmel. Bakterien lieben es feucht und warm. Futter-Milben, Mehl- und Lebensmittel-Motten sowie Pilze lieben es feucht, dunkel und warm. Milben, Motten und Schimmel haben vor allem Interesse an Totem, also Gekochtem. Sie dienen in der Natur als die letzten Strukturauflöser. Deshalb ist trockene, kühle und dunkle Aufbewahrung empfohlen. Trockenfutter verdirbt auch schnell, wenn der Hund nach dem Trinken seine Kräcker benetzt. Stellen Sie deshalb den Wassernapf nicht direkt neben die Trockenfutterschüssel und Trockenfutter im Zwinger immer unter Dach.

Verdickungsmittel: verleihen dem Futter mehr Festigkeit bei hoher Wasseraufnahme durch Guargummi, Glycerin oder Algenprodukte (Carageen aus Rotalgen E 407). Sie müssen nicht deklariert werden.

Xanthan: E 415, unnatürlicher laborkonstruierter Stabilisator und Verdickungsmittel, auch zur Gefrierstabilität. Aus der zuckerhaltigen Lösung von Genmais mit genmanipulierten Bakterien hergestellt, nicht deklarationspflichtig, in Wurst, Backwaren und Milch-Ersatz-Produkten. (⟹siehe auch Vitamin A) Es gibt ein paar hundert natürliche Xanthane.

Zwangseingabe:
1. von Tabletten, Dragees, Kapseln: Am besten man versteckt sie in etwas Leberwurst, Hack, Hühnerhaut, in einer Falte vom Blättermagen oder in Käse und gibt sie per Hand, damit man eventuelles Ausspucken sofort kontrollieren und nachlegen kann. Kapseln kann man auch öffnen und mit einer kleinen Portion Futter vermengen, die erst

ganz gefressen werden muss, ehe es Nachschlag gibt. Besonders leicht bei Hunden, die aus der Luft fangen.
Notfalls öffnet man den Fang, indem man von oben seitlich auf die Lefzen drückt, dann schiebt man die Pille weit hinten auf den Zungengrund und verschließt das Maul sanft, aber bestimmt mit der Hand, streckt den Hals ein wenig, den man sanft streichelt bis abgeschluckt ist.
2. von Flüssigkeit: Am besten mit einer Spritze (ohne Nadel), die man seitlich zwischen die Zähne nach hinten schiebt, mit der anderen Hand sanft das Maul zuhält und etwas nach oben winkelt. Rechtshänder halten mit der Linken den Kopf seitlich leicht erhöht, man kann auch etwas das Fell oder die Ohren ergreifen, und setzen die Spritze an den Maulwinkel schräg nach obenhinten auf die Zunge und geben nur so wenig Flüssigkeit ab, wie der Patient auf einmal schlucken kann.
3. von Feststoffen: beispielsweise Sauerkraut bei Fremdkörpern: Im Wesentlichen wie bei Tabletten, man kann etwas Öl beifügen für bessere Akzeptanz und Gleitfähigkeit.

Wissenschaft und Erkenntnisse entwickeln sich kontinuierlich weiter, deshalb stellt die vorliegende Schrift immer nur eine Momentaufstellung dar. Das Thema ist so umfangreich, daß es keinen Anspruch auf die Lösung jedes Problems geben kann. Ich muss auf meine drei anderen Hundebücher verweisen. Autor und Verlag haben sich hier um größtmögliche Aktualität und Korrektheit bemüht, übernehmen jedoch keine Gewähr für alle gegebenen Angaben, zudem in Literatur und Internet vielfach sich widersprechende Aussagen zu finden sind. Sollten Sie dennoch Fehler ausmachen, sind wir für Informationen dankbar. Im Zweifelsfalle ist immer ein aufgeschlossener Behandler, eine entsprechende Behandlerin, zu Rate zu ziehen. Haftung von Autor und Verlag ist ausgeschlossen. Die Nennung eventuell genannter Produkte erfolgte ohne Gewinn- oder anderer wirtschaftlicher Interessen.

Verwendete und empfehlenswerte Literatur:

Annas,M.;Bornes,G.; Das GenBuch Lebensmittel,orangePress, Kempten, 2007

Biber, Vera, Allergien beim Hund, Kosmos Verlag, Stuttgart, 2010

Biber, Vera, Futterprobleme bei Hunden, Animal Learn Verlag, Bernau, 2008

Biber, Vera, Hilfe, mein Hund ist unerziehbar, Hartmut Becker Verlag, Kirchhain, 2019

Bischof, Marco, Biophotonen, Das Licht in unseren Zellen, Zweitausendeins Frankfurt, 2008

Bode, Thilo, Abgespeist, Fischer Taschenbuch Verlag, Frankfurt, 2007

Bode, Thilo, Die Diktatur der Konzerne, S.Fischer Verlag, Frankfurt, 2018

Daunderer, Max, Umweltgifte, ecomed Verlagsgesellschaft, Landsberg am Lech, 1995

Diamond, Jared, Kollaps, S. Fischer Verlag, Frankfurt, 2014

Grimm, Hans-Ulrich, Die Ernährungsfalle, Heyne Verlag, München, 2010

Grimm, Hans-Ulrich, Fleisch darf uns nicht wurscht sein, Knaur Droemer Verlag, München, 2016

Grimm, Hans-Ulrich, Die Kalorienlüge, Knaur, München, 2015

Grimm, H.-U., Zittlau, J.; Vitaminschock, Droemer, München, 2002

Hirneise, Lothar, Chemotherapie heilt Krebs und die Erde ist eine Scheibe, Sensei Verlag, Kernen, 2008

Hoffmann,M.; Wolf,G.; Staller,B.; Lebensmittelqualität und Gesundheit, Verlag Baerens & Fuss, Schwerin, 2007

Jackson, Mark, Allergien auf dem Vormarsch, parthas Verlag, Berlin, 2007

Jentschura, Peter, Gesundheit durch Entschlackung, Verlag Peter Jentschura, Münster, 2014

Kammerer, K.-D., Die Hüftgelenksdysplasie infolge Fehlernährung, Transanimal Verlag, Frankfurt/ Karlsruhe, 2000

Leitzmann,C.;Watz,B.; Bioaktive Substanzen in Lebensmitteln, Hippokrates Verlag Stuttgart,1995

Martin, Michael, Umweltmedizin für Heilpraktiker, AescuraVerlag Urban& Schwarzenberg, München, 1996

Perlmutter, David, Dumm wie Brot, Goldmann Verlag, München, 2014

Perlmutter, David, Scheissschlau, Goldmann Verlag, München, 2016

Peter, Adrian, Die Fleischmafia, Ullstein Verlag Berlin, 2008

Popp, Fritz Albert, Die Botschaft der Nahrung, Zweitausendeins Frankfurt, 2000

Runow, Klaus-Dietrich, Wenn Gifte auf die Nerven gehen, Südwest Verlag, 2000

Schröder, Heike, Plastik im Blut, VAK Verlags GmbH, Kirchzarten, 2018

Simon, Swanie, Barf, Verlag Drei Hunde Nacht, 2008

Ich danke allen meinen Patientenbesitzern, Seminarbesuchern und Kursteilnehmern, meist -innen, in Deutschland, Schweiz, Österreich, Spanien und Südamerika für das Vertrauen, das Sie in mich gesetzt haben und noch setzen. Mein Dank gilt ebenfalls den zahlreichen positiven Erfahrungsberichten, die mir per Mail zugingen und die ich teilweise hier mit einbringen konnte.

Seminare, Workshops, Lesungen, Vorträge und Buchverkauf www.vera-biber.com

Anhang

Grafiken und Tabellen

Tabelle 1: Vergleich Hund-Wolf

Wolf	Gemeinsames	Hund
Canis lupus Gehirn 30 % größer als Haushund	Ordnung der Raubtiere und dort zur Familie der Hundeartigen = Familie Caniden	Canis familiaris O,2 % Genunterschied zum Wolf
Großwildjäger	Beutegreifer	>> Abfalleimeröffner, Resteverwerter, Trockenfutter-Fast-Food-Fresser Fast-Vegetarier
Kulturfolger. Sie hören auf zu jagen sobald sie Kadaver hingelegt bekommen. Welpe frisst in 1 Minute 1 Kg Fleisch 2,5 – 20 kg / d entspricht ca. 1- 7 kg /d Fleisch, hungern 2 und mehr Wochen fressen unregelmäßig	Gruppenjäger, Hetzjäger Jagd muss gelernt werden bei Wolf und Hund	Bröckchen- Dauernibbler
Huftiere bevorzugt: Hirsch, Reh, Moschusochsen, Karibu, Bisons, Elche Wildschafe, Wildziegen. Wildschwein. Reißen Tiere, die zehnmal so schwer sind wie sie selbst. Je mehr Hunger desto kleinere Beutetiere: Kleinnager wie Biber, Hase, Kanin, Bisam, Lemming, Maus. Vögel, Gänse, Fische in seichtem Wasser. Vogeleier und Jungvögel. Aas, Frösche, Käfer u.a. Insekten. Obst, bes. Beeren, Nüsse. Gras = 98 % Fleisch incl. Hautstücke mit Fell >>>variantenreich Als Kulturfolger: Katzen, kl. Hunde, Hundefutter, Essensreste	Pizzahunde: menschliche Abfälle + erbeuten Mäuse + Kaninchen. Verwilderte Hunde jagen Katzen, Schafe, Ziegen, Schweine, Kälber und Fohlen. Fressen tote Artgenossen. Totschütteln erhalten. Sie verschmähen Trockenfutter, das als minderwertig nicht verteidigt wird, im Gegensatz zu Fleischabfällen, bevorzugt von Schwein und Huhn	80 bis 90 % der Hunde der westlichen Länder werden heute mit **Fertigfutter** ernährt, täglich gleich. Bis nach 2. Weltkrieg bekamen Hunde Schlachtabfälle, Knochen, Fisch, gel. Essensreste, Jagdhunde Innereien v. Wild, Hofhunde stahlen Eier, kriegten Hoden und Nachgeburten, wilderten. Ab 50iger Jahre Hundekuchen Seit den 60 iger Jahren 85 -95 % Zerealien, 2 – 15 % Tiermehle. 32 % befragter Halter gaben an, ihr Hund bräuchte Sensofutter. Hunde überleben mit vegetar. Futter, aber sie leben nicht gut

Hoher Fettanteil als Reserve der Beutetiere Gehirn, Fisch		In Fertigfutter **max. 5 %** nicht Omegafette sind gesund, sondern fetter Fisch
Leber, Herz, Niere und Gehirn sind bevorzugte Teile am Riss für das Alphapaar, Mittelrangige fressen Muskelfleisch, Knochen, Haut mit Unterhautfett und Fell, Rangniedrigste fressen Magen und seinen Inhalt und haben höchsten Pflanzenanteil in ihrer Nahrung.	essentiell sind 10 **AS**: Histidin, Lysin, Leucin, Isoleucin, Methionin, Phenylalanin, Valin, Threonin, Tryptophan, Arginin.	Fleisch und Innereien enthalten sie alle, Pansen fast alle. minderwertig ist Soja > Taurinmangel
Beute mit gespeicherter tierischer Stärke= **Kohlehydrate** in Form von Glykogen in ihrer Leber. Nehmen aber auch pflanzliche Stärke in Form von Beeren etc. und vorverdaute Körner in Mägen oder im Kropf von Vögeln zu sich. Als Welpen Kohlehydrate in Form von Milchzucker.		Zellulose = Sägemehl in Fertigfutter =Strukturkohlehydrate von Pflanzen kann Hund nur eingeschränkt im Dickdarm mit Darmbakterien aufschließen und im Dünndarm resorbieren. Das meiste wird unverdaut ausgeschieden >> mehr Krankheiten der Kohlehydratverdauung als bei Eiweiß -oder Fettverdauung. Muskelglycogen, Mono- und Disaccharide in Früchten können aber besser verdaut werden. Kohlehydr. in Trofu kann der Hund nicht primär sofort zur Energiegewinnung verbrennen wie der Mensch, sondern nur sekundär, indem sie erst als Fette eingelagert werden, die bei Bedarf aktiviert werden. KH sind reine Dickmacher.

Leber am **vitamin**reichsten Darminhalt	Supplemente jeder Art sind unnötig, wenn frisches und abwechslungsreiches Komponentenfuttter gegeben wird. Ihr Geldbeutel und ihr Hund werden es Ihnen danken	Bis in die 60iger Jahre kamen Hunde 10 Tausende von Jahren ohne synthetische Vitamine aus, die meisten bilden sie selbst. Dennoch 1-3 % Vit.Min. z.T. gesetzlich vorgeschrieben, aber nicht wissenschaftlich fundiert. Vitamin-Mineral-Zusätze machen den Vorteil des komplexen Zusammenwirkens jedes gesunden Futters zunichte.
Sonne, Schnee Leber, Hirn, Fisch		Hunde können **Vitamin D2**(= Hormonvorstufe) nicht selbst synthetisieren, während die meisten Lebewesen mit UV-B Licht selbst synthetisieren können >für Ca in Knochen, für Bildung von Muskeln, Nerven und **Immunsystem** Nicht Vitamin D3 ist gesund, sondern Leber, Fisch, Hirn
Fellstücke, Knochen, Pflanzen als Beeren oder vorverdaut in Mägen		nicht **Ballaststoffe** sind gesund, sondern Knochen, Fell, Pflanzenfasern
Trinken von nicht aufbereitetem Wasser sowie Kontakt mit Erde schützen vor Allergien	Wie oft buddelt Ihr Hund?	Chloriertes Leitungswasser mit Umweltgiften
Impffrei, aber Parasiten >> keine Allergien		Wird gegen 7 bis 10 versch. Erreger geimpft, weitgehendst parasitenfrei >>immer mehr Allergien
Streifzüge 14 bis 60 km pro Nacht	Aufenthalt im Freien, Frischluft, Bewegung	80 % der Zeit im Haus, herumlungern, dösen oder schlafen > Gewichtszunahme

Wölfe sterben, wenn nicht durch Unfälle mit Jägern oder Autos, selten mit Artgenossen, im höheren Alter an Zahnverfall, weil sie keine Maulhygiene kennen, aber durch Benagen von rohen Knochen entwickeln sie viel später Paradontose als unsere Hunde		4 von 5 Hunden haben Paradontose, ein Viertel Hautprobleme

Tabelle 2: Schulmedizin

Konventionelle, westliche Schulmedizin	Alternative, funktionelle Komplementärmedizin
Naturwissenschaft, Pharmazeutik	Heilkunst, Geisteswissenschaft
apparativ technisch, angeblich objektiv	Individuell empirisch intuitiv, subjektiv
Materiell mechanische Reparatur eines Betriebsschadens	Beobachten, Selbsthilfe, Sich-selbst-kennen
Denkstil linear-, (mono-)kausal Westliches Denken	Denkstil zirkulär, vernetzt, kybernetisch, multikausal Östliches Denken
Substanz > Symptom > Symptombeseitigung, statisch	Ursachenbeseitigung, Krankheitsprozess = Naturprozess Heilung dynamisch
Krankheit wird behandelt (transitiv, passiv), Patient ist Objekt	Patient handelt (intransitiv, aktiv), ist Subjekt
Zergliederung, Analyse	Synthese, gegliederte Ganzheit, in Körper-Seele-Geist-Einheit , Tier = Individuum
Detailschau	Gesamtschau
Statistisch, numerisch, messbar	Empirisch, beobachtend
Tierquälerei und Umweltschäden als Voraussetzung für medizinischen Fortschritt	Hunderte bis tausende Jahre erprobt durch Beobachten und Erfahrung
Am Leben erhalten	Heil an Körper und Seele
Bekämpfung (der Krankheit, der Erreger, des Tumors etc.) mit Stahl, Strahl, Chemo, schnell	Stärkung (des Immunsystems), Prozess dauert, Auseinandersetzung
Feindtheorie	Ursachenmedizin, Präventiv
Angelerntes Wissen aus Labor und Chemie	Naturbeobachtung, Intuition, Information
Wirkt gegen	Wirkt mit
Die einzige Medizinrichtung, die in Anspruch nimmt, in Unis gelehrt zu werden	Fortbildung muss privat bezahlt werden
Allopathisch	Homöopathisch, Phytotherapie, TCM, Umwelt-Med.,Orthomolekulare Med., Physiotherapie etc.

Der Name Alternativmedizin gefällt mir besser, weil Schulmedizin und Naturmedizin sich auf verschiedene, zum Teil gegensätzliche Wirkmechanismen berufen. Die Bezeichnung Komplementär wiederum gesteht ihr nur einen zusätzlichen Nutzen zur Schulmedizin zu. Beides sollte aber nebeneinander Bestand haben, jedes zu seiner Zeit. Es geht nicht um Spaltung, sondern um Integrative Medizin und gegebenenfalls um Kombination.

Konventionelle Schulmedizin	Alternative Komplementärmedizin
Es werden Laborwerte ge**messen**, Testergebnisse auf Norm gebracht	Es werden kranke Wesen be**hand**elt
Antipodisch	Isopathisch
Interessiert sich für Pathogenese, Krankheitsmedizin	Interessiert sich für „Salutogenese", für gesundheitserhaltende Faktoren
Analytisch	Synthetisch
Eindimensionale 5-Minuten Medizin	Ganzheitlich-kybernetisches Gesamtsystem
Isoliertes Problem physisch-theoretisch zerlegt	Systemisch
Einzelbaustein	Organisation
Patient als Objekt und geschlossenes System	Patient als lebendes Subjekt in offenem System
Pathogenese	Salutogenese
Frage: Was macht krank? Was hat das Tier?	Frage: Was lässt gesunden? Warum hat es das Tier?
Defizite bekämpfen	Rückgriff auf noch funktionierende Ressourcen
Kulturwesen	Naturwesen
Fürsorge durch Gesundheitsverwaltung	Eigenbefähigung, Selbsthilfe
Ertrinkende retten	Zum Schwimmen befähigen
Konventionelle Verfahren, singulärer Lösungsansatz	Unkonventionelle Verfahren, multimodal
Hart gegen Krankheit vorgehend	Sanft für Gesundheit vorgehend
Organbezogene Spezialisten	An individuellem Lebensstil orientiert
Methode der Industriegesellschaft ca. 150 Jahre alt, kommt an Grenzen	Chinesische Medizin arbeitet damit seit vier Tausend Jahren und besteht immer noch
Orientiert sich am Befund	Orientiert sich am Befinden
Diätetik spielt so gut wie keine Rolle	Ernährungstherapie findet sich in allen Kulturen als Grundmethode. Phytotherapie min. 6000 Jahre alt.

Anhang 3: Anamnesebogen für den professionellen Futterberater

Der Coach beobachtet während des Ausfüllens des Fragebogens das Verhalten des Tieres (Nervosität, Kratzen, Lecken etc.) und den Umgang zwischen Besitzer und Vierbeiner.

A:
Name, Adresse, Telefonnummer, E-Mail des Auftraggebers
Art des Tieres (Katze, Hund, Rasse)
Name des Tieres, evtl. Tätoonummer oder Chipnummer
Geschlecht (männlich, weiblich, kastriert)
Alter

B: 1. Impfpass zeigen lassen, falls zur Hand
2. Allergiepass zeigen lassen, falls vorhanden
3. Medikamente zur Zeit:

C: 1. Beschwerden zur Zeit:

D: 1. Wo wird das Futter aufbewahrt ? (Zeigen lassen: Trocken, Nass, Barf, vom Tisch, Selbstversorger)
2. Wieviel wird gefüttert? Evtl. abwiegen
3. Wie oft wird gefüttert?
4. Wo drin wird gefüttert? (Emaille, Aluminium, Glas, Stahl, Plastik, auf dem Boden, Automat)
5. Wann wird gefüttert? (Morgens, abends, mittags, unregelmäßig, fasten)
6. Wo wird gefüttert? (Zwinger, Terrasse, Flur, Küche, im Rudel etc.)
7. Wer füttert? (Frauchen , Herrchen, Kinder, Putzfrau, Angestellter ?)

E: Eigene Sinne einsetzen:

Sehen:
a) Umgebung (Wohnverhältnisse, Familiensituation, Gegend)
b) am Tier (Maul, Zähne, Augen, Figur, Haarkleid (stumpf, schütter, glänzend etc.), Bauch (gebläht, dick, leer etc.), Anus etc.)
c) Futter zeigen lassen,(kleine oder große Tüten, Verfallsdatum, Marke, Produkt, Analyse studieren, Gefrierfleisch, Rohes, Gekochtes)

2. Riechen:
a) am Tier (Maul- und Fellgeruch, Kot im Fell etc.)
b) Futter (schimmelig, modrig, verdorben, Milben etc.)

3. Fühlen:
a) am Tier (Rippen, Fell, Bauch)
b) Futter (schmierig, krümelig etc.)

F: Verhalten beobachten
bei Futteraufnahme (verändert, gierig, mäkelig, immer mit Rest, nie satt)
nach Futteraufnahme (Erbrechen, Durst, Durchfall, Verstopfung, Blähungen etc.) >>
oft, manchmal, selten, nie

G: Flüssigkeitsaufnahme
Was? (Wasser, Qualität, Frische, Brühe, suppiges Futter, Milch etc.)
Wieviel? (Menge, eingefrorenes Wasser in Zwingern, Schluckbeschwerden etc.)
Wie oft?
Wo drin? Aus was?(Plastik, Quelle, Bäche, Dosiergerät etc.)
Wo?

H: Fragen, die sich der Behandler anhand obenstehender Angaben stellen soll:
Was muß ich tun?
Was soll unterlassen werden?
Welche Medikamente/ Ergänzungsmittel könnten hilfreich sein?

Tabelle 4: Vergleich Mensch-Hund

Mensch	**Hund**
Art : Homo sapiens Klasse: Säuger; Ordnung: Primaten ; Familie: Hominidae; Gattung Homo; Rasse: Diverse	Art : Canis familiaris Klasse: Säuger; Ordnung: Raubtiere; Familie der Hundeartigen; Gattung: Canis; Art: Haushund; Rasse: Diverse
Abstammung: Abspaltung von Schimpansen vor 6 bis 8 Millionen Jahren. Homo sapiens entstand vor ca. 200 000 Jahren. Hobbits von 100 cm Größe bis Riesenwuchs über 2 Meter	Sicher ist die Abstammung vom Grauwolf mit 0,2 genetischem Unterschied. Vor ca.1 Mio Jahren begannen sich Wölfe zu entwickeln. Erste Wolfszähmungen vor 40 000 Jahren. Einige 10 Taus. Jahre und einige 100 Generationen liegen zwischen Wolf und Hund. Vor mindestens 15- 135 000 Taus. Jahren, (Quellen sehr unterschiedlich), trennten sich Wolf und Hund genetisch. Erste Hunde nachgewiesen in Steinzeit (mehr als 20 Taus. Jahre). Jagdhunde sind als domestizierte Kulturfolger die ersten Haustiere in Asien. Im alten China und Polynesien wurden Rassen auch speziell in Hungerzeiten für Schlachtzwecke gezüchtet. Erst seit ca. 2 Jahrhunderten große Vielfalt an Formen und Fellfarben Mittel- bis wolfsgroße Hunde am natürlichsten mit Durchschnittshöhe 45 cm>>> ca. 400 Hunderassen von 1 bis 90 kg und 13 bis 80 cm Schulterhöhe. Kein anderes Säugetier tritt so variantenreich in Erscheinung

<table>
<tr>
<td>Genetik:
46 Chromosomen mit 20–25 000 Genen mit 3,2 – 3,3 Milliarden „Textbuchstaben“. Genom mit 3,3 Milliarden Basen, besteht zu 34 % aus Virenabschnitten.
Mensch besteht aus 1.000.000 Milliarden Zellen = ca.50- 65Billionen Zellen = vier plus 28 Nullen Zellen. Mensch hat 10 hoch 15 Zellen von 200-220 versch. Zelltypen.

Einige genetisch bedingte Krankheiten kommen bei Mensch und Hund vor. Albinos lichtempfindlich. „Verhausschweinung des Menschen“ führte zu peinlichen Parallelen wie mehr Fett, mehr weißer Haut, mehr Sex, größerer Schmerzempfindlichkeit. Aber unser Hirn ist nicht kleiner sondern dreimal größer geworden ! Trotzdem haben auch wir im Vergleich zu Naturvölkern Fähigkeiten im Geruchs-, See- und Gehörsinn verloren.</td>
<td>78 Chromosomen mit 2,4 Mio Basenpaaren> 19 000 Gene, ¾ davon ähneln hochgradig denen des Menschen =zu 75% stimmt ihre DNS mit dem Menschen überein.
mD N A besagt, dass Hunde sich schon vor 135 000 – 100 000 Jahren vom Wolf abgespalten haben. Genetischer Unterschied Wolf/Hund max. 0,2 %. Grönländisch / sibirische Schlittenhundrassen, Dingos, der balinesische Berghund und Basenjis stehen dem Wolf genetisch am nächsten, Spaniel am entferntesten.
Genetisch 4 Gruppen:
1.asiatischer und afrikanischer Herkunft für Hetzjagd, Augenjäger. Salukis (persischer Windhund) Afghane, Sloughis (arabischer W.), ägyptischer Pharaonenhund, Barsoi, Greyhound, Deerhound, Windspiele
2.Jagdhunde als Nasenhunde für Parforcejagd: Spürhunde, Laufhunde, Meutehunde seit 18. Jahrh. v. Chr., Brackenmeute als uralte keltische und germanische Jagdmethode
3. Mastifftyp als Packerhunde für Kesseljagd: Molosser, Doggen, kamen wahrscheinlich aus Tibet, dann Griechenland >Verbreitung Mittelmeer. Daraus wurden Kampfhunde, Sennhunde, Bernhardiner, Bloodhounds
4. Hirten- und Hütehunde.
Merle ist eine vererbte Pigmentstörung. Buntscheckigkeit und blaue Augen sind Zeichen von Domestikation, nur sehr vereinzelt in Wildbahn. Weiß vererbt mehr Defekte z.B. Merlefarbene, (>Enzymmangel, Verhaltensstörungen) deshalb bei manchen Rassen als Fehlfarbe bei Zucht ausgeschlossen. Domestikation führte auch zu leichterer Unterordnung, Störungen der Appetitregelung, mehr Sex, verkümmerten Instinkten.</td>
</tr>
</table>

Geschichte und Bestand: 80 Mio Einwohner in D	Zuerst Nahrungsmittel >> Wächter, Jagdhelfer >> Kriegseinsatz u.a. Zielgerichtete Zucht seit ca. 4000 Jahren. In D 10 Mio Hunde nach Zahlen der Tierfutterhersteller mit Hundefutterumsatz von 1.001 Mio Euro. 15 % der Menschen leben mit mindestens einem Hund.
Ursprungszonen: Ursprünglich aus Wärmezone Höhlen-Bewohner	 Mehr aus Kältezonen Höhlenbewohner
Schwangerschaft: nach 9 Monaten Schwangerschaft normal 1 Kind. Bei Geburt schreit Mutter, nach Geburt schreit Kind. Durchschnittlich 1-3 Kinder	 Nach ca. 2 Monaten Tragezeit werden bis zu 12 Welpen fast lautlos geboren
Lebensalter: Durchschnittlich +70 Höchstalter 122 Jahre Schimpanse 60 Jahre	 Lebensalter Durchschnitt 12 Jahre, Höchstalter 19-29 Jahre Ältester Wolf 11 Jahre Sieben Menschenjahre entsprechen einem Hundejahr
Anatomie: Vertikale Körperform auf 2 Stützen, Rückenprobleme. Normale Schiefe der Wirbelsäule durch angeborene Einseitigkeit Nur noch wenige Stellen Fell, sonst fast nackt Haut größtes Organ mit 1,7 m2 mit über 5 Mio Nervenenden + ca. 3000 Sinneszellen pro ccm+ 500 Mikrobenarten Schwitzen besonders unter Armen, Stirn, Beugen, im Schritt. Mit einem Liter Schweiß (60 kg, Sport bei 20°) scheiden wir durchschnittlich 2,5 – 4,5 g Salz, Harnstoff + Eiweisse aus. Sohlengänger Hände mit gegenüber stehendem Daumen	 Horizontale Körperform auf vier Stützen, beweglicher Rücken Viele verschiedene Fellarten Kaum Schweißdrüsen, deshalb keine Schweißproduktion. Nur Hecheln zur Abkühlung Zehengänger Pfoten

Schnelligkeit: 10 –13 km/d Mensch Spitzensportler 40 Km/h	Windhund Kurzstrecke bis 80 km/h
Atmung: Nasen- und Mundatmung	Nasen – und Maulatmung
Sinnesorgane: Sehsinn am wichtigsten. Mensch lebt zu mehr als 80 % in visueller Welt, 40 % des Hirns verarbeiten den Seesinn. Nicht der Blick, sondern die gerichtete Aufmerksamkeit bestimmt, ob wir etwas wahrnehmen.	Geruch wichtigster Sinn, Hunde riechen je nach Rasse mindestens 100tausendfach besser als der Mensch und hören 12x besser. Ihre Riechschleimhaut ist 20-25 x größer als bei Mensch und sein Gehirn hat 7000 Duftverabeitungszellen pro mm2.
Tastsinn: Sehr guter Tastsinn in Fingerbeeren Unbekanntes wird mit Händen untersucht	Tasthaare an Lippen haben über 2000 Nervenendigungen Unbekanntes wird mit Nase bzw. Geruchsinn untersucht

Seesinn: Augen nach vorne gerichtet Mensch hat ein Gesichtsfeld von 180°. Scharfes Stereosehen in Farbe wie Menschenaffen. Im Mittelfeld von 120 Grad sehen wir mit beiden Augen, dies erlaubt Entfernungsabschätzung und Dreidimensionalität. In einem Winkel von ca. 30 Grad an beiden Rändern unseres Gesichtsfeldes sehen wir nur monocular = peripheres Gesichtsfeld. = weniger scharf, aber schnellere Reizverarbeitung wegen Erkennen von Gefahren. Zur Reproduktion von drei Dimensionen und Tiefenwahrnehmung braucht es 2 fast kongruente Blickfelder zum besseren Abschätzen von Entfernungen + zum räumlichem Sehen. >>Menschen sehen weit besser als Pferde, aber mit kleinerem Blickfeld. Wir können nicht sehen was hinter uns ist. Wahrnehmungsbereich: Verschmelzungsfrequenz 20-60 Bilder/sek. Farben vom kurzwelligen Violett bis zum langwelligen Rot mit drei versch. Typen farbempfindlicher Rezeptor-Sinneszellen mit drei Zapfenformen. Nachtsehen schlecht, ist ein 20igstel der Tagessehleistung. Blickkontakt wichtig>> mit Hund besser als mit Pferd	 Augen nach vorne gerichtet (Raubtier) Wolf 180 °. Beide Blickfelder stimmen fast überein. Erst der doppelte Blick nach vorne liefert das Bild, mit dem allein eine bewegende Beute präzise fokussiert werden kann. Sehr gutes Dämmerungs- und Bewegungssehen, registrieren Bewegungen Millisekunden früher als Mensch und noch auf 900 m Entfernung. Unbewegtes wird sehr schlecht und unscharf wahrgenommen. Sehen unscharf direkt vor Nase Höhere Verschmelzungsfrequenz mit 70-80 Bilder/sek., = Alte Filme, Fernsehen mit 36/sek. für Hund nur einzelne Standbilder Hund ist fast farbenblind, sieht nur in Gelb-, Grau- und Blautönen. Können grün + braun schlecht unterscheiden, rot sehen sie gar nicht, nur in Unterscheidung von hell und dunkel. Nur 2 Zapfenformen. Tapetum lucidum = Verdoppelung der Restlichtmenge = gutes Nachtsehen mit 50% besser als Mensch + empfindlicher für Helligkeitsunterschiede Blickkontakt wichtig, focussierender Blick
Hörsinn: Ohren seitlich, unbeweglich Mensch kann Schallrichtung feststellen, schwierig bei Schallreflexion. Platz 2 unserer Sinne Mensch hört von 20 Hz bis 23 KHz= 23 tausend Schwingungen/sek., darüber nicht hörbar, da Ultraschall (ab 20KHz bis 1GigaHz) Hemisphärische Asymmetrie: Ein Ohr hört bevorzugt Gespräch: 60 Dezibel	 Nur Stehohren natürlich, hängend angezüchtet; beweglich, dadurch dreidimensionale Ortung möglich mit17 Ohrmuskeln Hören 3 x so weit entfernte Geräusche wie Mensch Hund hört von 15 Hz bis 40 –50 KHz, max. 100 KHz = Hochfrequenzbereich = Ultraschall = Je nach Rasse, Alter und Frequenz also 4 – 20 x besser als Mensch. Hundegebell 70 bis 130 Dezibel.

Geruchsinn: Riechen Platz 3 der Sinne Düfte wirken direkt ins limbische System ohne Umweg wie Hören und Sehen über Großhirn ins Zentrum für Gefühle und Erinnerungen. Der Geruch gilt als die am stärksten mit Erinnerung verknüpfte Sinneswahrnehmung. 5-30 Mio Riechzellen mit 1000 Riechgenen, davon funktionieren nur noch 350 Riechrezeptoren in Nasenschleimhaut (z.B. für Vanille oder Moschus. Erst 20 sind entschlüsselt) verbunden mit Riechzentrum in 1-5% des Hirns von 2 x 1cm Riechfeld, worin sich 500 Duftverarbeitungszellen/cm2 = 6 – 10 Millionen Sinneszellen insgesamt befinden. Wir unterscheiden 10000 Gerüche. Wahrnehmungsschwelle sechs Millionstel eines milliardstel Gramms/ ml = 6x10 hoch –15 g/ml Jakobsches Organ umstritten	Hund Nasentier mit Stereoriechen rechts u. links unterscheidbar, hecheln dient auch dem Riechen. Geruchsinn hat erste elementare Bedeutung für Hund, er lebt in einer Geruchswelt. Für Botschaften werden Kot und Urin eingesetzt >> Geschlecht, Alter, Sexualstatus, Zeitpunkt der Ortspräsenz uvm, über Analdrüsen individueller Eigengeruch erkennbar. 125 - 500 Mio Riechzellen in Nasenschleimhaut verbunden mit 10-30 % Hirn, 40x mehr als bei Mensch. Unterscheidung von 250 000 versch. Gerüchen > Krebsdiagnose fast 100%. Differenzierungsmöglichkeit ist beim Hund 1000 fach bis 10 millionenfach besser je nach Rasse, kann Beutetier über 1 km weit riechen. Vomeronasalorgan bes. für Pheromone. Steht in Verbindung mit dem limbischen System für Gefühle, Triebe, Hormone
Geschmack: süß, sauer, bitter, salzig, herzhaft. Erst Geruchsinn erkennt Aromen und erfasst Nuancen zu 80 -90 % mit 9-10 000 Geschmacksknospen	Fleischig, salzig, sauer, bitter, wenig für süß, im Ganzen aber fast geschmacklos, da fast unzerkaute Kost. Nur 1500-1700 Geschmacksknospen auf Zunge und Gaumen, deshalb leicht zu vergiften

Gehirn: Zwischen 1000 und 2000g, Falten vergrößern Oberfläche. In der Großhirnrinde verarbeiten 10 bis 20 Milliarden Neuronen, die gleichzeitig Informationen, das ist doppelt bis dreimal soviel wie bei Schimpansen. Menschen haben aber nur ein Drittel der Riechkapazität wie Schimpanse. Neandertaler hatten aber ein durchschnittlich größeres Gehirn bis 1750 ccm. Hirnmasse beträgt 2% bis 3% des Körpergewichtes Verhältnis Körper/ Hirn 2,0 bis 2,3 Im Verhältnis Gehirngewicht zu Körpergröße hat Mensch Index 170 Kein tierisches Gehirn hat soviel Gliazellen wie der Mensch, es sind 90 % der Hirnzellen. Sie stützen und isolieren elektrisch die Neuronen, gewährleisten O2 und Nährstoffversorgung und entsorgen Abfall der Nervenzellen. Das Gehirn verbraucht 20-30 % des O2 und der Glukose des Gesamtbedarfs im Körper, obwohl es nur 2-3% Masse ausmacht. Nur 2 % der Gehirnleistung werden auf die Wahrnehmung der Umwelt verwandt. Die restlichen 98 % dienen der inneren Informationsverarbeitung und Organisation. Weniger als 0,1 % dessen, was das Gehirn tut, ist uns bewusst. Der enorme Rest wird unbewusst erledigt.	28- 31 % weniger Gehirnmasse als Wolf, betrifft vor allem Fähigkeit der Sinnesorgane (Stirnhirn mit Frontallappen und Balkenverbindung, optisches, olfaktorisches und limbisches System, welches für die Aufmerksamkeit zuständig ist) Ein 36 kg Wolf hat 120 g Hirn. Hirnmasse beträgt 0,3 bis 1% des Körpergewichtes Verhältnis Körper/Hirn 0,3 bis 1 Verhältnis Gehirngewicht zu Körpergröße = Index 17 Intelligenz kann einem 2 bis 2 ½ jährigen Kind entsprechen
Ernährungsweise: Omnivor= Mischkostesser, Alkalisches wie Gemüse und Obst ist gesünder, bevorzugt fette, süße, proteinreiche Nahrung. Teilweise Bevorratung Relativ verdauungsunempfindlich Empfohlen ist Ernährung, welche den pH Wert der Körperflüssigkeiten leicht alkalisch bei 7,2 bis 7,4 hält. Verdauungszeit 12- 24 Std.	Carnivor =Fleischfresser, frisst unregelmäßig. Wolf wechselt zwischen Hunger und Völlerei. Hund braucht nur ein Zwölftel der Fresszeit von Pferd. bevorzugt fette, proteinreiche Nahrung, wichtigste Energiequelle ist Fett Bevorratung Sprichwörtlicher Pferdemagen ! >>Aas, Exkremente Stoffwechsel relativ sauer durch Fleisch Fleischfresser haben größeres Hirn, kurzer Darm Verdauung von Fleisch und Knochen: 5- max. 24 Std

Maul:	
Mahlzähne, Eckzähne Menschenzahn ist von Schmelz (brüchig, tot), dem härtesten Zahnmaterial umgeben. > ½ l/d Speichel hat pH 6,5- max.8, mehrere hundert Millionen-10 Milliarden Mikroben, inklusive Streptokokken, Amöben, Trichonomaden, Hefen, Geißeltierchen, Viren. 600 Bakterienarten sind bekannt, die meisten lassen sich aber nicht kultivieren. Beißkraft bis zu 80 kg auf einen Backenzah Karies bei Fehlernährung Ptyalin im Speichel für Kohlehydratverdauung und andere Enzyme	Eckzähne, Reißzähne Zupacken, Halten, Schlingen, kauen kaum Kiefergelenke des Hundes erlauben keine Seitwärtsbewegungen Beißkraft erwachsener Wolf 1,5 Tonne auf Maulgröße, Bullterrier bis 1 Tonne Durch kegelförmige Zähne kaum Karies, nur bei Kohlehydratfütterung und Alter Speichel von Hund enthält so gut wie keine Verdauungsenzyme, aber keimtötende Stoffe. Ptyalin nur sehr gering
Magen:	
Ein relativ dehnbarer Magen fasst 300-400g max. bis zu 2 Liter. Übergeben sich selten, nur bei Schwerverdaulichem, Verdorbenem Magensaft Mensch 1-3 Liter/d, pH 1,2 bis 5	Ein sehr dehnbarer Magen Magen relativ achtmal so groß wie ein Pferdemagen Wolf kann bis zu 10 kg Fleisch auf einmal verschlingen Übergeben sich leicht. Bei Überfressen, Schwerverdaulichem und Welpenfütterung. Magensaft bis unter 1pH=höchster Säuregrad = mindestens 10 mal saurer als Mensch
Verdauungsdrüsen:	
Pankreassaft- (2l/d) und Gallensekretion (ca. 700ml/d, pH 8,8) nur bei Nahrungsaufnahme Pankreassaft pH 7,5-8,3	Pankreassaftsekretion 1- 35g/h nur bei Nahrungsaufnahme, Pankreassaft pH 6,5 –7,5. Gallensekretion nur bei Nahrungsaufnahme. Karnivoren haben Enzym Urikase um bei der Fleischverdauung entstehende Harnsäure ausscheiden zu können.

Darm: Stuhlmenge abhängig von Verdaulichkeit. Die meisten Enzyme zum Abbau pflanzlicher Fasern fehlen. Stuhlgang ca. 2x täglich. Nahrungsreise dauert 12 - 24 Std. = mittlere Verdauungszeit	Kleine Kotmengen, da Fleischnahrung den Verdauungsapparat weniger belastet. Hund verdaut mindestens doppelt so schnell wie Mensch: In 5-10 Stunden = kurze Verdauungszeit bei Fleischfütterung, bis 24 Stunden bei Getreidelastigem.
Körper zu Darmlänge 1:5 Darm 5- 8 m Länge mit 150 bis 2000 Mikrobenarten, davon 95 % anaerobe, insgesamt 1 ½ kg mit 100-500 Billionen: versch. Lactobazillenarten, versch. Bifidobakterien, E.coli, Streptococcus thermophilus. 2 große Gruppen: Bacteroidetes und Firmicutes. Sie können Ballaststoffe und komplexe Kohlehydrate abbauen. Dabei opportunistische Keime, Pilze, Einzeller, Würmer, Amöben, Geißeltierchen, Giardien, Candida. Übl. Nährboden-Stuhlanalyse erfasst nur ein Fünftel, genetische ist aussagekräftiger. Fleischesser haben z.B. mehr Bacteroides Arten, Vegetarier mehr Lactobazillen. An die 500 versch. Viren als Bakteriophagen regulieren die Flora. Giardien können symptomlose Darmbewohner sein. Bei Durchfall sind sie nicht Ursache, sondern Folge einer Darmstörung, sind als Krankheitserreger nicht bestätigt. Persönlich Flora und Fauna von Mutter wird weitergegeben an Nachwuchs durch natürliche Geburt, Stillen, Küssen, evtl. Füttern	Körper zu Darmlänge 1 : 5 bis 6,8 Magen-Darm-Trakt zu Körpergewicht: 3,5 % bei Bernhardiner, 7% bei Dackel 100 Billionen Darmlebewesen Darm von Wolf und Hund vollkommen identisch. Flora besteht aus Streptokokken sp., Bakteroides, Clostridien, E.coli, und Lactobazillen, Hefen. Bis zu 70 % der Hunde haben symptomlos Giardien Persönliche Flora und Fauna von Mutter wird an Nachwuchs beimpft durch natürliche Geburt, Säugen und Lecken

Essentieller Bedarf:	
Na- Bedarf durch Fleisch und Meeresfisch gedeckt Vit C essentiell Gesunder Darm produziert selbst Vit. K + H 7 bis 11 essentielle Aminosäuren: Wichtig für Neurotransmitter sind Lysin, Phenylalanin, Tyrosin, Tryptophan, die der Mensch mit Nahrung aufnehmen muss. Außerdem Arginin (umstritten), Histidin, Isoleucin, Leucin, Methionin, Threonin, Valin, Phenylalanin (umstritten). Können Vit D3 mit UV B Licht synthetisieren	Na-Aufnahme durch Na-haltiges Pflanzenfresserblut Hund synthetisiert 30 bis 50 mg Ascorbat/kg Zwölf essentielle Aminosäuren: Lysin, Methionin, Cystin, Arginin, Histidin, Isoleucin, Leucin, Lysin, Phenylalanin, Threonin, Tryptophan, Valin. Braucht min. 12 % Eiweiß. 98% Protein im Fleisch verwertbar Hunde können Vitamin D3 nicht selbst synthetisieren
Trinken:	
Empfehlung 2-3 Liter Flüssigkeit am Tag inklusive Essen. Trinkt saugend Urin durchschnittlich pH 6,0. (von 4,8 bis selten 8 (Urvölker)). Ab 6,5 wird heute als alkalisch eingestuft.	Schäferhund trinkt 1,5 Liter bei Trockenfutter, Hunde lieben natürliches Wasser mit Schwebstoffen Hund formt Zunge zur Kelle beim Trinken und schlabbert Hundeurin pH 5 bis 6
Verhalten:	
Soziales Gemeinschaftswesen Familiengebundenes Sippenleben. Gruppe bedeutet Vorteil bei Gefahr, Nahrungsbeschaffung, Arbeitsteilung bei Aufzucht. Nachteil ist Nahrungskonkurrenz. Bei zunehmender Gruppengröße mehr Spannungen. Savannenmenschen lebten zu 30 Menschen, größere teilen sich, bis max. 50 Menschen überschaubar Kannibalismus in Notlagen, früher bei medizinischen Zubereitungen, bei manchen Völkern von Feinden, Angehörigen,	Soziales Rudeltier Familiengebundenes Sippenleben bei Wölfen bis max. 30 Tieren im Rudel. Gruppe gilt als Vorteil bei Gefahr, Nahrungsbeschaffung, Arbeitsteilung bei Aufzucht. Bei zunehmender Rudelgröße mehr Spannungen Kannibalismus in Hungerzeiten

Grundcharakter angepasst	Grundcharakter loyal, mutbestimmt
1.Sammler>2. Jäger als Nomade. Jagdhelfer untereinander > 3.seit 10 Taus. Jahren sesshaft als Landwirt Territorial Jagdinstinkt beim Mann Eingeschränkte Vorratshaltung. Primaten legen keine Vorräte an, Menschen gelegentlich.	Vom Jäger im Rudel >>zum Jagdhelfer und Resteverwerter des Menschen Nomadisch mit Kernrevier Jagdinstinkt Vorratshaltung
Multifunktionale Hände Fäuste und Beine zur Verteidigung, Bisse Vorwiegend tagaktiv	Pfoten zum Laufen, Graben, Festhalten und Kontakt Maul zur Verteidigung Angepasst mehr tagaktiv
Fortbewegung: Stehen ermüdet, bevorzugt sitzen Hauptsächliche Fortbewegungsart: Schreiten mit ca. 4 km/h Früher nomadisch, heute halb-territorial Schwimmen und Tauchen müssen erlernt werden, hält dann lebenslang	 Stehen ermüdet, bevorzugt sitzen und liegen Hauptsächliche Fortbewegungsart: Zockeltrab, relativ ermüdungsfrei, stundenlang mit wenig Anstrengung und viel Ausdauer, Reviergebunden Schwimmvermögen angeboren, können tauchen lernen
Verständigung: vorwiegend verbal Regeln und Gesetze für das Miteinander Ohren und Rute fehlen für Körpersprache Liegen = Entspannung, Schlaf Zähne zeigen = freundliches Lächeln Adrenalin macht Mensch angriffsbereit	 Verständigung über Körpersprache und Laute Seitlich liegen = Schlaf, Entspannung Zähne blecken = Warnung, Aggression Adrenalin macht Hund angriffsbereit
Sex: Dauerhaft sexuell, polyöstrisch, serielle Monogamie. Verdeckte Ovulation Gelegentliches Kontaktliegen Paare, Kinder. Mäßiger Körperkontakt mit Freunden Individualdistanz zu Fremden ca. 1,2 m, ab 45 cm unangenehm. Hält lebenslang Individualdistanz als Wohlfühlabstand, Unterschreitung nur bei Freunden und zur Begrüßung	 Saisonal sexuell, diöstrisch, promiskuitiv (Wolf monogam). Wahrnehmbare Ovulation Kontaktliegen vor Läufigkeit, mit Welpen und befreundeten Familienmitgliedern Sozialdistanz 0 – 2 ½ cm

Soziales: Nesthocker, soziale Prägephase = Sozialkompetenz mit 4-5 Jahren Laufen und essen selbständig mit ca. einem Jahr Jugend von 12 bis 19 Jahren Spielen je älter desto kreativer, Rennspiele, Verstecken, Jungen Ringkämpfe	Nesthocker, soziale Prägephase erstes Lebensjahr = Sozialkompetenz mit 1 Jahr fressen selbständig mit 1- 2 Monaten Jugend von 5 Monaten bis 3 Jahre Rennspiele, Jagen und Fangen, Ringkämpfe
Begrüßung: Menschen verbeugen sich, geben sich die Hand oder küssen sich	Hunde beschnüffeln einander
Schlaf: Mensch verbringt ein Drittel seines Lebens mit Schlaf, davon 25 % REM und Traum	Hunde können bis zu 20 Stunden am Tag schlafen. REM-Schlaf tritt nur bei Raubtieren auf, die ihn sich leisten können, nicht bei Fluchttieren. REM Phase bei träumenden Hunden mit Augenbewegungen Hund steht zuerst mit Vorderbeinen auf. Knicken zum Legen zuerst die Hinterbeine ein. kurze Fress- und lange Ruhezeit
Schmerz: Tränen weinen, Stöhnen	Jaulen, Fiepen
Orientierungssinn: Mensch verirrt sich leicht in unübersichtlichem Gelände, weil uns die Fähigkeiten der Urahnen verloren gingen. Olfaktorische Geländemarken nicht, oder höchstens bei Blinden vorhanden	Gutes Ortungsvermögen ein guter Hund findet allein zurück und einen schlechten nimmt man nicht mit. Finden 25 km und mehr zurück, Richtung stimmt. Nutzen olfaktorische Geländemarken
Sauberkeit: Ekel vor Ausscheidungen	Nur Welpenhöhle und Schlafplatz werden rein gehalten, direktes Umfeld nicht. Alle Ausscheidungen wirken anziehend.
Empfindlichkeiten: Können seekrank werden, Empfänglichkeit für Tollwut: wenig Können gut schwitzen, weil Drüsen am ganzen Körper. Achsel, Stirn, Hals, Hände, Füße und zwischen Schenkeln vermehrt.	Empfänglichkeit für Tollwut: mittelgradig Können schlecht schwitzen, weil Drüsen nur an den Füßen bzw. Ballen.

Kraft: Man vergleiche: Schulkind 27 kg zu Ranzen 5Kg = 5,4 (trägt mehr als ***ein Fünftel*** seines Körpergewichtes)	Ziehen Dog Carts und Schlitten, tragen Taschen und Beutetiere
Anpassungen heute: an Handywellen, Mikrowellen, Radioaktivität, Arbeits- und Behördenstress, Dauerlärm, Chemikalien, Fertigfraß >> besser Landwirt, Gärtner, Fischer sein	an Autos, Abgase, Radio, Lautsprecher, Motorräder, Sprays, Staubsauger, Laminat, Treppen, Busse, Reisen, Tüten- und Dosennahrung >>wollen Sand, Sonne, Erdlöcher, Gras, Stöcke, Höhlen, Pipinachrichten, Tierspuren, Wassergräben

Grafik 5: Scheidenflora

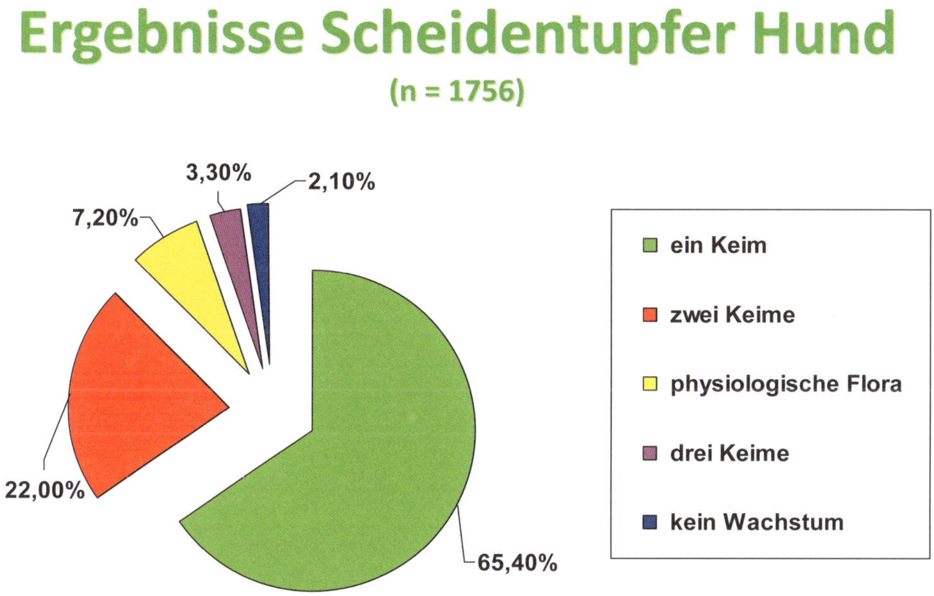

Bakteriologische Untersuchungsergebnisse von Scheidentupfern bei Hunden

Grafik 6: Individueller Soffwechsel

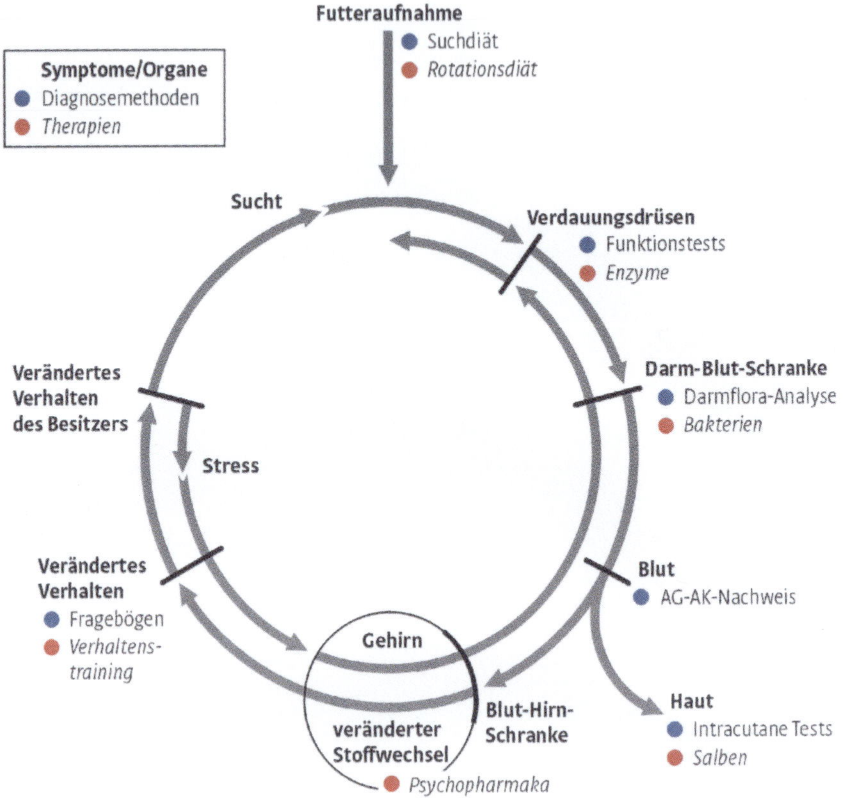

Dieses Diagramm soll den inneren Kreislauf des Verdauungsapparates mit den wichtigsten krankheitsrelevanten Stationen darstellen. Füttern müssen wir sowieso, dann können wir auch gleich das entsprechend Richtige geben. Schon die Fütterung kann zur Diagnose (blauer Punkte) wie eine Suchdiät genutzt werden, Eliminationsdiät zur Diagnosestellung (rote Punkte). Die Nahrung tritt in den Verdauungsweg ein, der im Maul (>> siehe 10 Fragen), dann im Magen beginnt. Hier kommt es schon auf die physikalischen und chemischen Einwirkungen von Zähnen, Speichel, Magensäure und Pepsin etc. an.

Die nächste Station ist der Dünndarm (im Kreis rechtsherum dargestellt), wo Galle und Bauchspreicheldrüse auf den Nahrungsbrei einwirken. Wir haben hier das Zusammenkommen des sauersten Teils der Verdauung durch die starke Magensäure mit dem alkalischsten Teil, nämlich den Enzymen des Pankreas und den bitteren Gallesäften. Ohne eine entsprechende Veränderung des pH Wertes kann die Nahrung überhaupt nicht ausreichend aufgeschlossen werden, weil die Enzyme sich in einem falschen Milieu nicht aktivieren. Für die Aktivität der Bauchspeicheldrüse können Funktionstests zur Überprüfung gemacht werden. Sollte sie zu wenig Fermente produzieren, müssen entsprechend Enzyme schlimmstenfalls per os zugeführt werden.

Der Darm verfügt über eine Darm-Blut-Schranke, damit nur die nützlichen Moleküle ins Blut übernommen werden. Dies gelingt aber nur bei einer ausgewogenen Darmflora, die man analytisch überprüfen kann, was aber selbst in der Humanmedizin viel zu selten geschieht. Bei Problemen kann sie mit Natur-Sauer-produkten oder Präparaten mit speziellen Bakterien wieder „aufgeforstet“ werden.

Nahrungsmoleküle gelangen ins Blut, krankmachende Keime und Antikörper bzw. deren Komplexe können dort nachgewiesen werden. Mit dem Blut gelangen diese nun in den gesamten Organismus, unter anderem in die Haut und ins Gehirn, welches abermals durch eine Blut-Hirn-Schranke geschützt ist. Trotzdem können Moleküle dort hineingelangen wie Narkose, Medikamente, Gifte wie Aluminium oder Schwermetalle etc. und verändern entsprechend den Hirnstoffwechsel. Logisch, dass ein veränderter Hirnstoffwechsel auch das Verhalten verändert. Mit Psychopharmaka, also noch mehr Gift, wird dann oft therapiert. Das entfernt aber nicht die Ursache, denn das Hirn ist eben kein Entgiftungsorgan. Ob ein verändertes Verhalten pathologisch ist, lässt sich mit Fragebögen herausfinden im Vergleich mit gleichaltrigen, gleichrassigen Tieren. Verhaltenstraining hilft nicht bei einem vergifteten Gehirn, sondern erst nach der Ausschaltung aller im Kreis vorhergehenden Diagnosen. Verhaltensänderung des Tieres ruft eine Verhaltensänderung des Besitzers hervor. Vielleicht beißt es plötzlich beim Streicheln über den Kopf, denn Tiere können sich nicht über Kopfschmerzen äußern. Der Besitzer reagiert jetzt ggf. mit Strafe, welche wiederum rückwirkt auf die Gehirnphysiologie als Stress und wieder die Neuronen beeinflusst (>> Kreis linksherum). Stress wirkt auf Stresshormone im Blut und diese auf die Darmflora (Dünnschiß, Angstschiß), ja sogar auf den Appetit, weil auch die Verdauungsdrüsen nur vermindert sezernieren. Es schlägt auch auf den Magen. Jetzt sind wir wieder bei der Futteraufnahme angelangt.

Einen Teil des Kreises haben wir jetzt noch unberücksichtigt gelassen (>> Kreisteil links oben nach rechts): Bei einer Allergie oder bei parasitärem Darmbefall kann es zu suchtmäßigem Verlangen genau der Futterstoffe kommen, die unbekömmlich sind, das heißt, die die allergischen Symptome wie Hautekzem oder Hyperaktivität ausbrechen lassen oder die kohlehydratdurstigen Giardien in der Vermehrung unterstützen. Das beeinflußt dann wieder die Futteraufnahme und der Kreislauf geht von vorne los.

Tabelle 7: Trockenfutterherstellung

Trockenfutterherstellung

	Fleischverarbeitung	Getreideverarbeitung
	Ausgangsmaterial **Fleischnebenprodukte**	Ausgangsmaterial **Nachmehle, Mühlennachprodukte**
1.	Kochen + Sterilisieren mit Überdruck	Feine Vermahlung
2.	Zugabe von Äther zur Entfettung	Vermischung
3.	Zugabe proteolytischer Enzyme ➔ lösen Fleischfasern und Bindegewebe auf	Zusätze für bessere Verarbeitung, die nicht deklariert werden
4.	Zugabe von Phosphorsäure, um vorigen Prozess zu stoppen	In Form backen
5.	Wird mit Zusätzen zu Digest = versprühfähig auf ➡	Getreidebällchen

Grafik 8: Getreide ist kein Fleischersatz

Grafik 9: Verlauf des Blutzuckerspiegels

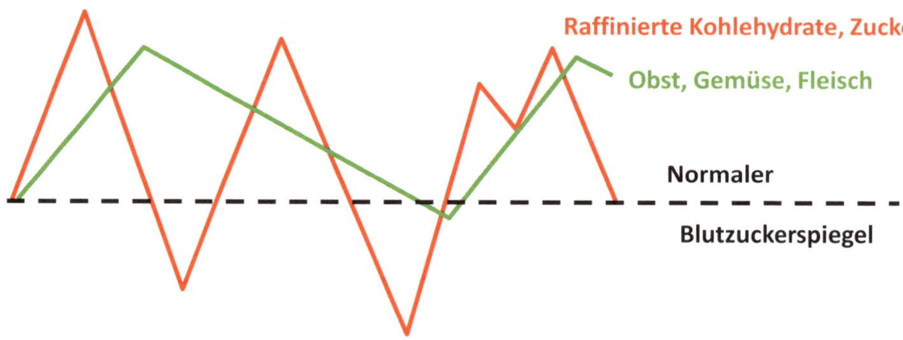

Die schwarze Linie verdeutlicht den nüchternen Blutzuckerwert. Bei der Aufnahme von Proteinträgern, Fett, Gemüse, Obst, Kräutern erhöht sich der Zuckerspiegel im Blut moderat, die Bauchspeicheldrüse reagiert und der Blutzuckerspiegel sinkt wieder. Der Ausschlag der grünen Kurve ist der normale gesunde.

Beim Abbau von raffinierten Kohlehydraten (Weißmehl, Zucker, Nudeln, viel verarbeiteten Kohlehydratträgern, Süßem etc.) fällt jedoch der Insulinwert schnell tief unter den Nüchternheitswert. Die Bauchspeicheldrüse hält mit Insulinausschüttung dagegen. Der Unterzucker wird jedesmal stärker und löst neue Hungerattacken aus, der versuchte Insulinausgleich wird ebenfalls immer stärker, bis sich die Bauchspeicheldrüse erschöpft (rote Kurve). Die Ausschläge der gebundenen Kohlehydrate aus Obst, Gemüse und Vollgetreide verlaufen ausgewogener, belasten also die Bauchspeicheldrüse weniger.

Tabelle 10: Vitaminverluste

	A Retinol	B1 Thiamin	B2 Riboflavin	B3 Niacin	B 5 Panthenol	B6 Pyridoxin	B 7 Biotin	B11 Folsäure	B12 Cobalamin	C Ascorbinsäure	E Tocopherol
Fleisch (Rindersteak)	4	24	13	21	44	73		90-100	25-96		40
Fisch (Seezunge)	19	6	22	28		52-90	60-72	100	25-96		35
Leber	30				44	40-60	60-72	100			
Milch					44		60 -72		25-96		
Blumenkohl		58	23	40	44	30		100		30-80	
Gemüsesuppe		30-58	23-50	21-40		21-30		90-100		30	
Gemüse als Konserve		67	42-50	49				100		51-80	
Reis						80					

Tabelle 11: Inhaltsstoffe des Hundefutters

Inhaltsstoffe des Hundefutters

Rohproteinangabe = Zusammenfassung aller enthaltenen Aminosäuren. Unterteilung in tierische, essentielle und nicht-essentielle AS. Wichtigster Bestandteil der Tiernahrung, da sie dem Gewebeaufbau dienen. Optimal: Kombination von tierischen u. pflanzlichen Proteinquellen. Tierische Proteine sind zu 70 – 90 % verwertbar.
Rohasche: Mineralstoffe wie Ca, Ph, Fe etc. Hohe Nierenbelastung, wenn über 5%, und Zahnsteinbildung.
Rohfaser: Unverdauliche Pflanzenteile, nicht identisch mit
Ballaststoffe: Schwer verdauliche Proteine (Haut, Haar etc.), werden im Dickdarm verdaut, im Gegensatz zu leicht verdaulichen (Muskeln), die im Dünndarm resorbiert werden. → Erhöht Kotmenge.
Tierische Nebenerzeugnisse: Leber, Niere, Pansen, Euter, Kopffleisch, Lunge und alles andere wie Hufe etc. Proteinquelle unbekannt.
Fleisch = Muskelfleisch, Herz.
Stoffe, die die maschinelle Verarbeitung erleichtern, müssen nicht deklariert werden.

Tabelle 12: Festgestellt in Fertigfutter

Festgestellt in Fertigfutter, mehr oder weniger legal:

Antibiotika (bis zu 250 mg/kg in Fleisch aus USA)
Aflatoxin = Schimmelpilzgift, (Rückruf 2005 in USA >> 98 Hunde starben an Leberversagen)
Antioxidantien künstlicher Art wie BHA, BHT, Ethoxyquin
Appetizer (Mit Lockstoffen wird z.B. Aas suggeriert = manipulierte Schmackhaftigkeit)
Aromastoffe
Aushärtungsmittel
Aceton

Bindemittel
Benzol

Emulgatoren
Essenzen mit Leber-, Huhn-, Fleischgeschmack
Entschäumer, um Kessel besser zu reinigen
Enzyme aus genmanipulierten Bakterien und Pilzen

Farbstoffe

Geliermittel
Geschmackskorrigentien wie Vanillin. Anis, Fenchel, Glutamat
Geschmacksverstärker

Hydrolysierte Eiweiße = recycelter Abfall aus Schlachtresten und Blut

Insektizide müssen nicht deklariert werden
Isopropylalkohol
Konservierungsstoffe BHT,BHA, Ethoxyquin

Lösungsmittel

Methylzellulose (verhindert Wasseraustritt beim Auftauen)

Packgase
Propionsäure (kanzerogen)
Ph-Puffer
Presshilfsmittel (sollen Zerbröckeln verhindern: z.B. Ligninsulfonat)

Radioaktive Bestrahlung (zum Beispiel Büffelhautknochen, Kräuter)

Sand
Schmierstoffe
Süßstoffe
Stabilisatoren
Synergisten

Treibgase
Trennmittel
Technische Hilfsmittel (müssen nicht deklariert werden)

Umweltgifte (festgestellt: DDT, HCB, HCH = Lindan, PCB, Hg, Blei, Cadmium)

Verdickungsmittel
Vitamin B 3 (synthetisch in Überdosis)

weißer Ton = Aluminiumsilikat, Celluloseäther

Zitronensäure (z.B. in Würsten. Fördert Aufnahme von Giftmetallen, zerstört Zahnschmelz)

Grafik 13: Herstellung konventioneller Öle

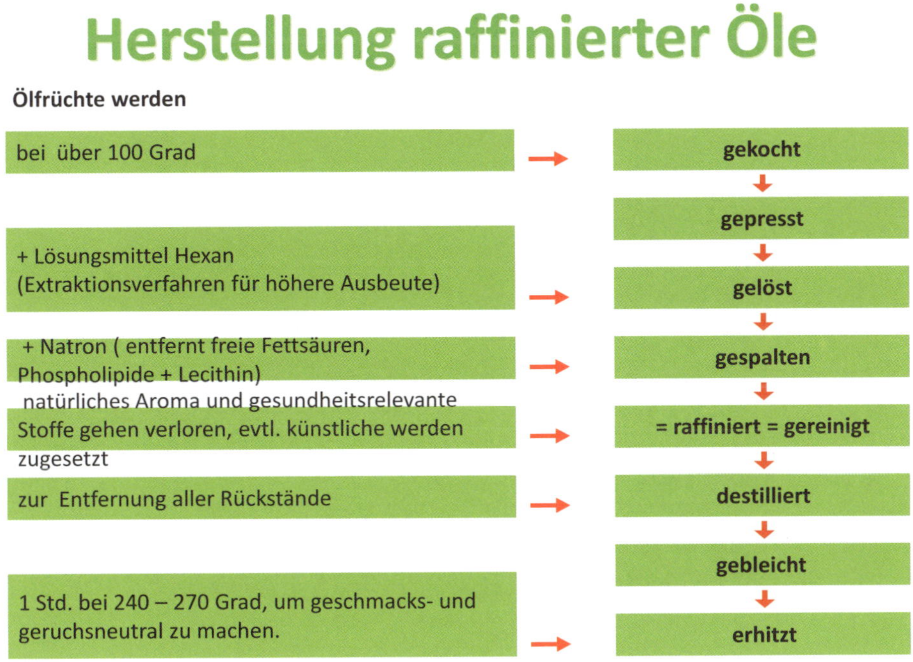

Tabelle 14: Trockenfutterherstellung

Trockenfutterherstellung

	Fleischverarbeitung	Getreideverarbeitung
	Ausgangsmaterial **Fleischnebenprodukte**	Ausgangsmaterial **Nachmehle, Mühlennachprodukte**
1.	Kochen + Sterilisieren mit Überdruck	Feine Vermahlung
2.	Zugabe von Äther zur Entfettung	Vermischung
3.	Zugabe proteolytischer Enzyme ➔ lösen Fleischfasern und Bindegewebe auf	Zusätze für bessere Verarbeitung, die nicht deklariert werden
4.	Zugabe von Phosphorsäure, um vorigen Prozess zu stoppen	In Form backen
5.	Wird mit Zusätzen zu Digest = versprühfähig auf ➡	Getreidebällchen

Grafik 15: Umstellung auf Barfen

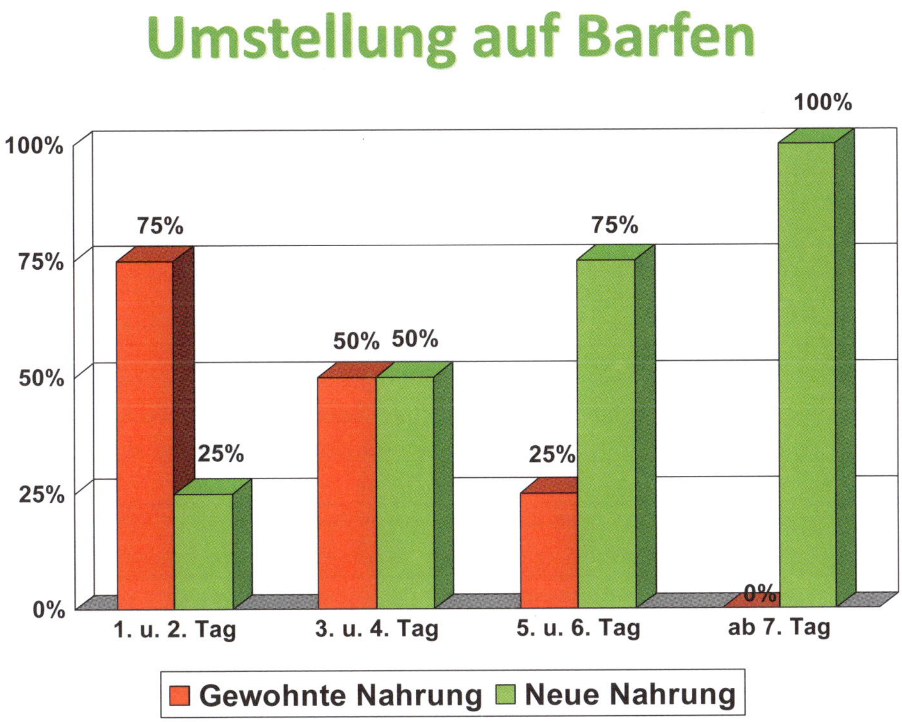

Tabelle 16: Säure-Basen Tabelle

Basisch Verstoffwechseltes, Basen bildend	Sauer Verstoffwechseltes, Säuren bildend
Im Allgemeinen alles Rohe	Im Allgemeinen alles Gekochte
Blut, Blutwurst, Blutmehl, gefrorenes Würfelblut, Fleischauftauwasser	Alles Muskelfleisch, besonders Stressfleisch, rotes Fleisch, auch vom Pferd, Geflügel, Wild (Schwefelsäure)
Milz, Euter	Fast alle Innereien, alle Wurstsorten, Hirn
rohes Eierschalenpulver	Eier (schalenlos)
Eingeweide, Därme mit Drüsen, Darminhalt und Kot von Pflanzenfressern	Fischfleisch von allen Fischen (Harnsäure), alle Meeresfrüchte
rohes gemahlenes, eingeweichtes Braunhirsemehl Bataten, Amaranth Sprossen, Keimlinge, gekeimtes Getreide, Luzerne	Alles Getreide und Zerealien, Stärkemehle, Brot, Weißmehl, Weizenkleie, Flocken, auch Vollkorn, Nudeln, Buchweizen, alle Backwaren, auch die für Hunde ausgewiesenen wie Hundekuchen, Backleckerlies.
Mägen von Pflanzenfressern (nur Weidetiere) mit Inhalt, bevorzugt Wiederkäuer	Trockenfutter
Knochen, Knorpel, Gelenkkapseln, Knochenmehl roh oder erhitzt	
Angegangenes oder eingegrabenes Fleisch, Aas	
Roh- und Sauermilchprodukte wie Dickmilch, Naturjoghurt, Sahne, Molke. Muttermilch	Alle konventionelle Milch und Milchprodukte, bes. „Länger haltbare" und H-Milch, Kondensmilch, alle Käsesorten, bes. Schmelzkäse, Quark
Fast alle Kräuter, Gemüse, Grünzeug, auch als Suppe oder Brühe. Bitterstoffe in Chicoree, Radiccio, Endivie, Schafgarbe, Wegerich. Grüne Salate, Blattgemüse, Wurzelgemüse	Rosenkohl, rote Bete, Spargel, Sauerampfer (Oxalsäure) Fleischbrühe, Fischbrühe, Fleischextrakt
Sonnengereifte Früchte, besonders Bananen, Papaya, Hagebutten, auch eingefroren	Alles Süße wie alle Zuckerarten, Süßigkeiten, süße + Weißmehl-Backwaren, Nudeln, Brot, Kuchen, Plätzchen, Teilchen, gekochtes Obst Erdnüsse, Walnüsse, Mandeln
Knoblauch	Zucker (auch in konventionellem Trockenfutter, Würsten, Hundesnacks), Melasse, Süßstoffe
Gekochte Kartoffeln, Yams	

Gras, Graspulver	
Alle Algen, bes. Chlorella, auch Spirulina, Kelp	Konventionelles Salz, auch in Fertigfutter
Kaltgepresste oder rohe Fette Avocados	Erhitzte, also konventionelle Öle (Ölsäure), gehärtete Fette, Schmalz, Margarine, Speck, tierische Fette
Naturmoor, (Heil-) Erde, Tonerde, Lehmwasser	Allopathische Medikamente Verschimmeltes durch Mykotoxine
Alles was gute Mineralstoffe und Spurenelemente hat mit Kalium, Kalzium, Natrium, Magnesium, Fe, Se, Zk, Cu, Co, Chr, J Milchsaures wie Molke etc. mit L+Milchsäure, andere organische Säuren, wie Fruchtsäuren, Brotsäure (Kanne Produkte)	Konservierungsstoffe, Aromastoffe und die meisten Umweltgifte Phosphor, Chlor, Fluor, Brom,Schwefel Industriesäuren wie L-Milchsäure und Zitronensäure, die dem Fertigfutter zugefügt werden
Kalziumträger (>>siehe dort)	Phosphorlastiges (>> siehe dort)
Regionales kalkhaltiges Leitungswasser, mineralhaltiges Quellwasser	Regenwasser, Pfützenwasser, regional auch Leitungswasser
Soja	Tofu

Anhand dieser Tabelle können Sie den krankheitswichtigen Säure–Basen-Stoffwechsel kontrollieren. Komponenten von welcher Spalte werden mehr gefüttert oder fehlen die basischen ganz? Fleischfresser haben von Natur aus einen saureren Stoffwechsel als Pflanzenfresser, jedoch brauchen auch sie genügend basische Mineralien, in der Hauptsache aus Knochen und Pflanzen, um Säuren zu binden und als Salze über die Entgiftungsorgane Blut, Lymphe, Darm, Niere und Lunge gebunden ausscheiden zu können, vor allem weil ihre Entgiftung über Schweiß bei Carnivoren nicht gegeben ist. Sind zu wenige Basenstoffe vorhanden, übersäuert der Organismus und die Pufferkapazitäten, besonders auch der Nieren (Senioren! Katzen!) werden überschritten. Zu viele Säuren im Gewebe, als da sind Harnsäure, Phosphorsäure, Salzsäure, Milchsäure, Schwefelsäure, Essigsäure, Propionsäure, Buttersäure können als Zellmüll Organe „verätzen“ und machen bestimmte Enzyme unwirksam. Säuren entziehen basische Stoffe. Säurebildende Kost hat eine negative Kalzium Bilanz. Saures Gewebe hat eine positive elektromagnetische Ladung und reagiert entzündlich. Es kommt zu chronischer Übersäuerung von Gelenkflüssigkeit, Binde- und Fettgewebe und zu Ablagerungskrankheiten wie Haarausfall, Harnwegssteinen, Arthrose, Nierenschäden, Muskelschmerzen, Leckeckzemen, Krebs. Auch das Gemüt wird „sauer“, reizbar, unzufrieden, hyperaktiv, gestresst.

Der pH Wert misst sich im Zwischenzellgewebe, im Speichel, im Blut und im Urin. Man kann beispielsweise bei sich oder seinen Tieren den Urin selber leicht mit Urostix messen. Normalurin je nach Futter unter 7. Der normale pH-Wert der Faeces liegt bei 6,5 oder darunter, wobei unklar bleibt, wie die Hunde gefüttert wurden, an denen sich der Normwert für Lehrbücher orientiert.

Komplettnahrung wie ganze Beutetiere mit Blut und Knochen, ganze Fische mit Gräten, ganze Eier mit Schale sind von der Natur her so eingerichtet, dass sie in sich dabei bereits ausgewogen und neutral sind. Beutetiere werden ja komplett gefressen. Es bleiben nur Zähne, Galle und harte Reste von Horn und Knochen übrig. Wenn ich von all diesem aber wie gewöhnlich nur einen Teil davon verfüttere, sollte der fehlende anderweitig ersetzt werden. Ist das nicht der Fall, wird der Stoffwechsel des Tieres im wahrsten Sinne ausgelaugt, also Basen fehlen, und es sucht in seiner Not Vergammeltes jeder Art und frisst auch Kot oder Seife. Seife ist alkalisch und hinterlässt bei einmaliger Aufnahme weder gesundheitlichen Schaden noch ein schäumendes Häufchen, ist aber wegen Parfüm- und Farbstoffen nicht empfehlenswert.

Grafik 17: Wasser- und Proteingehalt

Wasser- und Proteingehalt

Natürlich

Frischfleisch

Wasser	ca.	80 %
Fett	ca.	5-8 %
Protein	ca.	12-20 %

Trocken

Fleisch-Knochenmehl
(Fa. Indega)

Feuchtigkeit	4,5 %
Fett	7,8 %
Protein	45,8 %
Phosphor	18,8 %

Wassergehalt:

Blut	bis 92 %
Hirn und Muskeln	bis 75 %
Knochen	bis 22 %

Fabrikfutter zum Vergleich

Feuchtigkeit	ca. 10 %
Fett	ca. 5 %
Protein	ca. 15-20 %

Vergleich Trockenfutter mit Beutetier:

Wenn ich den Wasseranteil des Beutetieres abziehen würde wie im Trockenfutter, also das Beutetier trocknen würde, dann hätten wir noch 20 % Trockensubstanz, weil 80 % Wasser, bestes Zellwasser, im Frischfleisch ist.

Ich multipliziere den Proteinanteil jetzt mit 5 (20 % Trockensubstanz wie im Trockenfutter), so komme ich auf 60 % Protein und 25 % Fett im getrockneten Tier.

Trockenfutter hat 10 % Wasser, die können wir gerechterweise jetzt noch abziehen, dann hätten wir immer noch einen Proteinanteil von 55 % und einen Fettanteil von 22,5 %. An diese Margen reichen Trockenfutter nie heran, wohl aber Trockenfleisch.

Wenn Frischfleisch 80% gutes Zellwasser hat und Trockenfutter 10 %, dann heißt das, dass ein Carnivor bei Trockenfütterung 8 mal soviel trinken muss. Carnivoren sind aber von Natur aus keine Vieltrinker, deshalb entstehen Krankheiten wie Verstopfung, Nierenerkrankungen,Harnsteine etc.

Das Wasserreichste im Beutetier ist das Blut, das wasserreichste Organ ist der Dünndarm mit Inhalt, gerade Teile, die wir meist nicht füttern, dann die Niere, gefolgt von Herz, Lunge, Muskeln, Hirn und Haut. Knochen haben den geringsten Wassergehalt.

Tabelle 18: Einflüsse auf die Futteraufnahme

10 wichtige Fragen

1) Sind die verschiedenen Stoffe in richtiger Menge? (Mischungsverhältnis, Kalorien)
2) Sind sie in richtiger physikalischer Struktur? (Zerkleinerung, Temperatur)
3) Sind sie in richtiger chemischer Struktur? (verschiedene Vitaminformen, Links-rechts-Moleküle)
4) Welche Wechselwirkungen haben diese Stoffe untereinander und mit Medikamenten, Schadstoffen, Giften, Chemikalien?
5) Kann das Futter festgehalten, gekaut, geschluckt werden? (Maul- u. Zahnprobleme)
6) Kann das Futter im Verdauungsapparat enzymatisch zerlegt werden? (Pankreasprobleme)
7) Kann Futter überhaupt ausreichend resorbiert werden? (zu schnelle Darmpassage, Mukosadefekte, Allergien, Parasiten)
8) Kann Stoff in richtiger Molekülgröße im Blut transportiert werden? (AG-AK-Reaktion)
9) Sind die Organe für diese Stoffe aufnahmefähig? (Diabetes, Parathormonstörung, Enzymmängel)
10) Kann der Rest problemlos
    a) entgiftet (Enzymmangel, Überdosis) und
    b) ausgeschieden (Entgiftungsorgane) werden?

Tabelle 18b: Einflüsse auf die Futteraufnahme

Einflüsse auf die Verstoffwechselung v. Futter

Futter	1. Zufuhr = **primäre Verfügbarkeit,** absoluter Gehalt	Menge (Kalorien, Mängel)
		Vorliegende Zusammensetzung, Ausgangsstoffe
		Physikalisch: Temperatur, Zerkleinerung, Zubereitung
		Mischverhältnis z. B. Fette + Vitamin E
		Schadstoffe, Chemikalien, Parasiten, Medikamente
Individuum	2. **Sekundäre Verfügbarkeit** = Verdauungsleistung	Fressverhalten, Stress
		Nase, Appetit
		Gebiss, Speichel
		Drüsenkapazität, Schleim, Speiseröhre
		Magen pH, Enzyme
		Pankreas, Enzymvorrat
		Darmflora, Parasiten
		Darmmotorik, Transport
		Darmschleimhaut-Blut-Schranke (Resorptionsleistung, AbwehrIG, Leaky Gut)
		Transportleistung Blut zu Organ
		Speicherfähigkeit
		Wasserretention
		Entgiftung, Ausscheidung (Analdrüsen, Löseplatz)
	3. Individueller Bedarf und Verträglichkeit	Aktivität,Geschlecht,Sexualstatus,Rassebesonderheit, vorige Generation, Krankheit, indiv. Vorlieben

Grafik 19: Allgemeine Stoffwechsel

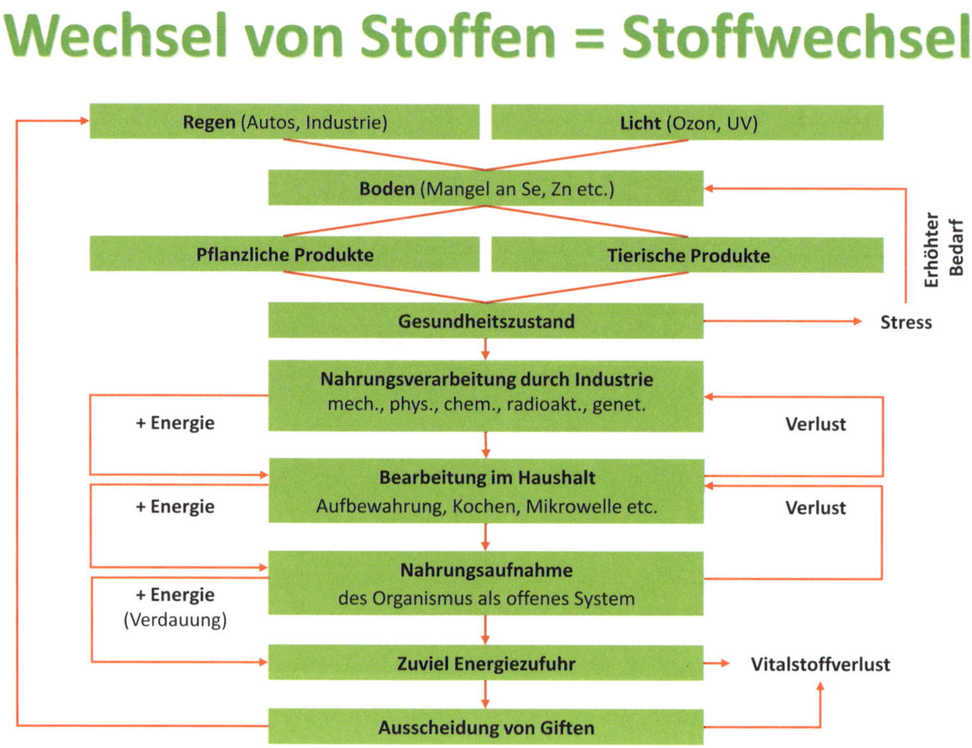

Unsere gesamte Nahrung ist von der Qualität des Bodens und des Wassers abhängig. Heutzutage sind nicht mehr mal Regen und Sonnenstrahlen frei von Kontamination. Der Regen ist sauer durch Auto- und Industrieabgase und je nach Region radioaktiv, die Böden, wo Gemüse und Obst angebaut werden oder das Vieh weidet, sind übersäuert und mit Pestiziden und Herbiziden getränkt und es fehlen oft wichtige Mineralien, in der Hauptsache Zink, Selen, Mangan, Kupfer und Cobalt, sowie Bodenbakterien. Pflanzen, die Mensch und Tier essen, können aber nur so gut sein wie die Erde auf der sie gedeihen, ebenso deren Fleisch das wir verwenden, wo dann oft die gleichen Mineralien fehlen, die im Boden schon nicht vorhanden waren. Der Gesundheitszustand der Tiere hängt von der Qualität der aufgenommenen Nahrung ab, egal ob vegetarischer oder tierischer Herkunft. Die Einflüsse sind aber damit noch lange nicht abgeschlossen, vor allem nicht, wenn sie industriell verarbeitet werden und nicht aus dem eigenen Garten stammen: Sie werden vielfach manipuliert:

1. Mechanisch durch Zerkleinerung, Pressen
2. Physikalisch durch Erhitzen, Kochen, Überdruck
3. Chemisch durch viele Zusätze (>> siehe Tabelle Futtergifte) zum Beispiel von Konservierungsmitteln, die mit den Inhaltsstoffen reagieren
4. Radioaktiv durch Bestrahlung z.B. bei Kräutern und Gewürzen zum Abtöten von Ungeziefer und Bakterien zur längeren Haltbarkeit
5. Genetisch durch Eingriff in das Erbgut bei Soja, Mais, Reis, Gemüsen, Früchten und Tieren.

Bei allen diesen Eingriffen wird wertvolle Energie zugefügt, gleichzeitig verlieren die Lebens- und Futtermittel an Natürlichkeit, Frische, Vitalstoffen und zum Teil sogar an molekularer Vollständigkeit.

Dann werden die Lebens- und Futtermittel noch weiter verarbeitet: Sie legen Transportwege zurück, werden mehr oder weniger adäquat gelagert, sie werden zerkleinert, vermischt und erhitzt. Reste verderben. Hierdurch wird wiederum Energie zugeführt und gleichzeitig entstehen Verluste an Vitaminen, Enzymen, positiven Bakterien und Biophotonen, falls in diesem Stadium überhaupt noch welche vorhanden waren.

Die gesamte Nahrungsaufnahme und Verdauung ist ein offenes Kreislaufsystem, welche mit jedem Molekül mit der Außenwelt, dem allgemeinen Stoffwechsel (>>siehe dort), unweigerlich in Verbindung steht. Der aufnehmende Organismus verwandelt die äußere Natur (Luft, Wasser, Nahrung, Gerüche, Sinneseindrücke etc.) in die innere Natur, macht sie sich zu eigen. Man denke über das Wort „ sich etwas Einverleiben“ nach.

Nochmals wird jetzt Energie zugeführt, Verdauungsenergie, welche das Nützliche vom Unnützen oder sogar Giftigen trennen soll. Das ist für den Körper umso schwerer, je unnatürlicher die Nahrungsbestandteile sind. Kochen gehört schon dazu. Für diese Entgiftungsarbeit benötigt der Körper mehr Zeit und eine höhere Menge an Vitalstoffen. Der Bedarf an Enzyme, Mineralien für den Säureausgleich und die Antioxydantien ist also erhöht, er bekommt aber, wie eben dargelegt, immer weniger.

Fehlen dem Organismus bestimmte Vitalstoffe oder sind sie in zu geringer Menge vorhanden, wird er diese instinkthaft weiter suchen. Wenn sie aber im vielleicht immer gleichen Futter fehlen, dann werden gleichzeitig zu viele Kalorien aufgenommen, es kommt zu Übergewicht wegen Nährstoffmängeln.

Es wird vorausgesetzt, dass die Entgiftungsorgane alle gut funktionieren und auch alle künstlich synthetisierten Stoffe problemlos ausgeschieden werden können. Diese landen dann in Kot und Urin, die wiederum in die Umwelt, Erde und langfristig in den Wasserkreislauf eingehen.

Gutes Futter kommt also letztlich von gutem, lebendigem Boden.

Stoffwechsel: Kreislauf Essen >Dung und Tierdung>Erde>Pflanzen>Essen

Tabelle 20: Kalziumgehalt

Kalziumgehalt

Ca-reich	P-reich
Knochen mit Mark	alle Cerealien
Knorpel	Muskelfleisch aller Tierarten
Knochenmehl	Fischfilet
(Roh-)Milchprodukte, Käse	Schmelzkäse
Grünpflanzen, bes. Luzerne	Quark
Grüner Pansen,	
grüner Blättermagen	
Labmagen	
Euter	
Fischmehl	
Tierkörpermehl	
Futterkalk	
Rohe Eierschalen	

Säuren entziehen basische Stoffe
Säurekost hat negative Ca-Bilanz

Tabelle 21: Enzymverlust

Enzymverlust

abhängig von Länge der Lagerung, Zusätzen (zugesetzte Chemikalien wie Konservierungsmittel), Bestrahlung, Hitzeeinwirkung (Zeitspanne und Höhe)

Trocknung	2 – 5 %
Gefrieren	5 – 30 %
Dämpfen, Dünsten	15 – 60 %
Kochen	40 – 100 %

Tabelle 22: Herstellung von Fleischaroma

Herstellung von Fleischaroma

Ausgangsmaterial:	Soja
	+ Salzsäure
	+ Natronlauge zur Neutralisation
	= Proteinhydrolysat

- Es wird von Firmen als hochwertig gepriesen, da es vorverdaute Proteine sind.
- Bei der Säureaufspaltung wird ein Teil der Aminosäuren zerstört, der Rest hat schlechte Qualität = Maggigeruch.
- Enzymatische Aufspaltung ist schonender, aber technisch teurer.
- Bei Verdauung werden Proteine hydrolysiert und in Aminosäuren zerlegt. In der Natur gibt es nur L-Aminosäuren in Proteinen, die in L-Aminosäuren zerlegt werden.
- Bei der chemischen Herstellung von AS im Labor können nur D-Aminosäuren hergestellt werden, die von den Pharmakonzernen nicht zu Proteinen verbaut werden können. L und D sind rechts/links symmetrische Spiegelbild-Moleküle, von denen aber nur eine Form in der Natur benutzt wird ähnlich wie bei D-Zucker und linksdrehender Milchsäure.